Aoraki

아오라키의 신화가 살아 숨 쉬는 마운트 쿡 ▶ 2권 P.106

KB183228

Hobbiton

<반지의 제왕> 촬영지 호비튼 ▶ 3권 P.077

Queenstown

리마커블스산맥으로 둘러싸인 퀸스타운 ▶ 2권 P.120

Milford Sound

폭포가 쏟아지는 피오르드랜드, 밀퍼드 사운드 ▶ 2권 P.160

Lake Tekapo

은하수가 아름다운 테카포 호수 ▶ 2권 P.097

Lake Pukaki

밀키블루색으로 빛나는 푸카키 호수 ▶ 2권 P.102

달조차 숨어버린 고요한 대지 위로
보석처럼 빛나는 별의 강물이 흐르고

That Wanaka Tree

와나카 호수의 바로 그 나무 ▶ 2권 P.089

거센 폭풍우 헤치고 바다를 건너
용맹한 마오리 전사가 도착한 곳은
길고 흰 구름의 땅, 아오테아로아

수많은 전설 속에 깃든 사랑 노래
"포카레카레 아나"

Lake Matheson

매서슨 호수와 서던알프스산맥의 반영 ▶ 2권 P.081

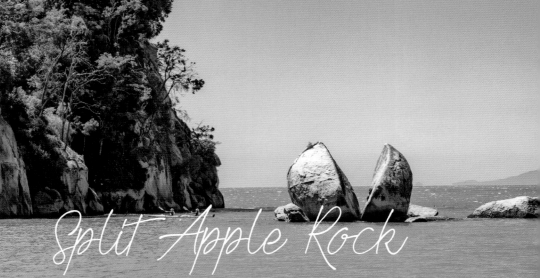

Split Apple Rock

아벨태즈먼 국립공원과 쪼개진 사과 바위 ▶ 2권 P.237

Cape Reinga

뉴질랜드 북쪽 끝, 케이프 레잉가 ▶ 3권 P.070

Cape Farewell

남섬 북동쪽 끝, 케이프 페어웰 ▶ 2권 P.238

2025-2026
NEW EDITION

팔로우 뉴질랜드

크라이스트처치 · 퀸스타운 · 오클랜드 · 웰링턴

팔로우 뉴질랜드
크라이스트처치 · 퀸스타운 · 오클랜드 · 웰링턴

1판 1쇄 인쇄   2024년 12월 16일
1판 1쇄 발행   2024년 12월 24일

지은이 | 제이민·원동권
발행인 | 홍영태
발행처 | 트래블라이크
등 록 | 제2020-000176호(2020년 6월 24일)
주 소 | 03991 서울시 마포구 월드컵북로6길 3 이노베이스빌딩 7층
전 화 | (02)338-9449
팩 스 | (02)338-6543
대표메일 | bb@businessbooks.co.kr
홈페이지 | http://www.businessbooks.co.kr
블로그 | http://blog.naver.com/travelike1
인스타그램 | travelike_book
ISBN 979-11-987272-7-5 14980
          979-11-982694-0-9 14980(세트)

비즈니스북스는 독자 여러분의 소중한 아이디어와 원고 투고를 기다리고 있습니다.
원고가 있으신 분은 ms3@businessbooks.co.kr로 간단한 개요와 취지, 연락처 등을 보내 주세요.

팔로우
뉴질랜드

크라이스트처치 · 퀸스타운 · 오클랜드 · 웰링턴

제이민 · 원동권 지음

follow
NEW ZEALAND

Travelike

글·사진
제이민 Jey Min

여행 작가 · 미국 뉴욕주 변호사
네이버 파워 블로거에 선정된 것을 계기로 본격적인 여행 작가의 길로 들어섰다. 여행을 좋아하는
부모님과 함께 어린 시절부터 세계를 여행했으며, 오랜 해외 생활에서 쌓인 경험을 책에 충실하게
녹여내고 있다. 니콘 '클럽 N 앰배서더'(3기) 등 사진작가로도 활동 중이다. 저서로 《팔로우 호주》,
《팔로우 뉴질랜드》, 《호주 100배 즐기기》, 《디스 이즈 미국 서부》, 《미식의 도시 뉴욕》 등이 있다.
홈페이지 in.naver.com/travel **인스타그램** @jeymin.ny

이 책에는 여행자의 발길이 뜸한 오지까지 포함해 뉴질랜드 전역을 다년간 여행하며
수집한 정보가 담겨 있습니다. 뉴질랜드와 가장 가까운 호주, 문화적 뿌리를 공유하는 영국, 같은
영어권인 미국에 대한 깊은 이해도를 바탕으로 새로운 뉴질랜드 책을 완성할 수 있었습니다.
원고를 들고 뉴질랜드를 여행하며 정보를 검증해준 가족과 친구들의 도움도 무척 컸습니다.
무엇보다 특별한 책을 함께 만들어주신 출판사 분들께 진심으로 감사드립니다.

글·사진
원동권 Dongkwon Won

여행 작가 · 사진가
2011년 워킹홀리데이를 계기로 호주에 정착했으며, 제이민 작가와 협업으로 호주
대륙과 뉴질랜드 전역을 빈틈없이 다니며 취재하고 있다. 독자들에게 더욱 확실하고 알찬
정보를 제공하기 위해 가능한 한 자동차로 여행하며 현장을 경험한다. 《팔로우 호주》와
《호주 100배 즐기기》에 이은 세 번째 책 《팔로우 뉴질랜드》를 들고 또다시 길을 떠날
차례다. 사랑하는 송희, 지아, 그리고 이번에는 지오도 함께!
인스타그램 @go_hoju

키아 오라 Kia Ora!

제가 뉴질랜드 여행책을 만들고 있다고 말하면,

지인들이 종종 "뉴질랜드에 볼거리가 많아?"라고 되묻습니다.

어쩌면 독자 여러분도 같은 궁금증을 가지고 이 책을 펼치셨을지도 모르겠네요.

뉴질랜드는 마치 지구의 축소판과 같아요. '남반구의 알프스'라 불리는 마운트 쿡 국립공원과

북유럽이 떠오르는 피오르가 있고, 눈을 돌리면 양 떼와 소 떼가 풀을 뜯는 넓은 들판이

펼쳐집니다. 빙하가 녹아내린 에메랄드빛 호수는 더없이 신비롭고, 살아 있는 화산 지대와 울창한

열대우림까지! 한 나라 안에 이토록 다양한 환경이 공존한다는 사실이 그저 놀라울 따름입니다.

인구 밀도가 낮아 어디를 가든 힐링 여행지이면서 번지점프, 루지, 조빙 등 익스트림 액티비티의

발상지이기도 한 역동적인 나라 뉴질랜드. 그래서 지역을 옮겨 다닐 때마다 지루할 틈 없이

다양한 즐거움으로 가득한 곳입니다.

TV에 소개된 유명 관광지를 찾아서, 짜릿한 번지점프에 도전하기 위해, 워킹홀리데이를

준비하면서, 또는 〈반지의 제왕〉 촬영지를 찾아서. 뉴질랜드 여행을 꿈꾸는 수많은 이유를 모두

충족시킬 수 있도록 많은 정성을 들여 책을 만들었습니다. 다른 나라에 비해 정보가 부족한

지역이기에 자동차, 자전거, 버스, 도보 등 교통수단의 핵심 정보도 꼼꼼하게 수록했습니다.

하지만 뉴질랜드 여행에서 가장 중요한 것은 여유인 것 같아요. 그러니 뉴질랜드에 왔다면 너무

일정에 쫓기지 말고 마음에 드는 곳에서 잠시 머무르며 풍경을 감상해보세요. 가장 느린 속도로

여행할 때, 뉴질랜드는 그 순간을 인생 최고의 경험으로 만들어줄 테니까요!

뉴질랜드의 길 위에서
제이민 드림

1권 최강의 플랜북

3권으로 분권한 목차를
모두 정리했습니다.
찾고 싶은 여행지와 정보를
권별로 간편하게 찾아보세요.

뉴질랜드 남섬 실전 가이드북

2권

3권 뉴질랜드 북섬 실전 가이드북

Special Pages

2권

018 핵심 명소만 골라 본다! 크라이스트처치 트램 038 키위새와 사파리 체험, 크라이스트처치의 동물원 071 뉴질랜드 세계자연유산 지역 탐방, 테 와히포우나무 072 스릴 만점 액티비티, 빙하 투어의 모든 것 110 마운트 쿡을 더 재미있게 즐기는 방법 128 세상의 모든 액티비티, 퀸스타운 액티비티 총정리 150 퀸스타운-애로우타운 한 바퀴! 당일 여행 추천 코스 156 루트번 트랙과 피오르드랜드 3대 트레킹 코스 176 밀퍼드 사운드의 폭포와 바위 189 타이에리 협곡부터 바닷가 마을까지, 더니든 기차 여행 199 하늘의 여행자, 앨버트로스의 1년 214 뉴질랜드의 숨은 보석, 오아마루 산책 코스 236 끝없는 해변과 원시림의 세계, 아벨태즈먼 자연 탐험

3권

032 오클랜드 어트랙션 총정리 064 와이탕이 조약과 트리티 그라운드 078 중간계로 떠나는 여행, 호비튼 무비 투어 092 '포카레카레 아나'의 고향, 마오리 문화 마을 094 유황의 도시에서 체험하는 지열 현상 096 신나는 모험으로 가득! 로토루아 대표 액티비티 총정리 116 심장이 두근두근! 타우포 액티비티 총정리 156 뉴질랜드 역사와 문화 탐방 162 웰링턴의 동물원과 식물원

《팔로우 뉴질랜드》 사용법
HOW TO FOLLOW NEW ZEALAND

⑴ 일러두기

- 이 책에 실린 정보는 2024년 12월 초까지 수집한 자료를 바탕으로 하며 이후 변동될 가능성이 있습니다. 현지 교통편과 관광 명소, 상업 시설의 운영 시간과 비용 등은 현지 사정에 따라 수시로 바뀔 수 있으니 여행을 떠나기 전 다시 한번 확인하기 바랍니다.

- 본문에 사용한 지명, 상호명 등은 국립국어원 외래어 표기법을 최대한 따랐으나, 현지 발음과 현저하게 차이 나는 경우 뉴질랜드 관광청의 정보나 통상적으로 사용하는 명칭으로 대체했습니다.

- 뉴질랜드에서는 공식 언어로 영어와 마오리어Te Reo Māori를 채택하고 있습니다. 이 책에서는 독자 편의를 위해 좀 더 익숙한 영문 지명을 우선적으로 사용했으나, 마오리어 지명이 있는 경우 함께 표기하여 해당 이름이 지닌 문화적 의미를 존중했습니다.

- 뉴질랜드의 화폐 단위는 뉴질랜드 달러New Zealand Dollar로, 다른 국가의 달러와 구분할 때 NZD 또는 NZ$로 표기합니다. 현지에서는 간편하게 달러($)라고 하며, 이 책에서도 편의를 위해 '$'로 표기했습니다. 입장료와 음식 가격, 숙소 요금 정보는 아래 기준으로 기재했으나 여행 시즌별로 변동 폭이 크기 때문에 대략적인 선으로만 참고하기 바랍니다.

  입장료 성인 1인 요금 기준이며 가족 요금은 대체로 성인 2인과 어린이 2~3명의 입장료를 합산한 금액

  음식점 1인 기준으로 메인 요리와 음료를 주문했을 때의 평균 가격
  $ 길거리 음식 및 음료(~$10)
  $$ 패스트푸드점, 카페($10~30)
  $$$ 일반 레스토랑($30~50)
  $$$$ 고급 레스토랑($50 이상)
  $$$$$ 스테이크하우스, 최고급 레스토랑($100이상)

  숙소 지역 및 시즌에 따라 요금 변동이 큰 부분으로, 대략적인 기준으로 제시
  $ 백패커스
  $$ 캠핑장, 모텔급 숙소
  $$$ 3성급 호텔
  $$$$ 4성급 호텔
  $$$$$ 5성급 호텔 및 최고급 리조트

● 여행 정보 확인하는 방법

① ❶ 해당 지역에 공식 방문자 센터인 i-site, 뉴질랜드 환경보존부에서 운영하는 DOC Visitor Centre가 있으면 아이콘과 함께 안내했습니다.

② **주소** 지역별 대표 주소(방문자 센터)는 여행자가 검색에 활용할 수 있도록 우편번호까지 기재하고, 도시 및 타운(마을)에 있는 장소는 번지수와 도로명까지만 기재했습니다.

③ **문의** 뉴질랜드의 전화번호는 보통 두 자리 숫자의 지역 번호로 시작됩니다. 남섬은 03이며 북섬은 지역에 따라 웰링턴 04, 오클랜드 09 등으로 구분합니다. 0800으로 시작하는 번호는 무료 전화입니다.

④ **운영 및 휴무** 주로 여행 성수기인 11월부터 3월까지를 기준으로 작성했습니다. 크리스마스나 새해 같은 공휴일은 별도로 기재하지 않았으며, 특정 요일에 해당하는 휴무일만 기재했습니다. 공휴일에는 운영 시간이 변경되는 경우가 많으므로 방문 시기의 공휴일 일정을 반드시 확인하는 것이 좋습니다. ▶ P.104

① ❶ **Tāhuna Queenstown i-site**
위치 퀸스타운 중심가 시계탑 앞
② **주소** Clocktower, 22 Shotover St, Queenstown 9300
③ **문의** 03 442 4100
④ **운영** 08:30~20:30
홈페이지 www.queenstownnz.co.nz

4자리 우편번호

지역 번호 | 번지수, 도로명 | 도시/타운명

⑫ 책의 구성

• **뉴질랜드는 행정적으로는 16개 지역region으로 이루어져 있지만, 이 책에서는 관광객이 많이 찾는 주요 여행지를 중심으로 동선을 직접 계획할 수 있도록 정리했습니다.**

1권 뉴질랜드 여행 준비를 위한 기본 정보와 꼭 경험해야 할 여행법을 제안합니다.

2권 남섬 여행의 시작점인 크라이스트처치를 기준으로, 서쪽의 웨스트코스트와 중심부의 마운트 쿡, 퀸스타운을 연결했습니다. 최남단의 스튜어트 아일랜드와 더니든도 빠짐없이 소개합니다.

3권 한국 직항편이 닿는 오클랜드를 시작으로 최북단의 케이프 레잉가, 중심부의 와이카토와 로토루아, 남섬과 페리로 연결되는 뉴질랜드의 수도 웰링턴까지 가는 코스를 소개합니다.

⑬ 본문 보는 법

● **대도시는 존zone으로 구분**
볼거리가 많은 대도시는 존으로 나누고 핵심 명소와 주변 명소를 연계해 여행 동선이 편리하도록 안내했습니다. 핵심 볼거리는 매력적인 테마 여행법을 제안하고 풍부한 읽을 거리, 사진, 지도 등과 함께 소개해 알찬 여행을 즐길 수 있도록 했습니다.

● **로드 트립 ROAD TRIP**
뉴질랜드에서는 도시 간 이동 자체가 하나의 여행 코스가 되기에, 로드 트립 형식을 활용해 주요 지점 간의 거리와 이동 시간을 한눈에 파악할 수 있도록 개념 지도를 구성했습니다. 이를 통해 더욱 효율적으로 동선을 계획할 수 있습니다.

● **네이처 트립 NATURE TRIP**
프란츠 조셉 빙하, 밀퍼드 사운드, 마운트 쿡 등 뉴질랜드의 주요 자연 명소는 도시만큼이나 중요한 비중으로 다루었습니다. 또 통신이 원활하지 않은 환경에서도 어려움 없이 여행할 수 있도록 상세히 안내했습니다.

● **트레킹 코스**
개인의 체력에 맞춰 트레킹 코스를 선택할 수 있도록 이동 거리, 난이도, 소요 시간을 명확히 표기했습니다. 특히 루트번 트랙과 통가리로 알파인 크로싱 같은 대표 트레킹 코스는 상세 지도를 이용해 더욱 구체적으로 안내했습니다.

거리 편도 33.1km
소요 시간 2~3일
난이도 중상

지도에 사용한 기호 종류								
관광 명소	맛집	쇼핑	숙소	액티비티	온천	트레킹	방문자 센터	도로 번호
대성당	병원	공항	기차역	버스 터미널	페리 터미널	케이블카	트램	주차장	주유소

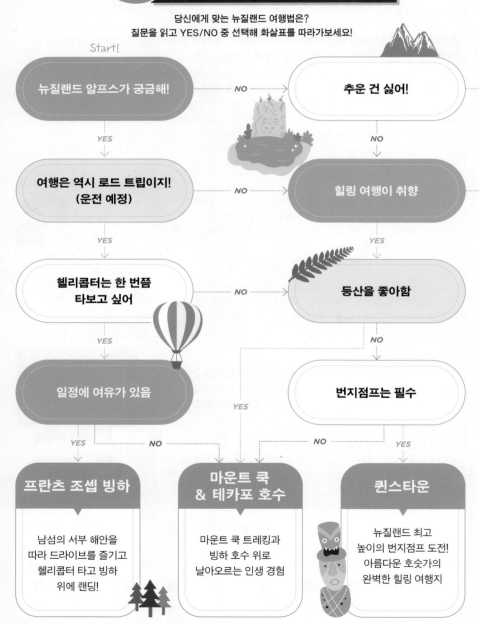

내 취향에 맞는
북섬?
남섬?
뉴질랜드 여행지 선택하기

당신에게 맞는 뉴질랜드 여행법은?
질문을 읽고 YES/NO 중 선택해 화살표를 따라가보세요!

Start!

뉴질랜드 알프스가 궁금해! — NO → 추운 건 싫어!

YES

NO

여행은 역시 로드 트립이지!
(운전 예정) — NO → 힐링 여행이 취향

YES

YES

헬리콥터는 한 번쯤
타보고 싶어 — NO → 등산을 좋아함

YES

NO

일정에 여유가 있음

번지점프는 필수

YES — NO

YES — NO

YES

프란츠 조셉 빙하

남섬의 서부 해안을
따라 드라이브를 즐기고
헬리콥터 타고 빙하
위에 랜딩!

**마운트 쿡
& 테카포 호수**

마운트 쿡 트레킹과
빙하 호수 위로
날아오르는 인생 경험

퀸스타운

뉴질랜드 최고
높이의 번지점프 도전!
아름다운 호숫가의
완벽한 힐링 여행지

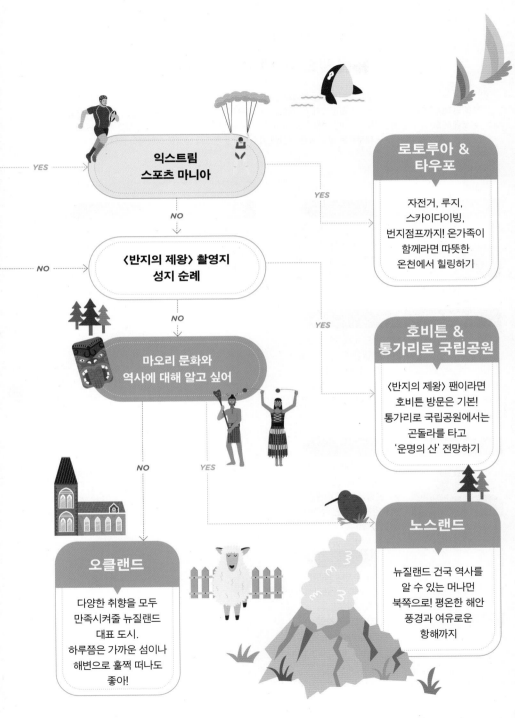

익스트림 스포츠 마니아

YES
NO

〈반지의 제왕〉 촬영지 성지 순례

NO
NO

마오리 문화와 역사에 대해 알고 싶어

NO
YES

로토루아 & 타우포

YES

자전거, 루지, 스카이다이빙, 번지점프까지! 온가족이 함께라면 따뜻한 온천에서 힐링하기

호비튼 & 통가리로 국립공원

YES

〈반지의 제왕〉 팬이라면 호비튼 방문은 기본! 통가리로 국립공원에서는 곤돌라를 타고 '운명의 산' 전망하기

노스랜드

뉴질랜드 건국 역사를 알 수 있는 머나먼 북쪽으로! 평온한 해안 풍경과 여유로운 항해까지

오클랜드

다양한 취향을 모두 만족시켜줄 뉴질랜드 대표 도시. 하루쯤은 가까운 섬이나 해변으로 훌쩍 떠나도 좋아!

New Zealand Preview
뉴질랜드 여행 미리 보기

뉴질랜드 영토는 북섬과 남섬, 2개의 섬으로 나뉜다.
전체 면적은 약 26만 7710km²로 한반도의 1.2배이고, 행정구역상 16개의 지방region으로 이루어져 있다.
본토에서 800km 떨어진 곳에 위치한 채텀 제도Chatham Island는 자치권을 가진 10개의 섬으로 이루어진
특별령이다. 인구 대부분은 살기 좋은 북섬에 거주하지만 반드시 남섬도 여행해야 한다.

북섬 North Island

① 노스랜드 ➡ 3권 P.058

아열대기후인 뉴질랜드 최북단에서 거대한 카우리 나무가 자라는 원시림을 보고, 건국 역사가 숨쉬는 와이탕이와 러셀을 방문한다.

② 오클랜드 ➡ 3권 P.010

뉴질랜드에서 가장 크고 인구가 많은 도시이며, 뉴질랜드 국내선 직항편의 기착지다. 도심 한복판에 우뚝 솟은 스카이 타워는 오클랜드를 상징하는 랜드마크다.

③ 해밀턴 ➡ 3권 P.082

와이카토 지방에서 가장 큰 도시. 영화 〈반지의 제왕〉 촬영지인 호비튼, 해변 휴양지 래글런, 신비로운 글로웜 동굴로 떠나기 좋은 위치다.

④ 로토루아 ➡ 3권 P.086

간헐천과 온천이 풍부한 지열 지대로, 마오리족 민속 마을이 있다.
통가리로 국립공원의 관문 타우포, 해안 도시 타우랑가와 가깝다.

⑤ 웰링턴 ➡ 3권 P.146

뉴질랜드의 수도로 주요 정부 기관과 박물관, 그리고 영화 〈반지의 제왕〉 스튜디오가 있는 정치·문화의 중심지다.

넬슨
태즈먼
⑥ 말버러
웨스트코스트
⑧
⑨
⑦ 캔터베리
⑪ ⑩
오타고
사우스랜드
⑫

※뉴질랜드의 16개 지방명16 regions을 표시한 지도

노스랜드 ①

오클랜드 ②

와이카토 ③

베이오브플렌티 ④
기즈번

타라나키

호크스 베이

마나와투-
왕가누이

웰링턴 ⑤

남섬
**South
Island**

⑧ 프란츠 조셉 빙하 ▶ 2권 P.068

트랜즈알파인 기차를 타고 서부 해안으로 가면 만나게 되는 거대한 빙하 지대. 기상 상황이 좋으면 빙하 위를 걷는 헬리 하이크에 도전해보자.

⑨ 마운트 쿡 국립공원 ▶ 2권 P.106

크라이스트처치와 퀸스타운 사이에 자리한 뉴질랜드 최고봉 마운트 쿡과 캔터베리 대평원의 호수가 겹쳐지는 모습은 뉴질랜드 여행의 하이라이트!

⑩ 퀸스타운 ▶ 2권 P.120

와카티푸 호수와 리마커블스로 둘러싸인 남섬 최고의 여행지. 번지점프, 스카이다이빙, 래프팅, 스키 등 사계절 내내 즐길 거리가 다양하다.

⑪ 밀퍼드 사운드 ▶ 2권 P.160

깎아지른 듯한 절벽 위에서 쏟아지는 폭포수를 지나 바다까지 나아가는 유람선 투어로 유명한 피오르 지형이다. 세계 10대 하이킹 코스인 루트번 트랙의 종착점이기도 하다.

⑥ 픽턴 & 넬슨 ▶ 2권 P.216

북섬 웰링턴에서 출항한 페리가 쿡 해협을 건너 남섬 픽턴에 도착한다. 넬슨은 아벨태즈먼 국립공원과 케이프 페어웰로 향하는 관문이다.

⑦ 크라이스트처치 ▶ 2권 P.010

남섬에서 가장 큰 도시로 남섬 여행의 출발점이다. '가장 영국적인 도시'라 불리는 만큼 문화적인 저력이 여전히 남아 있다.

⑫ 더니든 ▶ 2권 P.178

남섬 제2의 항구도시. 멸종 위기종인 앨버트로스가 서식하는 오타고반도, 뉴질랜드 최남단 스튜어트 아일랜드와 가깝다.

ATTRACTION

ACTIVITY

EAT & DRINK

SHOPPING

Bucket List

뉴질랜드 여행 버킷 리스트

ATTRACTION

☑ BUCKET LIST 01

영화 속 뉴질랜드

〈반지의 제왕〉 촬영 명소

① 호비튼

② 모르도르

쳇우드 숲 ③

⑤ 〈반지의 제왕〉 스튜디오

④ 에도라스

⑥ 황금 숲 로스로리엔

영화 〈반지의 제왕〉 3부작이 엄청난 성공을 거두면서 뉴질랜드는 전 세계 사람들이 찾아오는 모험과 판타지의 나라가 되었다. 뉴질랜드 전역을 무대로 인간과 엘프, 호빗이 공존하는 중간계를 완벽하게 구현한 피터 잭슨 감독은 뉴질랜드의 영웅으로 떠올랐고, 뉴질랜드를 여행하다 보면 '반지의 제왕 봤느냐'는 질문을 종종 받을 정도로 현지인들의 애착과 자부심이 대단하다.

〈반지의 제왕〉 3부작
The Lord of the Rings(LOTR) Trilogy

장르 판타지, 모험, 액션 **원작** J.R.R 톨킨(영국 출신) **감독** 피터 잭슨(뉴질랜드 출신)

출연 일라이자 우드(프로도), 이언 매켈런(간달프), 올랜도 블룸(레골라스), 리브 타일러(아르웬), 크리스토퍼 리(사루만)

촬영 시기 1999~2000년(2년간 3편 촬영)

개봉 제1편 〈반지 원정대〉 2001년, 제2편 〈두 개의 탑〉 2002년, 제3편 〈왕의 귀환〉 2003년

줄거리

절대반지를 손에 넣어 세상을 지배하려는 악의 군주 사우론을 막는 방법은 반지가 처음 만들어진 운명의 산에서 반지를 파괴하는 것! 프로도, 샘, 메리, 피핀, 4명의 호빗은 평화로운 삶의 터전인 호비튼을 지켜내기 위해 반지를 지닌 채 모르도르로 떠나고, 그 과정에서 엘프와 인간 등의 종족이 합류한 반지 원정대가 결성된다. 그러나 반지에는 악의 힘이 있어 끊임없이 이를 차지하려는 유혹에 시달린다. 그리고 이들을 저지하려는 사우론의 휘하 사루만과 혈투를 벌이게 된다.

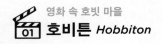
영화 속 호빗 마을

호비튼 *Hobbiton*

오클랜드에서 180km 떨어진 작은 타운 마타마타 인근 목장 지대에 중간계의 아름다운 땅 샤이어와 호빗들이 사는 마을 호비튼을 재현한 영화 세트장이 그대로 남아 있다. 원래는 목장이었는데 잭슨 감독이 헬기를 타고 촬영지를 물색하다 이곳을 직접 발견했다고 한다. 아기자기하게 꾸민 마을이 뉴질랜드의 전원 풍경과 더없이 잘 어울려 영화 팬이 아니더라도 방문할 가치는 충분하다. ▶ 3권 P.077

이렇게 둘러보세요!

❶ 마을을 둘러보려면 입구 매표소에서 전용 투어 버스를 타야 한다. 투어 시간은 약 2시간이며, 주말이나 성수기에는 예약을 권장한다. 개인 차량이 없는 경우 오클랜드나 로토루아에서 출발하는 당일 투어에 참여하거나, 인근 마을 마타마타까지 왕복하는 셔틀버스를 이용할 수 있다.

❷ 모든 투어 참가자에게는 호비튼에 있는 그린 드래곤 인Green Dragon Inn에서 음료를 제공한다. 영화 속 호빗의 저녁 만찬이나 아침 식사를 즐기려면 따로 예약해야 한다.

영화 속 모르도르
02 통가리로 국립공원 *Tongariro National Park*

사우론이 다스리는 악의 왕국 모르도르의 배경은 통가리로 국립공원
이다. 두 활화산이 솟아오른 황량한 이곳에서 제2편 〈두 개의 탑〉 초반
에 샘과 프로도가 길을 잃고 헤매는 장면을 촬영했다. 마운트 나루호
에Mount Ngauruhoe는 절대반지가 만들어진 운명의 산(마운트 둠Mount
Doom)으로, 마운트 루아페후Mount Ruapehu는 암흑의 문이 세워진 장
소로 등장한다. ▶3권 P.122

이렇게 둘러보세요!

통가리로 국립공원은 투어 프로그램에
참가하지 않고 개인적으로 방문하는
것도 가능하다. 마운트 루아페후에는
스키장이 있는데 개인 차량으로
비교적 쉽게 갈 수 있으며, 약 8시간
걸리는 통가리로 알파인 크로싱
트레킹 코스를 걸으면 마운트
나루호에를 가까이서 볼 수 있다.

영화 속 쳇우드 숲
03 타카카 힐 *Takaka Hill*

아라곤의 안내에 따라 호빗들이 탈출하
는 과정은 남섬 북쪽의 카후랑이 국립공원
에서 대부분 촬영했다. 마운트 오웬Mount
Owen(모리아 광산)과 마운트 올림푸스
Mount Olympus(리븐델 남쪽)까지는 도로
가 없어서 헬리콥터를 타지 않으면 접근이
불가능하다. 하지만 기묘한 형상의 바위로
가득한 타카카 힐은 개인 차량으로 갈 수
있다.

요금 예약 상황에 따라 달라짐
홈페이지 www.helicoptersnelson.co.nz

이렇게 둘러보세요!

넬슨에서 출발하는 헬리콥터 투어는 약 2시간
30분 동안 카후랑이 국립공원의 주요 촬영지를
돌아본다. 한편 넬슨에는 절대반지의 실제
촬영 소품을 제작한 옌스 한센의 보석 가게가
있다.
▶ 타카카 힐 2권 P.240
▶ 옌스 한센 2권 P.232

영화 속 에도라스
마운트 선데이
Mount Sunday

높은 설산으로 둘러싸인 언덕 위의 요새, 로한의 왕국 에도라스는 남섬의 고원 지대인 캔터베리 하이 컨트리에 있는 마운트 선데이에서 촬영했다. 세트장은 흔적도 없이 사라졌지만 〈반지의 제왕〉 팬이라면 알아볼 수 있는 독특한 지형만큼은 그대로다. 마운트 선데이를 둘러싼 주변 경치가 뛰어나다. ▶ 2권 P.051

요금 1인 $300 **홈페이지** hasslefreetours.co.nz

이렇게 둘러보세요! ▶

❶ 크라이스트처치에서 출발하는 당일 투어에 참여하면 영화 장면을 재현할 수 있도록 로한의 깃발이나 김리의 도끼, 세오덴 왕의 검 같은 소품을 빌려준다. 마운트 선데이를 등반하려면 사유지를 지나고 비포장도로를 1시간 이상 달려야 한다.

❷ 중간 지점에 있는 산장에서 먹는 점심과 오프로드 차량을 타고 계곡을 건너는 재미는 덤! 개인 차량으로 계곡을 건너기는 힘들다.

LOTR 투어 순서

① 크라이스트처치 출발(오전 9시)

② 사륜구동 차량으로 계곡 건너기

③ 마운트 선데이 등반(왕복 1시간)

④ 산장에서 점심 식사

영화 제작소 웨타 워크숍
05 웰링턴 *Wellington*

뉴질랜드의 수도 웰링턴에도 〈반지의 제왕〉과 관련된 장소가 여러 곳
있다. 특히 잭슨 감독이 설립한 특수 효과 제작 스튜디오인 웨타 워크숍
Wētā Workshop에서는 〈반지의 제왕〉 체험관을 운영한다. 호빗들이 나
즈굴을 피해 숨었던 호비튼 우드는 마운트 빅토리아Mount Victoria로 웰
링턴 근교에 있어 찾아가기 쉽다. 영화에서 안두인강으로 나온 헛강Hutt
River, 아이센가드의 정원으로 나온 하코트 파크Harcourt Park, 엘프의 왕
국 리벤델의 무대가 된 카이토케 리저널 공원Kaitoke Regional Park 등은
웰링턴 북쪽으로 약 40~50km 거리에 모여 있다. ▶ 3권 P.146

이렇게 둘러보세요!

개인 차량이 없으면 웰링턴 일대
촬영지를 방문하고 웨타 워크숍까지
돌아보는 당일 투어를 이용하는 게
편리하다. 반나절 코스를 선택하면
북부 지역은 제외된다.

요금 하루 코스 $325,
반나절 코스 $175
홈페이지 wellyringtours.nz

웰링턴까지 가기
힘들다면 오클랜드의 웨타
워크숍 언리시드를
방문해도 좋아요.
▶ 3권 P.033

TRAVEL TALK

투어를 추천하는 이유 뉴질랜드 전역에 150여 곳의 〈반지의 제왕〉 촬영지가 있지만, 촬영 후 원상 복구를 의무화한
계약 조건으로 인해 호비튼 마을을 제외한 곳에는 영화에 사용한 구조물이 거의 남아 있지
않아요. 따라서 촬영지를 좀 더 깊이 있게 살펴보려면 시청각 자료나 소품을 활용해 안내하는
투어에 참여하는 것이 좋아요. 하지만 영어로만 진행하며 소규모이기 때문에 가격이 상당히
비싼 편이에요.

영화 속 황금 숲 로스로리엔

06 퀸스타운 Queenstown

멋진 자연환경 덕분에 가장 많은 장면을 촬영한 곳이 퀸스타운이다. 특수 효과가 없어도 그 자체로 신비롭게 보이는 와카티푸 호수와 카와라우강은 영화에 이름만 바뀌어 등장하며, 리마커블스도 화면에 종종 잡힌다. 근교 마을인 글레노키에서도 여러 장면을 촬영했다.

▶ 2권 P.120

이렇게 둘러보세요!

투어를 단 하나만 선택해야 한다면 퀸스타운 투어 추천! 직접 운전해서 갈 수 없는 오프로드인 스키퍼스 캐니언과 애로우강에서의 사금 채취 체험까지 더해져 재밌는 하루를 보낼 수 있다. 〈반지의 제왕〉뿐 아니라 〈나니아 연대기〉, 〈엑스맨 탄생: 울버린〉 촬영지도 함께 안내해준다.
요금 반나절 $285
홈페이지 www.nomadsafaris.co.nz

황금 숲 로스로리엔

안두인강

브루이넨 여울

 퀸스타운 배경의 영화 속 장소

☐ **와카티푸 호수** ≫ 황금 숲 로스로리엔, 아이센가드, 팡고른 숲과 지락지길

☐ **글렌노키** ≫ 이실리엔 캠프, 아이센가드, 안개산맥

☐ **카와라우강** ≫ 안두인강, 왕들의 관문과 아르고나스 석상

☐ **애로우타운** ≫ 아르웬이 나즈굴을 상대하던 브루이넨 여울

☐ **리마커블스** ≫ 아라곤이 원정대를 데리고 가던 딤릴 골짜기

✪ 뉴질랜드를 배경으로 한 영화

밀퍼드 사운드

엘리펀트 록스

피하 비치

우드힐 포레스트 5 2 커시드럴 코브
6 피하 비치

밀퍼드 사운드
1
4 엘리펀트 록스
3 푸라카우누이 베이

미션 임파서블: 폴아웃
Mission Impossible Fallout

장르 액션, 모험

원작 〈제 5전선〉(TV 시리즈)

감독 크리스토퍼 맥쿼리

영화의 첫 장면은 에단 헌트(톰 크루즈)의 꿈속에서 벌어지는 결혼식이다. 아주 잠깐이지만 폭포가 떨어지는 신비로운 풍경으로 시선을 사로잡은 장소는 남섬의 ❶ **밀퍼드 사운드**다. 이 외에도 퀸스타운의 네비스, 크롬웰의 협곡 같은 외딴 장소에서 격투 신을 촬영했다.

나니아 연대기 The Chronicles of Narnia

장르 판타지, 모험

원작 C.S. 루이스(영국 출신)

감독 앤드루 애덤슨(뉴질랜드 출신)

뉴질랜드를 판타지의 왕국으로 만든 또 하나의 명작이다. 무려 7편에 달하는 원작 중 3편을 영화화했는데, 그 중 〈사자, 마녀, 그리고 옷장〉과 〈캐스피언 왕자〉 편의 대부분을 뉴질랜드에서 촬영했다. 비교적 찾아가기 쉬운 촬영지는 북섬 코로만델반도의 ❷ **커시드럴 코브**다. 나니아로 돌아간 페벤시 남매들이 동굴 같은 곳에서 투명한 바닷물이 찰랑대는 해변으로 걸어 나와 폐허로 변한 케어 패러벨성을 올려다보는 장면을 촬영한 곳이다. 성 자체는 CG 처리한 것이지만 해안 절벽은 남섬 캐틀린스의 ❸ **푸라카우누이 베이**를 모티브로 했다. 이 외에 기암괴석이 즐비한 ❹ **엘리펀트 록스**, 무리와이 비치 인근의 ❺ **우드힐 포레스트** 등은 흔적은 남아 있지 않지만 촬영지로 알려져 있다.

피아노 Piano

장르 드라마, 멜로

감독 제인 캠피언(뉴질랜드 출신)

칸 영화제 황금종려상과 아카데미 각본상을 비롯해 수많은 작품상을 휩쓴 명작이다. 포스터에도 등장하는 해변은 오클랜드 근교의 ❻ **피하 비치**다. 여름에 각광받는 서핑 휴양지이며, 특유의 검은 모래사장이 유명하다.

ATTRACTION

취향 따라 선택하기

뉴질랜드를
여행하는 방법

위대한 여정
그레이트 워크

 도보 여행

가장 확실하게 뉴질랜드의
자연을 만끽하는 방법! 며칠
동안 산과 바다를 걷는
그레이트 워크 트램핑은
인생에서 손꼽히는 추억으로
남을 것이다.

☐ 후커 밸리 트랙
☐ 루트번 트랙
☐ 통가리로 알파인 크로싱

뉴질랜드 관광 열차
그레이트 저니

 기차 여행

남섬을 횡단하는 트랜즈
알파인은 뉴질랜드 관광 열차
중 가장 유명하다. 흔들리는
차창 너머로 서던알프스
산맥의 환상적인 경치가
펼쳐진다.

☐ 트랜즈알파인
☐ 코스털 퍼시픽
☐ 노던 익스플로러

알프스에서 바다까지
그레이트 라이드

 자전거 여행

시원한 바람을 맞으며
힘차게 페달을 밟아볼까?
뉴질랜드의 경이로운
대자연은 자전거
여행자들에게 매력적인
도전이다.

☐ 남섬 A2O
☐ 북섬 그레이트 레이크

알뜰 여행 끝판왕
인터시티 버스

🚌 버스 여행

배낭여행자의 천국인
뉴질랜드에서는 차를
빌리지 않아도 멋진 여행이
가능하다. 버스를 타고
여행하면서 친구를 사귀는
경험까지!

☐ 인터시티 버스
☐ 키위 익스피리언스
☐ 스트레이 트래블

쿡 해협을 건너다
웰링턴 ⇔ 픽턴

🚢 페리 여행

말버러 사운드의 장엄한
풍경과 뉴질랜드의 수도
웰링턴 감상을 한 번에!
쿡 해협을 건너는 페리는
유용한 교통수단이자
유람선이다.

☐ 인터아일랜더
☐ 블루브리지

렌터카로 자유롭게
로드 트립

🚗 자동차 여행

개인 차량을 이용하면 대중
교통으로 접근하기 어려운
지역까지 샅샅이 구경할 수
있다. 다만 차량 주행 방향이
우리나라의 반대라는 점을
주의해야 한다.

☐ 기본 교통법규
☐ 렌터카 정보

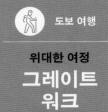

도보 여행

위대한 여정
그레이트 워크
Great Walks

뉴질랜드에서는 며칠에 걸쳐 자연 속을 걷는 난도 높은 도보 여행을 트램핑tramping이라고 한다. 뉴질랜드 전국의 트램핑 루트 중 특별히 유명한 10곳이 '그레이트 워크'로 선정되었는데, 이곳을 걸으려면 야영도 해야 하므로 만반의 준비가 필요하다. 이 책에서는 누구나 가볍게 도전할 수 있는 반나절 또는 하루 일정의 트레킹도 소개했으니 자신에게 적합한 코스에 도전해보자.

난이도
● 상
● 중
● 하

⑥ 테아라로아 트레일
와이카레모아나 트랙
⑤ 통가리로 알파인 크로싱
황가누이 저니
히피 트랙
④ 아벨태즈먼 코스트 트랙
파파로아 트랙
② 루트번 트랙
③ 프란츠 조셉 글래시어 워크
밀퍼드 트랙
① 후커 밸리 트랙
케플러 트랙
라키우라 트랙

⊘ 그레이트 워크 시즌을 이용한다.
뉴질랜드에서는 10월 말에서 이듬해 4월까지 걷기에 안전한 그레이트 워크 시즌으로 지정했다. 이 기간에는 환경보존부Department of Conservation(DOC)에서 숙소(산장, 캠핑장 등)를 운영하며 사전 예약은 보통 6월부터 접수한다. **홈페이지** www.doc.govt.nz(접속해 'Online Bookings' 선택)

⊘ 구체적인 계획을 짠다.
등산로 구간에서는 대부분 통신이 끊긴다. 따라서 정확한 경로를 알 수 있도록 상세 지도를 준비하고, 하루 동안 걸을 거리를 계산하는 등 구체적인 계획을 짜야 한다.

⊘ 날씨를 확인한다.
산간 지방의 날씨는 수시로 바뀐다. 뉴질랜드 기상청의 일기예보를 확인하고 방문자 센터에서 보다 정확한 지역 정보를 얻는다. **홈페이지** www.metservice.com

⊘ 준비물을 챙긴다.
1시간짜리 트레킹이라고 해도 만약을 대비해 마실 물과 간식을 준비한다. 튼튼한 방수 신발과 방수 등산복, 경량 패딩도 항상 휴대한다.

⊘ 자신의 위치를 알린다.
반나절 이상 걸리는 등산에 나설 때는 지인에게 자신의 위치를 알린다. 며칠 걸리는 트램핑이라면 DOC 방문자 센터에서 입산 등록을 할 것.

01 바람과 빙하의 계곡
후커 밸리 트랙 ▶ 2권 P.112

뉴질랜드에서 가장 높은 산, 마운트 쿡을 정면으로 보며 걷는 최고의 코스다. 흔들다리를 건너 수풀이 무성한 초원을 지나면 여름에도 얼음이 둥둥 떠다니는 호수가 나타난다. 날씨만 허락한다면 누구나 도전할 수 있다.

> CHECK POINT
> ☐ **난이도** 하　　☐ **이동 거리** 10km(왕복)
> ☐ **시간** 4시간　　☐ **출발 장소** 마운트 쿡

02 세계 10대 트레킹 코스
루트번 트랙 ▶ 2권 P.156

그레이트 워크 중에서 가장 유명하며 세계적으로도 널리 알려진 코스다. 퀸스타운 근교의 글레노키에서 출발해 밀퍼드 사운드까지 넘어가는 동안 마운트 어스파이어링과 피오르드랜드 국립공원을 지나게 된다. 꼼꼼한 사전 준비는 필수.

> CHECK POINT
> ☐ **난이도** 중　　☐ **이동 거리** 33km(편도)
> ☐ **시간** 2박 3일　　☐ **출발 장소** 글레노키

03
거대한 빙하를 마주하다
프란츠 조셉 글래시어 워크
▶ 2권 P.078

빙하가 만든 U자형 빙식곡을 따라 프란츠 조셉 빙하의 말단부가 보이는 곳까지 걸어 올라가는 루트. 홍수로 트랙 일부가 유실되었으나 여전히 많은 이들이 찾는 명소다. 비가 많이 내릴 때는 반드시 기상 상황을 확인하고 위험하지 않을 때 출발해야 한다.

> CHECK POINT
> ☐ **난이도** 하
> ☐ **시간** 30분
> ☐ **이동 거리** 1.7km(왕복)
> ☐ **출발 장소** 프란츠 조셉 마을

⑭ 탐험가의 발자취를 따라서
아벨태즈먼 코스트 트랙

▶ 2권 P.236

뉴질랜드를 최초로 탐험한 유럽인 아벌 타스만의 상륙을 기념해 지정한 아벨태즈먼 국립공원을 걷는 코스다. 황금빛 모래사장과 원시림, 강 유역을 지나야 하므로 난도가 매우 높다. 걷는 대신 배를 타고 해안으로 접근하는 방법도 있다.

CHECK POINT
- ☐ **난이도** 상
- ☐ **시간** 3~5일
- ☐ **이동 거리** 60km(편도)
- ☐ **출발 장소** 카이테리테리

⑮ 운명의 산을 걷다
통가리로 알파인 크로싱

▶ 3권 P.124

모르도르를 헤매는 반지 원정대처럼, 검은 화산암으로 뒤덮인 황량한 화산 지대를 걷는 코스다. 공식 그레이트 워크인 노던 서킷Northern Circuit 루트는 3~4일 걸리지만, 그 일부인 알파인 크로싱 코스는 당일에 목표 지점에 도달할 수 있다.

CHECK POINT
- ☐ **난이도** 중
- ☐ **시간** 8시간
- ☐ **이동 거리** 19.4km(편도)
- ☐ **출발 장소** 통가리로 국립공원

⑯
북섬에서 남섬까지
테아라로아 트레일

▶ 3권 P.070

뉴질랜드 최북단인 케이프 레잉가에서 최남단인 블러프까지 국토 전체를 종단하는 루트다. 남섬과 북섬의 주요 트레일을 연결하는 개념으로, 총거리가 3000km에 이른다. 홈페이지에서 지역별 세부 정보를 참고하도록 한다.

홈페이지 www.teararoa.org.nz

CHECK POINT
- ☐ **난이도** 상
- ☐ **시간** 무제한
- ☐ **이동 거리** 3000km(편도)
- ☐ **출발 장소** 케이프 레잉가

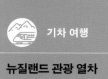

기차 여행

뉴질랜드 관광 열차
그레이트 저니
Great Journeys

오클랜드

픽턴 · 웰링턴

그레이마우스 · 크라이스트처치

더니든

국영 철도 키위레일KiwiRail에서 운영하는 그레이트 저니는 커다란 유리창이 있는 파노라마 열차로, 뉴질랜드의 대자연 속을 유람하는 고급 관광 열차다. 그중 서던알프스산맥을 넘는 산악 기차 트랜즈알파인과 동부 해안을 달리는 코스털 퍼시픽이 최고로 인기 있다. 인구가 많은 북섬에서는 오클랜드와 웰링턴을 연결하는 관광 열차인 노던 익스플로러뿐 아니라 캐피털 커넥션 같은 통근 기차도 운행한다.
홈페이지 www.greatjourneysofnz.co.nz

노선 종류	운행 지역	운행 간격	지역 정보
노던 익스플로러	오클랜드 ⟷ 웰링턴	주 3회	3권 P.146
코스털 퍼시픽	픽턴¹⁾ ⟷ 크라이스트처치	주 4회²⁾	2권 P.010
트랜즈알파인	크라이스트처치 ⟷ 그레이마우스	매일³⁾	2권 P.010
캐피털 커넥션	웰링턴 ⟷ 파머스턴노스	평일	3권 P.146
타이에리 협곡	더니든 ⟷ 푸케랑이	매일	2권 P.178

¹⁾웰링턴–픽턴 간 페리 티켓과 연계해 구입 가능 5~8월 겨울 시즌에는 코스털 퍼시픽
²⁾1~4월 여름 시즌에는 매일 운행 ³⁾5~8월 겨울 시즌에는 주 4회 운행

노던 익스플로러에서 바라본 마운트 나루호에

차창 밖으로 보이는 서던알프스산맥

와이마카리리강을 건너는 트랜즈알파인

뉴질랜드 국영 철도 키위레일

자전거 여행

알프스에서 바다까지
그레이트
라이드
Great Ride

나라 전체에 2500km에 달하는 자전거 루트인 '그레이트 라이드'가 조성되어 있어 어디에서나 자전거 여행자를 만나게 된다. 하지만 산간지대가 많고 도로 폭이 좁은 뉴질랜드를 자전거로 여행한다는 것은 만만치 않은 일이다. 자동차 운전자들이 자전거를 배려해주는 편이지만 항상 안전에 유의해야 한다.

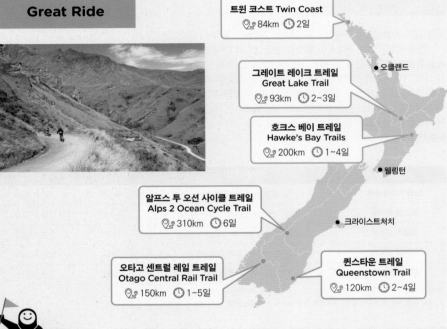

트윈 코스트 Twin Coast
84km　2일

오클랜드

그레이트 레이크 트레일
Great Lake Trail
93km　2~3일

호크스 베이 트레일
Hawke's Bay Trails
200km　1~4일

웰링턴

알프스 투 오션 사이클 트레일
Alps 2 Ocean Cycle Trail
310km　6일

크라이스트처치

오타고 센트럴 레일 트레일
Otago Central Rail Trail
150km　1~5일

퀸스타운 트레일
Queenstown Trail
120km　2~4일

알아두면 유용한 정보

☑ **나 하에렝가 그레이트 라이드 오브 뉴질랜드** Ngā Haerenga Great Rides of New Zealand

뉴질랜드를 대표하는 자전거 트레일의 상세 정보를 제공하는 사이트. 코스별 난이도와 세부 일정, 안전 정보, 준비물까지 잘 정리되어 있다. **홈페이지** nzcycletrail.com

☑ **원샤워** WarmShowers

자전거 여행자들에게 숙박을 제공하는 세계적인 자전거 커뮤니티. 뉴질랜드에서도 상당히 활성화되어 숙박과 문화 교류의 기회를 얻을 수 있다. **홈페이지** www.warmshowers.org

☑ **바이클리** Bikely

세계 자전거 여행 경험이 많은 전문가가 운영하는 한국의 자전거업체. 서울 용산에 매장이 있고, 블로그를 통해 뉴질랜드 자전거 여행 노하우를 공유한다. **홈페이지** blog.naver.com/bikely_tour

01 남섬을 관통하는 자전거 루트
알프스 투 오션

뉴질랜드 최고봉 마운트 쿡의 화이트 호스 힐 캠프사이트에서 출발, 남섬의 대표 명소인 호수 지대를 지나 동부 해안까지 이어지는 310km의 자전거 도로다. 자전거 루트 중에서는 최장 코스이며, 일부 구간은 헬리콥터와 연계되도록 구성했다.

홈페이지 www.alps2ocean.com

남섬 **마운트 쿡** ▶ 2권 P.111 **남섬** **오아마루** ▶ 2권 P.213

02 흥미진진 마운틴 바이크
스카이라인 곤돌라

퀸스타운과 로토루아에서는 산 정상까지 곤돌라를 타고 올라갔다가 산악자전거를 타고 마을로 내려올 수 있다. 경로에 따라 난이도가 조금씩 다르니 지도를 보고 선택할 것.

홈페이지 www.skyline.co.nz

남섬 **퀸스타운** ▶ 2권 P.120
북섬 **로토루아** ▶ 3권 P.086

03 타우포 호수 한 바퀴
그레이트 레이크

뉴질랜드에서 가장 큰 호수 주변을 돌아보는 코스다. 거리는 짧은 편이지만 습지대 등 험지가 포함되어 있다. 쉬운 코스를 원한다면 타우포 마을 주변에서만 타는 것도 괜찮다.

홈페이지 www.biketaupo.org.nz

북섬 **타우포** ▶ 3권 P.086

04 협곡 열차 여행과
자전거 여행을 한번에
오타고 센트럴 레일

1879년부터 1990년까지 사용하던 남섬 센트럴 오타고 지역의 옛 철도를 따라 개발한 코스다. 더니든에서 기차를 타고 종점에 내리면 자전거 도로의 시작점인 미들마치Middlemarch와 연결된다.

홈페이지 www.otagocentralrailtrail.co.nz

남섬 **타이에리 협곡 열차**
▶ 2권 P.189

버스 여행

알뜰 여행 끝판왕
인터시티 버스
InterCity Bus

뉴질랜드 전역을 연결하는 인터시티 버스는 배낭여행자들이 가장 많이 이용하는 효율적인 교통수단이다. 도시나 마을 한복판의 정류장에 내려주기 때문에 숙소까지 도보로 이동하기 쉽고, 관광지에서는 투어 옵션을 안내해주기도 한다.

> **TYPE 01**

편도 또는 왕복 티켓

홈페이지에서 출발지와 목적지, 이동 날짜를 입력해 해당 구간에 맞는 요금을 확인하고 티켓을 구입한다. 예약 변경이나 환불 시에는 수수료가 발생하며, 뉴질랜드 학생증이나 백패커스 관련 신분증이 있으면 할인받을 수 있다. 북섬의 오클랜드와 웰링턴 사이에서는 좌석이 넓은 우등 버스인 인터시티 골드InterCity Gold를 이용할 수 있다.

할인 가능한 신분증 YHA, ISIC, BBH, Nomads 등

	변경		환불	
	버스·페리	기차	버스·페리	기차
표준 요금 Standard Fare	가능	불가능	불가능	불가능
	예약 변경은 버스나 페리 출발 2시간 전까지 가능하며, 변경 당일 자정까지 재예약을 완료해야 한다. 환불은 불가능하므로 일정이 확실하게 정해지고 나서 예약한다.			
플렉시패스 요금 FlexiPass Fare	가능	가능	가능	가능
	예약 변경이나 취소는 버스나 페리의 경우 출발 2시간 전까지, 기차는 출발 48시간 전까지 가능하다. 환불은 취소 후 31일 이내에 신청해야 한다.			

TYPE 02

패스형 요금제

개별 티켓을 구입하는 대신, 정해진 시간이나 정해진 코스에 맞춘 패스형 요금제를 이용할 수도 있다. 마운트 쿡, 트랜즈알파인 기차, 밀퍼드 사운드 데이 투어 등 특별 구간에서는 추가 요금을 내야 한다.

패스가 있더라도 탑승 전 예약은 필수입니다.

인터시티 버스 노선 정보

❶ 플렉시패스 FlexiPass

정해진 시간(15시간, 30시간, 60시간) 동안 남섬과 북섬을 오가는 인터아일랜더 페리를 포함해 인터시티 버스 전 노선을 이용할 수 있는 패스다. 단기간에 여러 장소를 이동할 경우 유용하며, 홈페이지에서 경로를 미리 검색한 다음 가장 효율적인 동선을 계획한다.

❷ 트래블패스 TravelPass

12개월 내에 정해진 코스를 이동할 때 사용할 수 있는 패스로 장기 여행자에게 유용하다. 예를 들어 남섬 전체를 여행하는 패스를 구입했다면 크라이스트처치에서 퀸스타운으로 이동해 체류하다가 원할 때 프란츠 조셉으로 이동하는 버스를 예약할 수 있다.

🔗 **뉴질랜드 전체 North & South Island**
　요금 $545(남섬-북섬 간 페리 포함)
🔗 **남섬 전체 Scenic South**
　요금 $669(밀퍼드 사운드 크루즈 포함)
🔗 **알프스 익스플로러 Alps Explorer**
　요금 $279(크라이스트처치 · 퀸스타운 · 밀퍼드 사운드 크루즈 포함)

트랜즈알파인
그레이마우스
프란츠 조셉
크라이스트처치
마운트 쿡
밀퍼드 사운드 데이 투어
퀸스타운

TYPE 03

또 다른 장거리 버스업체는?

이동을 위해 교통수단을 이용하면서 더 다양한 경험을 원한다면 단체 여행에 특화된 버스업체를 알아본다. 키위 익스피리언스의 경우, 영어 회화가 가능하고 떠들썩한 분위기를 좋아하는 사람이라면 더욱 재밌는 여행을 할 수 있다.

	인터시티	키위 익스피리언스	스트레이 트래블
종류	교통수단	관광버스	관광버스
숙소	미포함	일부 포함	일부 포함
정류장	정해진 장소에만 정차	숙소 픽업	숙소에서 같이 출발
예약	직접 진행	직접 진행	일정에 포함
연령	전 연령대	20대 초 · 중반	전 연령대
홈페이지	www.intercity.co.nz	www.kiwiexperience.com	www.straytravel.com
특징	일반적인 버스 노선 외에 투어 프로그램을 추가로 선택할 수 있다. 호비튼 영화 세트, 와이토모 케이브, 밀퍼드 사운드 크루즈 투어가 대표적이다.	버스 기사가 투어 가이드 역할을 하며, 다양한 국적의 친구를 사귈 기회가 많다. 정해진 체류지에서 최소 1박을 해야 하는데, 연계 숙소(백패커스)를 소개해준다.	프로그램에 따라 여행의 자유도를 정할 수 있다. 일반 버스로 갈 수 없는 팜스테이나 로지 등 고급 숙소가 포함되어 있다는 것이 차별점이다.

페리 여행

쿡 해협을 건너다
웰링턴 ⇔ 픽턴

뉴질랜드의 남섬과 북섬을 연결하는 페리를 타고 쿡 해협을 건너는 3시간 내내 유람선을 탄 기분으로 아름다운 경치를 감상할 수 있다. 페리 노선 자체가 1번 국도(SH1)에 속해 있어 자동차를 페리에 싣는 것도 가능하며, 배낭여행자도 물론 탑승할 수 있다.

STEP 01

**페리 또는
비행기 결정하기**

픽턴 · 웰링턴

❶ 시간 문제

페리가 출발하는 웰링턴과 픽턴은 각각 북섬과 남섬 끝에 위치하며, 체크인까지 포함해 이동에만 꼬박 하루가 걸린다. 따라서 시간 여유가 없을 때는 비행기를 이용하는 것이 합리적이다.

❷ 렌터카 문제

북섬에서 자동차를 대여하고 남섬에서 반납하면 상당한 추가 요금이 발생한다. 렌터카 회사 정책에 따라 페리 탑승을 못 하거나 차량 편도 반납이 불가능한 경우도 있다. 이때는 페리를 타기 전에 차를 반납하고 건너편에서 다시 차를 대여하는 연계 서비스를 이용해야 한다.

STEP 02

페리 선택 및 예약

국영 철도 키위레일에서 운영하는 인터아일랜더 페리와 사설 업체인 블루브리지 페리가 하루 3~4차례 동일한 경로를 운항한다. 홈페이지에서 원하는 시간에 배가 있는지 확인한 다음, 탑승 인원과 차량 운행 여부를 입력하고 예약한다. 요금은 운행 시간과 변경·환불 조건에 따라 달라진다.

인터아일랜더 Interislander

홈페이지 www.interislander.co.nz
편도 요금 보행자 1인 $78~89, 차량 1대 $250~280
장점 인터시티 버스가 웰링턴 페리 터미널까지 픽업

블루브리지 Bluebridge

홈페이지 www.bluebridge.co.nz
편도 요금 보행자 1인 $67~73, 차량 1대 $209~255
장점 웰링턴 기차역 바로 앞이라 곧바로 탑승 가능

STEP 03

터미널 이동 및 체크인

 배낭여행자는 페리 터미널에서 최소 1시간 전까지 체크인하고 위탁 수하물 (기본 2개)을 부친다. 휴대용 짐은 7kg 이하의 작은 가방과 핸드백 등으로 제한한다.

렌터카 여행자는 페리 터미널 진입로에서 최소 1시간 전에 체크인해야 한다. 출퇴근 시간에는 교통 정체를 감안해 이동 시간을 여유 있게 잡을 것.

📍 **웰링턴** ▶ 3권 P.153

두 회사의 페리가 출발하는 항구가 다르니 예약 후 안내문을 잘 확인해야 한다.

📍 **픽턴** ▶ 2권 P.219

늦은 오후에 도착하는 페리를 탑승한다면 숙소를 미리 예약하는 것이 좋다.

STEP 04

페리 탑승

안내에 따라 대기하고 있다가 페리에 차를 싣는다. 주차한 다음 핸드브레이크를 채우고 차에서 내려야 한다. 항해 도중 차로 돌아갈 수 없으니 필요한 물품을 미리 챙겨서 내린다. 정확한 주차 위치를 기억해둘 것.

STEP 05

항해 중

항해 시간은 3시간~3시간 30분 정도라 여유 있게 시간을 보낼 수 있다. 별도 요금을 내고 선실을 예약해도 되지만 카페나 공용 휴게실을 이용하는 것도 좋다. 날씨가 좋을 때는 갑판 위에 자리를 잡아도 되는데, 바람이 많이 부니 여름이라도 겉옷을 챙기자.

STEP 06

항구 진입

반대편 항구에 닿기 전 안내 방송이 나오면 차로 돌아가 하선을 준비한다. 배낭여행 및 자전거 여행자용 출구는 따로 있다. 렌터카를 대여할 예정이라면 업체별로 주차장 위치가 다르니 미리 확인해둔다.

자동차 여행

렌터카로 자유롭게
로드 트립
Road Trip

시간이나 장소 제약 없이 자유롭게 여행하고 싶다면 자동차 여행을 고려해보자. 물론 차량 주행 방향이 우리나라와 반대라 경력이 많은 운전자라 하더라도 각별한 주의가 필요하다. 보행자와 자전거 운전자에게는 항상 양보 운전을 해야 한다.

안전 운전 요령

STEP 01
뉴질랜드의 교통법규

❶ 좌측 주행 Left-hand Traffic
뉴질랜드의 자동차는 운전석이 오른쪽에 배치되어 있으며, 주행 차선은 중앙선 좌측이다. 렌터카를 대여한다면 안전한 장소에서 충분히 연습한 다음 실제 도로에 진입하도록 한다.

❷ 중앙선 Centre Line
주요 도로인 국도를 포함한 편도 1차선 도로의 중앙선은 보통 흰색 점선으로 표시되어 있다. 중앙선이 황색 실선인 구간에서는 추월 금지다.

도로 가운데 흰색 점선이 중앙선

황색 실선 구간은 추월 금지

❸ 추월 Overtaking

길이 좁은 뉴질랜드에서의 운전은 추월과 양보의 연속이라 해도 과언이 아니다. 뒤쪽 차량이 재촉할 때가 많은데, 이런 경우 조급해지지 말고 도로 가장자리에 정차할 공간이 보이거나 전면의 시야가 확보될 때까지 안전하게 주행한다. 다른 차량이 내 차를 추월하고 있다면 속도를 줄여 앞 공간을 만들어주는 배려 운전도 필요하다. 커브 길이나 전방의 시야가 확보되지 않은 상황에서 추월해서는 안 된다. 추월하는 데 자신이 없다면 추월 차선passing lane이 나올 때까지 기다리는 것도 방법이다.

일정한 간격으로 표시된 추월 차로

안전 구역을 확보해 비켜선 화물 차량

❹ 1차선 교량 One-lane Bridge

차선이 하나뿐인 다리를 건널 때는 일단 정지한 뒤 반대편에서 오는 차량이 있는지 확인해야 한다. 교통표지의 작은 빨간색 화살표는 반대편 차량에 양보해야 한다는 의미다.

❺ 운전 속도 Driving Speed

과속 시에는 고액의 벌금이 부과된다. 도로마다 제한속도가 달라 항상 교통표지를 살펴봐야 한다. 만약 교통표지가 없다면 도심에서는 시속 50km, 교외 지역에서는 시속 100km가 제한속도다. 캠핑카 등 대형 차량은 어떤 상황에서도 시속 90km를 넘어서는 안 된다.

❻ 가축 · 동물 이동 시 주의

야생동물이 출몰하는 지역에는 경고 표지판이 설치되어 있으니 만약의 상황에 대비해 조심스럽게 운전해야 한다. 길가에 야생동물이나 가축이 보이면 경적을 울리지 말고 서행해야 하며, 간혹 양 떼나 소 떼가 차 앞을 막기도 하는데 이때는 지나갈 때까지 기다렸다가 출발한다.

뉴질랜드의 도로 종류

❶ 국도 State Highway(SH)

뉴질랜드의 국도는 붉은색 방패 모양에 흰색으로 도로 번호를 표시한다. 북섬과 남섬을 연결하는 도로는 1번 국도(SH1)가 유일하며, 대도시 주변은 한 자리 숫자, 그 외는 두 자리 숫자로 분류한다. 왕복 2차선인 좁은 길이 대부분이지만 일부 구간(SH43, SH38)을 제외하면 포장도로라 안심하고 달릴 수 있다.

북섬 국도 번호 → SH2~5, SH10~58
남섬 국도 번호 → SH6~8, SH60~99

1 60 10

❷ 모터웨이 Motorway

국도 중 대도시 주변의 일부 도로는 신호등이 없고 고속 주행이 가능한 모터웨이, 즉 고속도로로 분류된다. 사각형 녹색 표지판에 출구 번호와 연결 도로가 표시되어 있다.

❸ 지방 도로 Local Road

국도를 제외한 나머지 도로는 자치단체에서 운영하는 지방 도로이며, 흰색 바탕에 검은색 숫자로 표시하거나 도로명을 붙인다. 참고로 뉴질랜드 자동차 도로의 38%는 비포장도로이며, 대다수의 렌터카업체는 비포장도로 주행을 허용하지 않으니 국도가 아닌 길로 들어설 때는 각별한 주의가 필요하다.

❹ 시닉 로드 Scenic Road

특별히 경치가 좋은 구간을 '절경 도로'라는 뜻의 시닉 로드로 지정해 갈색 표지판으로 표시한다. 국도와 지방 도로를 달리다가 시닉 로드 표지판이 보이면 잠시 우회해도 좋다.

STEP 03

유료 도로 Toll Road

북섬에서는 통행료를 부과하는 유료 도로가 세 곳 있다. 차량 번호판을 인식해 요금을 청구하는 자동화 시스템이기 때문에 눈에 잘 띄지 않는다. 사전 등록하지 않은 차량의 경우, 통과 후 업무일 기준 5일 이내에 홈페이지를 통해 요금을 납부하도록 한다. 이 시기를 놓치면 우편으로 청구서가 발송되는데 추가 비용(행정 비용+서비스 비용)이 발생한다. 렌터카는 회사에서 차량을 등록하고 비용을 추후 청구하는 방식이 많은데, 업체별 정책을 확인하도록 한다.

홈페이지 www.nzta.govt.nz/roads-and-rail/toll-roads

오클랜드 노던 게이트웨이

타우랑가 타키티무 드라이브

타우랑가 이스턴 링크

유료 도로 종류

SH1	오클랜드 노던 게이트웨이 Auckland Northern Gateway	오클랜드 남쪽 7.5km 구간 (Silverdale – Pūhoi)	$2.60
SH2	타우랑가 이스턴 링크 Tauranga Eastern Link	타우랑가 주변 15km 구간 (Pāpāmoa – Paengaroa)	$2.30
SH29	타우랑가 타키티무 드라이브 Tauranga Takitimu Drive	타우랑가에서 2번 국도로 진입하는 5km 구간 (Tauranga City Centre)	$2.10
추가 요금	행정 비용 $4.90, 서비스 비용 $3.70, 현금 결제 비용 $1.20 청구서 발행 후 미납부 벌금 $40.00, 위반 시 $20.60		

STEP 04

안전 운전을 위한 체크 사항

❶ 실시간 도로 정보

뉴질랜드의 도로는 좁고 가파른 편으로 구글맵의 예상 시간에 비해 실제 주행 시간은 더 길게 예상해야 한다. 기상 상황이나 공사 구간에 따라 도로가 폐쇄될 수 있으니 교통국 홈페이지의 경로 검색을 통해 실시간 정보를 파악하는 습관을 들인다. 겨울철 남섬에서는 스노 체인이 필요하다.

뉴질랜드 교통국
홈페이지 www.journeys.nzta.govt.nz/journey-planner

❷ 물, 식량, 주유는 충분히

뉴질랜드의 고립된 지역을 여행할 때는 언제나 물과 식료품을 차에 싣고 다니며 주유소를 만날 때마다 휘발유를 채워둔다. 휘발유는 페트롤petrol이라 하며, 주유소는 서비스 스테이션service station 또는 페트롤 서비스 스테이션petrol service station이라고 한다. 대표적인 주유소 브랜드로 얼라이드, 모빌, 칼텍스, BP, Z 등이 있다.

주유소 찾기 www.gas.kiwi/gas-station-finder

❸ AA 멤버십 알아보기

긴급 출동 서비스와 각종 할인 혜택이 있어 뉴질랜드에 정착해 운전하는 경우 매우 유용하다. 연회비는 거주 지역과 프로그램 종류에 따라 조금씩 다르며, 6개월짜리 방문자 멤버십(AA Visitor Membership)도 있다.

뉴질랜드 자동차 협회
홈페이지 www.aa.co.nz **연회비** $99(오클랜드 기준)

❹ 오프라인 지도 챙기기

도로가 대부분 외길이라 길 찾기가 쉬운 편이지만, 도시를 벗어나면 통신이 원활하지 않은 지역이 많다. 따라서 모바일 기기에 구글맵 오프라인 지도를 미리 다운로드해 두어야 통신이 끊겨도 내비게이션 기능을 이용할 수 있다. 또한, 방문자 센터에 들를 기회가 있다면 반드시 종이 지도 책자를 챙겨 두는 것이 좋다.

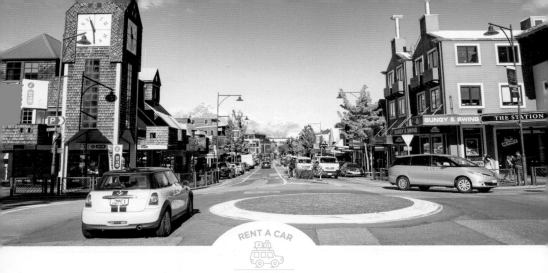

렌터카 선택 시 고려 사항

자동차는 여행 내내 함께하게 될 교통수단이다. 유사시 신속한 지원을 받을 수 있는지,
궁금한 점이나 요청 사항이 있을 때 즉각 소통이 가능한지,
클레임 발생 시 쉽고 편하게 접수나 처리가 가능한지 확인해야 한다.

※임차 규정에 관한 정확한 내용은 렌터카사 약관을 참고하세요.

픽업 · 반납 영업소 결정

뉴질랜드에서는 북섬-남섬 간 이동이 중요한 변수다. 북섬에서 차를 빌리고 남섬에서 반납(혹은 그 반대)할 경우 상당히 비싼 편도 반납비를 지불해야 한다. 페리 탑승이 불가능한 경우도 있다. ▶ 페리 탑승 정보 P.036

추가 비용 발생

예약한 시간에 맞춰 차량을 픽업하고 반납하는 것은 기본이다. 특히 국내에서 예약한 내용을 현지에서 변경하면 전체 일정 요금이 새로 계산될 수 있으므로 사용 중 기간 연장이 필요하면 현지 영업소에 전화 걸어서 요금 변동 부분을 확인한 후 결정해야 한다. 몇 시간 일찍 반납하는 것은 추가 요금 없이 가능하다. 영업 시간 이외 무인 반납이 가능한지 여부는 예약하는 시점에 업체에 문의할 것.

예약은 렌터카 회사에서 직접

여러 렌터카 회사의 차량을 가격순으로 비교해주는 중개 사이트에서 예약하면 보험, 위약금, 취소 조건 등이 직접 예약하는 경우와 다를 수 있으니 주의해야 한다. 가격이 저렴하다면 저렴한 이유가 반드시 있기 때문에 어느 부분에서 차이가 나는지 계약 조건을 꼼꼼히 확인해야 한다.

4 보험 선택 시 주의 사항

렌터카 이용 시 필요한 보험은 TPL(대인·대물 책임보험), LDW(기본 자차 보험), MDW(완전 자차 보험)이다. 우리나라 보험사 긴급출동과 유사한 프리미엄 로드사이드 어시스턴스premium roadside assistance 같은 옵션도 있다. 뉴질랜드에서는 특히 렌터카의 비포장도로 진입은 대부분 금지되며, 교통법규 위반에 의한 사고는 보험 적용이 안 된다는 내용이 약관에 고지되어 있다.

5 언제 예약하는 것이 좋을까

렌트 요금은 현지의 차량 수급 상황에 따라 수시로 변하기 때문에 빨리 예약한다고 무조건 저렴한 것은 아니다. 항공 스케줄이 확정되면 일단 예약을 하되, 출발 전까지 틈틈이 요금을 체크해보다가 가격이 더 내려가면 기존 예약을 취소하고 새로 예약할 수도 있다. 이런 경우 취소 수수료 또는 위약금이 발생할 수 있다.

ACTIVITY

온 세상이 테마파크

뉴질랜드
액티비티 총정리

모험의 땅 뉴질랜드는 나라 전체를 테마파크라고
불러도 손색없는 액티비티의 천국이다. 급류
래프팅과 번지점프, 패러글라이딩 같은 익스트림
스포츠는 물론이고 온천, 낚시, 별 관측 등 가족이
함께 즐길 만한 체험 프로그램도 다양하다.

테카포 호수

별 관측   온천   헬기 투어

아벨태즈먼 국립공원

스카이다이빙

빙하 지대

헬기 투어   헬리 하이크

크라이스트처치

래프팅   펀팅   스카이다이빙

퀸스타운

번지점프   루지   래프팅   스카이다이빙   온천

오클랜드

번지점프　자전거

코로만델반도

온천

로토루아

루지　온천

타우포

자전거　번지점프　래프팅　스카이다이빙

TIP! ▶ 예약 전 고려 사항

❶ 취소 가능한지 확인
현지에 도착해 바로 여행 상품을 선택할 수
있으나, 여행사나 홈페이지를 통해 미리 예약하면
할인 폭이 크다. 기상 상황에 따른 변수가 발생할 경우
예약 취소가 가능한지 꼭 확인하도록 한다.

❷ 일정은 여유롭게 잡기
집합 장소에 모여 단체로 버스를 타고 이동하는 경우가
많아서 한 가지 액티비티를 즐기는 데 최소 2~3시간이
걸리므로 일정에 여유를 둬야 한다. 운동량이 많은
액티비티를 하고 난 다음에는 충분한 휴식을 취하고,
업체별 안전 규정을 잘 따르도록 한다.

프란츠 조셉 빙하와 글래시어 헬리콥터

01 헬리콥터 · 경비행기 투어
•ACTIVITY•

Helicopter · Plane Ride

<u>PRICE $350~600</u>

헬리콥터나 경비행기를 타고 상공에서 내려다보는 시닉 플라이트scenic flight는 뉴질랜드 전역에서 즐길 수 있는데, 특히 서던알프스산맥과 마운트 쿡 상공을 비행하는 프로그램이 인기 있다. 헬리콥터를 타고 빙하로 날아가 얼음 동굴과 설원을 탐험하는 헬리 하이크는 충분한 체력이 필요하다. 요금은 탑승 시간과 프로그램에 따라 차이가 크다.

	빙하 지대	호수 지대	피오르 지대	아벨태즈먼 국립공원
특징	헬리 하이크의 핵심 지역. 마운트 쿡까지 다녀오는 프로그램을 추가할 수 있다.	캔터베리 평원 위를 날아 새파란 호수와 마운트 쿡까지 돌아보는 알찬 투어	피오르 지형을 하늘에서 감상할 수 있는 기회. 크루즈 연계 상품도 있다.	자동차로 갈 수 없는 국립공원 구석구석을 하늘에서 감상하는 투어
위치	◉ 프란츠 조셉 빙하	◉ 테카포 호수	◉ 밀퍼드 사운드	◉ 넬슨

ⓒ폭스 빙하 가이드 투어

⊘ 경비행기 vs 헬리콥터, 어떤 걸 선택할까

경비행기

활주로에서 이륙하는 경비행기는 높은 고도를 유지하면서 더 먼 거리를 비행하는 것이 특징이다. 탑승 인원은 보통 8명 내외이며, 체중별로 좌석을 배정한다. 탑승 중에는 좌석 변경을 할 수 없고, 날개 옆자리를 배정받으면 시야를 가릴 수 있다는 점을 감안할 것.

대표 업체 에어 사파리Air Safaris
홈페이지 www.airsafaris.co.nz

헬리콥터

헬리콥터는 빙하 위에 착륙할 수 있을 만큼 기동성이 좋고 시야가 넓으며, 상대적으로 비행 고도가 낮아 생동감 넘치는 체험이 가능하다. 그러나 소음 때문에 방음 헤드폰을 착용해야 하며 기상 상황에 매우 민감하다. 헬리콥터 투어가 전반적으로 경비행기 투어보다 요금이 비싸다.

대표 업체 헬리콥터 라인The Helicopter Line
홈페이지 www.helicopter.co.nz

번지점프
Bungy Jump
PRICE $300~400

발목을 묶은 굵은 로프에 의지해 수십 미터 아래로 뛰어내리는 번지점프는 뉴질랜드를 시작으로 전 세계로 퍼져나간 익스트림 스포츠다. 2명이 함께 뛰어내리는 2인 점프는 탠덤tandem, 원하는 자세로 낙하하는 것은 프리스타일freestyle이라고 한다. 점프대가 설치된 장소의 경치가 매우 아름답고, 근처에서 집라인이나 쿼드 바이크 같은 액티비티도 함께 즐길 수 있다.

AJ 해켓의 오클랜드 하버 브리지 번지

	카와라우 브리지	네비스 협곡	하버 브리지	타우포 번지
높이	43m	134m	40m	47m
특징	최초의 번지점프 명소	뉴질랜드 최고 높이와 난도	다리에서 보는 오클랜드 전망	와이카토강으로 점프
추가 액티비티	집라인	스윙, 캐터펄트, 쿼드 바이크	브리지 클라임	클리프행어
위치	◎ 퀸스타운	◎ 퀸스타운	◎ 오클랜드	◎ 타우포

카와라우 브리지

네비스 협곡

TRAVEL TALK

번지점프의 대부, AJ 해켓

세계 최고 수준의 번지점프 기술을 보유한 앨런 존 해켓은 남태평양 바누아투의 전통 성인식에서 행해지던 번지점프를 관광 상품으로 발전시킨 인물입니다. 뉴질랜드 출신인 그는 탄력이 우수한 번지점프 로프를 개발한 뒤 1986년 오클랜드의 하버 브리지, 1987년에는 에펠탑에서 뛰어내려 유명해졌어요. '누가 돈 주고 뛰어내리겠어?'라는 사람들의 의구심에도 불구하고 그는 결국 1988년 퀸스타운의 카와라우 협곡에서 세계 최초의 상업 번지점프 사업을 시작했고, 크나큰 성공을 거두었답니다.
홈페이지 www.bungy.co.nz

에이번강 펀팅　퀸스타운의 숏오버강

03
• ACTIVITY •

래프팅 · 제트보트
Rafting · Jet Boating
PRICE $150~300

거센 급류를 헤쳐 나가는 래프팅, 모터보트를 타고 협곡을 질주하는 제트보트는 계곡과 강이 많은 뉴질랜드에서 주요 어트랙션이다. 난이도에 따라 급류를 1~6등급으로 나누며, 4등급 이상은 전문가와 동반해야 한다. 비교적 쉽게 참가할 수 있는 장소를 정리했다.

	제트보트	래프팅	조각배	래프팅	래프팅	래프팅	제트보트
업체	숏오버 제트	숏오버 래프팅	에이번강 펀팅	화이트 워터 파크	블랙 워터 래프팅	카이티아키 어드벤처	후카폴스 제트
등급	해당 없음	4~5등급	해당 없음	1~4등급	1등급	3~5등급	해당 없음
특징	누구나 즐길 수 있는 스릴 만점 보트 투어	험준한 스키퍼스 캐니언 사이를 지나는 고난도 액티비티	도심을 흐르는 에이번강에서 즐기는 뱃놀이	강 일부를 막아 인공적으로 조성한 급류 타기 어트랙션	글로웜으로 유명한 와이토모 케이브를 탐험하는 보트 투어	최고의 급류 타기 명소인 화이트 워터에서 진행	타우포 호수로 흘러드는 와이카토강에서 즐기는 제트보트
위치	◉ 퀸스타운	◉ 퀸스타운	◉ 크라이스트처치	◉ 오클랜드	◉ 와이카토	◉ 타우포	◉ 타우포

04 · ACTIVITY ·
루지
Luge

PRICE 왕복 곤돌라 + 루지 1회 $60~80

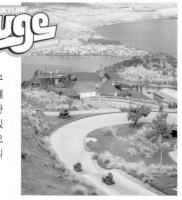

동계 올림픽의 썰매 종목인 루지를 사계절 즐길 수 있는 놀이기구로 개발한 곳이 뉴질랜드의 업체 스카이라인Skyline이다. 전 세계에 지점을 둔 스카이라인 루지 트랙은 경치가 아름답기로 유명한데, 그중 두 곳이 뉴질랜드에 있고, 우리나라의 통영과 부산에도 있다. 안전 헬멧은 무료로 대여해주며, 1분 정도 간단한 교육을 받으면 쉽게 조종할 수 있다. 2~5세(또는 키 85cm 이하) 아동은 $5의 추가 요금을 내고 성인과 함께 탑승해야 한다.

홈페이지 www.bungy.co.nz

	스카이라인 퀸스타운	스카이라인 로토루아
트랙 길이	1.6km(트랙 2종류)	7.3km(트랙 5종류)
특징	퀸스타운의 완벽한 전망, 리프트를 타고 출발 지점으로 올라가 내려오는 방식	1985년에 오픈한 세계 최초의 루지, 루지를 타고 아래로 내려가 리프트로 올라오는 방식
추가 액티비티	전망대, 번지점프, 마운틴 바이크, 집트렉	전망대, 스카이스윙, 집라인, 마운틴 바이크
위치	📍 퀸스타운	📍 로토루아

Skydive Abel Tasman

NZONE Skydive Skydive Taupo

05
• ACTIVITY •

스카이다이빙 · 패러글라이딩
Skydiving · Paragliding

<u>PRICE $300~500</u>

스카이다이빙은 비행기를 타고 약 3000~4000m 까지 올라가 30~90초간 자유낙하를 한 뒤 낙하산 을 펼쳐 착지하는 고난도 스포츠다. 고도에 따라 낙하 시간이 달라지며 높이 올라갈수록 요금도 높 아진다. 산 정상에서 바람을 타고 유유히 활강하 는 패러글라이딩이나 모터보트를 이용한 패러세일 링도 인기 있다. 경험이 없는 초보자라면 전문가가 동반하는 탠덤을 선택한다.

> **TIP! 스쿠버다이빙은 없나요?**
>
> 뉴질랜드는 수온이 낮은 편이며, 스쿠버다이빙은 대부분 북섬 쪽에서 이루어진다. 대신 남섬에는 고래와 함께 수영하기, 고래나 물개 관찰 프로그램 등 해양 동물 관련 투어가 좀 더 활성화되어 있다. ▶ P.060

	N존 스카이다이브	G 포스 패러글라이딩	스카이다이브 아벨태즈먼	스카이다이브 타우포
고도	9000~1만 5000ft (2734~4572m)	2500ft (762m)	9000~1만 6500ft (2734~5029m)	1만 2000~1만 8500ft (2657~5638m)
특징	말이 필요 없는 퀸스타운 경치	스카이라인 곤돌라 정상에서 출발하는 유일한 업체	남섬과 북섬의 해안선 조망	타우포 호수와 통가리로 국립공원 경치
위치	📍퀸스타운 ▶ 2권 P.131	📍퀸스타운 ▶ 2권 P.131	📍아벨태즈먼 국립공원 ▶ 2권 P.237	📍타우포 호수 ▶ 3권 P.117

06 ·ACTIVITY· 온천 · 스파
Hot Springs · Spa
PRICE $0~100

화산섬인 북섬에는 뜨거운 지하수가 솟아오르는 천연 온천이 많다. 지열 활동이 활발한 타우포와 로토루아에서는 겨울에도 모락모락 김이 나는 호수에서 새들이 한가로이 떠다니곤 한다. 따뜻한 온천수가 흐르는 계곡에서 수영을 하거나 직접 땅을 파서 온천을 찾아내는 것도 북섬에서만 가능한 체험이다. 반면 남섬은 아름다운 경치를 보면서 여유롭게 스파를 즐길 수 있는 곳이 인기가 많다.

	핫 워터 비치	폴리네시안 스파	케로신 크리크	온센 핫 풀	테카포 스프링스
비용	무료	유료	무료	유료	유료
특징	모래사장에서 나만의 온천탕 만들기	스파의 정석, 온천 마을의 대중 노천탕	따뜻한 계곡에서 물놀이 하기	경치가 멋진 럭셔리 프라이빗 스파	반짝이는 밤하늘 아래서 낭만 체험
위치	📍코로만델반도	📍로토루아	📍로토루아	📍퀸스타운	📍테카포 호수

ⓒ퀸스타운의 온센 핫 풀

ⓒ겨울의 테카포 호수와 테카포 스프링스

낚시 *Fishing*
07 ACTIVITY

PRICE $20~50

강과 계곡이 많고 1만 5000km의 해안선으로 둘러싸인 섬나라 뉴질랜드에서는 낚시를 즐기는 사람을 어디에서나 볼 수 있다. 본격적인 낚시 시즌은 12월부터 6월까지다. 양식장에서 낚싯대를 빌려 잡은 물고기를 요리해 먹는 낚시 체험도 가능하니 가족과 함께 하는 여행이라면 멋진 시간을 가져보자.

⚠ **낚시 및 채집 활동 관련 주의 사항**

뉴질랜드에서 민물낚시를 하려면 반드시 현지 업체나 방문자 센터, 환경보존부(DOC) 등을 통해 허가증을 받아야 한다. 바다낚시의 경우에도 포획량 제한이나 낚시 제한구역 등이 있다. 모바일 앱(NZ Fishing Rules)을 다운받으면 뉴질랜드 제1차 산업성Ministry for Primary Industries의 규정을 확인할 수 있다.

	연어 양식장	새우	무지개송어	청새치
업체	아나토키 새먼 피싱	후카 프론 파크	통가리로 국립 송어 센터	블루 말린 피싱
비용	유료	유료	유료 · 무료	유료
위치	📍태즈먼	📍타우포	📍투랑이	📍파이히아

이것이 뉴질랜드 라이프!
낚시와 과수원 체험

남섬의 풍요로운 북부 해안가(픽턴과 넬슨)에서는 과수원과 농장, 연어 양식장에서 직접 과일을 따고 연어를 잡는 경험을 할 수 있다. 개인적으로 방문할 수 있는 업체도 있고, 패키지 투어를 이용해 참가하는 방법까지 다양한 선택지가 있다.

방금 잡은 싱싱한 연어
연어 낚시

뉴질랜드에서 낚시를 하려면 몇 가지 규정을 따라야 하는데, 한 번에 잡을 수 있는 마리 수는 물론 물고기 길이까지 제한한다. 따라서 여행자에게는 양식장 낚시가 편리하다. 우리나라에 수출할 정도로 품질이 뛰어난 킹 새먼king salmon 은 치누크 연어라고도 하는데 태즈먼 지역에서 양식한다. 골든 베이에 위치한 타카카 마을의 연어 양식장에서는 사계절 내내 킹 새먼 낚시를 체험할 수 있다. 입장료와 장비 대여는 무료이며, 잡은 연어는 kg당 $37(한 마리에 보통 1.5~2kg)에 판매한다. 연어가 가장 통통한 시기는 12~3월이다. 손질 비용을 내고 훈제를 주문하거나 즉석에서 회로 먹을 수도 있다.

아나토키 새먼 피싱 & 카페 Anatoki Salmon Fishing & Café
위치 넬슨에서 108km **주소** 230 McCallum Rd, Takaka
운영 10:00~16:00 **홈페이지** anatokisalmon.co.nz

말버러 특산품
초록입홍합

물이 맑고 잔잔한 말버러 사운드 해역에는 수백 곳의 초록입홍합Green-lipped mussel 양식장이 퍼져 있다. 배를 타고 가서 양식장을 견학한 뒤 와인을 곁들여 홍합찜을 먹는 크루즈 투어를 신청해보자.

그린셸 머슬 크루즈 Greenshell Mussel Cruise
위치 픽턴에서 60km
주소 픽턴 와프Picton Wharf에서 픽업해 이동
운영 13:30 출발(최소 인원 2인) **요금** $155
홈페이지 www.marlboroughtourcompany.co.nz

03 *FARM*
제철 과일 실컷 먹기
농장 · 과수원 체험

매년 12월부터 3월까지 수확기에 맞춰 딸기, 체리, 라즈베리, 블루베리 등의 과일 농장을 개방해 원하는 만큼 직접 수확한 과일을 무게를 재서 판매하는 체험형 상품이다. kg당 $10~15의 저렴한 가격에 싱싱한 과일을 먹을 수 있다. 개방 시기는 농장마다 다르니 방문 전에 꼭 홈페이지를 확인해야 한다.

베리랜드 *Berrylands*
위치 넬슨에서 16km **주소** 108 Appleby Highway, Appleby 7081
페이스북 @berrylandsfarm

에덴 오차드 *Eden Orchards*
위치 블레넘에서 23km **주소** 29 Inkerman St, Renwick 7204
홈페이지 edenorchards.co.nz

윈드송 오차드 *Windsong Orchard*
위치 블레넘에서 13km
주소 29 Inkerman St, Renwick 7204
페이스북 @Windsong-Orchard

04 *PĀUA*
전복도 먹고 진주도 보고!
전복 양식장

뉴질랜드에서만 먹을 수 있는 흑전복을 파우아pāua라고 한다. 넬슨 · 말버러 지역에서는 12월부터 1일 5개로 채취를 제한하며, 기간에 상관없이 누적 10개 이상 또는 전복살 1.25kg 이상 채취는 금지한다.
아라파와 아일랜드Arapawa Island의 전복 양식장에서는 90분간 전복과 진주 생산 과정을 견학하고 시식도 할 수 있다. 픽턴에서 퀸 샬롯 사운드를 경유하는 수상 택시를 타면 왕복 4시간 정도 소요된다.

파우아 팜 투어 *Pāua Farm Tours*
위치 말버러 사운드
주소 Arapawa Homestead, Whekenui Bay
문의 03 579 9075
운영 개별 예약
요금 $65(수상 택시 요금 별도)
홈페이지 www.arapawahomestead.co.nz
수상 택시 문의 office@mailboat.co.nz

ACTIVITY

☑ BUCKET LIST 04

당신의 여름은 나의 겨울

8월에 즐기는
스키 & 보드

우리나라와 계절이 정반대인 뉴질랜드의 스키장은 6월 중순에 오픈해 7~8월에 성수기를 맞이하고, 10월 초에서 중순 무렵 문을 닫는다. 시설이 잘 갖춰진 일부 리조트의 경우 여름에는 마운틴 바이크 같은 레크리에이션 장소로 변신하기도 한다. 북섬에서 제대로 스키를 탈 수 있는 곳은 통가리로 국립공원이며, 남섬에서는 퀸스타운과 캔터베리 지역의 마운트 헛이 대표적이다. 뉴질랜드 전역의 38개 스키 리조트에 관한 정보는 홈페이지에서 확인할 수 있다.

홈페이지 www.skiresort.info

리마커블스 리조트로 향하는 산간 도로 ⓒNomad Safaris Photos

북섬
통가리로
국립공원

영화 〈반지의 제왕〉 촬영지인 통가리로 국립공원에는 두 곳의 스키 리조트가 있다. 리프트 티켓은 스키장 두 곳에서 교차 사용이 가능하니 규모가 큰 화카파파를 베이스캠프로 삼고 셔틀버스를 이용해 당일로 투로아 리조트를 다녀오는 방법을 추천한다.

홈페이지 www.mtruapehu.com

❶
화카파파
Whakapapa

마운트 루아페후 북서쪽에 위치한 화카파파는 뉴질랜드 최대 규모의 스키 리조트다. 초보 스키어도 안심하고 탈 수 있는 '해피 밸리'가 유명하고, 큰 규모에 걸맞게 중급자에게도 무난한 슬로프를 고루 갖추고 있다. 반면 가파른 화산 지형으로 이루어진 블랙 매직은 상급자도 어려움을 겪는 오지로, 맑은 날에만 접근이 가능하다.

시설	• 리프트 11기, 곤돌라 1기 • 일반 슬로프, 터레인 파크, 백컨트리	
면적	5.5km²(전체 슬로프 44km, 최장 슬로프 4km)	
적설량	4m(제설 의존도 20%)	
고도	정상 2300m, 베이스 1580m	
난이도	초급 11%, 중급 62%, 고급 27%	
위치	타우포에서 97km, 자동차로 1시간	

❷
투로아
Tūroa

마운트 루아페후 남서쪽에 위치한 투로아는 난도가 높은 편이라 초·중급자에게는 부적합하다. 투로아의 베이스캠프는 오하쿠네Ohakune 마을이며, 화카파파까지는 자동차로 1시간 정도 걸린다.

홈페이지 www.mtruapehu.com/turoa

시설	• 리프트 8기 • 일반 슬로프, 터레인 파크, 하프파이프, 백컨트리	
면적	5km²(전체 슬로프 30km, 최장 슬로프 4km)	
적설량	2m(제설 의존도 10%)	
고도	정상 2322m, 베이스 1600m	
난이도	초급 17%, 중급 50%, 고급 33%	
위치	타우포에서 153km, 자동차로 2시간	

남섬 퀸스타운

퀸스타운의 최대 장점은 도시와 스키장의 거리가 매우 가깝다는 것이다. 개인 차량으로 스키장까지 가려면 타이어에 스노 체인을 장착해야 한다. 중심가에서 출발하는 '인포 & 스노'라는 셔틀버스를 예약하면 좀 더 편하게 다녀올 수 있다. 뉴질랜드 남섬에서 본격적인 스키 여행을 즐길 계획이라면 코로넷 피크, 리마커블스, 마운트 헛에서 사용 가능한 통합 시즌권에 관해 알아볼 것.

셔틀버스 www.infosnow.co.nz **시즌권** www.nzski.com
사진 제공 퀸스타운 관광청 QueenstownNZ.co.nz

❶ 코로넷 피크
Coronet Peak

리마커블스가 정면으로 보이는 위치에 있어 뉴질랜드 최고의 경치를 자랑한다. 주말에는 야간 스키도 즐길 수 있다. 슬로프 난도가 높지 않아 가족 단위 스키어들이 선호한다. 여름에는 관광용 곤돌라도 운행한다.

홈페이지 www.coronetpeak.co.nz

코로넷 피크에서 바라본 리마커블스

시설	• 리프트 7기+곤돌라 1기 • 일반 슬로프, 터레인 파크, 하프파이프
면적	2.8km² (전체 슬로프 40km, 최장 슬로프 2.4km)
적설량	2m(제설 의존도 70%)
고도	정상 1629m, 베이스 1167m
난이도	초급 20%, 중급 40%, 상급 40%
위치	퀸스타운 중심가에서 16km, 자동차로 20분 타우포에서 97km, 자동차로 1시간

❷
리마커블스
The Remarkables

리마커블스에서 가장 높은 더블 콘Double Cone에 조성한 슬로프라는 상징성만으로도 매력이 충분한 리조트다. 규모는 코로넷 피크보다 작지만 험준한 산악 지형 특성상 자연설의 비중이 높고, 프리스타일 스키와 스노보드에 적합하다. 퀸스타운과 가까워 방문하기 편리하다.

홈페이지 www.theremarkables.co.nz

리마커블스의 백컨트리 스키

🎿	시설	• 리프트 7기 • 일반 슬로프, 터레인 파크, 백컨트리
⛷	면적	2.2km²(전체 슬로프 20km, 최장 슬로프 2.5km)
❄	적설량	3.57m(제설 의존도 40%)
🏔	고도	정상 1943m, 베이스 1610m
🏂	난이도	초급 30%, 중급 40%, 상급 30%
📍	위치	퀸스타운 중심가에서 24km, 자동차로 40분

❸
카드로나 알파인 리조트
Cardrona Alpine Resort

최상급 스키어와 스노보더를 위한 고난도 슬로프를 갖추었으며, 남반구에서 가장 시설이 좋은 터레인 파크를 보유한 것으로 정평이 나 있다. 스키를 착용하지 않아도 곤돌라를 타고 정상까지 올라가 경치를 감상할 수 있다. 퀸스타운보다는 인근 소도시 와나카에서 가는 것이 더 가깝다.

홈페이지 www.cardrona.com

🎿	시설	• 리프트 7기+곤돌라 1기 • 일반 슬로프, 터레인 파크, 하프파이프
⛷	면적	2.2km²(전체 슬로프 40km, 최장 슬로프 4km)
❄	적설량	2.9m(제설 의존도 25%)
🏔	고도	정상 1894m, 베이스 1260m
🏂	난이도	초급 24%, 중급 49%, 상급 27%
📍	위치	퀸스타운에서 60km, 자동차로 1시간 / 와나카에서 34km, 자동차로 30분

ACTIVITY

☑ BUCKET LIST 05

키위를 만나면 행운!

뉴질랜드 생태 탐험

뉴질랜드 국조인 키위를 비롯해 겨울철에 남극에서 올라오는 고래 떼, 애교 넘치는 돌고래와
물개, 펭귄 무리까지, 야생동물 관찰 투어는 뉴질랜드 여행을 더욱 즐겁게 해준다.
수족관이나 동물원도 있지만 야생 상태나 자연환경이 잘 보존된 보호구역에서 동물을 더욱
생생하게 관찰할 수 있다.

뉴질랜드의 마스코트 새
키위 *Kiwi*

길고 뾰족한 부리와 갈색 털을 가졌으며, 성체 크기는 50~80cm 정도인 온순한 키위는 날개가 퇴화해 날지 못하는 뉴질랜드의 토종 새다. 날카로운 울음소리 때문에 마오리어로 이를 뜻하는 키위라는 이름이 붙었고, 뉴질랜드의 마스코트처럼 여겨지곤 한다. 마오리 전설에 따르면 숲의 제왕 타네마후타가 벌레에게 먹히는 나무들을 구하기 위해 새들에게 땅으로 내려오라고 도움을 요청했는데, 이때 유일하게 키위만 내려와 가장 사랑받는 새가 되었다고 한다. 나무둥치나 땅에 굴을 파고 생활하는 습성을 지녔으며, 매년 2%씩 개체 수가 감소하는 멸종 위기종이라 자연에서 만나기 매우 어려운 새다. 그나마 뉴질랜드 최남단 스튜어트 아일랜드에 2만 마리가량 서식한다. 하지만 이곳에서도 밤에만 활동하는 키위를 일반인이 보기란 하늘의 별 따기다. 키위를 보고 싶다면 키위 보호구역이나 동물원을 방문하거나 전문가를 동반한 투어에 참여한다.

어디서 볼까?
□ **유료** 복섬 오클랜드 동물원
□ **유료** 복섬 질랜디아
□ **유료** 남섬 웨스트코스트 야생 센터
□ **유료 · 무료** 남섬 스튜어트 아일랜드

남반구의 마스코트
펭귄 *Penguin*

깃털에 푸른빛이 감도는 블루펭귄blue penguin은 사계절 호주 남부 해안과 뉴질랜드 일대에서 집단 생활을 한다. 33cm에 불과한 작은 크기라 리틀펭귄이라고도 불리며, 마오리어로는 코로라kororā라고 한다. 희귀종인 노란눈펭귄yellow-eyed penguin은 오아마루, 더니든 등 남동쪽 해안 지역에서 관찰되고, 피오르드랜드펭귄Fiordland penguin은 남서쪽의 피오르드랜드, 최남단인 스튜어트 아일랜드 등지에 서식한다. 운이 좋으면 관찰 센터가 아닌 해변에서도 아침 무렵 바다로 먹이 활동을 나갔다가 저녁에 돌아오는 펭귄 무리를 볼 수 있는데, 가까이 접근하거나 플래시를 터뜨리는 행위는 절대 금물이다. 전망대가 있는 보호 센터에 가면 좀 더 자세히 관찰할 수 있다.

어디서 볼까?
관측 시기 사계절

오클랜드
웰링턴
국제 남극 센터 크라이스트처치
블루펭귄 서식지 오아마루
로열 앨버트로스 센터 더니든
스튜어트 아일랜드 오반

STORY 새들의 천국, 뉴질랜드

앨버트로스 Albatross ⓒ
가넷 Gannet
케아 Kea
웨카 Weka
타카헤 Takahē
푸케코 Pūkeko
파레카레카 Parekareka
카카 Kākā
모아새 Moa

천적이 없어 오랜 세월 동안 다양한 조류가 번성했던 뉴질랜드의 생태계는 인간의 등장으로 엄청난 변화를 겪게 된다. 수천 년 동안 이 땅에 터를 잡고 살아온 모아새의 멸종이 대표적인 사례다. 생김새가 타조와 비슷한 모아새는 몸무게가 230kg에 달해 날지 못하는 조류로 뉴질랜드에 약 5만 8000마리가 살고 있었다. 그런데 고대 폴리네시아인이 상륙한 1280년경 이후 무분별한 사냥으로 불과 100년 만에 멸종되었다고 한다. 오늘날 뉴질랜드 곳곳에 세워진 거대한 모아새 모형은 자연을 보호하려는 의지를 표현한 것이다.

생태계를 복원하려는 꾸준한 노력 덕분에 오늘날 뉴질랜드를 여행하다 보면 많은 새를 만나게 된다. 로토루아의 지열 지대와 습지에는 철새 도래지가 있으며 무리와이 비치의 가넷 서식지와 케이프 키드내퍼스, 더니든의 로열 앨버트로스 센터도 조류를 관찰하기 위해 많이 찾는 곳이다. 뉴질랜드의 토종 새 중에서 파란 깃털에 붉은 벼슬이 있는 푸케코, 가마우지의 일종인 파레카레카는 번식력이 뛰어나 쉽게 볼 수 있는 반면, 서던알프스산맥 고지대에 서식하는 알파인 앵무새 케아, 몸 전체가 파란색인 타카헤, 닭과 비슷하게 생긴 갈색의 웨카, 뉴질랜드 숲에만 사는 카카 등은 극히 일부 지역에서만 관찰된다.

해양 동물과의 만남
고래 · 돌고래 · 물개
Whale · Dolphin · Fur Seal

해양 동물 관찰 투어로 유명한 곳은 남섬의 크라이스트처치와 가까운 카이코우라 및 뱅크스반도의 아카로아 지역이다. 북섬 쪽에서는 오클랜드와 코로만델반도로 둘러싸인 하우라키만Hauraki Gulf 일대가 대표 구역이다.

고래

거대한 몸집의 생명체가 분수처럼 물을 뿜어 올리거나, 지느러미로 물살을 일으키다가 수면 위로 솟구쳐 오르는 모습은 더없이 신비롭고 감동적이다. 여름에는 극지방에서 먹이 활동을 하다가 겨울이 되면 호주 연안으로 이동하는 혹등고래humpback whale, 남방긴수염고래southern right whale 같은 종류는 6~8월에 관측되지만, 범고래killer whale·orca 는 계절과 무관하게 발견된다. 고래 관찰 투어는 보통 먼바다까지 배를 타고 나가 2~3시간 정도 관찰한 후 돌아오는데, 고래를 목격하지 못한 경우는 다시 탑승 기회를 주는 업체도 많다.

🧭 **어디서 볼까?**

관측 시기
고래 6~8월,
돌고래 · 물개 사계절

베이오브아일랜즈
오클랜드
웰링턴
카이코우라
아카로아
크라이스트처치
밀퍼드 사운드
퀸스타운

돌고래

배가 출항하면 물살을 헤치며 쫓아올 만큼 인간에게 친근감을 가진 돌고래. 수온이 적당한 여름철에 돌고래와 함께 수영하며 교감하는 체험 상품이 인기다.

물개

호주와 뉴질랜드에 서식하는 남방물개는 덩치가 크고 귀가 밖으로 노출되었다는 점에서 일반 물개와 구분된다. 남섬의 밀퍼드 사운드를 비롯한 바위가 많은 해안 지대에서 쉽게 눈에 띈다.

뉴질랜드에서 글로웜으로 가장 유명한 와이토모 케이브

숲으로 내려온 은하수
글로웜 *Glowworm*

뉴질랜드에 자생하는 글로웜은 버섯파리과의 유충
이다. 날아다니며 발광하는 반딧불이와는 달리 습
한 동굴이나 깊은 풀숲에 붙어 생활하면서 푸른색
과 초록색이 섞인 은은한 빛을 발산한다. 마오리어
이름은 '물에 비친다'는 의미의 티티와이titiwai이며,
주위를 환하게 밝히는 모습이 더없이 신비롭다.

글로웜을 보호하면서 더
자세히 관찰하려면 인공 불빛을
완전히 차단해야 해요. 손전등이나
카메라 플래시를 사용하지 말고
눈으로만 감상하세요.

🔭 어디서 볼까?

관측 시기 사계절

애비 케이브
황가레이

오클랜드

와이토모 케이브
와이토모

웰링턴

글로웜 델
호키티카

크라이스트처치

퀸스타운

글로웜 케이브
테아나우

뉴질랜드 풍경의 완성
양과 소 *Sheep · Cattle*

초원과 평야가 많은 뉴질랜드 어디에서나 눈에 띄는 것이 양 떼와 소 떼다. 특히 봄에는 어미를 졸졸 따라다니는 새끼 양과 송아지의 사랑스러운 모습도 볼 수 있다. 유명한 목장에서는 양털 깎기, 우유 짜기 시연이나 트랙터를 타고 농장 돌아보기 등 다양한 프로그램을 진행한다.

TIP! ▶ 워홀러라면 알아두기
북섬의 노스랜드에서는 육우를, 와이카토 · 타라나키 · 캔터베리 지역에서는 젖소를 주로 키운다. 목장 관련 일자리는 분만기인 래밍lambing(양), 카빙calving(소) 시즌에 집중된다. 북섬에서는 7~9월, 남섬에서는 8~10월경, 그리고 양털을 깎는 여름 시즌(12~3월)에도 일손이 부족해진다.

어디서 볼까?

관측 시기 사계절

오클랜드

아그로돔 목장
로토루아

매스터턴
웰링턴

크라이스트처치

월터피크 목장
퀸스타운

ACTIVITY

자연 속 낭만 캠핑

캠핑장 생활 백서

에메랄드색 호수와 험준한 산, 별이 쏟아질 듯 빛나는 밤하늘! 캠핑이야말로 뉴질랜드의 대자연과
하나 되는 가장 쉬운 방법이다. 도시의 소음과는 완전히 동떨어진 자연의 소리에 귀 기울이다
보면 어느새 밤이 깊어진다. 더욱 즐거운 여행을 위해 알고 가야 할 뉴질랜드의 캠핑 문화에 대해
살펴보자.

뉴질랜드 캠핑 명소
최고의 언택트 여행지

뉴질랜드에서 가장 깨끗하고 한적한 지역 중에는 숙소가 전혀 없거나 부족한 곳이 많다. 이런 곳에서 캠핑을 한다면 비용이 절감될 뿐 아니라 가장 실용적인 여행이 될 수 있다. 진정한 언택트 여행을 꿈꾼다면 다음 장소에 주목할 것!

코로만델반도 ▶ 3권 P.128

구불구불 길이 험해서 하루 만에 다 돌아보기 힘든 코로만델반도의 핫 워터 비치 톱 10 캠핑장에서는 해변에서 직접 구덩이를 파서 만든 온천을 즐기며 자연과 하나 되는 경험을 할 수 있다.

🏕 핫 워터 비치 톱 10
www.hotwaterbeachtop10.co.nz

이스트 케이프 ▶ 3권 P.138

뉴질랜드 동쪽 끝, 이스트 케이프와 기즈번 사이를 여행한다면 숙박은 캠핑이 거의 유일한 선택이다. 조용하고 한적한 해변에서 뉴질랜드에서 가장 빠른 일출을 감상하자.

🏕 아나우라 베이 모토 캠프
www.anaurabaymotorcamp.com

밀퍼드 사운드 ▶ 2권 P.168

밀퍼드 사운드 반경 50km 안에서 제대로 된 숙박 시설은 하나뿐이다. 드넓은 평원에서 영롱한 아침 이슬을 보고 싶다면 에글링턴 밸리의 캠프사이트를 찾아볼 것.

🏕 에글링턴 밸리 캠프
eglintonvalleycamp.nz

테카포 호수 ▶ 2권 P.097

관광객 숫자에 비해 숙박 시설이 부족하고, 고급 리조트는 지나치게 비싸서 자연스럽게 캠핑장으로 향하게 되는 곳이다. 은하수 관측으로 유명한 호숫가 캠핑장에서 환상적인 밤을 보내자.

🏕 레이크스 에지 홀리데이 파크
www.lakesedgeholidaypark.co.nz

 뉴질랜드 캠핑은 처음이지?
캠핑장 종류 이해하기

캠핑이 일상으로 자리 잡은 뉴질랜드에서는 관련 규정도 체계적으로 정비되어 있다. 캠핑장의 다양한 유형을 이해하고, 자신의 캠핑 스타일과 예산에 맞는 장소를 알아본다.

❶ 홀리데이 파크 Holiday Park 유료

시설이 전반적으로 깔끔하고, 다양한 휴양 시설을 갖추어 가족 단위 여행객이 편하게 찾을 수 있는 보편적인 캠핑장이다. 일반 숙소나 독채 오두막인 캐빈을 함께 운영하는 곳에서는 텐트나 캠핑카 없이도 캠핑 기분을 만끽할 수 있다.

톱 10 홀리데이 파크 TOP 10 Holiday Park
지점 47개
멤버십 2년에 $55(숙박비 10% 할인)
홈페이지 top10.co.nz

태즈먼 홀리데이 파크 Tasman Holiday Park
지점 10개
멤버십 회원 가입 시 첫 예약 10% 할인
홈페이지 tasmanholidayparks.com

톱 10 홀리데이 파크 할인 혜택 챙기기

뉴질랜드 최대의 캠핑장 체인인 톱 10 홀리데이 파크는 바비큐와 세탁 시설을 갖춘 '클래식 파크Classic Park', 수영장과 모텔까지 갖춘 '슈피리어 파크Superior Park', 최고급 '프리미엄 파크Premium Park'로 등급을 구분한다. 멤버십 카드가 있으면 자체 캠핑장뿐 아니라 호주 빅 4Big 4 캠핑장 숙박비 10% 할인, 남섬-북섬 간 페리와 300여 곳의 관광지 할인 혜택이 제공되어 일부러 회원 가입을 하기도 한다. 온라인으로 가입비를 납부하고, 첫 번째 숙소에서 회원증을 발급받는다.

구글맵에서 'campsite'를 검색해도 되지만, 캠핑 전용 앱을 활용하면 캠핑 시설의 종류와 특성을 쉽게 파악할 수 있다. 와이파이가 없는 환경에서는 오프라인 설정을 해야 한다.

랭커스 캠핑 뉴질랜드
Rankers Camping NZ 　무료　 　유료　

뉴질랜드 캠핑에 특화되어 있으며, 실제 캠퍼들이 남기는 생생한 리뷰가 무척 유용하다. 웬만한 기본 정보는 무료로 확인이 가능하고, 오프라인 지도를 제공한다.

위키캠프 뉴질랜드 WikiCamps NZ 　유료　

가장 정보량이 방대하고 널리 쓰이는 앱. 카테고리를 세분화해 검색 가능한 대신, 인터페이스는 다소 복잡하다. 호주, 미국, 캐나다, 뉴질랜드 등 국가별로 다른 앱을 설치하고 요금을 내야 정보를 볼 수 있다.

캠퍼메이트 CamperMate 　무료　

캠핑 정보와 실용적인 여행 정보를 제공하는 앱으로, 직관적이고 깔끔한 인터페이스가 장점. 캠핑장 정보는 다소 부족할 수 있으니 다른 앱과 함께 사용한다.

---

❷ 캠프사이트 Campsite 　무료　 　유료　

캠프그라운드campground라고도 하는 캠프사이트는 텐트를 치거나 캠핑카를 주차할 수 있는 특정 지점을 뜻하는 용어로, 일반 캠핑장을 포괄한다. 뉴질랜드 DOC에서 운영하는 캠프사이트가 대표적이고, 유료 캠핑장의 경우 전기 설비 유무에 따라 가격이 달라진다.

파워드 사이트 Powered Site

전기 사용이 가능한 캠프사이트. 충전용 어댑터 파워 코드는 직접 준비해야 한다.

언파워드 사이트 Unpowered Site

전기가 들어오지 않는 좀 더 저렴한 비용의 캠프사이트. DOC 캠프사이트와 일반 캠핑장 중에도 언파워드 사이트가 많다.

❸ 프리덤 캠핑 Freedom Camping 　무료　

정식 캠프사이트로 지정된 것은 아니지만 정부 또는 지방자치단체 소유의 공유지에서 캠핑을 허가한 장소. 화장실과 샤워 시설이 없는 오지가 대부분이다. 'Self-Contained Only' 표지판이 있는 곳은 오폐수 처리 설비 인증 스티커를 부착한 셀프컨테인드 차량만 이용할 수 있다는 뜻이다. 텐트 설치나 일반 차박은 금지된다. 녹색 인증 스티커 미부착 차량에는 최소 $400, 덤프 스테이션(오물 처리장)이 없는 곳에 쓰레기나 오폐수를 버릴 때는 최소 $800의 벌금이 부과된다. 이와 반대로 대형 차량은 이용할 수 없는 장소도 있으니 표지판을 잘 살펴야 한다.

로드 트립의 하이라이트
DOC 캠프사이트 이용 방법

뉴질랜드 DOC에서 직영하는 캠프사이트는 상업 시설이 없는 자연보호 구역 내에 위치한 경우가 많다. 와이파이가 없는 환경이 대부분이지만 그만큼 마주하는 풍경이 환상적이다. 화장실을 갖춘 DOC 캠프사이트라면 셀프컨테인드 차량이 아니어도 일반적으로 차박이 허용된다. 다만 캠프사이트가 위치한 지역별로 제약 사항이 다르니 예약 조건을 꼼꼼하게 확인할 것.
홈페이지 www.doc.govt.nz/campsites

DOC 홈페이지를 통해 입산 허가증, 낚시 허가증 발급과 트레킹 코스의 산장 예약을 할 수 있어요.

🔍 캠프사이트 카테고리 Campsite Category ▶

카테고리	서비스드 Serviced	스탠더드 Standard	베이식 Basic
언파워드 사이트	$20	$10~15	무료
파워드 사이트	$23	$13~18	없음

캠프사이트 패스(1인당 1장)

30일 또는 1년 동안 DOC 캠프사이트(일부 캠프사이트 제외)를 이용할 수 있는 할인권이다. 동일한 장소에서는 최대 7일까지 머무를 수 있다. 하지만 패스가 있다 하더라도 캠핑장이 만석일 때는 이용하지 못한다. 투숙 예정일 한 달 전부터 하루 전까지 구입 가능하고, 사용 개시일은 변경할 수 없다.
요금 30일 $95, 1년 $195

🔍 현장에서 체크인하기 Camping Area Registration ▶

DOC 캠프사이트에 도착하면 안내에 따라 등록을 진행한다. 관리자가 있는 곳이라면 예약 내역을 모바일 화면으로 제시하면 된다. 핸드폰 충전을 미처 하지 못했거나 통신이 원활하지 않은 경우에 대비해 캡처 또는 프린트해둘 것을 권한다.
예약 없이 방문하는 무인 시설인 경우 선착순으로 셀프 체크인한다. 패스 이용자 또한 절차에 따라 등록하고, 요청 시 신분증을 제시해야 한다.

🔍 **예약과 결제** Booking and Paying ▶

모든 서비스드 캠프사이트는 예약제로 운영한다. 화이트 호스 힐 캠프사이트처럼 인기가 아주 많은 곳이거나, 10월부터 4월까지 성수기에는 일부 스탠더드 캠프사이트가 예약제로 전환된다. 홈페이지에서 회원 가입을 하고 예약과 결제를 마치면 본인 계정에서 내역을 관리할 수 있다.

> 어둠에 눈이 익숙해졌다면 4개의 별이 십자가 모양의 꼭짓점을 이루는 남십자성을 찾아보세요. 호주나 뉴질랜드에서 북극성처럼 나침반 역할을 하는 별자리예요.

마운트 쿡의 DOC 화이트 호스 힐 캠프사이트

🚩 **캠핑장 기본 수칙**

캠핑의 기본은 매너! 자연을 보호하고 캠핑객들의 쾌적한 환경을 위해 캠핑 에티켓을 지키는 것이 중요하다.

노 노이즈 메이킹 No Noise Making

소음을 차단해주는 벽이 없는 캠프사이트에서는 주변을 배려하는 것이 중요하다. 특히 일몰 이후부터 다음 날 아침까지는 함부로 자동차 헤드라이트를 켜거나 소음을 유발해서는 안 된다.

노 트레이스 캠핑 No Trace Camping

야생동물이 접근하지 않도록 음식물은 실내에 보관하고, 캠프사이트 또는 캐빈 이용 후에는 지정된 장소에 쓰레기를 버린다. 공용 욕실과 부엌은 사용 후 깨끗하게 정리한다.

노 캠핑 No Camping

뉴질랜드의 캠핑 관련 규정은 상당히 엄격한 편으로, 허가받지 않은 야영이나 차박 캠핑을 금지하는 추세다. 현장의 캠핑 금지 사인을 꼭 확인할 것.

차박 캠핑을 꿈꾼다면?
캠핑카 대여 전 고려 사항

차내에 주거 시설을 갖춘 캠핑카를 이용하면 매번 텐트를 설치해야 하는 번거로움이 줄어든다. 단, 대형 차량은 렌트비가 비싸고 연료비가 많이 들기 때문에 비용 면에서 백패커스나 모텔을 이용하는 것이 오히려 저렴할 수 있다. 좁고 험한 도로가 많은 뉴질랜드에서 기동성이 떨어진다는 점도 고려해야 한다.

뉴질랜드 대표 캠핑카업체
마우이 Maui
www.maui-rentals.com/nz
주시 Jucy
www.jucy.co.nz

'Self-Contained Only' 인증이 바뀐다고요?

프리덤 캠핑을 하기 위해서는 관련 법규(NZS 5465:2001)의 자급자족 설비 규정을 만족하는 시설(화장실, 1인당 12리터 분량의 식수 탱크, 싱크대, 뚜껑 덮인 쓰레기통)을 갖춰야 한다. 흔히 캠핑카로 부르는 모터홈이나 이동식 트레일러인 캐러밴은 대부분 괜찮지만, 캠퍼밴(자동차를 개조한 간이 캠핑카)은 이 기준에 부합하지 않을 확률이 높다. 2025년부터는 기존의 파란색이 아닌 녹색 인증 스티커만 인정된다.

모터홈 Moterhome

캐러밴 Caravan

캠퍼밴 Campervan

텐트 Tent

《 **나만의 작은 집, 캐빈도 있어요!** 》

일반 숙소를 갖춘 캠핑장에서는 체크인만 하면 캠핑의 묘미를 고스란히 체험할 수 있다. 특히 오두막 형태인 캐빈 cabin의 가장 큰 장점은 자연과 가깝고, 주방과 욕실까지 갖춘 숙소를 단독으로 사용할 수 있다는 것이다. 방 하나짜리 스튜디오부터, 거실과 침실이 분리된 원베드룸, 여러 명의 가족이 함께 이용하는 큰 집까지 종류와 크기가 다양하다. 수건이나 침대 시트는 기본 제공이 원칙이지만 추가 요금을 받는 곳도 있으니 예약 시 확인한다.

캠핑 준비물 체크 리스트

캠핑 장비
- [ ] 텐트
- [ ] 침낭/침대 시트
- [ ] 에어 매트리스
- [ ] 방한용품

욕실용품
- [ ] 세면용품
- [ ] 수건
- [ ] 헤어드라이어
- [ ] 화장실용 휴지

생활용품
- [ ] 플래시/헤드랜턴
- [ ] 어댑터와 파워 코드
- [ ] 여분의 배터리
- [ ] 비닐봉지/지퍼백
- [ ] 쓰레기봉투
- [ ] 라이터/성냥
- [ ] 세제와 섬유 유연제
- [ ] 물티슈
- [ ] 해충 기피제
- [ ] 비상 의약품
- [ ] 지도와 안내 책자

주방용품
- [ ] 아이스박스
- [ ] 충분한 물과 음식
- [ ] 물병/보온병
- [ ] 밀폐 용기
- [ ] 키친타월
- [ ] 알루미늄 포일
- [ ] 종이 접시와 식기
- [ ] 수세미와 세제
- [ ] 고무장갑/비닐장갑
- [ ] 집게, 가위, 다용도 칼 등 바비큐용품

EAT & DRINK

☑ BUCKET LIST 07

마운트 쿡도 식후경!

뉴질랜드 대표 음식

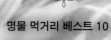

명물 먹거리 베스트 10

로컬 디저트와 스낵

계절 과일

지역별 대표 와이너리

맥주와 브루어리

Must-try Foods in NZ
명물 먹거리 베스트 10

뉴질랜드 음식은 대체적으로 소박하지만 해산물과 육류의 퀄리티가 매우 뛰어나다. 뉴질랜드에서 꼭 먹어봐야 할 음식 10가지와 대표 맛집을 모았다.

01 마오리족의 향토 음식
항이 | Hāngi

'뉴질랜드 음식' 하면 가장 먼저 생각나는 음식으로, 마오리족의 전통 방식으로 조리한다. 우무umu라고 하는 구덩이 안에 장작과 돌을 쌓고 옥수수나 쿠마라kumara(고구마의 일종), 각종 고기를 커다란 잎사귀와 나무껍질로 감싸서 얹은 뒤 구덩이를 덮는다. 화덕 내부의 열과 수증기로 천천히 쪄내는 슬로 쿡 조리법으로, 간을 거의 하지 않는 건강식이다. 1280년 무렵 폴리네시안이 뉴질랜드로 건너오던 당시부터 우무를 사용한 흔적이 남아 있다고 한다. 마오리 민속촌에 가면 조리 과정을 약식으로 관람할 수 있다.

고기

쿠마라

옥수수

잎사귀

돌

✕ 어디서 먹을까?

☐ **북섬** 📍 화카레와레와 마오리 마을 ▶ 3권 P.107

☐ **북섬** 📍 와이탕이 트리티 그라운드 ▶ 3권 P.064

뉴질랜드 여행 버킷 리스트 **075**

02 이것이 뉴질랜드 스타일
키위 버거 Kiwi Burger

키위 버거는 과일 키위가 들어간 것이 아니라 '뉴질랜드 스타일 버거'를 의미하는 관용적 표현이다. 비트 절임과 달걀 프라이를 얹은 버거를 키위 버거라고 하는데, 1990년대에 맥도날드에서 출시해 더 유명해졌다. 일반 레스토랑에서도 흔히 볼 수 있는 메뉴다.

어디서 먹을까?

- ☐ **남섬** 📍 퀸스타운 퍼그버거 ▶ 2권 P.138
- ☐ **북섬** 📍 오클랜드 버거 전문점 ▶ 3권 P.049
- ☐ **뉴질랜드 전역**의 맥도날드

03 출출할 때 최고
미트 파이 Meat Pie

다진 고기에 그레이비 소스를 섞은 짭짤한 속재료를 넣어 만드는 영국 음식 미트 파이는 뉴질랜드에서도 인기 있다. 뉴질랜드답게 키위를 넣어 달콤하게 만들기도 한다. 동네의 작은 베이커리나 브런치 카페에서 파는 각양각색의 홈메이드 파이가 마트에서 파는 것보다 훨씬 맛있다.

어디서 먹을까?

- ☐ **남섬** 📍 페얼리 베이크하우스 ▶ 2권 P.096
- ☐ **뉴질랜드 전역**의 동네 베이커리와 브런치 카페

04 연어의 참맛
뉴질랜드 연어 New Zealand Salmon

뉴질랜드를 대표하는 특산품인 연어는 레스토랑이나 마트에서도 쉽게 접할 수 있지만, 차가운 빙하 호수의 깨끗한 물로 양식한 킹 새먼을 회로 판매하는 푸카키 호숫가의 간이 매장은 반드시 들러야 한다.

어디서 먹을까?

- ☐ **남섬** 📍 마운트 쿡 알파인 새먼 ▶ 2권 P.103

05 싱싱한 홍합찜
초록입홍합 Green-lipped Mussel

레스토랑이나 펍, 스테이크하우스에서 애피타이저로 흔하게 주문해 먹는 뉴질랜드 홍합으로 껍질이 연한 녹색빛을 띤다. 알이 굵고, 속살이 쫄깃하고 달콤한 초록입홍합의 주요 산지는 말버러다. 캠핑을 하거나 콘도형 숙소에서 숙박하는 경우 홍합을 구입해 손수 요리해 먹는 것도 여행의 큰 재미다.

✕ 어디서 먹을까?

☐ **남섬** 📍 픽턴 그린셸 머슬 크루즈 ➤ P.054
☐ **북섬** 📍 오클랜드 옥시덴탈 ➤ 3권 P.048

06 바닷가에 간다면 꼭!
카이모아나 Kaimoana

마오리어로 카이모아나는 바다에서 나는 음식, 즉 해산물을 뜻한다. 바닷가재와 흡사하지만 새우의 일종인 크레이피시crayfish는 쪄서 먹거나 샐러드로 만들어 먹는데, 뉴질랜드에서는 거리의 푸드 트럭에서 좀 더 저렴하게 즐길 수 있다. 성게의 한 종류인 키나kina, 뉴질랜드 최남단에서 생산되는 싱싱한 블러프 오이스터bluff oyster, 파우아pāua라고 하는 뉴질랜드 전복도 별미다.

✕ 어디서 먹을까?

☐ **남섬** 📍 카이코우라 시푸드 바비큐 ➤ 2권 P.048
☐ **남섬** 📍 파울러스 와일드 블러프 오이스터 ➤ 2권 P.201

07 어디에나 있다!
피시앤칩스 Fish & Chips

생선튀김과 감자튀김을 함께 내는 피시앤칩스는 심
플하면서 가장 인기 있는 음식이다. 다 자라지 않은
치어를 통째로 튀기거나 구워내는 화이트베이트 프
리터whitebait fritter도 있다. 주문할 때는 생선 종류
와 튀김 방식을 선택해야 한다.

어디서 먹을까?

□ 뉴질랜드 전역의 일반 레스토랑과
  테이크아웃 전문점

피시앤칩스 관련 용어

생선 종류
헤이크 Hake 흔히 먹는 흰 살 생선인 남방대구
코드 Cod 촉촉한 식감의 대구
스내퍼 Snapper 도미의 일종

튀김 방식
배터드 Battered 주로 맥주를 이용한 밀가루 반죽을 입혀 튀겨내는 조리법으로 식감이 부드럽다.
크럼드 Crumbed 반죽에 빵가루를 묻혀 튀겨서 좀 더 바삭하다.
그릴드 Grilled 튀김옷을 입히지 않고 기름에 담백하게 구워낸다.

08 웰링턴의 명물 요리
비프 웰링턴 Beef Wellington

부드러운 안심을 페이스트리 생지로 감싸서 구
운 고급 요리. 워털루 전쟁에서 나폴레옹에게
승리한 초대 웰링턴 공작 아서 웰즐리 장군과
관련이 있다는 영국 음식이다. 뉴질랜드의 수도
웰링턴 또한 웰즐리 장군의 이
름에서 유래한 것으로, 비
프 웰링턴을 메뉴로 선보
이는 식당이 많다.

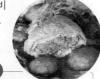

어디서 먹을까?

□ **북섬** 📍 웰링턴 테이스팅 룸 ➤ 3권 P.164

(09) 양고기와 소고기
스테이크 Steak

뉴질랜드에서 식탁에 양고기가 오르는 것은 지극히 자연스러운 일이다. 보통 생후 1년 미만의 양고기를 램lamb, 24개월 이상의 양고기는 머튼mutton으로 구분하는데, 머튼은 육향이 강하다. 갈비뼈를 하나씩 잘라낸 램 찹lamb chop 부위가 가장 맛있다. 소고기를 고를 때는 마블링이 많고 쫄깃한 립아이, 뼈 양쪽으로 안심과 등심이 모두 붙어 있는 포터하우스나 티본을 선택하면 성공 확률이 높다. 일반 마트의 정육 코너를 이용할 수도 있고, 동네 정육점에서는 좀 더 질이 좋은 고기를 구입할 수 있다.

어디서 먹을까?

☐ **남섬** 📍 페드로스 하우스 오브 램 ➤ 2권 P.039
☐ **북섬** 📍 오클랜드 저보이스 스테이크 하우스 ➤ 3권 P.050
☐ **뉴질랜드 전역**의 정육점과 대형 마트

(10) 지역별로 특색 있게
치즈 Cheese

유제품의 질이 뛰어난 뉴질랜드에서는 지역마다 특색 있는 치즈 공방을 방문하는 특별한 경험을 할 수 있다. 염소젖이나 양젖으로 만든 치즈도 있고, 치즈 플래터를 주문하면 여러 가지 치즈를 한번에 맛볼 수 있다. 무난한 맛을 선호한다면 젖소 젖으로 만든 치즈인지 확인할 것. 대중적인 브랜드로는 마트에서 판매하는 카피티Kapiti가 있다.

어디서 먹을까?

☐ **남섬** 📍 오아마루 화이트스톤 치즈 ➤ 2권 P.214
☐ **북섬** 📍 와이카토 오버 더 문 ➤ 3권 P.080
☐ **뉴질랜드 전역**의 대형 마트

Local Treats
로컬 디저트와 스낵

어디서나 쉽게 구할 수 있는 뉴질랜드 국민 간식이 궁금하다면 필독! 동네 베이커리나 마트에서 쉽게 접할 수 있는 식품을 소개한다. 표시된 가격은 대략적인 마트 판매가다.

1봉지 $3~4

쿠키타임 Cookie Time

에어뉴질랜드 항공 기내에서도 나눠주는 국가 대표 간식. 처음 만든 1983년 당시의 레시피를 현재까지 고수하고 있다. 쿠키타임 마니아라면 크라이스트처치에 있는 과자 공장을 방문해보는 것도 좋다. ▶ 2권 P.042

1병 $4~5

엘앤피 L&P

뉴질랜드에서는 콜라 대신 상큼한 레몬 맛 탄산음료 엘앤피를 마신다. 레몬과 이 음료를 개발한 북섬 와이카토 지역의 파에로아 마을 이름을 합친 'Lemon & Paeroa'를 줄여 엘앤피로 부르게 되었다. 2번과 26번 국도 교차 지점에 거대한 엘앤피 조형물이 세워져 있다.

한 스쿱 $5~7

호키포키 아이스크림
Hokey Pokey Ice Cream

흑설탕이나 콘 시럽에 베이킹 소다를 넣어 만든 바삭하고 달콤한 설탕 과자를 영국에서는 신더 토피, 미국에서는 스펀지 캔디, 한국에서는 달고나, 뉴질랜드에서는 호키포키라고 부른다. 바닐라 아이스크림 위에 토핑해서 먹으면 꿀맛! 유명 아이스크림 회사인 팁 톱Tip Top에서도 제품으로 만들어 판매한다.

한 상자 $6~8

안작 비스킷 ANZAC Biscuit

호주-뉴질랜드 연합군을 뜻하는 '안작'에서 이름을 딴 과자. 귀리와 밀가루에 코코넛과 시럽을 섞어 구운 달콤한 쿠키다. 쉽게 상하지 않아 제1차 세계대전에 참전한 파병 군인에게 가족들이 건네기 시작한 것에서 유래했다.

파블로바 Pavlova

한 접시 $7~10

1920년대에 호주와 뉴질랜드를 여행하던 발레리나 안나 파블로바를 위해 처음 만든 고급 디저트로, 두 나라에서 서로 원조라고 주장하고 있다. 뉴질랜드에서는 날아갈 듯 가벼운 머랭 위에 딸기 대신 키위를 얹기도 한다.

1개 $5~6

푸호이 Puhoi

마트에서 가장 눈에 띄는 유제품 브랜드로, 오클랜드 북쪽 50km 지점 푸호이 지역에서 생산한 우유로 제품을 만든다. 흰 우유와 초콜릿 우유의 부드러운 목 넘김이 환상적이다.

1봉지 $3~4

휘태커스 Whittakers

1896년부터 제품을 생산한 뉴질랜드 토종 브랜드 휘태커스는 일반 밀크 초콜릿부터 뉴질랜드의 로컬 재료로 만든 아티장 초콜릿까지 다양한 제품군을 갖추고 있다. 말버러산 소금을 함유한 시솔트 캐러멜 맛이나 땅콩이 듬뿍 들어간 피넛 슬랩은 꼭 먹어보자. 영국산 캐드버리 초콜릿도 인기 있다.

1병 $4~6

파인애플 럼스 Pineapple Lumps

특유의 노란색 봉지로 포장한, 파스칼Pascall사에서 1950년대부터 생산한 뉴질랜드 국민들의 추억의 캔디. 초콜릿 덩어리에 파인애플 맛 캐러멜을 넣은 초코 과자의 식감이 독특하다.

버터 Butter

1개(500g) $6~7

한국에서도 수입하는 앵커Anchor나 웨스트골드Westgold 버터는 방목해 기른 소의 우유로 만드는 뉴질랜드의 대표적인 브랜드. 가염 버터를 신선한 빵에 발라 먹으면 아침 식사로도 그만이다.

Guide to Seasonal Fruits
계절 과일

알고 먹으면 더 맛있는 제철 과일! 기후가 온화한 뉴질랜드에서는 사과나 딸기처럼 우리에게 익숙한 과일은 물론 열대 과일까지 고르게 재배한다. 시즌에 맞춰 과수원을 찾아가면 직접 과일을 수확해볼 수도 있고 구매도 가능하다. 주요 재배지와 수확 시기를 알아두면 계절별로 과일을 분류하거나 포장하는 일을 하는 시즈널 잡seasonal job을 구할 때 유용하다.

키위
Kiwi

새 키위의 몸통과 비슷하게 생겨서 구분하기 위해 뉴질랜드에서는 키위프루트Kiwifruit라고도 부른다. 원산지는 중국이지만 전 세계 생산량의 25%를 차지할 만큼 뉴질랜드에 키위 농장이 많다. 주요 산지는 북섬의 베이오브 플렌티 지역이다.

피조아
Feijoa

라틴아메리카가 원산지인 열대 과일. 뉴질랜드가 주요 수출국이며, 정원수로 심어 열매를 따 먹는 집도 많다. 가을에 본격적으로 출하하기 시작해 5~6월경이면 가격도 싸고 맛도 좋다. 과육을 숟가락으로 퍼먹거나 잼으로도 만들어 먹는다.

타마릴로
Tamarillo

원산지는 남미의 안데스 지역으로 원래는 '나무 토마토tree tomato'라고 불렸다. 토마토와 구분하기 위해 뉴질랜드에서 이름을 새로 붙이고 연간 2000톤 이상 생산해 전 세계로 수출한다. 반으로 잘라 숟가락으로 퍼먹으면 새콤한 맛이 퍼진다.

아보카도
Avocado

중앙아메리카에서 재배하던 아보카도가 뉴질랜드로 넘어온 것은 1970년대다. 서리가 내리지 않는 따뜻한 기후의 북섬 노스랜드와 베이오브플렌티 지역에서 생산해 대부분 해외로 수출하기 때문에 자국 내 가격은 오히려 비싼 편이다.

그 외 과일

북섬의 호크스 베이 지역은 사과 생산량의 90%를 차지하며, 오타고 지역의 크롬웰은 가운데에 씨앗이 있는 과일인 복숭아, 체리, 자두 생산지로 유명하다. 서양 문화권에서는 흔치 않은 감도 오클랜드와 기즈번 쪽에서 재배해 아시아로 수출하기도 한다.

주요 과일 & 채소 산지 한눈에 보기

노스랜드 4~7월

베이오브플렌티 4~7월

• 오클랜드

와이카토 1~2월

호크스 베이 2~12월

넬슨 2~4월

말버러 6~8월

크라이스트처치 •

• 퀸스타운

오타고 11~1월

⊘ CHECK 과일별로 시즈널 잡이 많은 시기

		여름		가을			겨울			봄		
		Dec	Jan	Feb	Mar	Apr	May	Jun	Jul	Aug	Sep	Oct	Nov

- 4~11월 키위
- 3~5월 피조아
- 5~11월 타마릴로
- 12~3월 아보카도
- 7~11월 아보카도
- 5~7월 감
- 12~3월 자두
- 12~3월 복숭아
- 12~4월 딸기 / 10~11월 딸기
- 2~11월 사과
- 12~2월 체리

Winery Experience
지역별 대표 와이너리

뉴질랜드의 와인 재배 역사는 짧은 편이지만 기후와 토질, 재배 환경을 고려해 적합한 와인 품종을 찾아내기 위한 노력의 결과로, 말버러 지역이 세계적인 와인 생산지 대열에 합류하게 되었다. 북섬은 스페인의 헤레즈, 남섬의 센트럴 오타고 지역은 프랑스의 보르도 지역과 위도가 비슷한데, 이에 따라 뉴질랜드 전역에서 프리미엄 와인에 대한 연구가 계속되고 있다. 사실 뉴질랜드에서는 그림 같은 경치 자체가 와인의 풍미를 더해준다. 바다가 보이는 멋진 와이너리에서 보내는 시간은 특별한 기억으로 남을 것이다.

샤르도네, 소비뇽 블랑, 리즐링 🍷

피노 누아, 메를로 🍷

넬슨 ▶ 2권 P.227

낮에는 일조량이 많고 밤에는 서늘한 해풍이 부는 와이라우 밸리에서는 세계적인 소비뇽 블랑을 맛볼 수 있다. 뉴질랜드 와인 생산량의 4분의 3을 차지한다.

말버러 ▶ 2권 P.225

소비뇽 블랑, 샤르도네, 리즐링 🍷

피노 누아 🍷

캔터베리

🍷 피노 누아

오타고 ▶ 2권 P.151

🍷 샤르도네, 소비뇽 블랑

🍷 피노 누아

퀸스타운 부근의 깁스턴 밸리는 서늘한 기후 덕분에 프랑스의 부르고뉴, 미국의 오리건과 함께 피노 누아 3대 생산지로 발전했다. 뉴질랜드에서 가장 큰 와인 동굴 저장소도 있다.

규모는 작지만 프리미엄 와이너리가
많은 와이헤케 아일랜드에서는 온화한
해양성기후에서 생산된 진한 풍미의
레드 와인이 주를 이룬다.

오클랜드 ▶ 3권 P.055

🍷 카베르네 소비뇽, 메를로

기즈번 ▶ 3권 P.141

🍷 샤르도네, 게뷔르츠트라미너

호크스 베이 ▶ 3권 P.141

🍷 샤르도네

🍷 카베르네 소비뇽, 메를로, 피노 누아

풍요로운 북섬의 동부 해안 지대는 화
이트 와인에 특화되어 있다. 고운 점토
질에서 비롯된 아로마가 경이로운 수
준이라는 평가를 받는다.

TIP! 🍷 와인 테이스팅

와인 시음을 할 수 있도록 공개한 장소를 셀러 도어cellar
door 또는 테이스팅 룸tasting room이라고 한다. 보통
3~5종류의 와인을 맛볼 수 있도록 하는데, 소정의
비용을 받고 테이스팅 후 와인을 구입하면 다시 돌려주는
것이 일반적이다. 영업시간에는 보통 예약 없이 가도
테이스팅할 수 있으며, 동굴 투어나 와이너리 투어, 고급
와인 시음 등을 원할 때는 미리 문의하는 것이 좋다.

Top Beers and Breweries
맥주와 브루어리

뉴질랜드를 대표하는 두 맥주 브랜드는 남섬을 기반으로 하는데 하나는 더니든의 스페이츠 브루어리, 다른 하나는 서부 해안의 몬티스 브루어리다. 두 업체는 뉴질랜드 전역에서 직영 형태로 에일 하우스를 운영해 사실상 어디서나 이곳의 맥주를 맛볼 수 있다. 두 지역을 방문하면 양조장 투어도 가능하다. 이 외에도 지역마다 특색 있는 수제 맥주를 맛볼 수 있는 마이크로 브루어리가 있다.

◆ 몬티스 브루어리
Monteith's Brewery ▶ 2권 P.060

오픈 1868년 **위치** 남섬 그레이마우스

◆ 스페이츠 브루어리
Speights Brewery ▶ 2권 P.191

오픈 1876년 **위치** 남섬 더니든 중심가

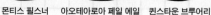

몬티스 필스너   아오테아로아 페일 에일   퀸스타운 브루어리

페일 에일　　다크 에일

진저 비어　　진짜 맥주

펍과 에일 하우스

동네마다 흔한 펍pub은 퍼블릭 하우스public house 를 줄인 말로 영국식 주점을 뜻한다. 탭에서 직접 따 라주는 생맥주가 종류별로 있어 골라 마시는 재미가 있다. 점심에는 피시앤칩스나 버거 같은 음식을 판 매해 술을 마시지 않더라도 부담 없이 갈 수 있다.
뉴질랜드에서는 라거에 비해 진하고 향이 강한 에 일, 그중에서도 색이 밝고 쌉싸름한 맛이 나는 페일 에일의 선호도가 높다. 에일을 전문으로 하는 에일 하우스에서 식사도 주문할 수 있다.

알코올 없는 가짜 맥주?

이름 때문에 흔히 맥주로 오해 받는 진저비어Ginger Beer는 건조 생강을 갈아 사탕수수와 물을 혼합한 뒤 가열하고, 이스트를 첨가해 발효시켜 만든다. 탄산 이 살아 있고 쌉싸름한 맛이 특징이라 시원하게 마 시기 좋다. 기본적으로 무알코올 음료지만, 간혹 소 량의 알코올이 포함된 진저 비어 브랜드도 있다.
요즘 유행하는 콤부차kombucha도 마찬가지다. 홍차 나 녹차에 스코비scoby라는 효모를 넣어 발효시키는 데, 발효 과정에서 미량의 알코올의 생성될 수 있으 므로 아이들이 마실 경우 성분을 확인해야 한다.

남반구의 커피 문화

뉴질랜드와 호주에서 사용하는 커피 용어는 조금 독특하다. 요즘에는 아메리 카노라고 해도 대부분 알아듣지만, 이왕이면 로컬들이 사용하는 용어로 주문 해보자. 미세한 맛의 차이를 비교해보는 것도 또 다른 재미!

롱 블랙
Long Black

아메리카노와 비슷하지 만 표면에 크레마가 남 아 있어 아로마와 맛이 훨씬 진하다.

쇼트 블랙
Short Black

진하게 추출해낸 에스 프레소를 뜻한다.

카페라테
Café Latte

에스프레소에 스팀 밀 크를 첨가한 일반적인 카페라테. 설탕이나 시 럽은 각자 넣는다.

플랫 화이트
Flat White

카페라테와 비슷하지 만 스팀 밀크 대신 미세 한 우유 거품을 넣어 더 부드럽고, 커피 향이 좀 더 진하다.

SHOPPING

메이드 인 뉴질랜드
쇼핑의 모든 것

뉴질랜드 쇼핑 아이템
주말 마켓 구경하기
뉴질랜드 대표 마트
마트 알뜰 이용법
의류 & 신발 사이즈
알아두기

Made in New Zealand
뉴질랜드 쇼핑 아이템

생필품의 상당수를 수입에 의존하는 뉴질랜드의 물가는 상당히 높다. 그래도 한국에 비해 저렴하거나 선물용으로 좋은 센스 만점 기념품을 모았다.

02 메리노 울

양털 모자·옷·러그 등 양모 제품이야말로 뉴질랜드의 대표적인 특산품이다. 토종 아웃도어 브랜드 스완드리Swanndri가 체크무늬 울 셔츠를 유행시켰고, 활동성이 좋은 아이스브레이커Icebreaker는 미국 기업에 인수되면서 글로벌 브랜드로 성장했다. 또 브랜드 제품이 아니더라도 동네마다 메리노 울을 강조하는 의류 매장과 잡화점이 많다.

The One Ring

03 절대반지

뉴질랜드에서 제작한 절대반지라니! 생각만 해도 가슴이 두근거린다. 보석 디자이너 옌스 한센이 제작한 공식 제품은 넬슨에 있는 매장과 웰링턴의 웨타 케이브The Weta Cave에서 판매한다. 이 외에도 영화 팬을 유혹하는 공식 굿즈를 관광지 곳곳에서 살 수 있다.

▶ 2권 P.232

01 마누카 꿀

품질 좋은 마누카 꿀과 벌집이 포함된 허니콤은 언제나 추천! 꿀은 메틸글리옥살(MGO) 함량에 따라 등급이 나뉘는데 UMF 등급 기준 최소 10+(MGO 환산 등급 260+~1000+)에 해당해야 상등품으로 규정한다.

04

{ 키위와 꿀벌 장난감 }

부리가 길고 뾰족한 새, 키위를 야생에서 목격하는 것은 어렵지만, 국조인 만큼 다양한 캐릭터 상품으로 개발했다. 어린이 선물로는 꿀벌 모양의 목재 완구 우든 버지 비Wooden Buzzy Bees(뉴질랜드 국민 장난감)를 추천한다.

05

{ 그린스톤 }

고대 마오리족은 그린스톤을 찾기 위해 남섬 구석구석을 누볐다고 한다. 신비로운 녹색으로 빛나는 이 보석이 바로 마오리어로 포우나무pounamu, 즉 연옥이다. 주말 마켓의 장신구 매대에서 흔히 볼 수 있다.

Green Stone

06

{ 마오리족 공예품 }

마오리족 특유의 세련된 문양이 들어간 아기자기한 공예품은 어떨까. 전복 껍데기로 만든 자개 그릇, 카우리 나무로 만든 장식품 등 종류도 다양하다.

07
영양제

부모님과 친지 선물로 알맞은 영양제. 초록입홍합을 분말 형태로 만든 제품과 리퀴드형 프로폴리스 제품이 대표적이다.

08
화장품

온천 지대가 많은 뉴질랜드에서는 머드로 만든 기초 화장품, 양모 추출 오일로 만든 라놀린 크림, 양 태반 크림, 마누카 꿀을 넣은 천연 화장품 제품이 흔하다. 풋 케어용품인 그랜스 레미디Gran's Remedy와 호주의 국민 크림으로 불리는 포포Paw Paw 크림도 구입 목록 1순위다.

09
애크미앤코 커피 잔

알록달록한 색감의 커피 잔은 웰링턴에 본사를 둔 애크미앤코Acme & Co 제품이다. 뉴질랜드 국내는 물론 영국, 호주, 미국을 포함해 전 세계적으로 사랑받는 인기템.

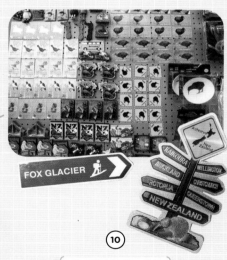

10
마그넷과 열쇠고리 등

각 명소의 특징이 예쁘게 표현된 마그넷, 열쇠고리, 엽서 등 아기자기한 기념품은 뉴질랜드 여행의 추억을 오래도록 간직하게 해준다.

Local Farmers Market
주말 마켓 구경하기

뉴질랜드 사람들이 장을 보러 가는 소박한 마켓을 구경해보자. 웰링턴의 하버사이드 마켓과 넬슨 마켓이 오랜 전통이 있고, 생산자와 소비자를 직접 연결하는 파머스 마켓도 지역별로 활성화되어 있다.

① 올드 팩하우스 마켓
The Old Packhouse Market

베이오브아일랜즈 지역의 옛 창고 건물에서 열리는 소규모 장터. 수공예품과 먹거리 위주이며 음악 공연도 열린다.

인스타그램 @theoldpackhouse

(토요일) 08:00~13:30
(일요일) 09:00~13:00

② 마타카나 빌리지 파머스 마켓
Matakana Village Farmers Market

지역 문화 활성화를 위해 2002년에 시작해 큰 규모로 성장했다. 오클랜드에서 자동차로 1시간 거리.

인스타그램 @matakanavillage

(토요일) 08:00~13:00

③ 타카푸나 비치 선데이 마켓
Takapuna Beach Sunday Market

타카푸나 해변과 가까워 휴식을 즐기기에도 안성맞춤이다. 오클랜드 CBD에서 10km 거리.

인스타그램 @takapunamarket

(일요일) 08:00~13:00

④ 오클랜드 나이트 마켓
Auckland Night Market

푸짐한 먹거리로 가득한 저녁 마켓. 오클랜드 중심가와 주변 지역에서 번갈아 열린다.

홈페이지 aucklandnightmarkets.co.nz

(매일) 저녁

⑤ 파넬 파머스 마켓
Parnell Farmers Market

오클랜드 파넬의 역사적 건물인 주빌리 빌딩 앞에서 열린다.

인스타그램 @parnellfarmersmarket

(토요일) 08:00~12:00

⑩

⑥ 타우랑가 파머스 마켓
Tauranga Farmers Market

뉴질랜드에서 다섯 번째로 큰 도시인 타우랑가의 초등학교 공터에서 열리는 동네 장터로 채소와 식료품을 판다.

인스타그램 @taurangafarmersmarket

(토요일) 07:45~12:00

Christchurch
⑪

Queenstown
⑫

7
로토루아 나이트 마켓
Rotorua Night Market

목요일 저녁마다 도로 전체를 막고 펼쳐지는 먹거리 장터. 여름철에는 축제 분위기다.
인스타그램 @rotoruanightmarket

목요일 17:00~21:00

8
호크스 베이 &
네이피어 어번 파머스 마켓
Hawkes Bay &
Napier Urban Farmers Market

네이피어 중심가의 토요 마켓보다는 인근의 헤이스팅스에서 열리는 호크스 베이 일요 마켓의 규모가 훨씬 크다. 여름에는 잔디밭으로 자리를 옮겨 피크닉 분위기도 느낄 수 있다.
홈페이지 www.hawkesbayfarmers
market.co.nz

토요일 08:00~12:30
일요일 08:30~12:30

파머스 마켓은 판매자 본인이 농산물을 직접 기르거나, 해당 지역에서 수확한 식재료를 사용하는 업체에 한해 참가를 허용해요. 수공예품과 골동품을 판매하는 플리 마켓이나 푸드 트럭이 참여하는 푸드 마켓에서는 좀 더 다양한 제품을 구경할 수 있어요.

9
하버사이드 마켓
Harbourside Market

1920년대부터 이어온 마켓으로 웰링턴에서 가장 크고 역사가 길다.
홈페이지 www.harboursidemarket.co.nz

일요일 07:30~14:00

10
넬슨 마켓
The Nelson Market

일요일에는 푸드 마켓, 파머스 마켓까지 겸하는 큰 규모로 열린다. 일요일에는 플리 마켓 위주다.
홈페이지 www.nelsonmarket.co.nz

토 · 일요일 08:00~13:00

11
크라이스트처치 파머스 마켓
Christchurch Farmers' Market

주택가 근처 저택 리카턴 하우스 앞에서 열린다. 먹거리도 있고 음악도 흐르는 전형적인 로컬 마켓 분위기.
인스타그램 @christchurchfarmersmarket

토요일 09:00~13:00

12
퀸스타운 마켓
Queenstown Market

리마커블스가 보이는 퀸스타운 호숫가에서 열리는 수공예품과 골동품 마켓.
인스타그램 @qtmarke

토요일 09:00~16:30

Auckland

Rotorua

Wellington

동네마다 있다!
뉴질랜드 대표 마트

대도시에서는 유명한 맛집을 찾아가지만 작은 마을이나 소도시에서는 주로 마트에서 음식을 구입하게 된다. 본격적인 여행에 앞서 마트에서 쇼핑하는 방법과 뉴질랜드 전역에 분포한 마트 이름을 알아두는 것도 좋다.

울워스
Woolworths

1981~2023년에 카운트다운Countdown이라는 이름으로 운영하다가 2024년부터 호주계 마트인 울워스로 리브랜딩한 뉴질랜드 최대 마트 체인점이다. 신선 제품의 질이 좋다.

홈페이지 www.woolworths.co.nz

뉴 월드
New World

뉴질랜드에서 생활하면서 가장 많이 이용하게 되는 국민 마트. 과자, 음료수, 생필품이 울워스보다 약간 저렴한 수준이며 로컬 브랜드 제품도 다양하게 판매한다. 뉴질랜드 전역에 매장이 있다.

홈페이지 www.newworld.co.nz

팩앤세이브
PAK'nSAVE

'뉴질랜드에서 가장 저렴한 식재료'를 모토로 하는 창고형 마트로, 주로 도시 외곽에 위치한다. 마트 옆에 주유소가 있는 지점에서는 마트 구매 영수증으로 주유 할인을 받을 수 있다.

홈페이지 www.paknsave.co.nz

웨어하우스
The Warehouse

생활용품, 문구류, 전자 제품과 가전에 특화된 대형 마트. 신선 식품보다는 대용량의 음료수나 과자를 구입하기에 적당하다. 거주 목적으로 뉴질랜드에 정착할 때 주로 방문하는 곳이다.

홈페이지 www.thewarehouse.co.nz

포 스퀘어
Four Square

3대 대형 마트 체인이 없는 동네 또는 중심가에 자리 잡은 체인점이다. 규모가 작은 대신 보통 걸어갈 만한 위치에 있어 배낭여행자들이 이용하기에 편리하다.

홈페이지 www.foursquare.co.nz

한국 식료품점
Korean Grocery

대형 마트에서도 라면과 고추장 같은 기본적인 한국 식품을 판매하지만, 교민이 운영하는 한국 마트에서는 자동차 여행을 떠나기 전 쌀과 반찬, 양념을 구입하기 좋다. 구글 맵에서 'Korean Grocery' 또는 'Asian Market'으로 검색해 한국계 또는 아시아계 식료품점을 찾아볼 것.

- 왕마트(거복식품) Wang Mart
  위치 오클랜드, 타우랑가
- H마트 H-Mart
  위치 오클랜드, 타우랑가
- 코스코 Kosco
  위치 크라이스트처치, 더니든

마트 알뜰 이용법

TIP ①
할인가 공략하기

마트에서는 그날그날 세일 품목에 스티커를 붙여 두는데 할인가를 적용받으려면 고객 카드가 있어야 한다. 남섬에 있는 뉴월드 일부 매장에서는 여행자용 임시 카드인 '투어리스트 카드Tourist Card'를 발급해준다. 울워스에서는 호주의 멤버십 카드가 있으면 할인받을 수 있다. 직원에게 문의하면 할인가가 적용되는 마트를 안내해줄 것이다.

TIP ②
마트 영수증으로 할인받기

마트에서 발급한 영수증 하단에는 제휴 업체의 할인 쿠폰이 인쇄되어 있다. 주유할 때 제시하면 가격을 소폭 할인해주기도 한다. 영수증에 편의점이나 주류 매장 쿠폰도 있으니 그냥 버리지 말고 필요할 때 활용할 것.

TIP ③
무인 계산대에 적응하기

뉴질랜드도 소비자가 직접 바코드를 태그한 후 구매한 상품을 봉투에 담아 가는 무인 계산대가 보편화되어 있다. 현금 또는 카드를 사용하는 기계인지 확인하고 줄을 설 것. 한국에서 발행한 신용카드가 핀 PIN 번호(비밀번호)를 인식하지 못할 때는 직원에게 도움을 요청한다.

TIP ④
신용카드에 서명해두기

핀 번호가 아닌 사인으로 신용카드 결제를 할 경우에는 카드 뒷면의 사인과 영수증의 사인이 반드시 일치해야 하며, 직원이 신분증 확인을 요청할 수도 있다.

TIP ⑤
주류 구입 시 신분증 지참

뉴질랜드의 주류 구입 가능 연령은 만 18세 이상으로 구입 시 신분증을 제시해야 한다. 주류 구입은 허가받은 주류 판매점에서만 가능하다. 부모 또는 보호자가 아닌 제3자가 18세 미만 청소년에게 음주를 권하는 것은 불법이다.

TIP ⑥
부가가치세 확인하기

뉴질랜드는 대부분의 상품과 서비스에 대해 15%의 부가가치세GST(Goods and Services tax)를 부과한다. 가격표에는 GST가 포함된 금액을 기재하는 것이 기본이고, 예외적인 경우에 한해 별도 표기하기도 한다. 참고로 뉴질랜드에는 관광객을 위한 택스 리펀드tex refund 제도가 없으므로 공항에서 GST를 환급받지 못한다.

의류 & 신발 사이즈 알아두기

아래는 단순한 사이즈 비교 표이며 브랜드나 의류에 따라 사이즈가 달라지므로 직접 착용해보는 것이 가장 정확하다. 신발 사이즈 단위는 유럽과 미국을 기준으로 표기한 것이다.

의류

구분	국가	XS	S	M	L	XL
여성복	한국	44(85)	55(90)	66(95)	77(100)	88(105)
	호주·뉴질랜드	4~6	8~10	10~12	16~18	20~22
	미국	2	4	6	8	10
	유럽	34	36	38	40	42
남성복	한국	85	90	95	100	105
	호주·뉴질랜드	36	38	40	42	44
	미국	85~90	90~95	95~100	100~105	105~110
	유럽	44~46	46	48	50	52

신발

	한국	220	225	230	235	240	245	250	255	260
여성화	미국	5	5.5	6	6.5	7	7.5	8	8.5	9
	유럽	3	3.5	4	4.5	5	5.5	6	6.5	7
	한국	250	255	260	265	270	275	280	285	290
남성화	미국	7	7.5	8	8.5	9	9.5	10	10.5	11
	유럽	6	6.5	7	7.5	8	8.5	9	9.5	10

물 종류 알아두기

여행 중 꼭 사게 되는 것이 물이다. 마트에서 다양한 종류의 물을 판매하는데, 종종 눈에 띄는 미네랄워터란 천연 광천수를 포함해 식용수를 통칭한다. 일반 생수는 스프링 워터spring water, 정수 과정을 거친 물은 스틸 워터still water, 증류수는 디스틸드 워터distilled water로 구분한다. 스파클링sparkling이라고 적혀 있으면 탄산수라는 의미이니 잘 살펴보고 구입할 것.

PLANNING
1

BASIC INFO
꼭 알아야 할
뉴질랜드 여행 기본 정보

뉴질랜드 국가 정보

뉴질랜드는 지리적으로 적도 반대편, 남반구에 자리 잡고 있으며 정치적으로는 영연방의 일원으로, 총독을
대리인으로 임명해 영국 왕을 국가원수로 하는 헌법 체제를 유지하고 있다.

인천-오클랜드(직항)
12시간(비행 거리 9634km)

뉴질랜드

면적

26만 7710km²

한반도의 1.2배

인구

약 522만 명

유럽인 70%, 마오리 16.5%,
아시아인 15.1%, 태평양계 8.1%

국명

뉴질랜드
New Zealand

수도

웰링턴
Wellington
※북섬에 위치

언어

영어, 마오리어, 수화

주 사용 언어는 영어이며 공식 문서에
는 마오리어를 병기한다. 청각장애인
을 위한 수어 또한 공용어로 지정되어
있다.

국가 번호

+64

전압

230/240V (50Hz 사용)

※멀티 어댑터 필요

통화

뉴질랜드 달러(NZD, NZ$)

1 NZD=약 830원
※2024년 12월 기준

비자

전자 여행 허가증(NZeTA)

최대 90일

시차

한국보다 3시간 빠름

서머타임 기간(9월 말~4월 초)에는 4시간
빠르며, 남섬과 북섬 간 시차 없음

긴급 전화

긴급 상황 111
일반 신고 105

뉴질랜드의 상징

뉴질랜드 국기 Flag of New Zealand

남태평양을 상징하는 푸른 바탕색에 영연방의 일원임을 나타내는 유니언 잭과 뉴질랜드의 위치를 표시한 남십자성이 그려져 있다. 호주 국기와 흡사하나 별 모양·개수·색상이 다르다.

뉴질랜드 문장
New Zealand Coat of Arms

한쪽에는 유럽인이, 다른 한쪽에는 원주민이 그려진 문장은 뉴질랜드가 다문화 국가임을 상징한다. 중앙의 방패에는 무역, 농업, 산업을 상징하는 기호가 새겨져 있다.

뉴질랜드 국명의 유래

1642년에 네덜란드 탐험가 아벌 타스만Abel Tasman이 뉴질랜드를 발견하고 '노바젤란디아 Nova Zelandia'라고 명명한 것이 영어식으로 바뀌면서 뉴질랜드가 되었다. 마오리어로는 '길고 흰 구름의 나라'라는 의미를 지닌 아오테아로아 Aotearoa라고 한다.

세금과 팁

모든 상품과 서비스에 15%의 부가가치세(GST)가 적용되며 여행자를 위한 택스 리펀드 제도는 없다. 기본적으로 팁 문화는 없지만 최고급 레스토랑에서는 예외적으로 5~10%의 팁을 지불하기도 한다. 의무 사항은 아니니 원하는 경우만 내면 된다.

뉴질랜드 날씨와 여행 시즌

한국과는 정반대 계절인 뉴질랜드에서는 한여름에 해수욕을 즐기면서 크리스마스를 보내거나, 7~8월에 스키를 타는 색다른 경험을 할 수 있다. 북섬은 기후가 매우 온화하고 따뜻한 반면, 산악 지대가 많은 남섬은 계절 변화가 더 뚜렷하다. 또한 화산, 빙하, 피오르, 초원 등 다양한 생태계가 존재해 조금만 이동해도 기후와 환경이 완전히 달라진다. 따라서 지역 편차를 고려하며 여행 계획을 세우는 것이 중요하다.

봄

#봄꽃 #트레킹

북섬의 온천 지대를 여행하기 좋은 계절로, 남섬의 호숫가에는 봄꽃이 만발한다. 8~10월에 태어난 새끼 양도 볼 수 있다. 단, 눈이 녹으면서 발생하는 홍수에 주의해야 한다.

여름

#해수욕 #액티비티

한국에 비해 훨씬 시원한 뉴질랜드 남섬의 여름은 최고의 여행 시즌이다. 좀 더 무덥고 습한 북섬의 해변은 서핑을 즐기려는 사람들로 붐빈다. 샌드플라이 기피제를 꼭 준비할 것.

겨울

#눈 #스키 #우기

북섬과 남섬의 고원지대에는 눈이 내리고 기온이 영하권으로 떨어진다. 오클랜드처럼 따뜻한 지역도 비가 많이 내리면서 체감온도가 떨어진다. 두툼한 후드 집업과 쇼트 패딩이 유용하다.

가을

#단풍 #트레킹

무더위를 피해 트레킹이나 자전거 여행을 떠나기 좋은 시기다. 남섬의 오타고 지역(퀸스타운, 와나카)은 형형색색의 단풍으로 물든다.

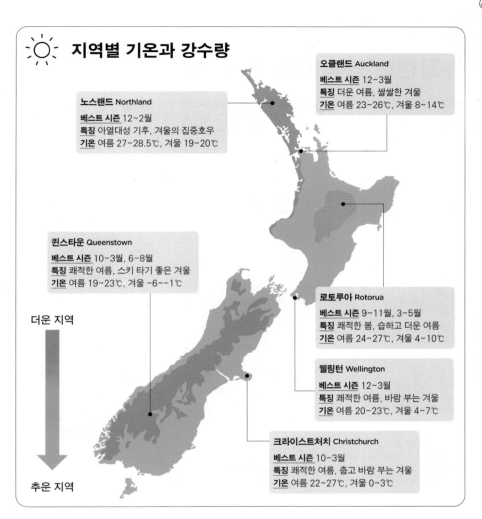

지역별 기온과 강수량

노스랜드 Northland
베스트 시즌 12~2월
특징 아열대성 기후, 겨울의 집중호우
기온 여름 27~28.5℃, 겨울 19~20℃

오클랜드 Auckland
베스트 시즌 12~3월
특징 더운 여름, 쌀쌀한 겨울
기온 여름 23~26℃, 겨울 8~14℃

퀸스타운 Queenstown
베스트 시즌 10~3월, 6~8월
특징 쾌적한 여름, 스키 타기 좋은 겨울
기온 여름 19~23℃, 겨울 -6~-1℃

로토루아 Rotorua
베스트 시즌 9~11월, 3~5월
특징 쾌적한 봄, 습하고 더운 여름
기온 여름 24~27℃, 겨울 4~10℃

웰링턴 Wellington
베스트 시즌 12~3월
특징 쾌적한 여름, 바람 부는 겨울
기온 여름 20~23℃, 겨울 4~7℃

크라이스트처치 Christchurch
베스트 시즌 10~3월
특징 쾌적한 여름, 춥고 바람 부는 겨울
기온 여름 22~27℃, 겨울 0~3℃

더운 지역

추운 지역

북섬

태평양판이 인도-오스트레일리아판 아래로 섭입되면서 형성된 화산 지대로, 여전히 활화산과 휴화산이 존재한다. 평균기온이 10℃를 웃도는 온대 및 아열대성 기후다.

남섬

인도-오스트레일리아판과 태평양판의 충돌로 형성된 서던알프스산맥이 주축을 이룬다. 북섬에 비해 기온이 훨씬 낮고 전반적으로 강수량이 많은 편인데, 남섬 최남단(피오르드랜드)과 서쪽 해안(웨스트코스트) 지역은 1년 중 180일 이상 비가 내린다.

TIP 뉴질랜드에서의 복장

뉴질랜드에서는 야외 활동이 일상적이며 여행자가 많아서 어디에서나 등산복과 캐주얼한 차림이 자연스럽다. 한여름에는 햇살이 매우 강해 모자와 선글라스, SPF 50 이상 선크림 필수! 또 일교차가 매우 큰 편이라 아침저녁으로 재킷이 필요하고, 하루에도 날씨가 수시로 바뀌기 때문에 보온이 잘되면서 쉽게 마르는 옷과 신발, 우산을 준비하도록 한다.

뉴질랜드 공휴일과 축제 캘린더

와이탕이 데이 같은 국경일부터 마타리키, 마오리 하카 축제 등 마오리 원주민의 전통 행사에 이르기까지,
뉴질랜드에는 다양한 문화유산에서 비롯된 기념일과 축제가 많다. 방문 시기에 맞춰 열리는 축제는
큰 즐거움을 주지만 숙박비가 치솟거나 주요 시설이 문을 닫을 수도 있으니 일정을 꼭 확인할 것!

뉴질랜드 전역이
쉬는 공휴일은 ★로
표시했습니다.

1월

1~2일
새해 New Year's Day ★
📍 전국

2주간
세계 버스커 축제
World Buskers Festival
📍 크라이스트처치

29일 또는 가까운 월요일
오클랜드 기념일
Auckland Anniversary Day
1840년 오클랜드의 첫 번째 총독
윌리엄 홉슨이 도착한 것을 기념
하는 날
📍 오클랜드

4월

25일
안작 데이(현충일)
ANZAC Day ★
호주-뉴질랜드 연합군의 갈리폴
리 상륙일에 맞춰 제1·2차 세계
대전 및 주요 전투 참전 용사를 기
리는 현충일
📍 전국

2월

6일
와이탕이 데이
Waitangi Day ★
와이탕이 조약을 체결한 날
📍 전국

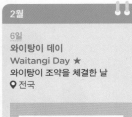

HAPPY WAITANGI DAY

1일간
말버러 와인 & 음식 축제
Marlborough Wine and
Food Festival
📍 블레넘

1개월간
뉴질랜드 예술 축제
New Zealand Festival of
the Arts
📍 웰링턴

1개월간
오클랜드 프라이드
Auckland Pride
📍 오클랜드

홀수 연도
마오리 하카 축제
Te Matatini Festival
📍 웰링턴

3월

부활절 주간
굿 프라이데이
Good Friday ★
부활절 월요일
Easter Monday ★
📍 전국

17일
세인트 패트릭 데이
St Parick's Day
아일랜드의 수호성인 성 패트릭
을 기리는 날로, 녹색 옷을 차려입
고 맥주에 흠뻑 취하는 축제
📍 전국

둘째 토요일
오클랜드 경마 대회
Auckland Cup Week
📍 오클랜드

하루
베이 마라톤 대회
Round the Bays Fun Run
📍 오클랜드

5일간
열기구 축제
Balloons over Waikato
📍 해밀턴

23일간
프린지 예술 축제
Fringe Festival
📍 웰링턴

유동적
아이언맨 뉴질랜드(철인 3종 경기)
Ironman New Zealand
📍 타우포

5월

3주간
국제 코미디 축제
International Comedy
Festival
📍 오클랜드, 웰링턴

6월

첫째 월요일
국왕 탄생일 ★
King's Birthday ★
영국 국왕 탄생 기념일로, 실제 생
일이 아닌 상징적인 날
📍 전국

6월 말
마타리키
Matariki ★
마오리족의 새해에 해당하는 날
로, 황소자리에 플레이아데스 성
단이 떠오르는 날로부터 가장 가
까운 금요일
📍 전국

7월

7월 마지막 주
워매드
WOMAD(World of Music
Art and Dance)
1982년 영국에서 시작해 전 세
계로 전파된 초대형 음악 축제
📍 뉴플리머스

유동적
퀸스타운 겨울 축제
Queenstown Winter Festival
📍 퀸스타운

10월

넷째 월요일
노동절
Labour Day ★
📍 전국

11월

마지막 토요일
타우포 호수 사이클 대회
Lake Taupo Cycle Challenge
📍 타우포

12월

25~26일
크리스마스
Christmas ★
24일 밤에는 퍼레이드가 펼쳐지
며 25일 오후에는 영국 국왕의 메
시지가 방송된다. 크리스마스 다
음 날 선물을 주고받는 전통에서
유래된 박싱 데이Boxing Day 역
시 공휴일이다.
📍 전국

TIP! 알아두어야 할 공휴일 관련 정보

❶ 월요일 휴무 변경제 Mondayisation

중요한 공휴일이 토요일이나 일요일과 겹치면 다음 규정에 따라 대체
공휴일을 지정한다.
- 와이탕이 데이 또는 안작 데이 → 차주 월요일
- 크리스마스 & 새해 → 총 4간의 휴일 중 주말과 겹치는 날은 차주
  월요일 또는 화요일까지 휴무 연장

❷ 방학 시즌 School Holidays

학기	방학	기간
1학기	가을방학	4월 중 약 2주간
2학기	겨울방학	7월 중 약 2주간
3학기	봄방학	9월 말~10월 중순
4학기	여름방학	12월 말~2월 초

❸ 공휴일 추가 요금 Public Holiday Surcharge

공휴일에는 15%가량 추가 요금을 받는 식당이 많다. 이는 직원들의 휴일
수당을 지급하는 뉴질랜드와 호주에서 흔히 볼 수 있는 제도다. 따라서 고급
레스토랑을 이용하려면 평일에 가는 것이 좋다.

❹ 지역 기념일 Regional Anniversary

1월 29일 오클랜드 기념일과 마찬가지로
웰링턴에서는 1월 22일, 캔터베리
지방(크라이스트처치)에서는 12월 16일, 오타고
지방(퀸스타운)에서는 3월 23일이 공휴일이다.
보다 상세한 휴일 정보는 뉴질랜드 고용노동부의
공휴일 공지를 확인할 것.

**뉴질랜드
공휴일 정보**

Kia Ora! 뉴질랜드 잡학 사전

안녕하세요!
키아 오라 Kia Ora

영어의 '하이Hi'와 같은 '키아 오라'는 건강과 안녕을 기원하는 마오리어 인사말이다. 여행지에서는 물론 업무 메일을 주고받을 때나 건배사에도 흔하게 사용하니 꼭 알아두자. 또 '하에레 마이Haere mai'는 환영한다는 뜻이다.

진정한 키위의 나라
키위아나 Kiwiana

뉴질랜드 국조인 키위의 상징성 덕분에 '뉴질랜드=키위'라는 공식이 성립되었다. 사람을 지칭할 때는 복수형으로 키위스kiwis라 하고, 새는 키위버드kiwibird, 새콤달콤한 과일은 키위푸르트kiwifruit로 구분한다. 국영 은행과 국영 철도에도 '키위'라는 단어를 붙일 만큼 널리 사용하는 표현이다.

뉴질랜드의 상징
은고사리 Silver Fern

잎을 뒤집으면 달빛을 반사하는 은고사리는 마오리족이 어두운 숲 속에서 길을 찾는 표식으로 이용했다고 한다. 현재 국가대표 럭비 팀의 심벌이며, 흰색과 검은색으로 그린 로고를 새로운 국기로 지정하자는 여론도 있다.

'연가'의 고향 뉴질랜드,
'포카레카레 아나
Pokarekare Ana'

"비바람이 치던 바다 잔잔해져 오면~ ♬" 누구나 한 번쯤 들어봤을 서정적인 사랑 노래 '연가(원제: 포카레카레 아나)'는 로토루아에서 탄생한 마오리족의 구전 민요다. ▶ 3권 P.092

숙소에서 우유 맛보기
Do you want some milk?

모텔이나 캠핑장 같은 숙소에 체크인하면 우유 한 병을 제공하는 것이 일반적이다. 홍차와 커피에 우유를 넣어 마실 수 있도록 배려하는 독특한 문화에서 비롯되었다. 방 안에 있는 냉장고에 우유가 들어 있거나 체크인할 때 직원이 작은 병에 우유를 따라주기도 한다.

환경보호는 기본!
DOC 규정에 주의

허가 없이 식물을 채집하거나 어종별 수량을 초과하는 낚시는 금물이다. 캠핑이나 국립공원 이용 시에도 환경보존부(DOC)의 규정을 숙지해야 한다. ▶ DOC 캠프사이트 정보 P.070

음주나 흡연 가능 연령은
18세부터

법적으로 음주나 흡연이 가능한 최소 연령은 18세로, 주류나 담배 구매 시 신분증을 제시해야 한다. 또 대부분의 장소에서 실내 흡연은 금지다. 공공 공간인 공원과 해변, 길거리에서의 음주 또한 금지다.

운전석은 정반대,
좌측 운행

차량은 좌측으로 운행하며 운전석이 우측에 있어 왼손으로 기어 스틱을 조작해야 한다. 운전이 능숙한 사람이라면 몇 시간 만에 적응할 수 있으나, 도로 폭이 좁고 구불구불한 산간 도로와 가파른 비탈길이 많아 한국의 도로 사정과는 차이가 있음을 감안해야 한다. ▶ 자동차 운전 정보 P.038

악명 높은 곤충
샌드플라이

뉴질랜드에서 가장 악명 높은 곤충 샌드플라이 sandfly! 하루살이처럼 작지만 피부에 달라붙어 흡혈하는 해충이다. 밀퍼드 사운드를 포함한 뉴질랜드 전역이 위험 지대이므로 11~3월에는 반드시 기피제를 휴대해야 한다.

테 아오 마오리, 마오리 문화 알아보기

지역마다 전해지는 마오리의 설화는 뉴질랜드의 아름다운 자연에 생명력을 불어 넣는다. 마오리의 세계관을 뜻하는 '테 아오 마오리Te Ao Māori'를 통해 그들이 세상을 인식하고 상호작용하는 방식과 가치, 믿음, 관습(티카Tika)에 대해 좀 더 알아보자.

🔍 어디서 볼까?

- ☐ 📍 로토루아 마오리 문화 마을(화카레와레와, 테 푸이아) ▶ 3권 P.092
- ☐ 📍 파이히아 와이탕이 조약 체결지 ▶ 3권 P.064

● 마오리 Māori

뉴질랜드의 폴리네시아계 원주민을 일컫는 마오리는 '일반적, 보통'을 뜻하는 단어로, 부족을 초월해 상대를 지칭하는 말이다. 삶의 터전과 유대감을 중시하는 원주민들은 특정 부족이나 지역에 소속된 사람들을 부를 때는 '땅의 사람'이라는 의미의 '탕가타 훼누아Tangata Whenua'라고 한다. 전통적으로 마오리가 아닌 민족, 특히 유럽 혈통을 가진 사람은 파케하Pākehā로 불렀으며, 오늘날에도 여전히 사용하는 단어다.

© Te Puia

● 홍이 Hongi

서로 코와 이마를 맞대는 따스한 인사법이다. 민속촌에 가면 보통 하카를 선보인 후 부족장이 나와 손님과 인사를 나누고 회합 장소로 맞아들여 환영무인 포이 댄스를 추는데, 이 모든 환영 의식을 '포휘리pōwhiri'라고 한다.

● 하카 Haka

눈과 혀로 상대방을 제압하는 제스처를 취하며 전쟁 직전에 사기를 북돋우고 기세를 떨치기 위한 전사의 춤이다. 부족 간의 불필요한 희생을 피하고자, 실제 전투 없이 하카만으로 서로의 세력을 과시하고 결투를 끝내는 경우도 있었다고 한다. 뉴질랜드 럭비 국가대표 팀 올블랙스가 선보이는 장엄한 하카는 전 세계적으로 유명하다.

● 타 모코 Tā Moko

마오리족의 얼굴과 몸에 새기는 검은 문신을 말한다. 대칭을 이루는 기하학무늬가 매우 아름다운데, 동그랗게 말려 자라는 은고사리의 순과 잎사귀에서 영감을 얻었다고 한다. 특유의 문양은 오늘날 다양한 디자인으로 활용되고 있다.

● 화레누이 Wharenui

손님을 맞이하는 공용 건물로, 영어로는 단순히 '미팅 하우스'라고 한다. '마라에marae'라고 부르는 마을의 신성한 공터에 지으며, 빨간색으로 채색한 나무 기둥에 부족별로 전해져오는 다양한 문양을 새겨 넣는다.

● 테 아라 Te Ara

뉴질랜드 문화유산부에서 만든 온라인 백과사전으로 '경로'라는 뜻이다. 1980년대 후반부터 뉴질랜드에서는 영어 지명과 함께 마오리어를 병기하는 등 원주민 문화 복원에 힘을 쏟고 있다. 예를 들면 '마운트 쿡'으로 익숙한 뉴질랜드 최고봉의 정식 명칭은 '아오라키/마운트 쿡'으로 표기한다.

테 아라 백과사전 teara.govt.nz/en
마오리어 배우기 www.maorilanguage.net
마오리어 사전 검색 maoridictionary.co.nz
어려운 지명 읽는 방법 hakatours.com/blog/pronunciation

![BASIC INFO 5 아이콘]

BASIC INFO ⑤
뉴질랜드 역사 간단히 살펴보기

1280~1350년
마오리의 조상인 고대 폴리네시아의 원주민이 '길고 흰 구름의 나라(아오테아로아)'에 정착했다고 추정되는 시기다. 구전 설화에 따르면 전투용 카누인 와카 waka를 타고 왔다고 한다.

1642년
네덜란드 탐험가 아벌 타스만이 유럽인 최초로 남섬의 태즈먼을 발견하고 뉴질랜드를 세계 지도에 기록했다.

1769년
영국인 제임스 쿡 선장James Cook(1728~1779)이 인데버호HMS Endeavour를 타고 뉴질랜드 북섬 기즈번에 상륙해 12일간 코로만델반도까지 탐험했다. 1773년과 1777년에 추가 탐험이 이루어졌다.

1840년
2월 6일 영국 왕실과 마오리 연합 부족 간에 와이탕이 조약이 체결되면서 통합된 국가이자 영국 식민지로서 뉴질랜드 역사가 시작되었다.

1865년
오클랜드에서 웰링턴으로 수도를 이전하면서 북섬과 남섬 간의 균형을 도모하게 되었다.

1947년
1947년 11월 25일 영국으로부터 완전하게 독립하고 영연방 국가의 일원으로 남게 되었다.

1950년
한국전쟁에 4700명의 해군 및 육군 병력을 파병했다. 이때 마오리족 전사도 상당수 참전했는데 '연가'라는 뉴질랜드 민요가 한국에 전파되는 계기가 되었다.

1975년
마오리 원주민과의 분쟁 해결을 위한 와이탕이 재판소가 설치되고 1987년에 마오리어를 공용어로 인정하면서 과거사 극복 노력을 하게 되었다.

1999년
뉴질랜드에서 영화 〈반지의 제왕〉 3부작을 촬영하고 큰 성공을 거두면서 뉴질랜드 전역이 전 세계적으로 주목받는 관광지로 떠올랐다.

2011년
남섬 크라이스트처치에서 발생한 대규모 지진으로 185명이 사망하는 등 큰 피해를 입었다.

2023년
와이탕이 조약법 제정 50주년을 맞아 마오리의 권리를 확대하고 인정하기 위한 논의가 계속되었다.

난이도
● 상
● 중
● 하

케이프 레잉가

노스랜드　3권 P.058

파이히아

오클랜드

코로만델반도

퍼시픽 코스트　3권 P.126

이스트 케이프

와이카토　3권 P.074

로토루아

와이토모 케이브

타우포

뉴플리머스

네이피어

아벨태즈먼 국립공원

웰링턴

픽턴·넬슨　2권 P.216

픽턴

아서스 패스　2권 P.052

그레이마우스

프란츠 조셉

마운트 쿡

크라이스트처치

밀퍼드 사운드　2권 P.160

테카포 호수　2권 P.094

퀸스타운

오타고 해안 지대　2권 P.208

더니든

블러프

BEST PLAN & BUDGET

뉴질랜드 추천 일정과
여행 예산

뉴질랜드의 면적은 한반도의 1.2배다. 남섬과 북섬을 다 돌아보려면 비행기로 이동하거나, 좀 더 시간을 들여 페리를 타야 한다. 지도에 상·중·하로 표시한 것은 도시 크기가 아닌 여행지로서의 중요도를 나타낸 것이며, 중간중간 자리한 작은 마을과 명소는 실제 따라가면서 자동차 여행이 가능한 로드 트립 형태로 제시했다. 또 주요 여행지마다 2박 3일 추천 일정을 상세히 정리했으니 나만의 멋진 여행을 계획해보자.

뉴질랜드 핵심만 쏙!
북섬+남섬 9박 10일

북섬 화산 지대와 남섬 서던알프스산맥까지, 뉴질랜드에서 가장 핵심적인 여행지만 골라서 다녀오는 일정이다.
뉴질랜드 관광청에서는 남섬과 북섬을 다 돌아보는 데 최소 14일을 권장하나, 현실적인 여행 기간이 열흘 이내라는
점을 고려해 비행기로 빠르게 이동하면서 돌아볼 수 있도록 구성했다.

OUT 오클랜드 ④
🚌 230km
호비튼
⑤ 로토루아
와이토모
타우포

✈️ 2시간
✈️ 1시간 30분

웰링턴
픽턴

IN
① 크라이스트처치
🚌 227km
마운트 쿡 빌리지
② 테카포 호수
🚌 105km
밀퍼드 사운드
🚌 262km
③ 🚌 288km
퀸스타운

TRAVEL POINT

→ **항공 스케줄** 크라이스트처치 IN –
오클랜드 OUT(다구간 항공권)

→ **총 이동 거리** 1600~1800km(항공편
제외)

→ **교통수단**
• 비행기: 퀸스타운에서 오클랜드행
국내선 편도 항공편 이용
• 렌터카: 편도 이용 시 반납 비용 발생
• 버스: 인터시티 버스 또는 버스 투어

→ **사전 예약 필수** 이동 수단, 테카포 호숫가
숙소, 호비튼 무비 투어

→ **여행 시즌** 해가 길고 날씨가 쾌적한
11~2월은 남섬과 북섬을 같이
여행하기 좋은 시기다. 로토루아의
무더위를 피하고 싶다면 남섬에 단풍이
드는 3~4월도 괜찮은 선택이다.

TRAVEL ITINERARY 여행 스케줄 한눈에 보기

여행 일수	체류 장소	세부 일정
DAY 1	크라이스트처치	인천 → 호주 시드니 → 크라이스트처치(✈ 경유 15~17시간)
DAY 2	테카포 호수*	렌터카로 테카포 호수까지 이동(🚗 3시간) 헬리콥터·경비행기 투어, 은하수 관찰 & 스파
DAY 3	퀸스타운	푸카키 호수, 마운트 쿡 빌리지 구경 **TIP!** 오후 3시 전에 퀸스타운으로 출발(🚗 3시간 30분)
DAY 4	퀸스타운	스카이라인 곤돌라, 번지점프 등 액티비티 즐기기
DAY 5	퀸스타운	밀퍼드 사운드 크루즈 당일 투어(🚗 왕복 567km)
DAY 6	오클랜드	퀸스타운 → 오클랜드(✈ 2시간) 오클랜드 중심가 관광(워터프런트, 스카이 타워)
DAY 7	오클랜드	오클랜드 주변 관광(마운트 이든, 데번포트 등)
DAY 8	로토루아	호비튼 관광 후 로토루아로 이동(🚗 4~5시간) 스카이라인 루지 등 액티비티 즐기기
DAY 9	로토루아	타우포 호수, 화산 계곡, 마오리 문화 마을 체험 등 **TIP!** 날씨가 좋지 않다면 오클랜드 공항 근처에서 숙박
DAY 10	귀국	로토루아 → 오클랜드(🚗 2시간 30분) 오클랜드 → 인천(✈ 직항 12시간)

* 표시는 방문객에 비해 숙박 시설이 특히 부족한 지역을 나타낸 것이다. 여행 계획을 세울 때는 숙소를 먼저 알아보고 예약해야 한다.

TRAVEL IDEAS

⊘ 남섬을 추천하는 이유는?

뉴질랜드를 여행할 때 남섬을 먼저 가면 예기치 않은 상황에 보다 유연하게 대응할 수 있다. 기상 문제나 비행기 연착 등 변수가 생기더라도 한국행 직항편이 많은 북섬의 오클랜드로 올라와 귀국 일정을 조정하기 훨씬 수월하기 때문이다.

⊘ 경유지를 어디로 설정할까요?

다구간 항공권이라면 호주 시드니(8시간 이상 경유라면 호주 전자 여행 허가증ETA 준비)나 다른 국가를 경유하는 편이 낫다. 오클랜드가 경유지일 경우 중간에 내려 입국 심사와 위탁 수하물 검사를 받아야 한다.
▶ 국내선 환승 절차 P.125

⊘ 개인 차량이 없어도 이 코스 괜찮을까요?

인터시티 버스가 매일 운행하므로 원하는 지점에서 관광과 숙박을 하고 다시 버스를 이용해 다니면 된다. 이때는 버스 시간에 맞춰 세부 일정을 조정해야 한다. 크라이스트처치와 퀸스타운 사이를 이동하면서 테카포 호수와 마운트 쿡을 둘러보는 편도 당일 투어는 편리하지만 은하수를 보지 못한다는 점이 아쉽다. 네이버에서 '퀸스타운 투어'로 검색하면 소개되는 3박 4일짜리 남섬 투어도 고려해볼 것.

⊘ 시간이 일주일밖에 없다면?

남섬 밀퍼드 사운드 크루즈 또는 북섬 로토루아를 제외해 일정을 단축한다. 대신 오클랜드에서 당일로 다녀오는 호비튼 무비 투어를 꼭 추가할 것! ▶ 3권 P.077

서던알프스산맥에서 피오르까지!
남섬 일주 10일

서던알프스산맥의 빙하와 밀퍼드 사운드의 피오르, 보석처럼 반짝이는 호수를 품은 남섬은 뉴질랜드에서 가장
신비롭고 예쁜 풍경으로 가득하다. 남섬을 돌아보고 나서 북섬으로 이동할 때는 항공편이 훨씬 편리하지만, 픽턴에서
페리를 타고 웰링턴으로 건너가는 것도 멋진 경험이다. 단, 이때는 2~3일이 더 필요하다.

아벨태즈먼 국립공원

🚢 3시간
픽턴 · · · · · 웰링턴

푸나카이키 국립공원
(팬케이크 록스)
🚐 156km

그레이마우스
카이코우라
①

아서스 패스
🚐 180km
🚐 135km
🚐 247km
프란츠 조셉 ② 호키티카
73
IN
OUT
크라이스트처치

마운트 쿡 빌리지
⑥ ⑤
🚐 227km 아카로아

🚐 350km
⑥ 테카포 호수
와나카
호수 🚐 262km
밀퍼드 사운드 🚐 285km
🚐 288km
94
모에라키 바위
테아나우 ④ ③ 퀸스타운
🚐 75km
더니든

① 🚐 228km

블러프
스튜어트 아일랜드

TRAVEL POINT

→ **항공 스케줄** 크라이스트처치 IN –
크라이스트처치 또는 픽턴 OUT

→ **총 이동 거리** 2100~2500km

→ **교통수단**
· 렌터카: 크라이스트처치 공항에서 대여
및 반납, 페리 이용 시 렌터카 정책 확인
· 버스: 인터시티 버스의 플렉시패스
확인(페리 탑승권 포함 여부) ▶ P.035
· 관광 열차: 크라이스트처치에서
그레이마우스 또는 픽턴까지 이동
▶ P.031

→ **사전 예약 필수** 북섬행 비행기 또는 페리
예약, 밀퍼드 사운드 트레킹 또는 캠핑을
할 예정이라면 DOC 허가증 발급
▶ P.028

→ **여행 시즌** 11~4월(눈 내리는 5~9월은
산간 도로가 폐쇄될 수 있으며,
스노 체인 장착 필수)

▶ **여행 스케줄 한눈에 보기**

여행 일수	체류 장소	세부 일정
DAY 1	크라이스트처치	크라이스트처치 도착 후 트램 타고 시티 투어
DAY 2	호키티카	아서스 패스 국립공원 경유해 호키티카로 이동(🚗 4시간) **TIP!** 150km 우회하면 푸나카이키 국립공원도 들를 수 있다.
DAY 3	프란츠 조셉*	빙하 트레킹, 헬리 하이크 **TIP!** 기상 악화 시 DAY 4 일정으로 교체
DAY 4	프란츠 조셉	폭스 빙하, 매서슨 호수 산책
DAY 5	퀸스타운	하스트 패스, 와나카 호수 거쳐 퀸스타운으로 이동(🚗 8시간)
DAY 6	퀸스타운	액티비티 즐기기(스카이라인 루지, 세계 최초의 번지점프)
DAY 7	퀸스타운	밀퍼드 사운드 크루즈 당일 투어(🚗 왕복 567km) **TIP!** 직접 운전하거나 밀퍼드 사운드 트레킹을 한다면 1박 2일 이상 필요(테아나우 숙박)
DAY 8	마운트 쿡 빌리지*	퀸스타운에서 마운트 쿡 빌리지로 이동(🚗 3시간 30분) 푸카키 호수, 태즈먼 빙하
DAY 9	테카포 호수*	오전 중 마운트 쿡 트레킹(도보 3~4시간) 테카포 호수로 이동(🚗 1시간) 헬리콥터 · 경비행기 투어, 은하수 관찰 & 스파
DAY 10	크라이스트처치	크라이스트처치 관광 또는 북섬으로 이동

* 표시는 숙소 예약 필수 지역

TRAVEL IDEAS -

✅ 왜 크라이스트처치에서 시작하나요?

크라이스트처치 공항이 남섬 공항 중 규모가 가장 커서 렌터카 대여가 수월하고, 주요 도로가 교차하는 곳이라 어느 방향으로 이동하든 남섬 일주 여행에 적합하다. 아서스 패스를 넘어 프란츠 조셉 빙하를 먼저 보기를 추천하는 이유는 갈수록 경치가 아름다워지는 경로이기 때문이다. 개인 차량이 없어도 충분히 여행 가능한 환경이라 배낭여행객도 많다.

✅ 남섬 최남단을 꼭 가보고 싶어요!

프란츠 조셉 빙하를 생략하고 **BEST PLAN ①** 처럼 테카포 호수를 먼저 가는 일정을 선택할 것. 밀퍼드 사운드를 방문한 다음에는 퀸스타운으로 돌아가지 말고 테아나우에서 블러프 쪽으로 넘어간다. 이렇게 여행하려면 반드시 렌터카가 필요하다.

신비한 화산섬 여행
북섬 중심부 4~7일

화산섬의 열기로 가득한 북섬에서는 생생한 마오리 문화와 대도시의 매력, 양 떼가 풀을 뜯는 초원, 푸른 해변의 아름다움까지 두루 경험할 수 있다. 오클랜드와 로토루아를 중심으로 〈반지의 제왕〉 촬영지인 호비튼과 타우포 호수까지 여행하고, 나머지 지역은 관심사와 일정에 맞춰 계획한다.

베이오브아일랜즈

+1~2일 ··· +1~2일

IN OUT

④ 오클랜드 ● 휘티앙가(코로만델반도)

🚐 175km

🚐 108km

🚐 123km

① ②

타우랑가

해밀턴

마타마타

베이오브플렌티

래글런 ● +1일 ③ 호비튼

🚐 70km 🚐 70km ① 로토루아

와이토모 케이브

⑤

🚐 150km 80km

② 타우포 +2~3일 ● 기즈번

+1일 반나절 (트레킹 시 +1~2일)

뉴플리머스 ●

● 에그몬트 국립공원 ● 통가리로 국립공원 호크스 베이

TRAVEL POINT

- → **항공 스케줄** 오클랜드 IN – 오클랜드 OUT
- → **총 이동 거리** 700~800km(일정에 따라 변동)
- → **교통수단**
  - 렌터카: 오클랜드 공항에서 대여 및 반납
  - 버스: 인터시티 버스, 투어 등 다양한 교통편 이용 가능
- → **사전 예약 필수** 이동 수단, 호비튼 무비 투어, 로토루아 마오리 문화 마을, 와이토모 케이브(글로웜 동굴)
- → **여행 시즌** 9~11월, 3~5월의 봄과 가을에 날씨가 쾌적하지만 해수욕을 즐기려면 여름이 최고!

TRAVEL ITINERARY 여행 스케줄 한눈에 보기

여행 일수	체류 장소	세부 일정
DAY 1	해밀턴 또는 마타마타*	오클랜드 공항에서 곧바로 이동(🕐 2시간)
DAY 2	로토루아	호비튼 관광 후 로토루아로 이동(🕐 4~5시간) 스카이라인 루지, 온천(폴리네시안 스파)
DAY 3	로토루아	ZORB(조브) · 래프팅 등 액티비티 즐기기, 마오리 문화 마을(디너쇼는 예약 필수)
DAY 4	타우포	화산 계곡 트레킹, 호숫가 자전거 라이딩, 패러글라이딩 등 **TIP!** 통가리로 국립공원의 전망 곤돌라 탑승 시(🕐 이동 및 관람 4~5시간)
DAY 5	해밀턴	타우포에서 와이토모 케이브(🕐 이동 및 관람 4~5시간)
DAY 6	오클랜드	해밀턴에서 오클랜드로 이동(🕐 1시간 30분) 오클랜드 중심가 관광(워터프런트, 스카이 타워)
DAY 7	오클랜드	오클랜드 주변 관광(마운트 이든, 데번포트 등)

＊ 표시는 숙소 예약 필수 지역

TRAVEL IDEAS

✅ 첫 번째 숙소를 어디로 정할까요?

오클랜드 공항은 도심 남쪽에 위치해 있다. 도심으로 들어가면 길이 매우 복잡하니 곧바로 남쪽으로 내려가는 것이 효율적이다. 2번 국도(SH2)를 따라 마타마타로 가는 길은 경치가 아름답지만 도로가 구불구불하다. 뉴질랜드에서 운전에 익숙해지지 않았다면 1번 국도(SH1)와 연결된 해밀턴을 거쳐 가는 것이 적당한 선택이다.

✅ 개인 차량 없이 여행할 수 있을까요?

각종 액티비티가 발달한 주요 관광지에서는 투어업체의 픽업 서비스나 셔틀버스를 이용해 웬만한 곳은 다갈 수 있다. 도시 간 이동에는 인터시티 버스를 이용할 것. 오클랜드에서 출발해 호비튼을 방문하고 오클랜드로 돌아오거나, 원할 경우 로토루아에 내려주는 데이 투어도 무척 유용하다.

모험으로 가득한 한 달
뉴질랜드 전국 일주

"케이프 레잉가에서 블러프까지!"라는 캐치프레이즈를 탄생시킨 총 2033km의 1번 국도(SH1)를 큰 축으로 삼아
여행하면 수도인 웰링턴을 비롯한 주요 도시를 차례로 거치게 된다. 남극과 가장 가까운 스튜어트 아일랜드나
뉴질랜드의 가장 동쪽 끝으로 향하는 퍼시픽 코스트 하이웨이를 일정에 포함시켜도 된다.

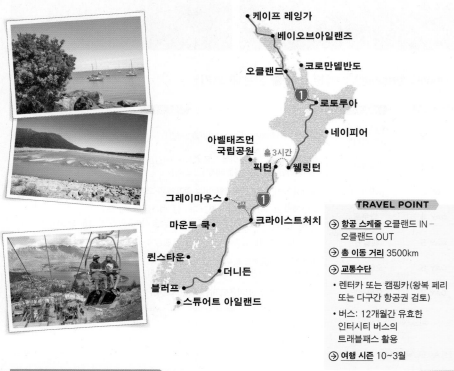

케이프 레잉가
베이오브아일랜즈
오클랜드
코로만델반도
로토루아
네이피어
아벨태즈먼
국립공원 ⏱3시간
픽턴 · 웰링턴
그레이마우스
마운트 쿡
크라이스트처치
퀸스타운
더니든
블러프
스튜어트 아일랜드

TRAVEL POINT

→ **항공 스케줄** 오클랜드 IN –
   오클랜드 OUT

→ **총 이동 거리** 3500km

→ **교통수단**
   • 렌터카 또는 캠핑카(왕복 페리
     또는 다구간 항공권 검토)
   • 버스: 12개월간 유효한
     인터시티 버스의
     트래블패스 활용

→ **여행 시즌** 10~3월

CHECK 여행지 결정 전 체크 사항

❶ **여행 방법 결정하기** 자유로운 렌터카, 전국을 연결하는 인터시티 버스를 이용하는 것 외의 방법도 있다. 자전거
  여행이나 도보 여행 같은 특별한 도전은 어떨까? ▶ 뉴질랜드 여행 방법 P.026

❷ **축제와 공휴일 확인하기** 여행 날짜가 특별한 축제가 열리는 날이나 공휴일인지 확인하고, 숙박비가 치솟거나 숙소를
  구하기 어려운 경우 일정을 조정한다. ▶ 축제 · 공휴일 캘린더 P.104

❸ **액티비티 결정하기** 뉴질랜드는 액티비티의 천국! 번지점프부터 제트보트, 스카이다이빙, 낚시까지, 어떤 경험을
  원하느냐에 따라 목적지가 달라진다. ▶ 액티비티 총정리 P.044

❹ **이동 경로 확인** 길이 험한 곳이라면 운전 시간이 이동 거리에 비례하지 않는다. 구글맵에만 의존하지 말고 뉴질랜드
  교통국NZTA의 'Journey Planner'도 함께 확인한다. ▶ 안전 운전 정보 P.041

TRAVEL BUDGET

일주일 기준
여행 예산 산정 요령(예시)

여행 경비는 여행 방식과 기간, 시기, 인원, 숙소에 따라 크게 달라진다. 예를 들어 캠퍼밴을 빌린다면 숙박비가 절약되는 대신 렌터카 대여비와 유류비가 늘어난다. 입장료와 액티비티 비용도 꽤 드니 선택과 집중이 필요하다. 예산 책정 시 항목별 고려 사항과 대략적인 물가를 아래 표로 나타냈다.

분류	항목	상세 내용	비용(NZ$)
교통	항공권	직항 또는 다구간 항공권	$1800(약 150만 원)
	렌터카	승용차 또는 캠퍼밴(일주일 대여비)	$700~1000
	유류비	도시 간 로드 트립	$2.94/L(리터당 약 2500원)
	대중교통	오클랜드 교통카드(구입 및 충전비)	$25
	주차비	대도시와 인기 관광지 주차비	$25~30/일
숙박	호텔	대도시 4성급 호텔(2인실)	$250~400
	로지, 리조트	고급 리조트와 숙소(2인실)	$500~
	캐빈	캠핑장 오두막(4인실)	$150~170
	캠핑	DOC 캠핑장(1인)	$15~25
	백패커스	도미토리(1인)	$25~50
식비	스낵	패스트푸드점	$10~20
	일반 레스토랑	브런치, 간단한 식사	$25~35
	고급 요리	스테이크 등 고급 레스토랑	$70~100
	음료	커피, 각종 음료	$5~10
	식료품	대형 마트 장보기	$50~100(일주일 치)
기타	전자 여행 허가증NZeTA 발급	발급 수수료+관광세	$123
	통신	스마트폰 로밍(6GB, 30일)	$50
	일반 입장료	박물관, 동물원 등	$25~40
	특별 관람료	호비튼 무비 투어, 밀퍼드 사운드 크루즈	$120~150
	액티비티	번지점프, 스카이다이빙	$200~400

※ 물가는 numbeo.com을 기준으로, 입장료는 평균값으로 산정

GET READY

떠나기 전에 반드시
준비해야 할 것

 **GET READY ❶**

뉴질랜드 입국 서류 준비하기

출입국 및 해외여행을 위해 필요한 서류는 각자 상황에 맞게 준비해야 한다. 방문 시점의 최신 정보는 각자 이용하는 항공사와 주한 뉴질랜드 대사관 홈페이지에서 다시 한번 확인할 것.

● 필수 서류

☑ 대한민국 여권
여행을 마치고 뉴질랜드를 출국하는 날짜를 기준으로 유효기간이 최소 3개월(권장 6개월) 남은 여권을 준비한다.

☑ NZeTA · 비자 준비
출국 전 방문 목적에 맞는 비자 또는 전자 여행 허가증NZeTA을 발급받는다.
▶ 작성 방법 안내 P.124

☑ 여행자 신고서 NZTD
2023년 7월부터 시행한 제도로, 출국 전 온라인으로 작성하면 편리하다. ▶ 작성 방법 안내 P.126

☑ 항공권
3개월 이내 출국을 명시한 귀국 항공권은 출력해둔다. 여행 일정 및 귀국 항공편이 체류 허가일을 초과할 경우 뉴질랜드 입국 거절의 사유가 될 수 있다.

☑ 여행 경비
1인당 1개월 기준 최소 NZ$1000를 기준으로 심사한다. 해외 사용이 가능한 신용카드와 소정의 현금을 준비한다. 첫 번째 숙소 예약을 마쳤다면 이에 대한 숙박 지불 확인서를 준비해둔다.

● 운전면허증

한국 운전면허증 뒷면에 영문으로 정보를 기재한 영문 운전면허증을 소지하면 입국일로부터 12개월간 운전이 허용된다. 간혹 렌터카업체에서 국제 운전면허증(발급 비용 8500원) 등을 요청하기도 한다. 체류 기간이 12개월 경과하면 뉴질랜드 면허증으로 교환하고 정식 AA 멤버십에 가입할 수 있다. 여행자가 원할 경우 6개월짜리 방문자 멤버십(AA Visitor Membership) 가입이 허용된다.

● 국내 면세점 과세 기준

☑ 과세 대상
국내외 면세점 및 해외에서 취득한 물품(구입, 기증 선물 포함)

☑ 1인당 휴대품 면세 범위
- 술과 향수를 제외한 물품은 미화 800달러 이내
- 술 2병(전체 용량 2L 이하, 총가격 미화 400달러 이하), 향수 100ml, 담배 200개비
- 농림축산물, 한약재 등은 10만 원 이하에 품목별로 수량 또는 중량 제한 있음

NZTA(뉴질랜드 교통국)
nzta.govt.nz/driver-licences
AA 멤버십(뉴질랜드 자동차 협회)
www.aa.co.nz

● 여행자 보험

해외여행을 떠날 때는 여행자 보험에 가입해 각종 사고나 질병에 대비하는 것이 좋다. 번지점프, 패러글라이딩 같은 익스트림 액티비티 중 발생한 사고는 여행자 보험 보장 범위에 해당되지 않을 가능성이 높다. 진료비 보험금 청구 시에는 내역서(영수증)와 진단서를, 도난 물품에 대해서는 뉴질랜드 경찰서에서 발급한 도난 신고 증명서를 제출해야 한다.

● 전자 여행 허가증 NZeTA

뉴질랜드에 입국하려면 입국 목적에 부합하는 NZeTA가 있어야 한다. 90일 이내의 단기 방문자뿐 아니라, 뉴질랜드 공항에서 비행기를 환승하는 경우에도 소지해야 하는 필수 서류다. NZeTA를 발급받았더라도 입국이 보장되는 것은 아니며, 뉴질랜드 정부에서 요구하는 입국 요건을 모두 충족해야 한다.

☑ **유효기간**
발급일로부터 2년이며 복수 입국이 가능하다. 단, 12개월 동안 총 체류 기간이 6개월을 넘을 수 없다.

☑ **두 가지 신청 방법과 요금**
공식 모바일 앱으로 신청하는 것이 홈페이지를 통해 신청하는 것보다 좀 더 저렴하고 간편하다. 발급 과정에서 수수료와 함께 해외여행객에게 징수하는 관광세 IVL(International Visitor Conservation and Tourism Levy)를 납부한다.

• **관광세 NZ$100**
단순 환승객은 면제

• **모바일 앱 발급 수수료 NZ$17**
 앱스토어 또는 플레이스토어에서 'NZeTA' 검색

• **온라인 발급 수수료 NZ$23**
홈페이지 nzeta.immigration.govt.nz

비자 VISA

3개월 이상 장기 체류자 또는 워킹홀리데이·유학·취업으로 방문하는 경우 반드시 목적에 맞는 비자가 필요하다. 뉴질랜드 비자 지원 센터(뉴질랜드 이민성 파트너 업체)에서 신청 방법과 비자 유형 등 상세한 정보를 제공한다.

• **뉴질랜드 비자 지원 센터**
주소 서울시 중구 소월로 10 단암빌딩 5층
문의 02 779 8752
운영 08:00~15:00
이메일 info.nzkr@vfshelpline.com
홈페이지 www.vfsglobal.com/newzealand/southkorea

• **주한 뉴질랜드 대사관**
주소 서울시 중구 정동길 21-15 정동빌딩 8층
문의 02 3701 7700
운영 월~금요일 09:00~12:30, 13:30~17:30
(공증 업무 월~금요일 09:00~12:00)
이메일 nzembsel@mfat.netsouthkorea

F🌐LLOW UP
>>>>>

뉴질랜드 전자 여행 허가증
NZeTA 작성 순서

선을 맞춰주세요!

STEP 01 여권 스캔

모바일 앱에 접속해 전자 여권을 스캔한다. 이때 화면에 보이는 파란색 선을 여권의 정보란에 정확히 일치시켜야 초록색으로 바뀌면서 승인된다.

STEP 02 사진 촬영 및 정보 확인

여권 사진을 찍을 때처럼 안경, 모자를 벗고 흰색 벽면을 배경으로 안내에 맞게 촬영하면 여권 정보가 다시 뜬다. 수정 사항이 있으면 'EDIT', 정보가 정확하다면 'CONFIRM' 버튼을 누른다. 인식 오류가 잦으므로 꼼꼼하게 확인해야 한다.

STEP 03 질문 사항 응답

❶ 체류 목적을 묻는 질문에 일반 여행자는 'Yes. I will be coming to visit'를 선택한다. 오클랜드 공항을 벗어나지 않는 단순 환승객은 'No. I am a transit passenger'를 선택한다.

❷ 호주 영주권자인지 확인하는 질문 → 'No' 선택

❸ 범죄 사실 이력, 입국 거부 등에 관한 질문 → 'No' 선택(전과가 있다면 NZeTA가 아닌 비자 신청)

❹ 출생 국가를 묻는 질문
　→ 'Korea, Republic of [South Korea]' 선택 후 OK

❺ 이메일 주소 기입

Will you be staying
in New Zealand?

Yes. I will be
coming to visit

No. I am a transit
passenger

STEP 04 동의 및 결제

뉴질랜드 이민성에 제출할 정보가 사실과 다름이 없고 정확하다는 전제하에 'Agree'를 선택하고, 신용카드 정보를 입력해 결제를 진행한다.

STEP 05 제출 후 확인

정정 신청서
바로 가기

결제가 완료되면 eTA 참조 번호eTA reference number가 기재된 접수 확인 메일이 도착한다. 일반적으로 72시간 내에 승인되며 모바일 앱으로 결과를 조회할 수 있다. 기입 정보에 가벼운 오류(스펠링, 여권 번호, 이메일 주소 등)가 있다면 정정 신청서를 통해 변경할 수 있으나 중요한 내용(진술 내용, 체류 목적 등)이 바뀐 경우에는 NZeTA를 재신청해야 한다.

뉴질랜드 공항 정보 파악하기

뉴질랜드 여행의 성수기인 여름은 12~2월로 한국의 겨울에 해당한다. 항공권은 출국일이 가까울수록 가격이 올라가기 때문에 서둘러 예약하는 것이 유리하다.

 비행기

한국(인천)에서 뉴질랜드로 가는 직항 항공편은 북섬 북쪽에 위치한 오클랜드 공항에 도착한다. 남섬으로 가려면 뉴질랜드 국내 항공편으로 갈아타거나, 자동차로 북섬 웰링턴까지 가서 남섬 픽턴행 페리를 타야 한다. 호주 시드니 또는 브리즈번 등을 경유해 다음 지도에 표시된 도시로 날아가는 방법도 있다.

● 뉴질랜드 주요 국제선 공항 위치

- ✈ 오클랜드 3권 P.014
- ✈ 해밀턴
- ✈ 파머스턴노스
- ⛴ 픽턴
- ✈ 웰링턴
- ✈ 크라이스트처치
- ✈ 퀸스타운
- ✈ 더니든

● 뉴질랜드 국내선 환승 절차

인천(ICN)에서 오클랜드(AKL)에 도착해 뉴질랜드의 다른 국내선 항공편(예를 들어 크라이스트처치행)으로 환승하려면, 최초 입국 지점인 오클랜드에서 입국 심사와 수하물 검사를 마쳐야 한다. 까다로운 검역과 연착 상황 등을 감안해 환승 시간은 여유 있게 최소 3시간 정도 잡는 것이 좋다.

❶ 오클랜드 공항에서 입국 심사

❷ 위탁 수하물을 찾아 세관 검사와 검역을 마친 후 국내선 터미널로 이동(에어뉴질랜드 항공 승객은 국제선 터미널에서 수속 가능)

❸ 무료 셔틀버스 이용 또는 도보 15분

❹ 국내선 터미널에서 탑승 수속을 하고 위탁 수하물을 부친다. 출국 시 면세점에서 구입한 액체류는 환승 비행기에 반입할 수 없고 위탁 수하물로 부쳐야 한다.

❺ 최종 목적지인 크라이스트처치에 도착하면 추가적인 입국 심사는 거치지 않는다.

● 직항편을 운항하는 항공사

대한항공 www.koreanair.com 　　에어뉴질랜드 www.airnewzealand.co.kr

☑ 국내선 환승 시 주의 사항

공항 내에 설치된 모니터에서 환승 비행기 편명과 시간, 탑승구를 확인한다. 출발 공항에서 받은 탑승권에 정보가 적혀 있더라도 연착 등의 사유로 변동될 수 있으니 재차 확인한다.

GET READY ❸

뉴질랜드 입국 및 검역 절차 알아보기

까다롭기로 소문난 뉴질랜드 입국 규정! 해외로부터 반입되는 물품에 의해 해충이나 질병이 유입되는 것을 예방하기 위해 식품위생 및 검역 규정이 매우 엄격하다. 여행자 신고서NZTD에 기입한 내용이 사실과 다르거나 세관 신고가 미흡한 경우 적발되면 해당 물품 압류와 함께 $400 이상의 벌금이 부과될 수 있다. 따라서 짐을 쌀 때부터 검역 규정에 위반되는 항목은 없는지 꼼꼼하게 확인한다.

홈페이지 www.mpi.govt.nz/bring-send-to-nz

STEP 01

뉴질랜드 여행자 신고서 NZTD 작성
! 출국 24시간 전

항공편이 출발하기 24시간 전부터 앱을 이용해 작성, 제출할 수 있다. 뉴질랜드 공항에 도착해 입국 심사를 받기 직전까지 작성, 수정, 보완 모두 가능하다. 제출 후에는 여권과 자동으로 연동되므로 따로 프린트해둘 필요는 없다. 만약 어렵게 느껴진다면 미리 주변의 도움을 받아 작성해두는 것이 좋다. 모바일 앱 이용이 어려운 경우, 뉴질랜드에 도착해 종이 신고서에 수기로 작성해도 된다.

홈페이지 TravellerDeclaration.govt.nz

검역 규정 원문	NZTD 모바일 앱
	New Zealand Traveller Declaration Whakapuakanga Tangata Haere ki Aotearoa

NZTD 작성 팁 & 주의 사항

☐ 연령 관계없이 개인별로 각자 작성한다.
☐ 뉴질랜드로 가져갈 물품에 대한 검역 정보를 정확하게 기재하려면 짐을 모두 싸고 난 다음에 작성하는 것이 좋다.
☐ NZTD 작성에 필요한 정보
- 이메일
- 여권 정보(유효기간 확인)
- 비자 또는 NZeTA 발급 여부
- 뉴질랜드행 항공편
- 연락처
- 최근 여행 이력
- 뉴질랜드로 가져가는 물품

STEP 02

입국 심사

NZeTA와 NZTD는 전자 여권과 자동으로 연동된다. 체류 목적, 기간, 숙소에 관한 질문에 단답형 대답을 생각해두면 편하다. 심사관에게 여권을 먼저 제출하고, 왕복 항공권과 재정 증명 서류는 필요할 때 바로 보여줄 수 있도록 준비해둔다.

STEP 03

수하물 찾기

심사를 통과하면 모니터에서 항공편명에 맞는 컨베이어 벨트 번호를 확인하고, 수하물Baggage Claim 표지판을 따라간다. 대형 수하물은 오버사이즈 화물 코너에서 찾는다.

STEP 04

세관 통과

신고할 물품이 없다면 초록색(Nothing to Declare), 신고 사항이 있다면 빨간색(To Declare) 구역으로 이동해 검역관의 안내에 따라 엑스레이 투시 및 검사 절차를 거친다.

> 짐 싸기 요령! 신고해야 할 물품을 미리 가방 하나에 모아두면 검역을 좀 더 수월하게 받을 수 있어요.

반입 금지 품목 (일부 예시)

☐ 신선한 과일과 채소, 곡물

☐ 꿀이 2% 이상 함유된 제품(인삼차, 유자차)

☐ 숙성되지 않은 장아찌나 김치

☐ 모든 육류(스낵용 소시지, 육포 등), 해조류, 민물 생선류(뱅어포 불가), 전복, 미더덕

☐ 냉장, 냉동을 요하는 모든 낙농 제품

☐ 모든 목재(대나무 및 등나무 조각품 포함)와 식물류(씨앗이나 짚, 꽃이 들어간 물품)

☐ 모피, 털 제품, 동물 가죽, 깃털, 뼈, 미가공 양털 등

☐ 성분 확인이 어려운 식품(집에서 만든 음식 주의)

신고가 필요한 품목 (일부 예시)

☐ NZ$10,000 이상의 현금 또는 NZ$1000 이상의 상업 목적 물품

☐ 필수 의약품은 영문 처방전이나 성분표를 준비할 것(3개월 이내 사용할 분량)

☐ 일반적인 가공식품(햇반, 김, 라면, 인스턴트커피), 과자류 등

☐ 육류가 포함되지 않은 양념류 및 장류(고추장, 간장, 된장 등)

☐ 바다 생선이 들어간 젓갈류, 건어물류는 가능(원산지 표기된 상업 라벨 부착)

☐ 숙성된 김치류(상업용으로 포장된 것 권장)

☐ 흙이나 씨앗에 오염된 스포츠·캠핑·낚시 장비 (등산화와 운동화는 깨끗하게 세척해서 가져갈 것)

잘 모르겠다면?

신고 여부가 모호하거나 소량이라도 음식을 소지한 경우 반드시 신고한다. 부주의로 반입하더라도 벌금이 부과되며, 반입 금지로 판단된 품목은 현장에서 폐기 처분될 수 있다. 고가의 물품은 출국 당일 반환받는 방법도 있으나 비용이 발생하고 절차가 까다롭다.

뉴질랜드의 휴대품 면세 반입 한도

☐ 총 반입 물품 가격 NZ$700 이하(단, 여행 중 사용할 물품을 출국 시 다시 반출하는 경우는 허용)

☐ 주류: 와인 또는 맥주 최대 4.5L(기타 주류는 한 병당 1.125L 이하, 최대 3병)

☐ 담배: 최대 50개비 또는 50g의 시가·타바코 (세 품목을 합한 총량은 50g 이하)

※주류 및 담배는 17세 이상 반입 가능하지만, 음주 및 흡연 가능 연령은 18세

❗ 오클랜드에서 국내선으로 환승하는 경우 셔틀버스를 타고 국내선 터미널로 이동

GET READY ❹

숙소 예약하기

숙박비는 여행 시기, 방문 지역, 숙소 유형에 따라 크게 달라진다. 인구가 적은 남섬의 유명 관광지(퀸스타운, 마운트 쿡, 테카포 호수, 픽턴 등)는 가성비 좋은 숙소 예약이 빠르게 마감되고 고가의 리조트만 남아 있는 경우가 많으니 서둘러 예약해야 한다. 일정 변경이나 자연재해에 대비해 취소 및 환불이 편리한 숙소를 선택하는 것이 바람직하다.

숙소 정보는 여기서!

홈페이지 크라이스트처치 ▶ 2권 P.043,
퀸스타운 ▶ 2권 P.143, 오클랜드 ▶ 3권 P.053,
로토루아 ▶ 3권 P.112
뉴질랜드 관광청 www.newzealand.com/kr/accommodation

● 예약 전 점검 사항

비용 대비 시설이 좋은 호텔도 있겠지만, 평균 시세에 비해 너무 저렴하다면 알려지지 않은 단점이 있을 수 있다. 취소 수수료나 취소 기한, 보증금 확인은 기본! 다음의 세부 항목도 고려하자.

❶ 결제 시점 확인 숙소에 도착한 뒤 결제하는 것인지, 예약 시 미리 결제하는 것인지 확인한다. 결제가 완료되었는데 착오로 현장에서 재결제를 요구하는 경우도 있으니 예약 내역을 캡처하거나 프린트해두는 게 좋다.

❷ 결제 단위 숙박비를 뉴질랜드 달러(NZD 또는 NZ$)로 결제하는 것인지 확인한다. 사이트 설정에 따라 미국 달러(US$)나 호주 달러(AU$)와 혼용될 수 있으니 주의할 것. 현지에서 신용카드 결제 시 업체가 정한 환율을 적용하는 원화보다는 뉴질랜드 달러로 결제해야 중복 수수료를 피할 수 있다.

❸ 방 형태 점검 침대와 거실이 한 공간에 있는 원룸 형태studio인지, 별도의 침실(1 베드룸, 2 베드룸)이 있는지, 침대는 2인용(킹, 퀸, 더블), 1인용(싱글), 2층 침대bunker bed 중 어느 것인지 확인한다.

❹ 침구 포함 여부 캠핑장 등의 저가형 숙소는 이불, 베개, 시트, 수건 등은 추가 요금을 내고 사용해야 하는 경우가 있다. 허름한 숙소에 머물 것에 대비해 침구 한 세트 휴대하는 것도 방법이다.

❺ 욕실 · 화장실 저가형 숙소는 공동 욕실shared bathroom인 경우가 많다. 이를 원치 않는다면 욕실 포함en suite, self-contained인 객실을 선택한다.

❻ 주차 공간 개인 차량을 이용한다면 숙박비에 주차비가 포함free parking 되는지 확인한다. 대도시 중심지의 숙소는 별도로 주차비나 발레파킹비를 청구하기도 한다. '모터 로지Motor Lodge', '모토 인Motor Inn'은 주차장이 확보된 모텔급 숙소다.

> **TIP!** 체크인 시간 확인
>
> 뉴질랜드에서는 오후 5시가 넘으면 호텔이라도 담당자가 퇴근하는 경우가 많다. 늦은 시간에 도착하는 손님을 위해서 사물함이나 봉투에 열쇠를 넣어두어 체크인할 수 있도록 하는데, 미리 연락해야 열쇠를 전달받는 방법을 알려준다. 도시를 벗어난 교외는 통신이 끊기는 지역이 많고 운전 시간이 생각보다 길어질 수 있으니 체크인에 착오가 없도록 대비한다.

● 유형별 숙소 알아보기

❶ 호텔 Hotel

교통이 편리한 시내 중심가부터 전망이 좋은 외곽 지역까지 숙소비가 천차만별이다. 유명 호텔 체인보다 소도시나 타운에서 자체적으로 운영하는 소규모 호텔이 더 많고, 호텔이라고 해도 시설이 낙후된 곳도 있다. 여인숙 개념의 구식 호텔 중에는 공용 욕실이고, 1층에서 바와 레스토랑을 겸업하는 곳도 많다.

❷ 리조트 · 로지 · 아파트먼트
Resort · Lodge · Apartment

호텔보다 공간이 넓고 취사 설비를 갖춘 레지던스형 숙소를 리조트라 통칭한다. 경치 좋은 휴양지에서 고급스럽게 운영하는 로지나 고급 리조트는 하루 숙박비가 수십 만 원에 달한다. 일반적인 아파트형 숙소인 서비스드 아파트먼트serviced apartment는 아이나 어르신을 동반한 가족여행에 적합하다.

❸ 모텔 인 Motel Inn

중심가보다는 외곽에 있어 개인 차량으로 여행하는 경우 적합하고 가격이 저렴하다. 작은 부엌이 포함된 구조가 많고, 방 앞에 주차할 수 있어 편리한 반면 시설은 다소 낙후되었다.

❹ 에어비앤비 Airbnb

현지 거주자(호스트)가 여행자에게 숙소를 임대하는 공유 서비스. 운영 방식은 숙소마다 다르고 체인 방법을 확인하기 위해 호스트와 연락을 취해야 한다.

중개업체(호텔스닷컴, 익스피디아, 아고다, 부킹닷컴 등)를 통해 예약했다면 숙소에 따로 연락해 예약 내역을 확인하는 것이 안전해요.

❺ 캠핑장 · 홀리데이 파크
Campgrounds · Holiday Parks

뉴질랜드 전역에 캠핑장이 많고, 특히 DOC 캠핑장은 국립공원이나 인적이 드문 지역에서 좋은 대안이 된다. 홀리데이 파크에서는 캠핑용품이 없어도 캐빈을 빌려 숙박할 수 있어 부담 없이 도전할 수 있다.

▶ 캠핑장 정보 P.067

❻ 백패커스 Backpackers

주로 젊은 연령대의 배낭여행자들이 이용하는 숙소로 백패커스, 유스호스텔, 호스텔 등으로 불린다. 뉴질랜드의 경우 도시나 타운의 규모가 작아 인터시티 버스 정류장에서 도보로 쉽게 이동할 수 있다는 것이 큰 장점이다. 기숙사형 객실(도미토리)과 공용 주방, 라운지 등을 갖추고 있다. 개인실, 가족실 비용은 욕실 포함 여부에 따라 달라진다.

YHA (유스호스텔 연합)	하카 하우스 Haka House	릴로 LyLo (Jucy-Snooze)
영국에 본사가 있다. 멤버십에 가입하면 할인 혜택을 받을 수 있다.	주요 관광지에 체인을 두고 있는 뉴질랜드의 백패커스 체인	퀸스타운, 크라이스트처치에서 운영하는 슬리핑 캡슐 형태의 호스텔
www.yha.co.nz	hakahouse.com	www.lylo.com/jucy-snooze

❼ 비앤비 B&B

비앤비는 베드 & 브렉퍼스트Bed & Breakfast의 약자로 말 그대로 숙소와 아침 식사를 제공하는 민박이다. 보통 일반 주택의 방 한 칸 또는 한 층을 빌려주며, 객실 개수는 2~3개 정도다. 주인이 직접 차려주는 아침 식사를 하면서 현지 문화를 체험하는 기회가 되는 반면, 같은 집에서 생활하는 것이므로 서로 배려가 필요하다.

GET READY ⑤

저렴하게 입장권 준비하기

입장권은 현장 매표소에서 구매하는 것보다 온라인 예약으로 구매하는 것이 더
저렴하다. 그러나 한번 예약한 뒤에는 변경이나 환불이 어려운 경우가 많으므로
신중하게 결정해야 한다. 12~2월 성수기에는 미리 입장권을 준비하지 않으면,
원하는 시간에 액티비티를 즐기지 못하게 되는 경우가 생긴다.

● i-site & DOC 방문자 센터

공식 방문자 센터 i-site(아이 사이트)와 환경보존부DOC 방문자 센터는 전국
에 60여 곳이 있다. 액티비티를 미처 예약하지 못했다면 방문자 센터에서 할
인 정보를 확인한다. 날씨, 도로 상황 등 실시간 여행 정보도 얻을 수 있다.

● 멤버십 제도 활용

캠핑을 한다면 톱 10 홀리데이 파크의 멤버십 카드, 배낭여행자라면 YHA의 숙박 할인 카
드나 인터시티 버스의 트래블패스가 유용하다. 뉴질랜드 자동차 협회의 AA 멤버십, 렌터
카업체에서 제공하는 각종 입장권과 어트랙션 할인 혜택도 있다.

- **톱 10 멤버십 가입비** $55(2년간) **홈페이지** top10.co.nz
- **YHA 멤버십 가입비** $30(연간) **홈페이지** www.yha.co.nz
- **AA 멤버십 가입비** $99(연간) **홈페이지** www.aa.co.nz(여행자는 AA 사무실에서 6개월짜리 멤버십 가입 가능)

● 뉴질랜드 대표 여행사 상품 할인

북미 BookMe	그랩원 GrabOne	리얼NZ RealNZ
뉴질랜드에서 가장 활성화된 예약 대행 사이트. 지역별, 종류별 액티비티를 쉽게 확인할 수 있다. 예약과 취소 등은 영어로 진행한다. **홈페이지** www.bookme.co.nz	숙소, 투어 프로그램, 레스토랑, 제품 등 각종 할인 쿠폰과 정보를 제공하는 웹사이트. 가격은 매번 달라진다. **홈페이지** new.grabone.co.nz	남섬의 퀸스타운과 밀퍼드 사운드 크루즈업체. 멤버십 (연간 $130)에 가입하거나 투어를 많이 예약할수록 할인율이 높아진다. **홈페이지** www.realnz.com

● 광역 대중교통 카드

오클랜드처럼 지역 전용 교통카드를 사용하는 곳도 있지만, 비 카드BeeCard는 뉴질랜드 10여 개 지역에서
통용되는 교통카드다. 대중교통을 많이 이용한다면 첫 번째 여행하는 도시(퀸스타운, 더니든, 넬슨,
타우랑가, 기즈번 등)에서 구입하는 것도 괜찮다. 단, 지역별 정책과 요금은 각기 다르다.

홈페이지 beecard.co.nz

알아두면 쓸모 있는
뉴질랜드 여행 팁

긴급 상황 발생 시 어떻게 대처해야 하나요?

해외여행은 안전이 최우선인 만큼 돌발 상황에 대한 대비책이 필요하다. 여권, 비자(또는 NZeTA), 항공권, 각종 예약 확인서 사본을 따로 준비해두고 여행자 보험에 가입한다. 도심 이외에는 통신이 원활하지 않으니 국내 가족이나 지인에게 여행 동선과 숙소 정보를 공유한다.

❶ 뉴질랜드 긴급 신고 전화번호

111 인명 피해, 범죄 등의 긴급 상황은 111에 전화해 경찰(police), 소방(fire), 구급차(ambulance) 중 하나를 선택해 신고한다.

105 긴급하지 않은 일반 신고는 105로 전화한다. 지역별 경찰서 위치는 홈페이지에서 'Local Police Station'을 검색할 것.
홈페이지 www.police.govt.nz/contact-us

❷ 외교부 해외안전여행

대한민국 외교부에서는 긴급 상황에 처한 국민을 대상으로 24시간 상담 서비스를 제공한다. 안전이나 신변에 위협이 있는 긴급한 경우에만 이용할 수 있다.
외교부 해외안전여행 www.0404.go.kr

해외 재난 및 사건·사고 접수

해외여행 중 긴급 상황 시 7개 국어 통역 서비스 제공

신속 해외 송금 지원

해외 안전 여행 지원

인터넷 사용이 가능하다면
- 와이파이 환경에서는 모바일 앱(영사콜센터)을 통해 무료 상담 전화
- 카카오채널에서 '영사콜센터'를 검색해 카카오톡 상담 연결

휴대폰 자동 로밍이라면(유료)
- 영사콜센터 전화번호 02-3210-0404
- 뉴질랜드 입국 시 수신한 외교부 안내 문자에서 통화 버튼 누르기

현지 유선 전화를 이용한다면
- 무료 연결: 00-800-2100-0404 또는 00-800-2100-1304
- 유료 연결: 뉴질랜드 국제전화 코드(00)+한국 국가 번호(82)+맨 앞의 0을 생략한 나머지 휴대폰 번호 또는 전화번호 입력
  → 00-82-2-3210-0404

뉴질랜드에서 현지 통화하기

뉴질랜드의 일반 전화나 휴대폰으로 현지에 전화를 걸 때는 지역 번호 두 자리가 포함된 전화번호 또는 휴대폰 번호(021, 022, 027로 시작)를 누른다. 로밍폰이라면 각 통신사의 안내를 따른다.

❸ 재외 공관의 도움이 필요할 때

뉴질랜드 소재 대한민국 대사관과 영사관에서는 여권 분실 시 긴급 여권을 발급해주며, 범죄 피해 시 현지 기관에 협조를 요청한다.

웰링턴 주뉴질랜드 대한민국 대사관
Embassy of the Republic of Korea
주소 Level 20, ANZ Centre, 171 Featherston St, Wellington 6011
문의 대표 전화 04 473 9073
긴급 전화 021 0269 3271
업무 시간 월~금요일 09:00~12:00, 13:30~16:30
홈페이지 overseas.mofa.go.kr/nz-ko/index.do

오클랜드 주오클랜드 대한민국 분관
Consulate of the Republic of Korea
주소 Level 12, Tower 1, 205 Queen St, Auckland CBD, Auckland 1010
문의 대표 전화 09 379 0818
긴급 전화 027 646 0404
업무 시간 재외 동포 민원 포털을 통해 방문 예약 필수
홈페이지 www.g4k.go.kr

---

❹ 상황별 대처 요령

단순한 사건·사고는 뉴질랜드 경찰청 홈페이지에서 'Online Reports'를 클릭해 접수해도 된다.
홈페이지 www.police.govt.nz

여권 분실
❶ 경찰서 방문 또는 온라인으로 분실물 신고서(lost property report) 발급 ❷ 추가 서류 준비(여권 분실 신고서, 분실 여권 사본, 뉴질랜드 비자 사본, 여권용 사진 1매, 전자 여권 발급 수수료) ❸ 재외 공관 방문해 여권 재발급 신청서 작성 ❹ 긴급 여권 발급

범죄·도난 사고
❶ 111 또는 105에 신고 ❷ 현지 경찰에 피해 내용 진술 ❸ 사건 번호와 담당 경찰관 이름이 적힌 신고 접수증(police acknowledgement form) 발급

교통사고
❶ 인명 피해가 없는 경미한 차량 사고는 렌터카업체에 사고 내용 접수. 24시간 이내에 105에 신고, 또는 교통사고 경위서(traffic crash report) 작성 권장 ❷ 인명 피해가 있다면 111에 신고해 경찰 출동을 기다리고, 렌터카업체에 사고 내용 접수
※역주행 등 교통법규 위반이나 본인 과실에 의한 사고는 보험이 적용되지 않을 수 있으니 보험 약관을 숙지할 것

FAQ ❷

날씨, 지진 등 자연재해 정보는 어디에서 확인할 수 있나요?

화산과 빙하, 호수, 피오르 등 다양한 자연환경을 이루는 뉴질랜드에서는 조금만 이동해도 날씨가 완전히 달라진다. 비가 많이 내리거나 안개가 심할 때는 야외 액티비티가 어려울 수 있으니 여행 계획은 어느 정도 유동적으로 세우고 항상 기상 상황을 주시하며 안전에 대비해야 한다. 또한 뉴질랜드는 환태평양 화산대에 속한 나라로, 주요 도시나 인구가 많은 지역에서 화산이 분화할 위험성은 낮지만 크고 작은 지진과 쓰나미가 발생할 가능성이 있다. 따라서 매일 아침 자연재해에 대비해 정보를 체크하는 습관을 들인다.

실시간 화산·지진 정보
www.geonet.org.nz/volcano
화산 지대 여행 정보
www.doc.govt.nz/volcanicrisk
뉴질랜드 기상청
www.metservice.com

안전 여행 길잡이

지진 대피 요령

쓰나미 대피 요령

뉴질랜드 의료 기관

뉴질랜드에서는 국가에서 여행자 보험을 들어준다는데 사실인가요?

뉴질랜드 정부에서는 교통사고 등 각종 사고를 당했을 때 발생하는 의료 비용(입원 포함)을 지원하는 ACC Accident Compensation Corporation(사고보상공사 제도)를 운영한다. 이는 뉴질랜드 국민뿐 아니라 관광객에게도 해당된다. 하지만 ACC는 여행자 보험과는 엄연히 다르다. 여행자의 경우 상해가 아닌 질병은 제외되며, 대부분의 절차가 영어로 진행되기 때문에 한국에서 출발하기 전 여행자 보험은 꼭 가입하도록 한다.
문의 0800 101 996(한국어 통역 서비스 제공)
홈페이지 www.acc.co.nz

뉴질랜드 화폐 단위가 궁금해요.

키위 달러kiwi Dollar라는 애칭으로도 불리는 뉴질랜드의 공식 화폐는 뉴질랜드 달러New Zealand Dollar(NZD, NZ$)다. 현지에서는 간편하게 '달러'라 부르고 $로 표기하며, 환율은 1달러에 800원에서 850원 사이를 오르내린다. 뉴질랜드 어디에서나 신용카드와 모바일 결제가 보편화되어 있지만, 만약의 경우를 대비해 약간의 현금은 꼭 지참할 것. 애플페이는 별다른 절차 없이 사용할 수 있고, 삼성페이는 해외 결제를 지원하는 특정 카드인지 확인 후 등록하면 사용 가능하다.

> **거스름돈이 생기면 반올림 또는 반내림**
>
> 뉴질랜드는 5센트 이하의 거스름돈이 발생하면 금액을 반올림 또는 반내림하는 스웨덴식 라운딩Swedish rounding을 채택하고 있으니, 현금 결제 시 거스름돈이 정확하지 않아도 놀라지 말 것. 예를 들어 $15.14는 $15.10로, $15.16는 $15.20로 결제하는 식이다. 5센트로 끝난다면(예: $15.25) 업체 정책에 따라 처리한다.

$5 $10 $20

$50 $100

¢10 ¢20 ¢50 $1 $2

요즘 여행 필수품!
수수료 없는 해외여행 카드

여행 중 신용카드로 결제할 때는 원화가 아닌 뉴질랜드 달러를 선택해야 이중 수수료를 피할 수 있다. 요즘에는 한국 계좌와 연동해 필요한 만큼 현지 통화를 충전해 쓰는 해외여행 카드(트래블로그, 트래블 월렛, SOL 트래블카드 등)가 대세다. 결제 수수료와 현지 ATM 수수료가 아주 적거나 면제된다. 수수료는 카드사 정책에 따라 차이가 있다.

현지 통화 바로 충전

결제 및 환전 수수료 혜택

콘택트리스 (비접촉식 결제) 기능

현금이 필요할 때 인출

쉽게 모바일로 처리

✓ 신용카드와 동일한 건 아니에요
카드사별 경쟁이 심해지면서 결제 및 인출 한도가 늘어나는 추세다. 하지만 많은 금액을 환전해두면 부담이 되니 큰 금액보다는 소액 결제에 적합하다.

✓ 숙소 체크인 용도로는 쓰지 마세요
숙소에 체크인할 때 보증금을 결제하는데, 취소가 간편한 신용카드와 달리 체크카드는 금액이 계좌에서 바로 빠져나가며 취소 처리에 상당한 시간이 걸린다.

✓ 여행 후 잔액 환급은 천천히
대중교통 요금, 숙소 요금 미청구액, 주유비 등은 대금이 뒤늦게 청구되는 경우가 있다. 따라서 귀국 후 곧바로 잔액을 환급받지 말고 한 달가량 시간을 두고 여유 있게 계좌를 정리하는 것이 좋다.

FAQ ❺

뉴질랜드에서 전자 기기를 충전하려면 뭐가 필요할까요?

☑ 어댑터 230~240V, 50Hz
뉴질랜드의 정격 전압은 230~240V로 한국보다 약간 높고 주파수는 50Hz다. 100~240V의 프리 볼트 전자 기기는 사용할 수 있으나 전압에 민감한 제품은 컨버터가 필요하다. 대부분의 호텔과 모텔에서는 전기 면도기용 110V 콘센트(20W)를 갖추고 있다. 전원 플러그(콘센트) 모양은 완전히 달라서 3핀 플러그용 어댑터가 필요하다. 호주에서 사용하는 것과 같은 모양이다.

☑ 멀티탭
콘센트와 거리가 먼 방 구조가 많아 연장선이 긴 제품이 편리하다. 캠핑장 전용 장비는 별도로 준비해야 한다.

☑ 보조 배터리
자동차 여행 시 구글맵을 이용하면 휴대폰 소모량이 많다. 간혹 충전을 하지 못하는 상황이 발생하므로 차량용 충전기 또는 보조 배터리를 휴대하는 것이 좋다.

통신사 로밍과 현지 유심이나 이심 중 어떤 것이 좋을까요?

30일 이내 여행 시 편리한 것은 통신사 로밍이며, 최신 단말기라면 이심도 좋은 선택이다. 휴대폰 기종에 따라 사용이 불가능할 수 있고, 이용 방법을 제대로 숙지하지 못한 경우 과도한 요금이 청구되니 업체 측 안내를 꼼꼼하게 확인해야 한다.

	데이터 로밍	이심 eSim	유심 USIM 칩
장점	본인 번호 그대로 사용 가능 (SKT는 통신사 앱으로 한국 및 현지 무료 통화 가능, KT는 유료 전화만 가능)	장기 사용 시 저렴, 유심칩 교체 없이 본인 번호 그대로 유지한 채 현지 데이터(또는 현지 번호) 사용 가능	장기 사용 시 저렴하며 대부분의 단말기에서 사용 가능, 현지 번호를 발급받은 경우 현지 통화와 문자 가능
단점	데이터 용량 제한적, 30일 이상 체류 시에는 가격이 높아짐	뉴질랜드에서는 다소 불안정, 최신 단말기에서만 사용 가능, 상품 종류에 따라 데이터만 제공하기도 함	유심칩 교체 후에는 한국 번호 사용 불가, 단말기에 따라 작동하지 않는 경우도 있음
신청	공항 부스 또는 온라인	인터넷 구매	현지 구매

☑ 현지 유심을 추천해요.

뉴질랜드에서 30일 이상 체류하거나 대용량 데이터를 사용하려면 현지 통신사의 유심을 사용하는 것이 더 안정적이다. 선불 유심prepaid plan을 선택하면 되고, 공항 청사나 도심의 이동통신사 부스, 마트에서도 쉽게 구입할 수 있다.

한국에서 미리 이심이나 유심을 구입한 경우, 뉴질랜드 공항에 착륙 즉시 개통이 가능하다는 장점이 있다. 하지만 다른 업체의 통신망을 임대해 재판매하는 업체이거나, 인터넷 전화망을 사용한다면 통화 수신율이 매우 낮다. 또 일행끼리 현지 통화가 어려울 수 있으니 조건을 잘 따져보고 구입해야 한다.

뉴질랜드의 주요 통신사는 어디인가요?

뉴질랜드에서는 도시를 벗어나면 통신이 원활하지 않은 지역이 많다. 가장 안정적인 서비스를 제공하는 양대 메이저 통신사는 스파크와 보다폰이다. 스키니는 스파크의 통신망을 사용하는 저가형 업체로 가격이 저렴해 사용자가 많다. 투디그리도 알뜰폰을 취급하는 업체다.

| 스파크 Spark 홈페이지 www.spark.co.nz | 보다폰 Vodafone 홈페이지 www.vodafone.co.nz | 스키니 Skinny 홈페이지 www. skinnydirect.co.nz | 투디그리 2degrees 홈페이지 www. 2degreesmobile.co.nz |

FAQ ❽

뉴질랜드식 영어는
많이 다른가요?

현지 고유의 문화와 정서를 반영한 뉴질랜드식 영어를 키위잉글리시Kiwi English라고 한다. 영어를 일정 수준 구사한다면 의사소통에 큰 어려움이 없지만, 뉴질랜드는 영국식 영어를 기반으로 하기 때문에 일부 발음과 어휘에서 차이가 난다.

뉴질랜드식 영어	뜻
chilly bin(칠리 빈)	아이스박스
togs(토그스)	수영복
jandals(잰달스)	샌들
tramping(트램핑)	하이킹, 트레킹
Chur(처~)	고마워
All good(올 굿)	괜찮아, 문제없어
Sweet as!(스위트 애즈)	아주 좋아!
Eh?(아이?)	동의를 구하는 표현
Pack a sad(팩 어 새드)	기분이 상하다
wop wop's(왑 왑스)	외딴 지역
centre(센터)	중심
theatre(시어터)	극장
harbour(하버)	항구
ground floor(그라운드 플로어)	1층(지상층)
level 1(레벨 원)	2층
lower level(로어 레벨)	지하 1층
CBD(Central Business District)	중심가
mobile phone(모바일 폰)	휴대폰
duvet(뒤베)	폭신한 이불
chips(칩스)	감자튀김

여행하다 보면 궁금해져요!
바다 및 해안선 관련 용어

구분	뜻
gulf 걸프	바다나 대양에 면한 거대한 만으로, 베이에 비해 규모는 크지만 내륙에 갇힌 지형
bay 베이	바다나 호수에 면한 만으로, 입구가 넓어 걸프에 비해 개방된 형태
inlet 인렛	베이에 비해 입구가 좁고 깊은 협만이나 내해
cove 코브	인렛 또는 베이의 작은 형태로 입구가 좁은 반원형의 호
coast 코스트	길게 이어지는 해변 · 해안 지대
cape/headland 케이프/헤드랜드	해안선의 툭 튀어나온 지형(곶 또는 갑)
port/marina 포트/마리나	배가 정박할 수 있도록 만든 항구
harbour 하버	인공 항구뿐 아니라, 베이나 인렛에 형성된 천연 항의 의미도 있음
pier/wharf/jetty 피어/워프/제티	배가 잠시 정박할 수 있도록 만든 소규모 부두, 선착장

여행 떠나기 전 다운받아두면 좋은 애플리케이션은 뭐가 있을까요?

구글맵
Google Maps

내비게이션 기능으로 실시간 교통 정보와 대중교통 정보를 확인하고 긴급 재난 정보까지 제공받을 수 있다. 모바일 기기에 '오프라인 지도'를 다운받으면 통신이 불안정한 산간 지역에서도 사용 가능하다. 하지만 간혹 일반 차량이 가기 힘든 오프로드로 안내하기도 하니 주의할 것.

메트서비스
Metservice

뉴질랜드 기상청의 공식 애플리케이션으로, 이를 설치하면 현재 본인이 있는 지역의 기상 상황과 자연재해 관련 알림을 제공해준다.

우버
Uber

택시를 대체할 수 있는 카 셰어 시스템 우버는 뉴질랜드 주요 도시에서도 유용한 교통수단이다. 모바일 애플리케이션으로 목적지 입력과 결제까지 완료할 수 있어 편리하다.

트랜짓
Transit

실시간 버스 위치를 직관적으로 파악할 수 있도록 교통 정보를 제공하는 앱. 뉴질랜드 남섬의 퀸스타운, 크라이스트처치와 북섬의 오클랜드 등 여러 도시와 세계 다른 국가에서도 폭넓게 사용한다.

● 트랜짓 앱 사용 방법

① 녹색 검색창에 원하는 지역 입력(한글 입력 가능)

② 현재 본인 위치 주변의 교통편 확인 가능

③ 클릭해서 실시간 운행 정보 확인, 또는 경로 검색

● 꼭 챙겨야 하는 필수품
체크 리스트

항목	준비물	체크
필수품	여권 (비상용 여권 사본, 여권 사진)	☑
	영문으로 된 한국 운전면허증 (국제 운전면허증)	☐
	항공권과 입국 서류	☐
	여행자 보험	☐
	현금, 신용카드/체크카드	☐
	지갑	☐
	여행 가방 네임태그	☐
	수첩 (비상 연락처 기재)	☐
	필기도구	☐
	예약 관련 서류	☐
	《팔로우 뉴질랜드》	☐
전자 제품	휴대폰	☐
	시계	☐
	카메라, 메모리 카드	☐
	노트북/태블릿	☐
	멀티 어댑터	☐
	충전기	☐
	배터리 (기내 수하물)	☐
의류	속옷	☐
	겉옷	☐
	양말	☐

항목	준비물	체크
의류	외투/경량 파카	☐
	신발 (검역을 위해 깨끗하게 세척)	☐
	선글라스, 모자	☐
	우비, 우산	☐
	수영복	☐
	액세서리	☐
	방한용 장갑 (겨울)	☐
개인용품	기내용품 (목 베개 등)	☐
	세면도구	☐
	화장품, 선크림	☐
	빗, 헤어드라이어	☐
	인공 눈물(렌즈 착용 시)	☐
	위생용품	☐
	반짇고리, 다용도 칼 (위탁 수하물)	☐
	비닐봉지/지퍼백	☐
	세탁용품	☐
	휴지, 물티슈	☐
	보조 가방(에코백 등)	☐
	상비약, 비상약	☐
	모기 기피제 (샌드플라이용은 현지 구입)	☐

※ 뉴질랜드 입국 규정을 숙지해 문제 되는 물품이 포함되지 않도록 주의한다. ▶ P.126

《팔로우 뉴질랜드》
지도 QR코드 활용법

QR코드를 스캔하세요.
구글맵 앱 '메뉴−저장됨−
지도'로 들어가면 언제든지
열어볼 수 있습니다.

스마트폰으로 오른쪽 상단의 QR코드를 스캔합니다. 연결된 페이지에서 원하는 지역을 선택합니다.

선택한 지역의 지도로 페이지가 이동됩니다. 화면 우측 상단에 있는 아이콘을 클릭합니다.

지도가 구글맵 앱으로 연동되고, 내 구글 계정에 저장됩니다. 본문에 소개된 장소들의 위치를 확인할 수 있습니다.

"여행을 떠나기 전에 반드시 팔로우하라! "

BEST
여행 전문가가 엄선한
최고의 명소

LOCAL
현지인이 추천하는
로컬 맛집

PLAN
돈과 시간을 아끼는
최적의 스케줄

SOS
여행 중 발생하는
다양한 사고 대처법

✈ New Zealand

follow

팔로우 시리즈는 여행의 새로운 시각과
즐거움을 추구하는 가이드북입니다.

follow
New Zealand

제이민
원동권
지음

2025-2026
NEW EDITION

팔로우 뉴질랜드
크라이스트처치 · 퀸스타운
마운트 쿡 · 밀퍼드 사운드

2

실시간 최신 정보 완벽 반영! 뉴질랜드 남섬 실전 가이드북

Travelike

2025–2026
NEW EDITION

팔로우 뉴질랜드

크라이스트처치 · 퀸스타운 · 오클랜드 · 웰링턴

팔로우 뉴질랜드
크라이스트처치 · 퀸스타운 · 오클랜드 · 웰링턴

1판 1쇄 인쇄   2024년 12월 16일
1판 1쇄 발행   2024년 12월 24일

지은이 | 제이민·원동권
발행인 | 홍영태
발행처 | 트래블라이크
등 록 | 제2020-000176호(2020년 6월 24일)
주 소 | 03991 서울시 마포구 월드컵북로6길 3 이노베이스빌딩 7층
전 화 | (02)338-9449
팩 스 | (02)338-6543
대표메일 | bb@businessbooks.co.kr
홈페이지 | http://www.businessbooks.co.kr
블로그 | http://blog.naver.com/travelike1
인스타그램 | travelike_book
ISBN 979-11-987272-7-5   14980
      979-11-982694-0-9   14980(세트)

* 잘못된 책은 구입하신 서점에서 바꾸어 드립니다.
* 책값은 뒤표지에 있습니다.
* 트래블라이크는 ㈜비즈니스북스의 임프린트입니다.
* 비즈니스북스에 대한 더 많은 정보가 필요하신 분은 홈페이지를 방문해 주시기 바랍니다.

비즈니스북스는 독자 여러분의 소중한 아이디어와 원고 투고를 기다리고 있습니다.
원고가 있으신 분은 ms3@businessbooks.co.kr로 간단한 개요와 취지, 연락처 등을 보내 주세요.

팔로우
뉴질랜드

크라이스트처치 · 퀸스타운 · 오클랜드 · 웰링턴

제이민·원동권 지음

Travelike

《팔로우 뉴질랜드》
지도 QR코드 활용법

QR코드를 스캔하세요.
구글맵 앱 '메뉴–저장됨–
지도'로 들어가면 언제든지
열어볼 수 있습니다.

스마트폰으로 오른쪽 상단의 QR코드를
스캔합니다. 연결된 페이지에서 원하는
지역을 선택합니다.

선택한 지역의 지도로 페이지가 이동됩
니다. 화면 우측 상단에 있는 ⊞ 아이콘
을 클릭합니다.

지도가 구글맵 앱으로 연동되고, 내 구
글 계정에 저장됩니다. 본문에 소개된
장소들의 위치를 확인할 수 있습니다.

《팔로우 뉴질랜드》 본문 보는 법
HOW TO FOLLOW NEW ZEALAND

남섬 여행의 시작점인 크라이스트처치를 기준으로, 서쪽의 웨스트코스트와
중심부의 마운트 쿡, 퀸스타운을 연결했습니다.
최남단의 스튜어트 아일랜드와 더니든도 빠짐없이 소개합니다.

● **대도시는 존zone으로 구분**
볼거리가 많은 대도시는 존으로 나누고 핵심 명소와 주변 명소를
연계해 여행 동선이 편리하도록 안내했습니다. 핵심 볼거리는
매력적인 테마 여행법을 제안하고 풍부한 읽을 거리, 사진, 지도
등과 함께 소개해 알찬 여행을 즐길 수 있도록 했습니다.

● **로드 트립 ROAD TRIP**
뉴질랜드에서는 도시 간 이동 자체가 하나의 여행 코스가 되기에,
로드 트립 형식을 활용해 주요 지점 간의 거리와 이동 시간을 한눈에
파악할 수 있도록 개념 지도를 구성했습니다. 이를 통해 더욱
효율적으로 동선을 계획할 수 있습니다.

● **네이처 트립 NATURE TRIP**
프란츠 조셉 빙하, 밀퍼드 사운드, 마운트 쿡 등
뉴질랜드의 주요 자연 명소는 도시만큼이나 중요한 비중으로
다루었습니다. 또 통신이 원활하지 않은 환경에서도 어려움 없이
여행할 수 있도록 상세히 안내했습니다.

● **트레킹 코스**
개인의 체력에 맞춰 트레킹 코스를 선택할 수
있도록 이동 거리, 난이도, 소요 시간을 명확히
표기했습니다. 특히 루트번 트랙과 통가리로
알파인 크로싱 같은 대표 트레킹 코스는
상세 지도를 이용해 더욱 구체적으로
안내했습니다.

거리 편도 33.1km
소요 시간 2~3일
난이도 중상

지도에 사용한 기호 종류

관광 명소	맛집	쇼핑	숙소	액티비티	온천	트레킹	방문자 센터	도로 번호

대성당	병원	공항	기차역	버스 터미널	페리 터미널	케이블카	트램	주차장	주유소

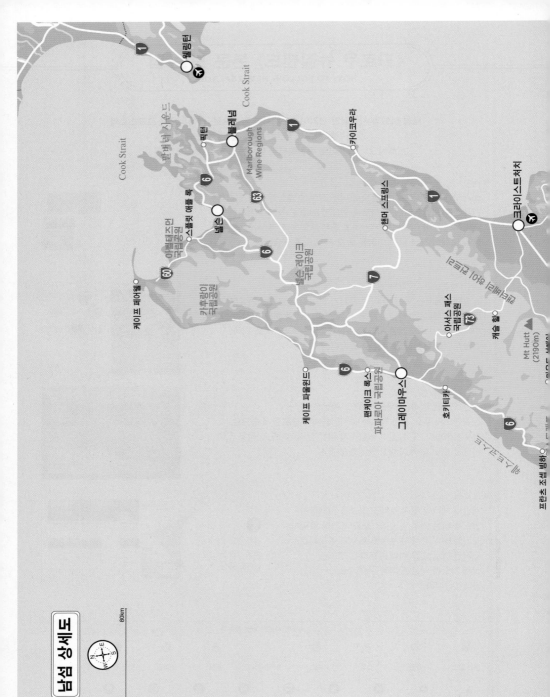

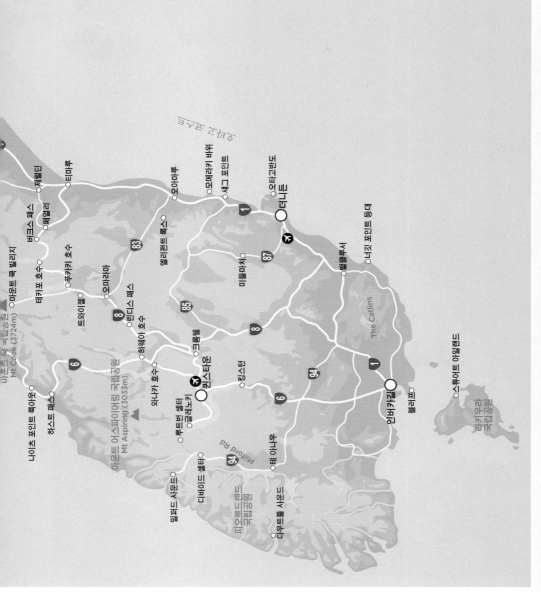

마운트 쿡 국립공원
Mt Cook (3724m)

마운트 쿡 빌리지

제럴딘

버크스 패스

티마루

페얼리

테카포 호수

푸카키 호수

오아마루

버크스 패스

모에라키 바위

세그 포인트

오타고반도

더니든

87

에리펀트 룩스

미들마치

85

나이츠 포인트 룩아웃

하스트 패스

트와이젤

오마라마

83

리디스 패스

마운트 어스파이어링 국립공원
Mt Aspiring (3033m)

6

와나카 호수

하웨아 호수

크롬웰

8

벨클루서

나깃 포인트 등대

8

The Catlins

비지터 센터

글렌노키

퀸스타운

킹스턴

94

1

인버카길

스튜어트 아일랜드

밀퍼드 사운드

루트번 센터

6

테 아나우

라키우라 국립공원

블러프

디바이드 센터

피오르드랜드 국립공원

Milford Rd

94

다우트풀 사운드

픽턴
PICTON
P.216

크라이스트처치
CHRISTCHURCH
P.010

프란츠 조셉 빙하
FRANZ JOSEF GLACIER
P.068

마운트 쿡
MOUNT COOK
P.106

밀퍼드 사운드
MILFORD SOUND
P.160

퀸스타운
QUEENSTOWN
P.120

더니든
DUNEDIN
P.178

스튜어트 아일랜드
STEWART ISLAND
P.202

뉴질랜드 남섬
SOUTH ISLAND
마오리어 TE WAIPOUNAMU

마오리어로 '테 와이포우나무(녹색 돌의 물)'라 불리는 남섬은
산과 빙하, 호수가 아름다운 땅이다. 서던알프스산맥의 최고봉 마운트 쿡을 비롯한
중요 관광지가 많아 여행자에게는 필수 코스라 할 수 있다. 그런데 대부분 산악 지대이다 보니
인구가 매우 적고 뉴질랜드 전체 인구의 23%만이 남섬에 살고 있다.
북섬에서 가려면 페리나 비행기를 타야 한다.

INFO

면적	15만 437km²	인구	122만 5000명
길이	840km	시차	한국 시간+3시간(서머타임 기간 +4시간)

CHRISTCHURCH

크라이스트처치

마오리어 ŌTAUTAHI

캔터베리 지방Canterbury Region의 주도 크라이스트처치는 뉴질랜드 남섬 여행의
관문 역할을 한다. 인구는 약 40만 명이며 오클랜드, 웰링턴과 함께 뉴질랜드 3대 도시이자
남섬 최대의 도시다. 2010년과 2011년 두 차례 발생한 대지진으로 큰 피해를 입어
복구 작업이 계속되고 있다. 하지만 '뉴질랜드에서 가장 영국적인 도시'로 불려온 만큼
19세기의 아름다운 건물과 수많은 공원이 조화를 이루는
크라이스트처치의 매력은 여전하다.

크라이스트처치
트램

우스터
불러바드

아카로아
돌고래

트랜즈알파인
기차

크라이스트처치
대성당

국제 남극 센터

강과 공원

크라이스트처치

Christchurch Preview
크라이스트처치 미리 보기

크라이스트처치는 강이 흐르는 비옥한 평야 지대인 캔터베리 평원Canterbury Plains에 자리한 덕분에
남섬에서 가장 인구가 많은 대도시로 발전했다. 에이번강Avon River(Ōtākaro)이 도시를 가로지르고,
동쪽은 완만한 곡선을 그리는 페가수스 베이Pegasus Bay의 해안선에 면해 있다.

🏛 Follow Check Point

ⓘ 커시드럴 정선
(트램 출발 장소)

지도 P.021
가는 방법 트램 정류장 ❶
주소 109 Worcester St,
Christchurch Central City,
Christchurch 8011
운영 07:00~23:00
홈페이지 www.christchurchnz.
com

❄ 크라이스트처치 날씨

크라이스트처치는 연중 평균기온에 큰 변화가 없는 해양성기후다.
그러나 낮 기온이 34℃까지 치솟는 여름에도 아침저녁으로는 쌀쌀
해지는 등 일교차가 심하다. 겨울에는 비가 내리고 바람이 많이 불
어 체감온도는 실제보다 훨씬 낮게 느껴진다.

계절	봄(10월)	여름(1월)	가을(4월)	겨울(7월)
날씨	☀	☀	☀	🌧
평균 최고 기온	24.7℃	31.5℃	25.5℃	18℃
평균 최저 기온	−0.8℃	5.3℃	0℃	−4.5℃

Best Course
크라이스트처치 추천 코스

커시드럴 스퀘어를 중심으로 도시의 핵심 구역을 크라이스트처치 센트럴 시티Christchurch Central City, 줄여서 센트럴 또는 시티 센터라고 부른다. 바둑판처럼 짜임새 있게 설계한 계획도시라서 걸어 다니면서 명소를 둘러보거나 트램을 이용해 쉽게 둘러볼 수 있다. 서쪽으로는 거대한 도심 공원 해글리 파크가 주택가 리카턴Riccarton과의 경계를 이룬다. 도시 남동쪽 뱅크스반도Banks Peninsula 끝자락에 위치한 아카로아는 돌고래 투어를 하고, 예쁜 프랑스풍 마을을 구경할 수 있는 당일치기 여행지다.

TRAVEL POINT

➟ **이런 사람 팔로우!** 본격적인 남섬 여행을 시작할 사람

➟ **여행 적정 일수** 도심 반나절 또는 1일+근교 1~2일

➟ **주요 교통수단** 도보 또는 트램

➟ **여행 준비물과 팁** 렌터카 또는 버스(인터시티 버스) 예약

| **DAY 1** 중심가 P.022 | **DAY 2** 중심가 & 주변 P.032 | **DAY 3** 근교 여행 P.044 |

오전

커시드럴 스퀘어
• 크라이스트처치 중심 둘러보기

▼ 도보 5분

커시드럴 정션
• 시티 투어 시작

▼ 도보 5분

🍴 뉴 리젠트 스트리트
• 아기자기한 맛집 거리

크라이스트처치 곤돌라
• 멋진 경치 감상하기
• 짧은 트레킹

아카로아
• 프랑스 마을 구경 & 돌고래 투어

오후

▼ 도보 10분

퀘이크 시티
• 지진 관련 역사 살펴보기

▼ 도보 10분

아트 센터
• 옛 대학 캠퍼스

▼ 도보 10~30분

에이번강 산책
• 추모의 다리와 캐셜 스트리트

▼ 도보 5분

🍴 옥스퍼드 테라스 & 리버사이드 마켓

PLAN A

▼ 버스 10분+페리 10분

리틀턴
• 페리 타고 다이아몬드하버 다녀오기

▼ 버스 40분

🍴 C1 에스프레소

PLAN B

▼ 버스 10분

국제 남극 센터
• 펭귄 투어와 남극 체험

PLAN C

▼ 자동차 30분

뉴브라이턴 비치
• 대표 해변과 도서관 구경

카이코우라
• 돌고래와 수영하기

마운트 선데이
• 영화 〈반지의 제왕〉 속 로한 왕국 방문

➡ 크라이스트처치 맛집 & 쇼핑 정보 P.039

크라이스트처치 들어가기

크라이스트처치는 남섬 여행의 출발점으로 삼기에 최적의 위치다. 퀸스타운으로 이동하면서
테카포 호수, 마운트 쿡 같은 주요 명소를 지나갈 수 있기 때문이다. 개인 차량으로 여행하는 것이
가장 편리하지만 장소에 따라 투어 상품을 이용하는 것이 더 효율적일 때도 있다.

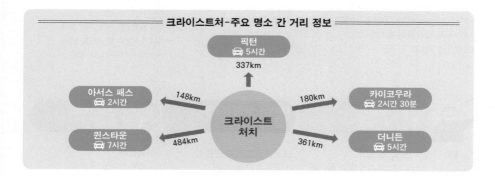

크라이스트처-주요 명소 간 거리 정보

- 픽턴 🚗 5시간 — 337km
- 아서스 패스 🚗 2시간 — 148km
- 카이코우라 🚗 2시간 30분 — 180km
- 퀸스타운 🚗 7시간 — 484km
- 더니든 🚗 5시간 — 361km
- 크라이스트처치

비행기

크라이스트처치 국제공항Christchurch International Airport(공항 코드
CHC)은 남섬의 대표 공항이지만 성수기인 여름철을 제외하면 조용한 편
이다. 한국에서 직항 노선은 없고 보통 뉴질랜드 북섬의 오클랜드나 호주
를 경유한다. 취항하는 항공사로는 뉴질랜드 국적기인 뉴질랜드 항공, 호
주 국적기인 콴타스 항공, 저가 항공사인 젯스타 등이 있다. 공항은 걸어
서 이동 가능한 2층 건물이며 지상층ground floor은 체크인 및 입국장, 상
층부1st floor는 출국장이다.
주소 30 Durey Rd, Harewood, Christchurch 8053
홈페이지 christchurchairport.co.nz

크라이스트처치 국제공항에서 도심 가기

공항은 크라이스트처치 중심가와 12km 거리다. 공항에서 중심가까지는 메트로 버스(29번)나 자동차로 쉽게 갈
수 있다. 공항에서는 메트로카드Metrocard를 구입할 수 없으므로 처음 방문하는 사람은 현금을 준비하고 버스를
타야 한다. 참고로 2024년 12월부터 29번 버스에서 콘택트리스(비접촉식) 기능이 있는 신용카드 및 모바일 결
제가 가능해졌다.

	메트로 버스	택시	라이드셰어
요금	현금 $4 (메트로카드 또는 신용카드 이용 시 $2)	$40~50 (공항 이용료 $5.50 추가)	$25~30 (공항 이용료 $5.50 추가)
소요 시간	30분 (새벽부터 밤까지 30분 간격 운행)	15~20분	15~20분
탑승 정보	국제선 도착층 9번 출구 앞에서 탑승, 중심가까지 3 · 29번 이용	일반 택시는 국제선 도착층 7번 출구 앞에서 탑승	공항 터미널 밖으로 나와 익스프레스 주차장Express Parking 건물 뒤편에서 호출
홈페이지	metroinfo.co.nz	bluestartaxis.org.nz	우버Uber, 올라Ola, 주미Zoomy 앱 다운로드

트랜즈알파인

코스털 퍼시픽

기차

해글리 파크 남동쪽 외곽에 위치한 크라이스트처치 기차 역에는 남섬 횡단 기차 트랜즈알파인과 픽턴행 기차 코스털 퍼시픽 2개 노선이 정차한다. 매일 오전 출발해 서해안의 그레이마우스에 잠시 정차했다가 저녁 무렵 다시 돌아오는 트랜즈알파인은 뉴질랜드의 대표 기차 여행 프로그램으로 인기를 얻고 있다.

▶ 뉴질랜드 기차 여행 정보 1권 P.031

크라이스트처치 기차역 Christchurch Railway Station
주소 Troup Dr, Addington, Christchurch 8011
홈페이지 greatjourneysofnz.co.nz

남섬 기차 노선도

픽턴 ⑨
블레넘 ⑧
그레이마우스 ⑤
카이코우라 ⑦
④ 모아나
아서스 패스 ③
⑥ 랑기오라
스프링필드 ②
① 크라이스트처치

장거리 버스

크라이스트처치는 남섬의 중심 도시인 만큼 인터시티InterCity사의 버스를 포함해 남섬 전역으로 출발하는 장거리 버스(코치Coach) 노선이 모두 연결된다. 중심가에 위치한 크라이스트처치 버스 인터체인지의 인포메이션 카운터에서 다양한 여행 정보를 제공하며, 메트로카드를 구입하고 충전할 수 있다.

크라이스트처치 버스 인터체인지 Christchurch Bus Interchange
가는 방법 커시드럴 스퀘어에서 도보 10분 **주소** Colombo St & Lichfield St
운영 인포메이션 카운터 월~금요일 08:00~17:30, 토 · 일요일 09:00~17:00

로드 트립

렌터카업체인 허츠, 에이비스, 버젯, 유로카, 스리프티 등은 크라이스트처치 국제공항 국제선 터미널에서 카운터를 운영한다. 전용 셔틀버스를 타고 픽업 장소까지 이동해야 하는 경우도 있으니 대여 전 차량 픽업 방법을 확인할 것. 크라이스트처치에서 로드 트립을 하기 좋은 경로는 다음과 같다.

도로 번호	출발지	경유지	도착지	경로
73	크라이스트처치	아서스 패스	그레이마우스	그레이트 알파인 하이웨이 ▶ P.052
8		테카포 호수	퀸스타운	캔터베리 평원 ▶ P.052
1		카이코우라	픽턴	넬슨 · 말버러 ▶ P.218
		더니든	블러프	오타고 해안 지대 ▶ P.208

크라이스트처치 도심 교통

크라이스트처치 일대의 대중교통인 버스와 페리는 메트로Metro라고 하는 교통국에서 모두 관리한다.
교통국 홈페이지에서 'Plan Your Journey'를 선택하고 '출발/도착 지점'을 입력하면 최적의 경로를 안내해준다.
홈페이지 metroinfo.co.nz

메트로 버스
Metro Bus

시내버스에 해당하는 메트로 버스는 경로에 따른 색상과 번호로 노선을 쉽게 구분할 수 있다. 크라이스트처치 중심가로 진입하는 노선은 대부분 크라이스트처치 버스 인터체인지에 정차한다. 크라이스트처치 중심가 주변 지역을 순환하는 오비터 Orbiter 등의 노선도 있다. 버스를 탈 때는 손을 흔들어 세우고, 내릴 때는 스톱 버튼을 누른다.

주의 현금으로 버스비를 지불할 때는 가능하면 거스름돈이 없도록 딱 맞게 준비한다.
운행 오전부터 밤까지(노선별로 다름)

메트로 버스 주요 노선과 정류장

1 랑기오라 → 버스 인터체인지 → 캐시미어

3 공항 → 캔터베리 대학교 → 웨스트필드 리카턴 → 크라이스트처치 병원 → 버스 인터체인지

5 웨스트필드 리카턴 → 버스 인터체인지 → 뉴브라이턴

8 공항 → 버스 인터체인지 → 크라이스트처치 곤돌라 → 리틀턴(페리 터미널)

Or 이스트게이트 쇼핑센터 → 웨스트필드 리카턴 → 번사이드

29 공항 → 펜들턴 → 버스 인터체인지

메트로 버스 노선 정보

자동차

공터가 많은 크라이스트처치 중심가에서는 비교적 쉽게 주차장을 찾을 수 있다. 거리 주차는 낮 시간에는 대부분 유료이며, 주차 미터기에 동전을 넣으면 정해진 시간만큼 주차할 수 있다. 특별히 야외에 주차할 때는 차 안에 귀중품을 두고 내리지 않도록 주의한다. 공식 홈페이지에서 실시간 주차장 현황과 무료 와이파이 존, 공중화장실 등에 관한 생활 정보를 얻을 수 있다.

홈페이지 주차장 ccc.govt.nz/transport/parking 생활 정보 smartview.ccc.govt.nz

FOLLOW UP

크라이스트처치
교통 요금과 이용법

교통 요금 체계는 매우 단순하다. 매번 탑승할 때마다 교통카드에서 정해진 요금이 차감되는 방식이다. 선불 교통카드인 메트로카드를 이용하면 요금이 50% 정도 할인되며, 일간 또는 주간 과금 한도가 정해져 있어 해당 금액을 초과한 이후에는 무료로 탑승할 수 있다. 하지만 하루나 이틀 정도 짧게 머무른다면 현금을 내고 타거나 관광지에만 정차하는 트램을 이용하는 것이 나을 수 있다.

> 2024년 12월부터 공항버스인 29번 노선에 일반 신용카드 및 모바일 결제 시스템이 도입됐어요. 점차 노선을 확대할 예정으로, 단말기가 있는 버스에서는 메트로카드 결제와 동일하게 할인받을 수 있어요.

요금표(성인 기준)

	현금 결제	메트로카드 결제		
	1회 요금	1회 요금	일간 과금 한도	주간 과금 한도
버스	$4.00	$2.00	$4.00	$16
페리 ▶ P.034	$6.00	$4.00	$8.00	$32

● 메트로카드 구입 방법

선불 교통카드인 메트로카드는 구입비가 $5이며, 최초 금액 $5를 충전하면 탑승할 때마다 요금이 차감된다. 한 장의 메트로카드로 동승자의 요금을 지불할 수 있으나, 두 번째 사람부터는 할인 요금이 적용되지 않는다. 크라이스트처치 버스 인터체인지 등 정해진 장소에서만 구입 또는 충전할 수 있다.

메트로카드
판매처

● 24세 이하라면 할인 요금에 주목!

메트로카드를 구입할 때는 나이를 확인하므로 나이를 증명할 수 있는 신분증을 지참해야 한다. 최초 구입비만 내면 13~24세는 성인 메트로카드 요금의 50%, 12세 이하는 무료로 대중교통을 이용할 수 있다. 메트로카드가 없으면 5~18세는 성인 현금 요금의 50%를 내야 된다. 5세 이하는 무료다.

● 환승은 이렇게

환승 시스템이 조금 어렵다. 현금으로는 버스↔페리 환승이 불가능하고, 버스↔버스 환승은 영수증을 보관했다가 2시간 이내에 다음 버스를 탈 때 보여준다. 메트로카드를 사용하면 2시간 이내의 버스↔버스 환승은 자동으로 요금이 처리되지만, 버스↔페리 환승은 버스 승차 시 운전기사에게 페리를 탈 것이라고 얘기해야 한다.

핵심 명소만 골라 본다!
크라이스트처치 트램

크라이스트처치 트램Christchurch Tram은 시내 투어를 위해 운행하는 관광 기차로, 크라이스트처치의 유럽풍 건물과 완벽하게 조화를 이룬다. 크라이스트처치 대성당 옆 커시드럴 정선에서 출발해 시내 주요 관광 명소 18곳에 정차하므로 여행자에게는 더없이 편리한 교통수단이다.

 ## 탑승하는 방법

중간에 하차하지 않고 한 바퀴 돌아보는 데 걸리는 시간은 50분이다. 일반 트램은 예약 없이 탑승한다. 승차권은 출발 지점에서는 매표소에서, 다른 정류장에서는 현장 직원에게 구입한다.

운행 10~4월 09:00~18:00, 5~9월 10:00~17:00 (배차 간격 15~20분)
홈페이지 christchurchattractions.nz
할인 정보 크라이스트처치 패스
(주요 볼거리 네 가지를 묶은 할인 패스)

	단일 요금	통합 패스
트램 1일권	$40	
곤돌라	$42	$114
에이번강 펀팅	$42	
식물원 투어	$30	

15번 바니, 1921년, 인버카길

트램웨이 레스토랑 즐기기

식사하면서 크라이스트처치의 야경을 즐길 수 있는 트램웨이 레스토랑 Tramway Restaurant도 있다. 일반 트램이 운행을 마치고 나서 저녁 시간에만 운행하는데 인원이 제한되어 있으므로 예약은 필수다. 특히 부모님과 함께 하는 여행이라면 더욱 특별한 추억을 남길 수 있다.
운행 19:30 출발(여름 또는 특정 시기 17:00 추가 운행)
요금 1인 $125~149 ※예약 권장

 트램의 역사

1880년 3월 9일 운행을 시작한 초창기 크라이스트처치 트램은 증기기관이나 말의 힘을 동력으로 사용했다. 이후 1905~1954년에는 전기로 운행했으나 트롤리와 일반 버스가 등장하면서 자취를 감췄다. 그러다 1995년에 관광용으로 트램 운행을 재개하면서 크라이스트처치 시내를 다시 누비게 되었다.

11번: 박스 카Box Car, 1903년, 더니든

 7종의 트램 모델

현재 운행 중인 7종의 트램은 1903~1934년에 사용한 구형 모델이다. 크라이스트처치에서 직접 제작한 모델도 있지만, 뉴질랜드와 호주 각지에서 들여온 중고 트램도 있어서 모양과 좌석 배치가 제각각이다. 크라이스트처치 근교의 페리미드 역사 공원Ferrymead Heritage Park에는 현역에서 은퇴한 구형 트램이 전시되어 있는데, 주말에는 관광용으로 특별히 운행하기도 한다.
위치 크라이스트처치 중심가에서 10km(페리미드 역사 공원)
주소 50 Ferrymead Park Dr, Ferrymead
운행 10:00~16:30 **요금** 트램 시승 $20.50 ※예약 권장
홈페이지 www.ferrymead.org.nz

1888번: R Class 1934년 호주 시드니

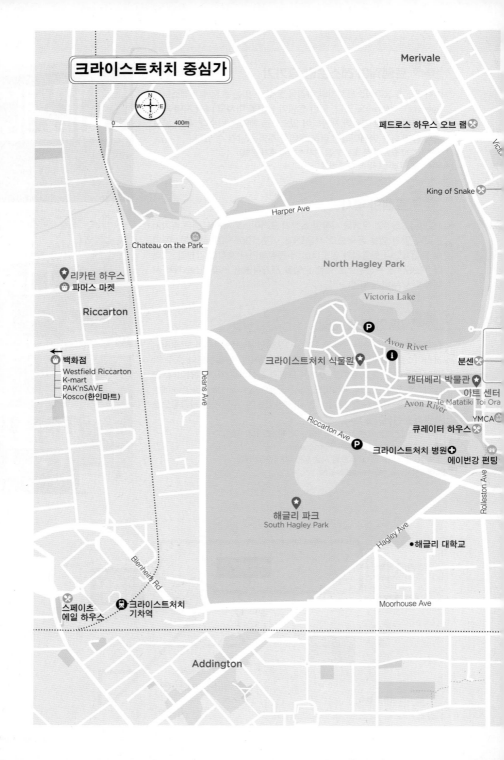

크라이스트처치 중심가

Merivale

페드로스 하우스 오브 램

King of Snake

Harper Ave

Chateau on the Park

North Hagley Park

Victoria Lake

리카턴 하우스
파머스 마켓

Riccarton

Avon River

백화점
— Westfield Riccarton
— K-mart
— PAK'nSAVE
— Kosco(한인마트)

크라이스트처치 식물원

분센

캔터베리 박물관

아트 센터
Te Matatiki Toi Ora

YMCA

Avon River

큐레이터 하우스

크라이스트처치 병원

에이번강 펀팅

Deans Ave

Riccarton Ave

Rolleston Ave

해글리 파크
South Hagley Park

Hagley Ave

●해글리 대학교

Moorhouse Ave

Blenheim Rd

스페이츠
에일 하우스

크라이스트처치
기차역

Addington

Richmond

Bealey Ave

빅토리아 시계탑

The Bog

Central Christchurch

Kilmore St

BBH

퀘이크 시티
크랜머
스퀘어

꽃시계

빅토리아 스퀘어

뉴 리젠트 스트리트

Caffeine Laboratory

Rollickin Gelato

Twenty-seven Steps

Gloucester St

크라이스트처치 미술관
Te Puna o Waiwhetu

Novotel

커시드럴 정션(트램 출발점)

cester Blvd

커서드럴
스퀘어

크라이스트처치
대성당

llesticks

aka House

더 테라스

카드보드 성당

추모의 다리

Cashel St

Fitzgerald Ave

캐셜 스트리트

리버사이드 마켓

조스 개러지

버스
인터체인지

Dux Central

Phillipstown

Tuam St

C1 에스프레소

Salt District

리틀 하이 이터리

Ramada Suites

쇼핑센터
South City

무이 무이

마트
Woolworths

마트
PAK'nSAVE

Moorhouse Ave

Sydenham

크라이스트처치 관광 명소

캔터베리 박물관과 크라이스트처치 대성당을 중심으로 4개의 대로(빌리 애비뉴Bealey Avenue, 피츠제럴드
애비뉴Fitzgerald Avenue, 무어하우스 애비뉴Moorhouse Avenue, 딘스 애비뉴Deans Avenue)가 직사각형을 이루는
안쪽이 크라이스트처치의 중심 구역이다. 해글리 파크를 제외한 면적이 그리 넓지 않아서 명소를
도보로 걸어 다닐 수 있다. 시간이 없을 때는 트램을 타고 한 바퀴 돌면서 분위기만 느껴보는 것도 좋다.

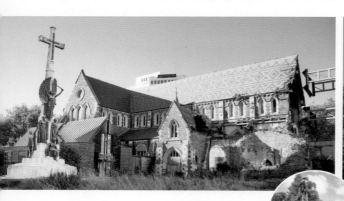

지진 전과 후의
크라이스트처치 대성당 모습

ⓞ1 크라이스트처치 대성당
Christchurch Cathedral

크라이스트처치의 아이콘

1864년에 착공해 약 130년에 걸쳐 완공한 영국국교회 대성당으로 중
요한 역사적 가치를 지닌다. 2011년 대지진으로 본당과 네오고딕 양식
의 정수인 첨탑이 완전히 붕괴되어 복구하려면 사실상 신축에 가까운
대공사가 필요한 상황이었다. 복원과 신축을 놓고 논란을 거듭하다가
2020년에 이르러서야 공사를 시작했다. 2023년에 안정화 작업을 마
쳤고 2031년 완공을 목표로 재건축 중이다. 한때 크라이스트처치에서
가장 번화했던 중심지에서 현재는 추모 공간으로 바뀌었지만, 대성당
앞 광장에서는 때때로 푸드 마켓이나 크고 작은 이벤트가 열린다.

'CHCH'는 크라이스트처치를
줄여서 쓰는 표현입니다.
한국 사람들은 '치치'라고
부르기도 해요.

지도 P.021
가는 방법 커시드럴 정션에서
도보 5분 / 트램 정류장 ❶
주소 Christchurch Central City

TRAVEL TALK

**크라이스트처치의
탄생과 아픔**

크라이스트처치가 '영국 밖에서 가장 영국적인 도시'로 불리게 된 배경에는 19세기 영국의
해외 식민지 개척을 주도한 캔터베리 협회가 있습니다. 도시 이름도 협회 창립자 존 로버트
고들리(1814~1861)가 졸업한 옥스퍼드 대학교의 교회명에서 차용한 것이라고 해요.
크라이스트처치는 1856년 7월 31일 영국 왕립 헌장에 따라 뉴질랜드 최초의 도시로 인정받았을
정도로 남섬에서 가장 아름답고 번화한 도시였어요. 하지만 크라이스트처치의 운명은 두 번의
대지진으로 완전히 바뀌었죠. 2010년 9월 4일 캔터베리에서 규모 7.1의 지진이 발생했고 6개월
후인 2011년 2월 22일, 이른바 '크라이스트처치 대지진'으로 결정적인 타격을 받게 됩니다.
진앙지는 근교의 항구도시 리틀턴이었어요. 규모 6.3의 강진이 불과 5km 깊이에서 발생한 탓에
사상자가 185명에 달했고, 도시의 상징이던 크라이스트처치 대성당을 포함한 수많은 역사적
건물이 피해를 입고 말았습니다.

커시드럴 정션 *Cathedral Junction*

크라이스트처치 대성당 앞 다이아몬드 모양의 광장 커시드럴 스퀘어에서 도보 5분 거리에 트램의 출발점인 쇼핑센터 커시드럴 정션이 있다. 유리 천장인 쇼핑센터에는 여행사, 기념품점, 다양한 업종의 매장과 간단한 식사를 할 수 있는 레스토랑 등이 들어서 있다.

주소 109 Worcester St
운영 07:00~23:00
홈페이지 cathedraljunction.co.nz

카드보드 성당 *Cardboard Cathedral*

크라이스트처치 대성당이 파괴된 이후 예배를 드리기 위해 임시로 만든 작은 성당이다. 96개의 골판지 튜브를 연결해 21m 높이의 지붕을 지탱하는 공법으로 지어 카드보드 성당이라 불리게 되었으며, 성공적인 재건을 염원하는 시민들의 마음이 담겨 있다. 성당 정면의 삼각형 스테인드글라스는 대성당의 장미창을 대신하는 기념물이다. 기도와 예배를 위해서만 입장이 가능하며, 관광객은 가이드 투어(15분)를 이용할 것을 권장한다.

가는 방법 크라이스트처치 대성당에서 도보 10분
주소 234 Hereford St
운영 투어 월~토요일 09:00~16:00 /
정기 미사 일요일 08:00, 10:00, 17:00
요금 투어 시 $5~10 기부 권장
홈페이지 www.cardboardcathedral.org.nz

퀘이크 시티 *Quake City*

캔터베리 박물관의 분관으로 두 번의 대지진에 관한 기록물을 전시하고 희생자를 추모하는 공간이다. 단순히 피해 상황만 나열한 것이 아니라 구조 과정에서의 감동적인 희생 정신과 도시 재건에 대한 희망을 엿볼 수 있도록 한 점이 특별하다.

가는 방법 크라이스트처치 대성당에서 도보 5분
주소 299 Durham St North
운영 10:00~17:00
요금 $20
홈페이지 quakecity.co.nz

ⓒ2

뉴 리젠트 스트리트
New Regent Street

크라이스트처치 속 작은 유럽

스페인 교회 양식의 화사한 파스텔 톤 건물과 완벽하게 조화를 이루
는 오래된 트램이 유유히 지나다니는 좁은 거리. 영국 런던 웨스트엔드
West End의 쇼핑가이자 런던 최초의 계획 도로인 리젠트 스트리트의 이
름을 본뜬 이곳은 1932년부터 이어져온 쇼핑가다. 자동차가 아닌 트램
만 다닐 수 있는 낭만적인 보행자 거리이며 건물마다 레스토랑, 카페,
의류 매장, 기념품점 등이 들어서 있다. 마음에 드는 매장을 골라 여유
로운 시간을 보낼 수 있는 곳이다.

📍
지도 P.021
가는 방법 커시드럴 스퀘어에서 도보 5분 / 트램 정류장 ⑱
주소 New Regent St
홈페이지 newregentstreet.co.nz

▶ CHECK

- **롤리킨 젤라토** *Rollickin Gelato*
  유형 젤라토 **주소** 37/35 New Regent St **운영** 11:00~22:00 **예산** $
  홈페이지 rollickin.co.nz

- **트웬티세븐 스텝** *Twenty-seven Steps*
  유형 유러피언 파인다이닝 **주소** 16 New Regent St **운영** 17:00~22:00
  예산 $$ **홈페이지** twentysevensteps.co.nz

- **카사 퍼블리카** *Casa Publica*
  유형 남미 음식 **주소** 180 Armagh St **운영** 12:00~22:30(금 · 토요일 24:00까지)
  예산 $$ **홈페이지** casapublica.co.nz

우스터 불러바드
Worcester Boulevard
추천

캔터베리의 역사와 미래가 공존하는 곳

해글리 파크 동쪽 끝에서 캔터베리 박물관 앞까지 곧게 뻗은 대로. 길 양옆으로 보이는 19세기 네오고딕 양식의 건물은 인근 지역인 오아마루에서 채취한 석회암과 현무암으로 건축한 것이다. 고풍스러운 박물관과 미술관 사이로 오래된 트램이 달리는 낭만적인 풍경의 거리 전체가 크라이스트처치 문화 지구로 지정되었다. 대부분의 문화시설은 무료입장으로 크라이스트처치의 문화적 자산을 마음껏 관람할 수 있다.

📍
지도 P.021
가는 방법 커시드럴 스퀘어에서 도보 10분 / 트램 정류장 ⑬

캔터베리 박물관 *Canterbury Museum*

독일인의 이주 적합성을 탐사하러 왔다가 크라이스트처치에 정착한 지질학자이자 탐험가 율리우스 폰 하스트의 소장품 전시를 목적으로 1867년에 설립한 박물관이다. 1870년 현재의 위치에 정식 건물을 완공하면서 보다 규모가 큰 자연사 박물관으로 발전했다. 멸종된 모아 Moa(날개가 없는 대형 조류)의 골격과 토종 동식물 표본, 화석을 포함하여 마오리 문화, 초기 유럽 정착민, 남극 탐험에 관한 자료가 전시되어 있다. 단, 2028년 완공 목표로 내부 공사를 진행하는 동안 인근 건물(CoCA)에서 팝업 스토어 형태로 전시를 이어가고 있다.

주소 본관 Worcester Blvd & Rollestone Ave / 팝업 스토어 66 Gloucester St
운영 4~9월 09:00~17:00, 10~3월 09:00~17:30
요금 무료
홈페이지 canterburymuseum.com

크라이스트처치 미술관

Christchurch Art Gallery · Te Puna o Waiwhetū

1932~2002년에 로버트 맥두걸 미술관이었던 곳을 2003년에 신축하면서 크라이스트처치 미술관으로 명칭을 변경했다. 구불구불하게 흐르는 에이번강을 모티브로 부드러운 곡선을 살려 건축한 유리 건물이 주변 건물과 확연히 구분된다. 건물 디자인은 미술관의 마오리어 표기와 맥락이 같은데 'Te Puna'는 건물 아래로 흐르는 하천 이름이고, 'Waiwhetū'는 에이번강의 지류를 의미한다. 대지진 당시 수개월 동안 재난 본부로 사용한 적도 있으며 현재는 회화, 조각, 설치미술 등의 예술 작품을 전시하고 있다.

주소 Worcester Blvd & Montreal St
운영 10:00~17:00(수요일 21:00까지)
요금 무료
홈페이지
christchurchartgallery.org.nz

아트 센터

The Arts Centre · Te Matatiki Toi Ora

캔터베리 대학교의 옛 캠퍼스를 리모델링한 복합 문화 예술 센터다. 여러 동으로 이루어진 유럽풍 건물에 공연장과 상영관, 갤러리는 물론이고 소품 숍, 카페, 와인 바, 호텔까지 입점해 있다. 그레이트 홀great hall(공연장)과 2개의 쿼드quad(사각형 잔디밭)는 누구나 구경할 수 있도록 개방한다. 중앙 광장에서는 매주 토요일마다 공예품 마켓이 열린다. 마켓은 날씨에 따라 운영 시간이 바뀔 수 있으니 인스타그램(@seekersmakete) 공지를 확인할 것.

주소 28 Worcester Blvd
운영 내부 관람 10:00~17:00(상업 시설은 매장별로 다름)
요금 무료
홈페이지 www.artscentre.org.nz

상공에서 바라본 에이번강 ©

⑭ 에이번강 펀팅
Punting on the Avon River

낭만을 실어 나르는 조각배

도시 한복판을 구불구불 흐르는 14km의 에이번강
에서 펀팅을 즐겨보자. 뱃사공의 안내를 받으면서
아름다운 다리 아래를 지나다 보면 크라이스트처치
의 별명이 가든 시티(정원의 도시)인 이유를 저절로
깨닫게 된다. 펀팅은 다른 사람들과 함께 타는 기
본 투어와 일행이 6명 이상일 때 적합한 프라이빗
투어로 나뉜다. 강물 수위가 낮아지면 운행을 중단
하기도 하니 예약 후 안내 사항을 확인하고 방문할
것. 탑승 장소는 두 곳이다.

📍
지도 P.020
운영 4~9월 10:00~16:00, 10~3월 09:00~18:00
요금 기본 투어 $42(30분)
홈페이지 www.christchurchattractions.nz/avon-river-
punting

펀팅 탑승 장소

- **안티구아 보트 셰드** Antigua Boat Sheds
  가는 방법 캔터베리 박물관에서 도보 5분
- **우스터 브리지** Worcester Bridge(기본 투어만 가능)
  가는 방법 트램 정류장 ⑩

TRAVEL TALK

펀팅이란?   펀팅은 수심이 얕고 좁은 하천에 적합한 펀트punt에 손님이
올라타면 뱃사공이 장대를 밀면서 강을 따라 움직이는
영국식 뱃놀이입니다. 영국 템스강에서 최초로 시작된 이후
케임브리지와 옥스퍼드 등의 다른 강에서도 즐기게 되었고,
영연방 국가인 호주와 뉴질랜드까지 전파됐어요.

강변 산책하기
에이번강 주변 명소 BEST 5

에이번강 동쪽은 케임브리지 테라스, 서쪽은 옥스퍼드 테라스라고 부른다.
강폭이 넓지 않고 동쪽과 서쪽을 잇는 다리가 여러 개 있어 강을 넘나들며 산책하기 좋다.
곳곳에 자리한 광장과 노천 레스토랑에서는 낭만적 분위기를 느낄 수 있다.

옥스퍼드 테라스와 트램 ©

---

① 크라이스트처치 식물원
Christchurch Botanic Gardens·
Te Māra Huaota o Waipapa

구 국회의사당과 퀘스타콘, 국립초상화미술관 등을 연결하는 역할을 하는 공원이다. 정면으로 안작 기념관이 바라다보이는 위치로 호주연방 정부 수립 당시 영국 국왕 에드워드 8세에게 헌정했다. 조지 5세 기념비와 장미 정원 등으로 이루어진 넓은 공원이다.

가는 방법 트램 정류장 ⑬
주소 9 Rolleston Ave
운영 식물원 07:00~저녁(마감 시간이 월별로 다름) /
방문자 센터 09:00~17:00
요금 무료입장

② 추모의 다리
Bridge of Remembrance

1924년 11월 11일 제1차 세계대전 종전 기념일에 맞춰 개통했다. 다리 양쪽 끝에는 캔터베리 출신 조각가 프레더릭 건지의 사자상(대영제국 상징)이 설치되어 있다. 한쪽 끝에 자리한 개선문에는 제1차 세계대전의 주요 전투가 새겨져 있고 이후 제2차 세계대전, 베트남전, 한국전쟁 참전 용사까지 기리는 포괄적인 전쟁 기념비로 기능이 확장되었다. 아치 중간 부분에는 "Quid non pro patria(조국을 위해서라면 못 할 일이 없다)"라는 라틴어 글귀가 새겨져 있다.

가는 방법 트램 정류장 ❹
주소 Cashel St(에이번강 교차 지점)

거리 한가운데로 트램이 지나가는 낭만적인 거리 ©

가는 방법 트램 정류장 ❹
주소 166 Cashel St(크로싱)

③ 캐셜 스트리트 *Cashel Street*

개선문과 일직선으로 연결된 보행자 도로로, 시티 몰City Mall이라고도 불린다. 크라이스트처치의 메인 쇼핑가였으나 대지진으로 인해 문화재로 등록된 건물 7개 동 가운데 5개 동이 철거될 정도로 극심한 피해를 입었다. 지금은 대부분 복구하여 모던한 쇼핑가로 재탄생했다. 옛 백화점 건물 자리에 들어선 쇼핑센터 크로싱The Crossing이나 리버사이드 마켓의 레스토랑에서 식사를 하는 것도 좋다.

➡ 리버사이드 마켓 정보 P.039

④ 빅토리아 스퀘어 *Victoria Square*

추모의 다리에서 강변 산책로를 따라 위쪽으로 계속 올라가면 빅토리아 여왕과 제임스 쿡 선장의 동상이 있는 빅토리아 스퀘어가 나온다. 도시 초창기인 1870년대부터 '마켓 스퀘어'라 불리며 사람들이 자주 찾던 광장이다. 현재는 버스킹이나 연등제 같은 행사가 자주 열리는 축제의 장으로 활용된다. 광장에서 북서쪽으로 뻗은 빅토리아 스트리트에는 꽃 시계가 설치되어 있고, 약속 장소로 활용되는 시계탑 근처에는 아시아 음식점이 많다.

가는 방법 트램 정류장 ⑰
주소 Colombo St & Armagh St

빅토리아 여왕 동상

⑤ 크랜머 스퀘어 *Cranmer Square*

영국성공회의 기틀을 마련하고 캔터베리 대주교로 임명된 토머스 크랜머(1489~1556)의 이름을 딴 광장이다. 국보급 건물인 크랜머 센터가 있던 자리였으나 대지진으로 사라지고 추모 공원으로 바뀌었다. 2015년 안작 데이ANZAC Day를 맞아 제1차 세계대전 당시(1916) 캔터베리 연대의 전사자 632명의 이름을 새긴 흰색 십자가를 꽂은 것을 시작으로, 매년 안작 데이에 수천 개의 십자가를 꽂아 '추모의 들판Field of Remembrance'을 조성한다.

가는 방법 트램 정류장 ⑮
주소 Cranmer Sq & Armagh St

 05

해글리 파크
Hagley Park

지도 P.020
가는 방법 트램 정류장 ❸, ❹ 하차 후
도보 10분
운영 24시간 **요금** 무료

시민을 위한 도심 공원

1855년에 조성한 총면적 165헥타르에 달하는 드넓은 도심 공원으로 크라이스트처치 중심가와 주택가인 리카턴의 경계를 구분 짓는 역할을 한다. 공원 중간을 가로지르는 리카턴 애비뉴를 기준으로 북쪽은 노스 해글리 파크, 남쪽은 사우스 해글리 파크라고 부른다. 호수와 잔디밭, 크리켓 경기장, 골프장 등 다양한 시설이 있어 시민들이 여가 생활을 즐기기 위해 찾는 곳이다. 하지만 인적이 드문 곳이 많아서 늦은 시간에는 가지 않는 것이 좋다. 관광객이라면 크라이스트처치 식물원 쪽에서 진입해 잠시 산책하는 것으로 충분하다.

06 리카턴 하우스 Riccarton House

크라이스트처치의 일상 속으로

리카턴은 캔터베리 대학교와 해글리 파크 사이에 있는 주거 지역이다. 빅토리아와 에드워드 시대 양식의 저택이 여러 채 남아 있는데, 그중에서 리카턴 하우스는 내부 관람이 가능하다. 캔터베리 지역의 개척자 제인 딘스(1823~1911) 가족이 거주하던 저택으로, 약 1시간 진행하는 가이드 투어에서 19세기 개척 시대의 생활상을 엿볼 수 있다.

한편 리카턴 하우스 앞 공원에서는 매주 토요일 크라이스트처치 파머스 마켓이 열린다. 관광객보다는 지역민이 더 많이 찾는 장터에서 소박한 일상의 즐거움을 경험해보자. 푸드 트럭 중에서는 베이컨 브라더스 Bacon Brothers가 꾸준한 인기를 얻고 있다.

지도 P.020
가는 방법 크라이스트처치 중심가에서 3·5번 버스로 15분(가까운 정류장 하차 후 도보 약 10분)
주소 Riccarton House and Bush, 16 Kahu Rd, Riccarton
운영 가이드 투어 예약 후 방문 / 파머스 마켓 토요일 09:00~12:00
요금 가이드 투어 $21.5
홈페이지 riccartonhouse.co.nz

⑦ 크라이스트처치 곤돌라 *Christchurch Gondola* 추천

지도 P.012
가는 방법 크라이스트처치 중심가에서
10km, 자동차로 15분(무료 주차장)
또는 8번 버스로 30분
주소 10 Bridle Path Rd, Heathcote
Valley
운영 09:00~17:00
요금 $42(크라이스트처치 패스
구매 시 $114)
홈페이지
www.christchurchattractions.nz

산과 바다가 있는 풍경

캔터베리 평원의 광활함과 페가수스 베이의 멋진 해안선까지 감상할 수
있는 크라이스트처치의 핵심 명물이다. 주차장에서 곤돌라를 타면 10
분 만에 해발 448m의 마운트 캐번디시Mount Cavendish 정상에 도착한
다. 언덕 끝에는 자연 풍경과 조화를 이루는 전망대가 있다. 전망대에서
녹색의 평원으로 둘러싸인 크라이스트처치 중심가, 에이번강과 히스코
트강Heathcote River이 바다와 만나는 하구, 수백만 년 전에 분화한 리틀
턴 화산이 남긴 거대한 화구벽 등 다양한 지형을 관측할 수 있다. 중심
가에서는 약간 거리가 있으나 일부러 찾아갈 만하다.

크라이스트처치와 인접 지역을 합쳐서 그레이터 크라이스트처치Greater Christchurch라고 해요.
중심가에서 뉴브라이턴까지 8km, 리틀턴까지 12km로, 대중교통을 이용하더라도
반나절이면 다녀올 수 있는 장소들이랍니다.

푸케테라키산맥　　　　마운트 토머스　　　　마운트 그레이

해글리 파크　　　　　　　　　　　　　　　　　　　　　　뉴브라이턴

센트럴 크라이스트처치　　　　　　　에이번-히스코트 강하구

　　　　　　　　　　　　페리미드

히스코트 밸리

리틀턴 터널

곤돌라 정상 *Summit Station*

산 정상에 위치한 전망대는 지하까지 포함해 4층 건물이다. 맨 위 층(level 4)에는 테라스를 따라 돌면서 풍경을 360도 감상할 수 있는 야외 전망대와 실내 전망 카페가 있고, 지하층(level 1)에는 카트를 타고 다니며 크라이스트처치의 역사를 살펴보는 타임 터널 Time Tunnel이라는 체험관이 있다.

브라이들 패스 *Bridle Path*

히스코트 밸리에서 리틀턴까지 연 결된 전체 5km의 워킹 트랙이다. 곤 돌라를 타고 정상까지 올라간 다음, 이 길을 따라 걸어 내려올 수도 있다. 1시간가량 소요되는 가파른 길이고 날씨에 따라 도로 상태가 나빠질 수 있으니 진입하기 전 방문자 센터에 진 입 가능 여부를 문의할 것.

아카로아   마운트 허버트

다이아몬드하버   퀘일 아일랜드

리틀턴   엘즈미어

리틀턴

Lyttelton · Whakaraupō

다이아몬드하버가 보이는 지역

크라이스트처치 도심에서 산맥 포트힐Port Hills을 지나면 내해에 자리 잡은 리틀턴 항구가 나온다. 2011년에 발생한 크라이스트처치 대지진의 진원지로 당시 메인 스트리트의 60%가 손실되는 등 큰 피해를 입었으나 평화로운 자연경관은 여전하다. 바다 건너 뱅크스반도에는 보석처럼 빛나는 항구 마을 다이아몬드하버가 자리 잡고 있다. 페리를 타고 10분이면 도착한다.

📍
지도 P.012
가는 방법 크라이스트처치 중심가에서 14km, 리틀턴행 8번 버스로 40분 또는 곤돌라 승강장에서 버스로 10분
주소 버스 정류장 Lyttelton Wharf / 페리 탑승장 Lyttelton Jetty

— **TIP** —

다이아몬드하버 페리 탑승 방법

리틀턴과 다이아몬드하버를 연결하는 페리는 크라이스트처치 교통국이 아닌 블랙 캣 크루즈라는 회사에서 운영한다. 메트로카드 소지자는 버스 탑승 시 운전기사에게 페리를 탈 것이라고 말해야 버스↔페리 간 환승 할인(2시간 이내)을 받을 수 있다. 현금을 사용할 때는 버스 요금과 페리 요금을 각각 지불해야 한다. 매일 30분에서 1시간 간격으로 운항하므로 예약은 필요 없다.
운행 월~금요일 06:15~22:30, 토요일 06:50~22:50, 일요일 07:50~19:50
요금 현금 $6, 메트로카드 $4
홈페이지 blackcat.co.nz/diamond-harbour-ferry

스릴 만점 집라인 ©

⑨ 크라이스트처치 어드벤처 파크 *Christchurch Adventure Park*

지도 P.012
가는 방법 크라이스트처치
중심가에서 10km, 자동차로 20분
주소 225 Worsleys Rd, Cracroft
운영 수~금요일 11:00~17:00,
토 · 일요일 10:00~16:00
휴무 월 · 화요일(12~2월 휴무 없음)
요금 왕복 리프트 $35, 집라인 $110
※예약 필수
홈페이지
christchurchadventurepark.com

도전! 집라인과 산악자전거

크라이스트처치 어드벤처 파크는 포트힐에서 바라보는 전망이 시원하다. 리프트를 타고 포트힐 정상까지 올라가 다양한 액티비티를 즐기거나 전망 카페에서 여유롭게 경치를 감상한다. 뉴질랜드 최장 길이를 자랑하는 1km의 집라인(long ride) 체험은 약 1시간 30분 소요되며, 주말에는 네 종류의 집라인을 모두 탈 수 있는 2시간 30분짜리 풀 투어(full tour)도 운영한다. 이 외에도 50여 개의 산악자전거 코스가 조성되어 있다. 기상 상황에 따라 문을 닫는 날도 있으니 액티비티를 체험하려면 예약 후 방문하자.

⑩ 캐시미어 힐 룩아웃 *Cashmere Hill Lookout*

오션뷰 드라이브 코스

크라이스트처치를 둘러싼 언덕인 캐시미어 힐에는 크라이스트처치 도심과 해안 경치를 감상하기 좋은 또 다른 전망 포인트가 있다. 날씨가 좋은 날은 다이어 패스 로드Dyer Pass Road를 타고 드라이브를 즐기고, 사인 오브 더 키위 카페Sign of the Kiwi Café에도 가보자. 한편 카페에서부터 리틀턴까지 이어지는 21km의 서밋 로드Summit Road는 경치가 아름답기로 유명하지만 길이 험하고 좁아 산악자전거를 타는 사람들이 주로 이용한다.

주차장 위치 및
트레킹 코스

지도 P.012
가는 방법 크라이스트처치
중심가에서 9km, 자동차로 20분
주소 178 Hackthorne Rd,
Cashmere
운영 06:00~21:00

뉴브라이턴 피어의 여름과 겨울 ©

⑪

뉴브라이턴 피어
New Brighton Pier

크라이스트처치 대표 해변

뉴브라이턴은 18km의 광활한 해변을 가진 크라이스트처치 근교에 있는 동네다. 그 중심에 바다 쪽으로 300m가량 뻗은 뉴브라이턴 피어가 있다. 매년 11월 5일에 열리는 가이 포크스 데이Guy Fawkes Day 불꽃놀이 장소로 유명하고, 여름에는 서핑과 해수욕을 즐기는 사람들로 붐빈다. 다른 계절에는 방문객이 적어 분위기가 쓸쓸한데, 그럴 땐 해변 앞 뉴브라이턴 도서관을 방문해보자. 창밖으로 보이는 부두와 바다 전망이 멋지고, 2층의 소파에서 책을 읽거나 경치를 감상하며 조용한 시간을 보낼 수 있다. 매주 토요일 해변에서 뉴브라이턴 시사이드 마켓이 열리는데 이 시기에 맞춰 가도 좋다.

지도 P.012
가는 방법 크라이스트처치 중심가에서 8km, 자동차로 15분 또는 5번 버스로 35분
주소 213 Marine Parade, New Brighton **문의** 03 941 7923
운영 도서관 월~금요일 09:00~18:00, 토 · 일요일 10:00~16:00 / 마켓 토요일 10:00~14:00
휴무 공휴일
홈페이지 my.christchurchcitylibraries.com/locations/newbrightn

해글룬드 필드 트립 Hägglund Field Trip 외부에 설치된 트랙을 따라 운행

⑫ 국제 남극 센터 *International Antarctic Centre* 추천

생생한 남극 체험

남극으로 가는 관문인 크라이스트처치 국제공항 바로 옆에 있는 국제 남극 센터는 흥미진진한 프로그램으로 가득하다. 입장하면 직원들이 관람 순서를 설명해주는데, 남극 탐험용 특수차량인 해글룬드를 시승해보는 필드 트립과 4D 극장 등 대부분의 프로그램이 체험형이라서 비어 있는 시간대를 확인하고 예약한 다음 관람하는 것이 효율적이다. 펭귄은 먹이 주는 시간(오전 10시 30분, 오후 3시)에 맞춰서 구경하면 좋고, 홈페이지에서 추가 요금을 내고 예약하면 펭귄을 좀 더 가까이 볼 수 있는 백스테이지 익스피리언스를 이용할 수 있다.

지도 P.012
가는 방법 크라이스트처치 국제공항 옆, 크라이스트처치 중심가에서 8 · 29번 버스로 30분
주소 38 Orchard Rd, Christchurch Airport
운영 09:00~16:30
요금 $64(해글룬드 필드 트립 포함)
홈페이지 www.iceberg.co.nz

TIP

국제 남극 센터 방문 시 꿀팁

크라이스트처치 대성당 ↔ 국제 남극 센터 ↔ 윌로뱅크 야생동물 보호구역을 오가는 셔틀버스를 이용하면 국제 남극 센터를 포함해 하루에 두 곳을 편하게 다닐 수 있다. 예약은 필요 없고 카드 결제만 가능하다.
운행 커시드럴 스퀘어에서 1일 5회 출발 **요금** $15
홈페이지 www.chcshuttle.nz

펭귄 레스큐 Penguin Rescue
세계에서 가장 작은 리틀펭귄 관람

스톰 돔 Storm Dome
남극의 혹독한 추위와 눈보라를 경험할 수 있는 체험관

허스키 존 Husky Zone 썰매견 허스키의 사육 공간

키위새와 사파리 체험
크라이스트처치의 동물원

일반 동물원에 비해 좀 더 자연 친화적인 야생 공원과 보호구역에서 다양한 동물을 만나볼 수 있다.
윌로뱅크 야생동물 보호구역은 규모가 작아 아이와 함께 가기 좋고,
오라나 야생 공원은 대규모 사파리 형태라 많이 걸어야 한다.

1 윌로뱅크 야생동물 보호구역
Willowbank Wildlife Reserve

관람 시간
1~2시간

규모가 다소 작은 대신 동물과 교감을 나눌 수 있는 곳이다. 알파카, 염소, 양에게 먹이를 주거나 당나귀를 타는 체험이 가능해서 아이들이 특히 즐거워한다. 뉴질랜드 토종 새인 키위 관찰관도 있다. 카피바라(남아메리카에 사는 설치류), 리머(마다가스카르섬에 사는 여우원숭이) 먹이 주기 체험이나 10~14세 아이들을 대상으로 한 사육사 체험 등은 홈페이지에서 추가 요금을 내고 따로 예약해야 한다.

지도 P.012
가는 방법 크라이스트처치 국제공항에서 자동차로 10분(대중교통은 이용이 복잡하므로 국제 남극 센터를 경유하는 유료 셔틀버스 추천)
주소 60 Hussey Rd, Northwood
운영 09:30~17:00(여름 19:00까지)
요금 성인 $34.50, 가족 $85
홈페이지 www.willowbank.co.nz

2 오라나 야생 공원
Orana Wildlife Park

관람 시간
3~5시간

뉴질랜드 토종 동물은 물론 고릴라, 기린, 코끼리, 사자, 코뿔소 등 아프리카 동물도 사는 뉴질랜드 유일의 방사형 동물원이다. 오후 1시 30분 키위 먹이 주기, 오후 3시 기린 먹이 주기 같은 프로그램을 진행한다. 일정이 매일 바뀌니 방문하기 전에 확인한다. 특수차량을 타고 사자 우리로 들어가는 타이거 덴Tiger Den 체험은 이메일로 신청하고 요금을 선납해야 한다

지도 P.012
가는 방법 크라이스트처치 중심가에서 자동차로 30분(대중교통 없음)
주소 793 Mcleans Island Rd, Harewood
운영 10:00~17:00
요금 입장권 성인 $39.5, 5~15세 $12.50 / 타이거 덴 $69.50
홈페이지 www.oranawildlifepark.co.nz

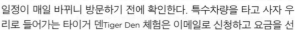

크라이스트처치 맛집

크라이스트처치 중심가에는 괜찮은 레스토랑과 카페가 많다. 강변 레스토랑과 쇼핑센터,
야외 테이블이 매력적인 뉴 리젠트 스트리트, 명물 카페와 푸드 코트가 모인 솔트 디스트릭트 등을 잘 살펴보자.

리버사이드 마켓 *Riverside Market*

에이번강 동쪽의 옥스퍼드 테라스와 캐셜 스트리트 코너에 조성된 상
설 실내 마켓이자 맛집 골목이다. 신선한 식료품을 파는 파머스 마켓과
로컬 치즈 숍, 베이커리, 카페, 레스토랑, 바 등으로 이루어져 있다. 마
음에 드는 먹거리를 사서 적당한 곳에 자리를 잡고 먹으면 된다.

유형 쇼핑센터 **주소** 96 Oxford Terrace
운영 07:30~18:00(요일별 · 매장별로 차이가 있음)
홈페이지 riverside.nz

> **CHECK**
>
> - **블랙 버거** *Black Burger*
>   버거 전문점으로 뉴질랜드산
>   와규로 만든 고급 수제 패티가
>   핵심!
>   **예산** $$
> - **서울 타이거** *Seoul Tiger*
>   불고기를 얹은 컵밥으로 인기를
>   모은 한식 스트리트 푸드 맛집
>   **예산** $$

페드로스 하우스 오브 램 *Pedro's House of Lamb*

뉴질랜드식 양고기찜을 먹어보고 싶다면 꼭 가봐야 할 맛집이다. 양 어
깨살 부위를 마늘과 로즈메리로 양념하고 장시간 로스팅해 푹 익힌다.
감자까지 곁들인 기본 메뉴는 2~3명이 나눠 먹어도 충분한 양이다. 크
라이스트처치에 있는 1호점은 간이 컨테이너 매장이라 테이크아웃만
가능하며, 퀸스타운과 오클랜드에도 매장이 있다. 조리에 시간
이 걸릴 수 있으니 온라인 주문 후 픽업하거나 우버 딜리버
리로 배달하는 방법을 추천한다.

유형 양고기 전문점 **주소** 17 Papanui Rd, Merivale
운영 16:00~20:00(일요일 12:00부터)
예산 $$$ **홈페이지** www.pedros.co.nz

더 테라스 *The Terrace*

유럽풍 레스토랑부터 한식당까지 다양한 맛집이 들어선 쇼핑센터로, 저녁 시간과 주말이면 더욱 붐비는 옥스퍼드 테라스의 핫플레이스다. 바깥 풍경이 보이는 테라스석이 많고, 날씨 좋은 날 저녁에는 에이번강을 내려다보며 식사하거나 칵테일 한잔 즐기기에 좋다.

유형 쇼핑센터 **주소** 126 Oxford Terrace
운영 12:00~밤(매장별로 조금씩 다름)
홈페이지 theterrace.co.nz

분센 *Bunsen*

1877년에 지은 우스터 불러바드의 아트 센터 내 클락 타워Clock Tower 는 캔터베리 대학교 화학과 건물이었다. 당시 실험실이었던 곳을 화학을 테마로 인테리어와 메뉴를 구성해 창의적인 카페로 만든 것이 분센이다. 천장이 높은 복층 구조로 2층에서 1층 다이닝 섹션이 내려다보인다. 브런치 메뉴와 커피가 유명하고 샌드위치도 있다.

유형 브런치 카페 **주소** 2 Worcester Blvd
운영 월~금요일 08:00~15:30, 토 · 일요일 08:00~16:00 **예산** $$
홈페이지 www.artscentre.org.nz/what-is-here/bunsen

큐레이터 하우스 *Curators House*

크라이스트처치 식물원에 들어서면 바로 눈에 띄는 아름다운 건물로, 1920년대 식물원 큐레이터의 사택을 레스토랑으로 리모델링한 곳이다. 스페인 바르셀로나 출신 셰프가 요리한 타파스, 파에야, 코르데로 아사도(양고기) 등 정통 스페인 요리를 선보인다. 뉴질랜드에서는 다소 의외의 메뉴일 수 있으나 맛과 분위기가 돋보이는 레스토랑으로 평가받는다.

유형 스페인 요리 **주소** 7 Rolleston Ave
운영 런치 11:30~14:00, 디너 17:00~20:00 **예산** $$
홈페이지 curatorshouse.co.nz

> **CHECK**

- **크래프트 엠버시** *Craft Embassy* 테라스 전망과 수제 맥주 **예산** $$
- **보태닉** *Botanic* 맛있는 유러피언 메뉴를 갖춘 칵테일 바 **예산** $$$
- **베이컨 브로스 버거** *Bacon Bros Burgers* 리틀 하이 이터리에도 입점한 버거 전문점 **예산** $$
- **브루다** *Brewda* 비빔밥, 불고기, 감자전 등을 내는 퓨전 한식 레스토랑 **예산** $$
- **조디악 바** *Zodiac Bar* 딤섬, 방방 치킨 등 아시아 메뉴를 갖춘 퓨전 칵테일 바 **예산** $$

C1 에스프레소 *C1 Espresso*

옛 전신국 건물을 개조한, 크라이스트처치의 대표적인 카페다. 안으로 들어서면 높은 천장을 따라 복잡하게 연결된 파이프(뉴매틱 네트워크 pneumatic network)가 가장 먼저 눈에 들어온다. 카운터에서 주문한 뒤 자리를 잡고 앉으면, 통에 넣은 음식이 압축공기에 밀려 테이블까지 배달되는 재미있는 시스템이다. 메뉴는 미니 버거(슬라이더)와 컬리 프라이 감자칩이 특히 유명하고 몇 가지 식사 메뉴를 갖추고 있다.

유형 브런치, 버거 **주소** 185 High St
운영 월~금요일 07:00~21:00, 토 · 일요일 07:00~17:00(뉴매틱 네트워크 주문은 15:00부터) **예산** $$ **홈페이지** www.c1espresso.co.nz

리틀 하이 이터리 *Little High Eatery*

솔트 디스트릭SALT District는 저녁이면 더 북적이는 카페와 바, 맛집이 모인 힙한 지역이다. 걸어 다니면서 맛집을 발견하는 재미가 있는데, 취객이 소동을 피울 수 있어 약간 조심해야 한다. 리틀 하이 이터리는 푸드 코트로 버거 전문점인 베이컨 브라더스, 스시 바, 중국집, 카페 등이 입점해 있다.

유형 푸드 코트 **주소** 255 St Asaph St
운영 08:00~22:00 **예산** 매장별로 다름
홈페이지 www.littlehigh.co.nz

무이 무이 *Muy Muy*

맛깔스러운 음식과 칵테일을 즐기기 좋은 솔트 디스트릭트에 자리한 멕시코 레스토랑이다. 한 입 거리 타파스부터 맛보기 메뉴로 구성된 피에스타 보드fiesta board(1인 $55)는 금~일요일 오전 11시 30분부터 오후 4시까지 즐길 수 있다. 공간이 넉넉해서 모임 장소로도 많이 이용하며, 해피 아워(일~목요일 오후 4~6시)에는 칵테일을 20% 할인해준다.

유형 타파스 바 **주소** 44 Welles St
운영 11:00~22:30 **예산** $$$
홈페이지 muymuy.co.nz

크라이스트처치 편의 시설

크라이스트처치는 대도시답게 3대 대형 마트(뉴 월드, 울워스, 팩앤세이브)와 쇼핑센터를 모두 갖추고 있다. 숙소 또한 다양하고 가격대가 적당하다. 배낭여행자라면 걸어서 여행할 수 있는 크라이스트처치 중심가의 백패커스에 묵는 게 편리하지만, 렌터카를 이용한다면 공항 주변이나 캠핑장 등 보다 저렴한 숙소를 구해도 된다.

쇼핑

쿠키타임 팩토리
Cookie Time Factory

누구나 인정하는 뉴질랜드의 국민 간식 쿠키타임은 1983년 2월 크라이스트처치에서 탄생했다. 시 외곽에 자리한 이곳 공장까지 찾아오는 열성팬이 많고, 건물 앞에 세워둔 빨간색 쿠키 먼처Coockie Munchers 캐릭터는 인증샷의 성지로 여겨진다. 공장 내부는 견학할 수 없고, 공장 옆 매장에서 쿠키와 기념품을 구입하는 것이 전부라서 다소 아쉬울 수 있다.

유형 쿠키 숍
가는 방법 크라이스트처치 중심가에서 17km, 자동차로 25분 또는 5번 버스로1시간
주소 789 Main S Rd, Templeton
운영 월~금요일 09:00~17:00, 토 · 일요일 09:00~16:30 **휴무** 공휴일
홈페이지 cookietime.co.nz

코스코 *Kosco*

뉴질랜드 여러 곳에 매장이 있는 한인 마트 체인. 각종 식료품과 생필품을 판매하며 자동차 여행을 준비할 때 꼭 들러야 하는 곳이다. 센트럴점은 걸어서 갈 수 있고, 리카턴점은 규모가 더 크고 주차 공간이 충분하다.

유형 한인 마트 **홈페이지** kosco.co.nz

• 센트럴점(메트로 건물 내)
주소 651 Colombo St **운영** 월~금요일 09:00~19:00, 토 · 일요일 10:00~19:00
• 리카턴점(블렌하임 스퀘어 내)
주소 227 Blenheim Rd **운영** 09:00~19:00

웨스트필드 리카턴 *Westfield Riccarton*

백화점과 대형 마트, 통신사 등 필요한 모든 것을 갖춘 복합 쇼핑몰이다. 간단한 쇼핑을 할 때는 오히려 불편할 수 있으나, 크라이스트처치에서 지내다 보면 꼭 가게 되는 곳이다.

유형 쇼핑센터 **가는 방법** 크라이스트처치 중심가에서 4km, 자동차로 10분 또는 3 · 5 · 80번 버스로 15분
주소 129 Riccarton Rd, Riccarton
운영 09:00~18:00(목 · 금요일 21:00까지)
홈페이지 www.westfield.co.nz/riccarton

TIP 여행이 더욱 즐거워지는 크라이스트처치 주말 마켓 정보

토요일 09:00~12:00
크라이스트처치 파머스 마켓
Christchurch Farmers' Market
⇨ 리카턴 하우스

토요일 10:00~14:00
리틀턴 파머스 마켓 Lyttelton Farmers Market
⇨ 리틀턴 항구

토요일 10:00~14:00
뉴브라이턴 시사이드 마켓
New Brighton Seaside Market
⇨ 뉴브라이턴 피어

토요일 10:00~16:00
시커스 마켓 The Seekers Māket
⇨ 우스터 불러바드 아트 센터

일요일 09:00~14:00
리카턴 선데이 마켓 Riccarton Sunday Market
⇨ 리카턴 경마장

숙소

옵저버토리 호텔 *Observatory Hotel*

옛 대학 기숙사를 리모델링한 아트 센터에 들어선 고급 부티크 호텔이다. 요금은 비싼 편이지만 아트 센터의 특별한 분위기가 느껴지며, 이곳에서 숙박하면 웬만한 장소는 걸어 다닐 수 있다. 주차는 인근 유료 주차장을 이용해야 한다.

유형 호텔
가는 방법 크라이스트처치 중심가
주소 9 Hereford St
문의 03 666 0670 **예산** $$$$$
홈페이지 observatoryhotel.co.nz

노보텔 커시드럴 *Novotel Cathedral*

깔끔하고 무난한 4성급 체인 호텔이다. 크라이스트처치 대성당 바로 옆, 중심가에 있어 여러모로 편리하다. 단, 주차는 추가 요금을 내고 발레파킹을 해야 한다.

유형 호텔
가는 방법 커시드럴 스퀘어
주소 52 Cathedral Sq **문의** 03 372 2111
예산 $$$$ **홈페이지** all.accor.com

하카 하우스 크라이스트처치

Haka House Christchurch

백패커스 체인망인 하카 하우스가 크라이스트처치 박물관 근처에서 일반 주택을 개조해 운영하는 호스텔이다. 화장실이 딸린 트윈룸Twin Ensuite은 요금이 $190 정도로 일반 호텔 수준이지만, 공용 욕실을 사용하는 트윈룸은 약 $150다. 4~8명이 함께 사용하는 도미토리는 $60~70 정도다. 멤버십이 있으면 10% 할인된다.

유형 백패커스
가는 방법 크라이스트처치 중심가
주소 36 Hereford St
문의 021 243 6564 **예산** $
홈페이지 hakahouse.com

에어포트 크라이스트처치 모텔

Airport Christchurch Motel

도심 관광 계획이 없거나 크라이스트처치에 잠깐 들를 예정이라면 굳이 중심가에 숙소를 정할 필요가 없다. 공항 근처와 리카턴, 메리베일 쪽에 저가형 모텔이 많다.

유형 모텔
가는 방법 크라이스트처치 국제공항 근처
주소 55 Roydvale Ave, Burnside
문의 03 977 4970 **예산** $$
홈페이지 airportchristchurch.co.nz

태즈먼 홀리데이 파크-크라이스트처치

Tasman Holiday Parks-Christchurch

일반 숙박 시설을 갖춘 깔끔한 캠핑장이다. 2인 독채 캐빈은 $100~150 정도이며, 4인 이상 가족이 함께 투숙하기 적당한 객실도 있다. 한적한 주택가에 자리해 저렴한 대신 반드시 개인 차량이 있어야 한다.

유형 캠핑장(캐빈)
가는 방법 크라이스트처치 국제공항에서 8km
주소 39 Meadow St
문의 03 352 9176 **예산** $$
홈페이지 asmanholidayparks.com/nz/christchurch

뱅크스반도로 당일치기 여행

아카로아 AKAROA

크라이스트처치 남동쪽의 뱅크스반도는 리틀턴 화산과 아카로아 화산의 분화 과정에서
생성된 지형이다. 화산 폭발 흔적이 남은 가파른 산봉우리와 구릉은 풍요로운 초원이 되었고
비탈진 초지에서 소 떼와 양 떼가 한가로이 풀을 뜯는다. 뱅크스반도 가장 끝 지점에 마오리어로 '길쭉한 항구'라는
뜻의 프랑스 마을 아카로아가 있다. 당일치기로 다녀오기 좋은 거리지만 산길이라는 점을 감안해
오전 일찍 도착해 액티비티를 즐기고, 오후 3~4시쯤 나오는 것이 좋다.

가는 방법 크라이스트처치 남동쪽으로 84km **홈페이지** www.visitakaroa.com

뒤보셀　　배리스 베이　　로빈슨 베이　　타카마투아　　아카로아 빌리지

|〔 TIP 〕|

프렌치 커넥션 셔틀버스

아카로아까지 가는 길은 차선이 좁고 급커브가 많은 산길이다. 운전이 미숙하다면 크라이스트처치 중심가의 캔터베리 박물관 앞에서 출발하는 셔틀버스를 이용하는 것이 좋다. 가다가 환상적인 포토 스폿에서 잠깐 정차해주기도 한다.
운행 09:00 크라이스트처치 출발, 16:00 아카로아 출발
요금 $65 **홈페이지** akaroabus.co.nz

뉴질랜드 속 리틀 프랑스
아카로아 빌리지 *Akaroa Village*

뱅크스반도 가장 끝 지점에 있는 아름다운 바닷가 마을로, 프랑스계 이민자들이 건설해 '리틀 프랑스'라는 별명이 붙었다. 뉴질랜드의 다른 지역과 달리 도로명도 프랑스어로 표기하며, 메인 도로인 뤼 라보Rue Lavaud에는 아기자기한 프랑스풍 상점과 맛집들이 자리해 손님을 기다린다. 마을 규모가 크지 않은 편이라 걸어서 동네를 돌아보거나, 포토 스폿인 아카로아 헤드 등대Akaroa Head Lighthouse 방향으로 짧은 하이킹을 다녀와도 좋다. 등대와 가까운 메인 워프Main Wharf는 돌고래 크루즈와 다양한 해양 액티비티의 출발점이다.

주소 Rue Lavaud, Akaroa 7520

◤ TRAVEL TALK ◥

아카로아의 역사

1838년 프랑스 선장 장 프랑수아 랑글루아가 뱅크스반도의 토지 일부를 취득하면서 뉴질랜드의 유일한 프랑스 마을이 탄생합니다. 1840년 8월 18일 63명의 이주민이 아카로아에 도착했는데, 그사이 뉴질랜드의 다른 지역을 점령한 영국이 프랑스인의 이주를 막기 위해 아카로아에 군함을 파견하는 등 아카로아를 선점하려는 경쟁이 치열했다고 해요. 더 자세한 내용을 알고 싶다면 옛 법원 건물과 관세청 건물 등 역사적 장소를 관리하는 아카로아 박물관을 방문해보세요.
주소 71 Rue Lavaud
운영 10:30~16:00
요금 무료
홈페이지 www.akaroamuseum.org.nz

· TRIP ·
02

유람선 타고 바다로
블랙 캣 크루즈 *Black Cat Cruise*

아카로아 근해에서 볼 수 있는 헥토르 돌고래Hector's dolphin는 성체의 키가 1.4m 정도로 세계에서 가장 작은 돌고래 종이다. 서식지는 카이코우라를 비롯해 남섬 전역에 걸쳐 있는데, 분화구가 침식되면서 내륙 깊숙한 곳까지 바닷물이 유입된 천연 항구 아카로아에 약 900마리가 서식한다. 돌고래 크루즈업체인 블랙 캣 크루즈가 운영하는 프로그램은 크게 두 종류다.

주소 Akaroa Main Wharf
운영 시즌별로 다름 ※예약 권장
홈페이지 www.blackcat.co.nz

네이처 크루즈 *Nature Cruise*

일반 유람선을 타고 아카로아 하버가 바다와 만나는 지점까지 나아가 화산암을 구경하고, 보트를 쫓아다니는 돌고래 떼의 재롱을 구경한다.
요금 $119

돌고래와 수영하기 *Swim with Dolphins*

잠수복을 입고 바다에 들어가 돌고래와 수영하며 교감하는 프로그램이다. 잠수복과 필요 장비는 대여해주며, 8~12세 어린이는 반드시 보호자를 동반해야 한다. 주의 사항을 전달하고 간단한 교육을 실시하기 때문에 기초적인 영어 실력이 필요하다. 1회 탑승 인원이 12명으로 제한되어 있으므로 주말에는 미리 예약하는 것이 좋다.
요금 $199

좁은 천연 항 입구

수면 위로 드러난 화산암체

· TRIP ·
03 작고 예쁜 마을 도서관
코러네이션 라이브러리 *Coronation Library*

크라이스트처치 초창기에 설계를 담당한 건축가 새뮤얼 찰스 파가 설계한
건물이다. 1875년부터 1989년까지 공립 도서관으로 사용하다가 지금은
서점과 박물관으로 용도가 바뀌었다. 자원봉사자들의 친절한 안내 덕분에
더욱 친근하게 느껴지는 곳이다.

주소 103 Rue Jolie　**운영** 11:00~15:00　**휴무** 토 · 일요일　**요금** 무료

 아카로아 맛집

레스카르고 루즈 *L'Escargot Rouge*

파리지앵 브렉퍼스트, 크로크마담, 바게트, 타르트, 샌
드위치 등 프랑스 마을다운 메뉴를 갖춘 작은 프렌치
베이커리. 메인 상점가에 있다.

유형 베이커리
주소 67 Beach Rd
운영 08:00~15:00
예산 $$
홈페이지 lescargotrouge.co.nz

카이모아나 *Kaimoana*

바닷가 풍경을 보면서 먹는 피시앤칩스는 그야말로 꿀맛! 크리미한 랍스터 비스크도
맛보자. 카이모아나는 마오리어로 '해산물'이라는 뜻. 좌석이 따로 없는 테이크아웃
전문점이다.

유형 시푸드　**주소** 120 Rue Jolie　**운영** 목~월요일 11:30~19:00, 수요일 16:00~19:00
휴무 화요일　**예산** $$

1번 국도 따라 로드 트립

카이코우라 KAIKŌURA

카이코우라는 콘웨이강Conway River과 클래런스강Clarence River이 바다와 만나는 지점에 위치한 해양생태계의 보고다. 마오리어로 카이는 음식, 코우라는 이 지역에서 많이 잡히는 크레이피시(가재와 흡사한 갑각류)를 뜻한다. 크라이스트처치 – 카이코우라 – 픽턴을 잇는 1번 국도를 따라 여행해보자.

가는 방법 크라이스트처치에서 북쪽으로 180km, 픽턴에서 160km **홈페이지** www.kaikoura.co.nz

카이코우라 전경 ©

 카이코우라 맛집

카이코우라 시푸드 바비큐 *Kaikoura Seafood BBQ*

도로변에 테이블을 놓고 영업하는 바비큐 트럭. 크레이피시, 관자, 새우 등 각종 해산물 구이와 파우아(흑전복) 샌드위치가 먹음직스럽다. 재료가 소진되면 일찌감치 문을 닫는다.

유형 푸드 트럭 **주소** 55 Fyffe Quay **운영** 10:00~17:00 **예산** $$

웨일러 바 *The Whaler Bar*

스테이크나 각종 해산물 요리를 맥주와 함께 즐길 수 있는 웨스트엔드의 인기 맛집. 주변에 편의 시설과 푸드 트럭이 모여 있으니 카이코우라에 가면 이곳에서 식사를 해결하자.

유형 바 · 레스토랑 **주소** 49-51 W End **운영** 15:00~22:00 **예산** $$$
홈페이지 thewhaler.co.nz

카이코우라 숙소

해안에는 호텔과 리조트, 언덕 위쪽으로는 캠핑장과 전망이 좋으면서 비용이 합리적인 숙소가 많다.

- **카이코우라 톱 10 홀리데이 파크** *Kaikoura TOP 10 Holiday Park*
  유형 캠핑장(캐빈) **주소** 34 Beach Rd **문의** 03 319 5362 **예산** $$ **홈페이지** www.kaikouratop10.co.nz
- **돌핀 로지 백패커스** *Dolphin Lodge Backpackers*
  유형 백패커스 **주소** 15 Deal St **문의** 03 319 5842 **예산** $ **홈페이지** dolphinlodge.co.nz

TRIP 01 해양 생물과의 만남
카이코우라 동물 투어 *Nature Encounter*

카이코우라 해역에는 참돌고랫과의 더스키돌고래와 향유고래, 물개, 앨버트로스 등이 사계절 내내 서식한다. 고래 이동 시기인 5~10월에는 혹등고래나 남방고래, 드물게는 흰긴수염고래가 관찰되고, 11~3월에는 6~12마리씩 무리 지어 다니는 범고래가 목격되기도 한다. 사전 예약을 받고 다음 날 기상 조건이 맞아야 출발하며, 약속 장소에서 체크인한 뒤 단체로 버스를 타고 항구로 이동한다. 통상적으로 바다가 잔잔한 오전 시간에 목격 확률이 높다.

• 투어업체 정보
돌고래 체험 Dolphin Encounter
소요 시간 3시간 30분
요금 수영 $240, 관찰 투어 $120
홈페이지 www.dolphinencounter.co.nz

고래 관찰 Whale Watch
소요 시간 3시간 30분
요금 $175
홈페이지 www.whalewatch.co.nz

TRIP 02 바닷가 전망 포인트
카이코우라반도 산책로 *Kaikoura Peninsula Walkway*

CAUTION SEALS

카이코우라는 여름에도 낮 기온이 21℃ 정도에 불과하니 배를 탈 때는 꼭 겉옷을 챙기세요.

바다 쪽으로 튀어나온 카이코우라반도는 원래 바다였던 곳이다. 약 1500만 년 전에 겹겹이 쌓인 해저 면의 석회암과 실트암 퇴적층이 융기하며 섬이 되었고, 수천 년 동안 카이코우라산맥에서 휩쓸려 온 토사가 퇴적되어 반도가 형성되었다고 한다.
곶 맨 끝 지점에 주차하고 언덕 위에 자리한 포인트 킨 전망대Point Kean Viewpoint에서 풍경을 감상한 뒤, 남쪽으로 800m가량 걸어가면 물개 서식지가 나온다. 평탄한 길이지만 해수면과 산책로가 거의 같은 높이라서 파도가 거센 날에는 주의해야 한다.
주소 40 Fyffe Quay, Kaikōura Peninsula, Kaikōura 7300

영화 속 로한 왕국의 무대를 찾아서

캔터베리 하이 컨트리
CANTERBURY HIGH COUNTRY

캔터베리 하이 컨트리(크라이스트처치를 둘러싼 고원지대)에는 영화 〈반지의 제왕〉 속 에도라스의 무대가 된 마운트 선데이 외에도 온천 휴양지 핸머 스프링스, 스키장으로 유명한 마운트 헛Mount Hutt, 급류 래프팅 명소 랑이타타강Rangitata River 등이 있다. 오지가 많아서 관광객이 적은 편인데 '경치 좋은 드라이브 코스'라는 뜻이 담긴 인랜드 시닉 루트 72번을 따라가면 이 지역을 비교적 쉽게 여행할 수 있다.

가는 방법 크라이스트처치에서 서쪽으로 160km

클리어워터 호수의 반영

가는 방법

STEP 01 크라이스트처치 → 클리어워터 호수

클리어워터 호수 캠핑장까지는 개인 차량으로 비교적 쉽게 갈 수 있다. 해발 2875m의 마운트 다르키아크Mount Darchiac와 주변 산맥이 멋지게 반영되어 보인다.
주소 Lake Clearwater Campground, Mt Darchiac Dr, Ashburton Lakes 7771
경로 입구의 마운트 서머스Mt Somers 마을에서 Ashburton Gorge Rd(중간부터 비포장도로)를 따라 34km(40분 소요)

STEP 02 클리어워터 호수 → 마운트 선데이 주차장

평원 위에 솟아오른 마운트 선데이의 독특한 모습은 멀리서부터 눈에 들어온다. 주변에 편의 시설이 전혀 없고 강이 흐르는 저지대이므로 날씨가 좋지 않으면 곧바로 돌아 나와야 한다.
주소 Mt Sunday Car Park(FW35+33 Ashburton Lakes)
경로 클리어워터 호수에서 Hakatere Potts Rd(비포장도로)를 따라 15km(30분 소요) / 주차장에서 Mt Sunday Track(트레킹 코스)을 따라 산 정상까지 1.5km(왕복 1시간 30분 소요) **홈페이지** scenicroute72.nz

· TRIP · 01

에도라스가 바로 여기!
마운트 선데이 *Mount Sunday*

영화 촬영 후 세트장은 완전히 철거되었으나, 해발 611m 정상에 서면 주변 산맥이 파노라마처럼 펼쳐진다. 찾아가는 길이 상당히 험하고, 중간중간 사유지를 지나야 하기 때문에 개인적으로 방문하는 것보다 당일치기 무비 투어 프로그램에 참여하면 안전하게 다녀올 수 있다.

가는 방법 크라이스트처치에서 남쪽으로 160km, 자동차로 2시간 30분

▶ 무비 투어 정보 1권 P.022

마운트 선데이 위에서 바라본 풍경

· TRIP · 02

현지인들의 온천 휴양지
핸머 스프링스 *Hanmer Springs*

1859년 무렵 온천이 개발되면서 공중목욕탕을 중심으로 여러 곳의 숙소가 모인 리조트 타운으로 발전했다. 완벽한 자연을 감상하면서 노천탕을 즐길 수 있다는 것이 장점이나, 동떨어진 위치와 주변 시설을 고려했을 때 가성비는 떨어진다고 할 수 있다.

가는 방법 크라이스트처치에서 134km, 자동차로 2시간
주소 Hanmer Springs Thermal Pools & Spa, 42 Amuri Ave, Hanmer Springs 7334
운영 10:00~18:00(계절별로 변동)
요금 입장료 $40(워터 슬라이드 포함)
홈페이지 hanmersprings.co.nz

웨스트코스트

트랜즈알파인 기차

크라이스트처치에서 서부 해안으로 가는 길

아서스 패스 & 웨스트코스트
ARTHUR'S PASS & WEST COAST

일명 그레이트 알파인 하이웨이로 불리는 73번 국도(SH73)는 서던알프스산맥을 넘어 남섬의 동부와 서부를
연결하는 산간 도로이자, 남섬 횡단 기차인 트랜즈알파인 철도가 교차하는 길목이다.
와이마카리리강Waimakariri River이 흐르는 캔터베리 평원을 지나 아서스 패스 국립공원으로 들어서면
너도밤나무southern beech 숲이 울창한 협곡이 나타난다. 해발 920m의 아서스 패스를 통과하면 서부 해안까지
줄곧 내리막길이다. 기후도 완전히 달라지면서 습한 온대 우림 지대로 변한다.

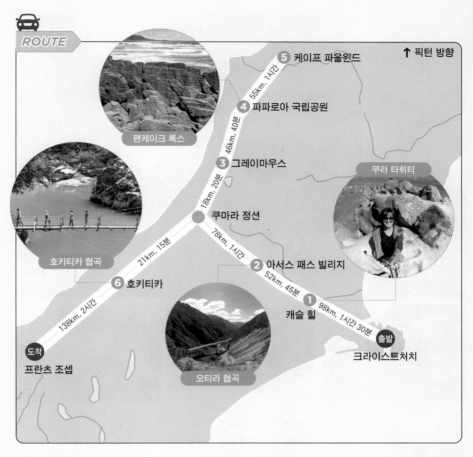

ROUTE

↑ 픽턴 방향

5 케이프 파울윈드

55km, 1시간

4 파파로아 국립공원

46km, 40분

팬케이크 록스

3 그레이마우스

18km, 20분

쿠라 타휘티

쿠마라 정선

78km, 1시간

2 아서스 패스 빌리지

21km, 15분

52km, 45분

호키티카 협곡

6 호키티카

1 98km, 1시간 30분

138km, 2시간

캐슬 힐

출발

도착

크라이스트처치

프란츠 조셉

오티라 협곡

🔒 **Follow Check Point**

ℹ️ 여행 정보

크라이스트처치에서 그레이마우스까지의 거리는 총 243km다. 고지대와 저지대를 모두 통과하는 경로이므로 겨울에는 추천하지 않으며, 눈이 녹는 봄에는 강 수위가 높아져 일부 구간이 폐쇄될 수 있다. 자동차 연료를 가득 채우고, 반드시 현지 도로 상황을 확인한 후 진입하도록 한다. 분기점인 쿠마라 정선Kumara Junction에서는 6번 국도(SH6)를 따라서 픽턴 또는 프란츠 조셉 방향으로 여행을 이어가면 된다.

홈페이지 www.arthurspass.com

🚗 가는 방법

하루 1편 운행하는 기차 트랜즈알파인이 목적지인 서해안의 그레이마우스에 잠시 정차했다가 저녁 무렵 크라이스트처치로 돌아온다. 아서스 패스를 지나는 자동차 도로와 상당 부분 겹치는 노선이라 차가 없는 사람도 기차를 타고 충분히 웨스트코스트를 경험할 수 있다.

▶ 기차 정보 1권 P.031

캐슬 힐
Castle Hill·Kura Tawhiti

거대한 바위 사이로

드넓은 평원과 물길의 흔적을 따라 달리다 보면 산 중턱에 수백 개의 바위가 솟아오른 광경을 보게 된다. 공식 명칭인 쿠라 타휘티 보호구역은 '머나먼 땅에서 온 보물'이라는 의미가 있다. 마오리족에게는 조상과 후손을 연결해주는 성스러운 장소였다고 전해진다.

모서리가 둥그스름하게 마모된 바위들은 얼핏 평범해 보이지만 가까이 다가갈수록 거대함이 느껴진다. 바위 성분에는 진흙이 굳은 이암, 화산재가 굳은 응회암도 포함되어 있으나 기본적으로 석회 기반암이 물에 녹으며 침식된 카르스트지형이다.

한편 주차장에서 산책로를 따라 10분만 걸어가면 언덕이 나온다. 암벽등반 명소인 만큼 누구나 바위 위로 자유롭게 올라갈 수 있으나 별도의 안전장치가 없으니 안전에 주의할 것. 안내표지와 작은 화장실이 전부이고 매점 등 그 외 편의 시설은 없다.

〈반지의 제왕〉 촬영지라고 알려졌으나 잘못된 정보입니다. 하지만 그만큼 신비로운 풍경이 기다리고 있어요.

 가는 방법 크라이스트처치에서 98km,
자동차로 1시간 30분
주소 Kura Tawhiti Conservation Area,
Castle Hill 7580

 거리 왕복 1.4km
소요 시간 20분
난이도 하

⑫ 아서스 패스 국립공원 *Arthur's Pass National Park* 추천

 Arthur's Pass National Park Visitor Centre

주소 104 West Coast Rd, Arthur's Pass Village 7875
문의 03 318 9211
운영 11~3월 08:00~17:00, 4~10월 08:30~16:30
홈페이지 www.arthurspass.com

경이로운 산간 도로를 달리다

아서스 패스 국립공원(면적 1170km²)은 해발 2400m의 마운트 머치슨Mount Murchison을 포함해 2000m 이상의 산봉우리가 16개 이상 포진한 험준한 산악 지대다. 캔터베리 평원과 크라이스트처치를 거쳐 장장 151km를 흐르는 와이마카리리강의 발원지이기도 하다. 이 국립공원의 중심부를 관통하는 산간 도로가 바로 아서스 패스로, 날씨만 허락한다면 여행하는 내내 경이로운 풍경을 만날 수 있다. 아서스 패스 빌리지에 도착하면 국립공원 방문자 센터에서 지역 생태계와 하이킹 트레일에 관한 정보를 얻을 수 있다.

가는 방법 크라이스트처치에서 140km, 그레이마우스까지 96km

 아서스 패스 국립공원 가는 방법

통신이 안 되는 구간이 많으므로 구글맵 오프라인 지도를 미리 다운받아둔다. 중간에 별다른 편의 시설이 없으니 아래의 두 장소를 이정표 삼으면 경로를 파악하기 좋다.

STEP ⓪① 캐슬 힐 → 레이크 피어슨(모아나 루아) 캠프사이트
Lake Pearson(Moana Rua) Campsite

주변 풍경을 거울처럼 비추는 피어슨 호수의 사진을 찍고 싶다면 작은 캠핑장에 잠시 차를 세우자. 낮에는 자유롭게 주차 가능한 노지 야영장이다.
경로 캐슬 힐에서 17km

STEP ⓪② 레이크 피어슨 → 빌리 브리지 *Bealey Bridge*

황량한 와이마카리리강 위에 놓인 빌리 브리지를 건너면 아서스 패스 국립공원 표지석이 보인다. 여기서 산간 도로를 따라 10분 정도 올라가면 국립공원 방문자 센터가 나온다.
경로 구글맵에서 'Arthur's Pass Scenic Lookout'으로 검색, 레이크 피어슨에서 24km

오티라 협곡 Ōtira Gorge

산사태가 나면 모든 것이 휩쓸려 가는 가파른 협곡에 도로를 건설한 사람은 영국의 엔지니어이자 탐험가 아서 더들리 돕슨(1841~1934)이다. 1860년대 골드러시 시기에 동부와 서부를 연결하는 루트를 개척하기 위해 고심하던 그는 마오리족으로부터 길이 존재한다는 정보를 얻어 도로 개발에 착수했다. 이후 1866년 크라이스트처치와 호키티카를 잇는 산간 도로가 건설되었고 1923년에는 오티라 터널 개통과 함께 크라이스트처치와 그레이마우스를 연결하는 철도까지 개통되었다. 마오리족이 수백 년간 그린스톤을 실어 나르던 교역로가 오늘날 남섬의 동서를 잇는 교통 요충지로 발전한 것이다. 아서스 패스 빌리지에서 자동차로 5분 거리에 돕슨의 기념비가 있고, 다시 언덕을 조금 더 오르면 오티라 협곡이 내려다보이는 전망 포인트가 나온다.

주소 Otira Viaduct Lookout, 14408 Otira Hwy, Arthur's Pass 7875

전망 포인트에서 보이는 오티라 고가도로는 1999년에 건설한 것이에요. 그 전에는 지그재그로 난 산길로 다녔다고 해요.

📷 **LOOKOUTS**

VIADUCT LOOKOUT 2 km
SCENIC LOOKOUT 3 km

TRAVEL TALK

알파인 앵무새 케아

케아kea는 고산지대에 서식하는 유일한 앵무새 종류예요. 멸종 위기종이지만 아서스 패스 주변에서는 쉽게 눈에 띈답니다. 몸통은 48cm 정도로 작은 편인데 부리와 발톱이 날카롭고 지능이 높아요. 차 위로 뛰어올라 외장 부품을 물어뜯기도 하고, 가까이 가면 소지품을 낚아채는 돌발 행동을 하기 때문에 케아를 만지거나 먹이를 주는 행위는 절대 금물입니다.

CAUTION
NEXT 5 km

데빌스 펀치볼 폭포
Devil's Punchbowl Waterfall

폭포수가 131m 아래로 세차게 쏟아지는 폭포로
아서스 패스 국립공원의 대표 트레킹 코스에 속
한다. 수목이 무성한 산길을 따라 20분쯤 걸어가
면 다리 위에서 폭포 전체를 감상할 수 있다. 계
단이 꽤 많지만 가는 길은 정비가 잘되어 있다.
트레킹 시작점 바로 앞에 주차하면 된다.

주소 Devil's Punchbowl Carpark

거리 왕복 2km
소요 시간 1시간
난이도 하

아서스 패스 빌리지 *Arthur's Pass Village*

크라이스트처치와 그레이마우스를 연결하는 오티라 터널 공사가 한창
이던 1912년 무렵에 생긴 작은 산간 마을이다. 숙소와 카페, 화장실,
주유소 등 편의 시설이 있어 크라이스트처치와 그레이마우스 사이를
오가는 여행자들에게 꼭 필요한 쉼터 역할을 한다.
크라이스트처치에서 출발한 기차 트랜즈알파인은 오전 10시 40분 아
서스 패스 빌리지역에 잠시 정차한 뒤, 그레이마우스까지 갔다가 오후
4시 30분쯤 다시 이곳을 지난다. 기차에서 내린 배낭여행자들이 좁은
길목에서 히치하이킹을 시도할 때가 많아 운전 시 주의해야 한다.

주소 Arthur's Pass Railway Station

(03)

그레이마우스
Greymouth · Māwhera

ⓘ Greymouth i-site

주소 164 MacKay St, Greymouth 7805 **문의** 0800 473 966
운영 월~금요일 09:00~17:00,
토 · 일요일 10:00~16:00
홈페이지 westcoasttravel.co.nz

트랜즈알파인의 종점

그레이강Grey River 유역에 자리 잡은 그레이마우스는 1860년대에 금 광촌으로 잠시 번성했다가 현재는 벌목과 낚시, 관광으로 생계를 꾸려 가는 조용한 동네다. 크라이스트처치에서 출발한 트랜즈알파인 기차가 도착하면 하루에 한 번씩 마을이 정신없이 붐비다가 승객이 모두 떠나 고 나면 다시 한산해진다. 대형 마트가 있어 필요한 생필품을 구입할 수 있고, 관광 명소인 팬케이크 록스와 가까워 남섬 웨스트코스트 여행 시 베이스캠프로 삼기에 적당하다.

ⓥ

가는 방법 크라이스트처치에서 243km, 자동차로 3시간 30분 또는 기차로 4시간 30분

▶ TRAVEL TALK ◀

6번 국도(SH6) 따라 웨스트코스트 여행하기

카라메아Karamea부터 하스트Haast까지 해안을 따라 600km 뻗어 있는 남섬 서부 해안의 행정구역을 웨스트코스트West Coast라고 해요. 인구 9400명의 그레이마우스가 가장 큰 타운으로, 대도시는 없고 드문드문 작은 마을만 있는데, 그래서 더욱 아름다운 곳이에요. 쿠마라 정선을 기점으로 6번 국도를 타고 북쪽으로 올라가면 샌티타운 역사 공원, 그레이마우스, 파파로아 국립공원, 케이프 파울윈드 같은 명소가 나와요. 반대 방향인 남쪽으로 내려가면 프란츠 조셉 빙하와 하스트 패스를 거쳐 퀸스타운으로 갈 수 있어요.
홈페이지 www.westcoast.co.nz

그레이마우스 기차역 *Greymouth Railway Station*

크라이스트처치와 그레이마우스를 왕복하는 트랜즈알파인 기차가 하루 한 번(오후 1시와 2시 사이) 정차하는 역이다. 기차역 안에 있는 공식 방문자 센터에서는 기차를 타고 그레이마우스에 온 사람들에게 각종 여행 정보를 제공한다. 당일에 크라이스트처치로 돌아갈 수도 있지만, 그레이마우스에서 렌터카를 빌리거나 투어 상품을 이용해 파파로아 국립공원이나 샌티타운 역사 공원 등 근교를 돌아보는 것이 일반적이다. ▶ 트랜즈알파인 기차 여행 정보 1권 P.031

주소 164 MacKay St, Greymouth

몬티스 브루어리 *Monteith's Brewery*

뉴질랜드의 국민 맥주로 불리는 몬티스 맥주가 탄생한 작은 양조장으로 1868년에 설립했다. 맥주 제조 설비는 다른 곳으로 옮겨갔지만 그레이마우스 기차역에서 1.2km 거리에 있는 초창기 양조장을 구경할 수 있다. 약 45분간 진행하는 양조장 투어에 맥주 시음이 포함되는데, 18세 미만인 경우는 시음을 제외한 티켓을 구매한다. 투어 후에는 서부 해안의 액티비티 체험을 할인해주는 웨스트코스트 패스포트도 발급해준다. 액티비티를 하기에는 시간적 여유가 없다면 야외 정원이나 내부에 자리한 펍에서 맛있는 식사를 즐겨도 좋다.

주소 60 Herbert St, Greymouth
운영 식당 11:00~21:00,
투어 16:00 ※예약 가능
요금 투어 $35
홈페이지 thebrewery.co.nz

마웨라 키 *Mawhera Quay*

그레이마우스의 마오리어 '마웨라'는 광활한 강어귀를 뜻한다. 강변 산책로 마웨라 키에서 실제로 그레이강이 바다와 만나는 모습을 볼 수 있으며, 여기서부터 뉴질랜드 서부 해안을 달리는 자전거 코스인 '윌더니스 트레일Wilderness Trail'이 시작된다. 그레이마우스 기차역 근처 카페나 스페이츠 에일 하우스Speight's Ale House에서 식사를 하고 나서 잠시 강변을 산책해보자.

주소 West Coast Wilderness Trail Start
홈페이지 www.westcoastwildernesstrail.co.nz

샌티타운 역사 공원
Shantytown Heritage Park

1864년에 사금이 발견되면서 전성기를 맞이한 골드러시 시절의 그레이마우스를 재현한 민속촌이다. 옛날 우체국과 은행 등 30여 동의 건물이 복원되어 있으며, 사금 채취 체험도 가능하다. 1860년 5월 21일 원주민들에게 소브린 금화 300개를 지불하고 토지를 사들였다는 초기 역사도 살펴볼 수 있다.

주소 316 Rutherglen Rd Rutherglen, Paroa,
Greymouth 7805 **운영** 09:00~16:00
요금 성인 $41.56, 가족 $99.96
홈페이지 www.shantytown.co.nz

그레이마우스 북쪽 편의 시설

그레이마우스 북쪽으로는 작은 마을만 있기 때문에 출발 전에 간단하게 장을 보는 것이 좋다.
캠핑장과 모텔급 숙소는 어디서나 쉽게 찾을 수 있고,
케이프 파울윈드 근처 마을인 웨스트포트에 다양한 편의 시설이 있다.

 맛집

팬케이크 록스 카페
Pancake Rocks Café

파파로아 국립공원 입구에서 팬케이크를 팔면서 지역 명물이 된 작은 카페. 근처에 이렇다 할 맛집이 없기도 하지만, 팬케이크가 겹겹이 쌓인 듯한 모습의 바위 기둥을 구경하고 나서 먹는 재미가 최고!

유형 카페
주소 Coast Rd, Punakaiki 4300
운영 월~금요일 09:00~20:00, 토 · 일요일 08:00~20:00 **예산** $$
홈페이지 pancakerockscafe.com

스페이츠 에일 하우스
Speight's Ale House

몬티스 맥주와 함께 뉴질랜드를 대표하는 브랜드인 스페이츠 맥주를 맛볼 수 있는 펍. 그레이마우스 기차역 바로 옆에 있어 찾기 쉽다.

유형 펍
주소 30 Mawhera Quay, Greymouth
운영 12:00~20:00 **휴무** 화요일 **예산** $$
홈페이지 speightsalehousegreymouth.co.nz

 숙소

그레이마우스 시사이드 톱 10 홀리데이 파크
Greymouth Seaside TOP 10 Holiday Park

아이들 놀이터까지 갖춘 그레이마우스의 대표 캠핑장. 이름처럼 해변 앞에 자리해 바닷가를 산책할 수 있어 좋다. 캐빈형 숙소도 상당히 깔끔하다.

유형 캠핑장(캐빈)
주소 2 Chesterfield St, Blaketown
문의 03 768 6618 **예산** $$
홈페이지 www.top10greymouth.co.nz

베이 하우스 *Bay House*

케이프 파울윈드 절벽 위에 자리한 휴양 리조트. 환상적인 전망을 자랑하는 최고급 숙소다. 최소 숙박 일수는 2일.

유형 리조트
주소 433 Tauranga Bay Rd, Tauranga Bay
문의 03 789 4151 **예산** $$$$
홈페이지 bayhouse.co.nz

웨스트포트 키위 홀리데이 파크
Westport Kiwi Holiday Park

웨스트포트 시내에 있어 간단하게 여장을 풀고 쉬어가기 좋은 곳이다. 저렴한 숙소를 구할 때 추천한다.

유형 캠핑장(캐빈) **주소** 37 Domett St, Westport
문의 03 789 7043 **예산** $$
홈페이지 westportholidaypark.co.nz

리버사이드 홀리데이 파크
Riverside Holiday Park

웨스트포트와 픽턴 사이는 거리가 꽤 멀고 산길이라서 늦은 시간의 이동은 피하는 것이 좋다. 중간에 하룻밤 잘 곳이 필요하다면 이 캠핑장을 포함해 머치슨 Murchison이라는 강변 마을의 숙소를 알아본다.

유형 캠핑장(캐빈)
주소 19 Riverview Rd, Murchison
문의 0800 523 9591 **예산** $
홈페이지 riversidemurchison.co.nz

⑷ 파파로아 국립공원 *Paparoa National Park·Punakaiki* 〔추천〕

팬케이크를 닮은 해안 절벽을 찾아서

1987년에 국립공원으로 지정되었으며 현지에서는 바닷가 마을 이름인 푸나
카이키Punakaiki로 부른다. 내륙의 파파로아산맥에서 시작해 바닷가 해안 절
벽에 이르는 국립공원의 대부분은 석회암이 강과 바닷물에 침식되며 형성된
카르스트지형으로 곳곳에서 해식동굴이 발견된다. 그중 얇은 석회암층이 겹
겹이 쌓여 마치 여러 장의 팬케이크를 겹쳐놓은 듯한 팬케이크 록스Pancake
Rocks는 별 기대 없이 찾아갔다가 감탄사를 연발하게 되는 곳이다. 약 3000만
년 전 해양 동식물의 미세한 흔적이 해저 2km 깊이에 퇴적되었다가 강한 해수
압에 의해 석회암층이 형성되었다. 이후 해저면이 융기하며 해식 절벽이 노출
되어 오랜 시간 동안 화학적 풍화 작용을 거치면서 기상천외한 형상이 탄생한
것이다. 진입로 바로 앞에 공식 방문자 센터가 있고, 여기서 돌로미티 포인트
까지 10분 정도 걸어가면 전망대가 나온다.

거리 왕복 1.1km
소요 시간 20분
난이도 하

가는 방법 그레이마우스에서 46km, 자동차로 40분

케이프 파울윈드 방향 ↑

카약 대여
Waka Puna

🏕 Punakaiki Beach Camp

푸나카이키
Punakaiki

Pororari River

푸나카이키 동굴 🚶

팬케이크 록스
🍴 Pancake Rocks Cafe
🚶
ℹ Paparoa National Park
팬케이크 록스 입구   Visitor Centre

파파로아 국립공원
Jacob's Grill 🍴   Paparoa National Park

🏕 Punakaiki Resort

↓ 그레이마우스 방향

ℹ **Paparoa National Park Visitor Centre**

주소 4294 Coast Rd Punakaiki, RD1 Runanga, West Coast 7873
문의 03 731 1895
운영 09:00~16:30
홈페이지 www.doc.govt.nz

블로홀 *Blowhole*

침식된 석회암 구멍 안으로 파도가 들이치면서 물기둥이 솟구치는 현상은 파파로아 국립공원의 또 다른 볼거리다. 물기둥의 높이는 조수 간만의 차이에 영향을 많이 받으며, 만조 때 가장 높게 솟구친다.

 산책로를 벗어나지 마세요!

전망대까지 걸어 들어가는 길 양옆으로는 사람 키보다 높은 하라케케harakeke(저지대의 습지나 강 유역, 해안 지대에서 자라는 뉴질랜드 토종 식물)가 자란다. 수풀 사이로 발을 잘못 내딛으면 자칫 구멍에 빠질 수 있으니 정해진 산책로를 벗어나서는 안 된다.

⑤ 케이프 파울윈드
Cape Foulwind

물개가 사는 해안 절벽

끊임없이 강풍이 불어닥치는 해안 절벽 위에 등대 하나가 덩그러니 서 있다. 1642년 12월 14일 탐험가 아벌 타스만이 이곳을 발견하고 '로키 포인트'라고 불렀다. 그러다 1770년 제임스 쿡 선장의 배가 항로를 이탈해 이곳에 표류한 것을 계기로 '파울윈드(항로의 반대 방향으로 부는 역풍)'라는 지명이 붙은 것이다. 등대에서 해안 산책로를 따라 타우랑가 베이Tauranga Bay 쪽으로 3.4km 걸어가면 뉴질랜드물개 서식지가 나온다. 인적이 드물어 한 걸음 한 걸음 나아갈 때마다 마치 탐험을 하는 듯한 기분이 든다. 걸어서 가지 않고 물개 서식지 앞에 바로 주차하고 구경하는 방법도 있다.

뉴질랜드물개가 많이 출몰하는 시기는 11~2월이에요.

📍
가는 방법 그레이마우스에서 103km, 자동차로 1시간 30분
주소 등대 Cape Foulwind Lighthouse, Cape Foulwind 7892 /
물개 서식지 Seal Colony Tauranga Bay, Coast Rd

⑥

호키티카
Hokitika

ℹ️ Hokitika i-site

주소 36 Weld St, Hokitika 7810
운영 월~금요일 08:30~17:00,
토요일 10:00~14:00
휴무 일요일
홈페이지 hokitikainfo.co.nz

노을이 아름다운 해변 마을

쿠마라 정션에서 6번 국도를 타고 남쪽으로 내려오다 보면 첫 번째로 지나게 되는 타운이다. 크라이스트처치에서 아서스 패스를 넘어온 사람이라면 이쯤에서 하룻밤 묵으면서 노을을 감상하고, 밤에는 글로웜 골짜기를 구경하면 딱이다. 시계탑 너머로 마운트 쿡과 서던알프스산맥이 보이는 지점에 갤러리와 기념품점이 즐비한 호키티카 타운 센터가 있다. 걸어 다닐 수 있는 범위 안에 방문자 센터와 국립 키위 센터를 비롯해 다양한 편의 시설이 모여 있다.

가는 방법 크라이스트처치에서 247km, 프란츠 조셉까지 138km

호키티카 비치 사인 *Hokitika Beach Sign*

호키티카의 해변에는 먼바다에서 떠밀려 온 유목流木*이 유난히 많다. 매년 여름이면 이를 활용한 작품으로 공모전을 열어 당선작으로 해변을 장식하는 것이 전통이고, 이것이 호키티카를 상징하는 포토존이 되었다. 호키티카는 그린스톤(뉴질랜드 옥pounamu)의 주요 생산지로 호키티카강이 바다와 만나는 지점까지 걸어가다가 은은한 녹색을 띤 돌멩이를 발견하게 될지도 모른다. 여러모로 낭만적인 해변에서 서해안의 멋진 석양을 감상해보자.

주소 72 Beach St, Hokitika **운영** 24시간 **요금** 무료

글로웜 골짜기 *Glow-worm Dell*

호키티카에서의 1박을 추천하는 또 한 가지 이유! 이곳에는 어두워지면 반딧불이처럼 스스로 빛을 발하는 글로웜이 사는 골짜기가 있다. 뉴질랜드에 왔다면 한 번쯤은 꼭 봐야 할 이 작은 생명체는 동굴이나 풀숲에 붙어 있다가 해가 지면 신비로운 푸른빛으로 반짝인다. 호키티카의 글로웜 골짜기는 마을과 1km 떨어져 있어 걸어갈 수 있으며 입장료를 받지 않는다. 입구가 상당히 어둡지만 시간이 조금 지나면 어둠이 눈에 익으면서 골짜기 풍경이 눈에 들어온다. 글로웜을 보호하기 위해 손전등이나 휴대폰 화면을 켜서는 안 되고 플래시 사용도 금물이다.

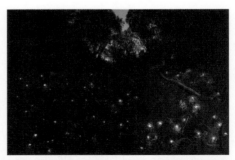

주소 State Highway 6, Hokitika
운영 24시간(일몰 후 방문할 것) **요금** 무료

호키티카 협곡 *Hokitika Gorge*

호키티카 마을에서 큰길인 6번 국도(SH6)를 타는 대신 내륙 방향으로 33km가량 들어가면 호키티카강이 협곡을 따라 흐르는 장관을 볼 수 있다. 물살이 유난히 밝은 청록색을 띠는 이유는 빙하에서 갈려 나온 미세한 암석 입자가 햇빛에 반사되기 때문이다. 이른 아침에 가면 더욱 신비롭게 빛나는 모습을 볼 수 있다. 주차장에서 내려 숲길을 걸으면 협곡의 전경을 볼 수 있는 전망 포인트가 나온다. 강 위로 놓인 2개의 출렁다리도 건너볼 수 있다.

거리 편도 1.2km
소요 시간 45분
난이도 하

주소 Kaniere-Kowhitirangi Rd, Kokatahi 7881
운영 월~금요일 09:00~17:00, 토·일요일 10:00~14:00 **요금** 무료

웨스트코스트 트리 톱 타워 집라인 *West Coast Tree Top Tower Zipline*

호키티카의 아름다운 자연경관을 고도감 있게 즐길 수 있는 액티비티다. 먼저 방문자 센터에서 체크인한 뒤 나무 중간 높이에 설치된 트리 톱 워크를 따라 지상 45m 높이의 나선형 타워까지 걸어간다. 여기서부터 시속 60km 속도로 하강하는 425m 길이의 집라인을 타고 내려오는 방식이다. 집라인 코스를 즐기는 데 2시간 정도 걸린다.

주소 1128 Woodstock-Rimu Rd, Hokitika
운영 09:00~16:00 ※예약 권장
요금 $105
홈페이지 treetopsnz.com

빙하 왕국에서 헬기 투어!

프란츠 조셉 빙하 & 폭스 빙하
FRANZ JOSEF GLACIER & FOX GLACIER

웨스트코스트의 대표 명소인 프란츠 조셉 빙하와 폭스 빙하는 세계에서 가장 접근이 쉬운 빙하로 손꼽힌다.
서던알프스산맥에서 시작된 빙하가 열대 우림과 만날 정도로 낮은 고도까지 내려왔기 때문이다.
빙하천이 흐르는 협곡을 따라 걷기만 해도 빙하를 볼 수 있어 전 세계에서 관광객이 몰려든다.
물론 하늘 위에서 내려다보는 광경이 가장 멋지고,
헬리콥터를 타고 빙하에 내려 얼음 위를 걷는 헬리 하이크도 체험해볼 만하다.

프란츠 조셉

🐾 Follow Check Point

❶ Westland Tai Poutini National Park Visitor Centre

위치 프란츠 조셉 마을
주소 63 Cron St, Franz Josef 7886
문의 03 752 0360
운영 08:30~17:00
홈페이지 www.glaciercountry.co.nz

❄ 날씨

빙하 지대라서 추울 것이라는 예상과 달리 겨울에도 낮 기온이 10℃를 웃도는 해양성기후다. 물론 기능성 등산복과 등산화, 비옷은 계절에 상관없이 준비해 가야 한다. 연평균 강수량은 3987mm로 눈이 녹는 봄에는 빙하천의 수량이 급격히 불어나며 홍수가 발생한다. 트레킹 전 방문자 센터에서 당일 안전 정보를 체크하는 것은 필수!

계절	봄(10월)	여름(1월)	가을(4월)	겨울(7월)
날씨	🌧	⛅	🌧	🌧
평균 최고 기온	18.3℃	22.7℃	19.6℃	15.7℃
평균 최저 기온	1.6℃	6.1℃	3.2℃	-0.7℃

프란츠 조셉 빙하 & 폭스 빙하 실전 여행

전 세계 배낭여행자들이 레저를 즐기기 위해 모이는 지역이라서 개인 차량이 없어도 여행이 가능하다. 관광의 시작점인 프란츠 조셉 마을은 걸어 다녀도 될 만큼 규모가 작고, 프란츠 조셉 빙하 트레킹 입구나 폭스 글래시어 마을, 매서슨 호수 방향으로 운행하는 셔틀버스도 있다.

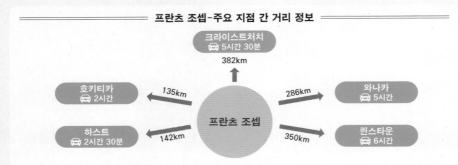

프란츠 조셉-주요 지점 간 거리 정보

크라이스트처치
🚗 5시간 30분
382km

호키티카
🚗 2시간
135km

프란츠 조셉

와나카
🚗 5시간
286km

하스트
🚗 2시간 30분
142km

퀸스타운
🚗 6시간
350km

ACCESS

● **자동차**

뉴질랜드에서 가장 긴 6번 국도(SH6)가 웨스트코스트 전역을 지난다. 도로 상태는 좋지만 불안정한 날씨와 홍수로 인해 겨울과 봄 사이에는 간혹 도로가 폐쇄되기도 한다. 특히 프란츠 조셉과 하스트 패스를 잇는 구간은 폭이 좁고 구불구불한 산길이며 중간에 볼거리도 많아 이동 시간을 충분히 잡아야 한다.

TIP

자동차 안전 여행 정보

주유소, 편의 시설과 숙소 모두 부족한 편이다. 미리 여행 계획을 세우고, 방문 시기에 맞춰 도로 상태와 최신 날씨 정보를 확인한다.
뉴질랜드 교통 정보 홈페이지 journeys.nzta.govt.nz
뉴질랜드 기상청 홈페이지 www.metservice.com/rural/regions/westland
프란츠 조셉 & 폭스 글래시어 ▶ 맛집 & 숙소 정보 P.082
하스트 패스 & 와나카 ▶ 맛집 & 숙소 정보 P.091

● **장거리 버스**

장거리 버스인 인터시티 버스는 프란츠 조셉 마을, 폭스 글래시어 마을, 와나카, 퀸스타운에 각각 정차한다. 크라이스트처치에서 프란츠 조셉까지 직행 노선은 없으므로 기차 트랜즈알파인을 타고 그레이마우스로 가서 버스로 갈아탄다. 아니면 크라이스처치 → 퀸스타운 → 프란츠 조셉 순서로 이동해도 된다.
홈페이지 www.intercity.co.nz

뉴질랜드 세계자연유산 지역 탐방
테 와히포우나무 *Te Wāhipounamu*

뉴질랜드 국토 면적의 10%를 차지하는 4개의 국립공원은 1990년에 테 와히포우나무 유네스코
세계자연유산으로 지정되었다. 테 와히포우나무란 '녹색 돌의 장소'를 뜻하는 마오리어로, 서부 해안에서 발견되는
그린스톤을 상징한다. 이 지역에서는 깎아지른 듯한 절벽과 폭포, 호수, 그리고 빙식곡(빙하의
침식 작용으로 생긴 U자 모양의 골짜기)에 바닷물이 채워지며 형성된 피오르까지 다채로운 빙하 지형이
관찰된다. 온화한 해양성기후의 영향으로 바닷가에는 온대 우림과 관목이 무성한 반면 서던알프스산맥의
고산지대에서는 알파인 식물과 빙하가 공존하는 완전히 상반된 풍경을 만날 수 있다.

웨스트랜드(타이 포우티니) 국립공원

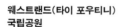

면적 1320km²
명소 프란츠 조셉 빙하, 폭스 빙하

P.076

마운트 쿡(아오라키) 국립공원

면적 721.6km²
명소 마운트 쿡, 태즈먼 빙하

P.106

피오르드랜드 국립공원

면적 1만 2607km²
명소 밀퍼드 사운드, 다우트풀 사운드

P.159

마운트 어스파이어링 (티티테아) 국립공원

면적 3562km²
명소 하스트 패스, 와나카 호수, 하웨아 호수

P.084

빙하가 녹아 흐르는 강

마오리어로 '포우나무'인 그린스톤

빙하 상단부

빙하 말단부

스릴 만점 액티비티
빙하 투어의 모든 것

남극이나 그린란드의 극 빙하와 달리 해양성기후의 영향을 받는 프란츠 조셉 빙하와 폭스 빙하의 기저부는 얼고 녹기를 반복하며 빠르게 이동하는 온대 빙하temperate glacier에 해당한다. 기후온난화의 영향으로 2100년경에는 빙하가 현재의 절반에도 미치지 못하는 규모로 줄어들 것이라는 예측이 지배적이다. 빙하가 녹으면서 생성된 강 유역은 홍수에 취약하기 때문에 기상 상황이 나쁠 때는 반드시 국립공원 방문자 센터를 방문해 안전 정보를 확인하도록 한다.

① 빙하 투어, 어디서 할까요?

대부분의 빙하 투어는 프란츠 조셉 마을 쪽에서 출발한다. 프란츠 조셉 빙하의 경사가 급격해 지형 변화가 더 다이내믹하기 때문이다. 물론 폭스 글래시어 마을에서도 폭스 빙하 투어가 이루어지며, 서던알프스산맥 건너편 테카포 호수 쪽에서 출발하는 헬리콥터 투어도 있다.
➡ 뉴질랜드 다른 지역의 헬리콥터와 경비행기 투어 정보 1권 P.046

② 왜 헬기 투어를 추천하는 걸까요?

빙하 지대의 헬기 투어는 단순히 비행만 하는 것이 아니라 빙하나 설원 위에 착륙한다는 점이 특별하다. 장소에 구애받지 않고 착륙하기에는 당연히 헬리콥터가 경비행기보다 유리하다. 물론 소형 설상기를 이용한 스키플레인ski-plane 투어나 전용 활주로를 보유한 에어 사파리 항공사의 경비행기 투어도 있다.

폭스 빙하

프란츠 조셉 빙하

③ 어떤 업체를 선택해야 할까요?

프란츠 조셉 마을과 폭스 글래시어 마을의 메인 도로로 여러 곳의 헬리콥터업체가 영업 중이며 가격과 프로그램은 다 비슷하다. 11~3월 성수기에는 수요가 많아 '원하는 날짜에 예약 가능한 업체'를 선택하는 것이 최선이다. 기상 악화로 탑승이 불가능해지면 비행이 취소될 수 있다.

업체명	운영(여름)	홈페이지
헬리콥터 라인 The Helicopter Line	08:00~18:00	www.helicopter.co.nz
글래시어 헬리콥터 Glacier Helicopters	08:00~17:00	www.glacierhelicopters.co.nz
헬리서비스NZ HeliServices.NZ	07:00~21:00	heliservices.nz

© Fox Glacier Guiding

④ 헬리 하이크와 헬기 투어의 차이는?

① 헬리 하이크 Heli Hike

헬기를 타고 빙하 위에 착륙해 크레바스crevasse(빙하가 흘러내릴 때 깨져서 생긴 틈)와 얼음 동굴, 푸르스름하게 빛나는 블루 아이스를 탐사하는 프로그램이다. 4시간 소요되며 어느 정도 체력이 필요하다.

업체	출발 장소	요금	소요 시간
헬리콥터 라인 헬리 하이크 The Helicopter Line Heli Hike **홈페이지** helicopter.co.nz	프란츠 조셉	$795	4시간
폭스 글래시어 가이딩 헬리 하이크 Fox Glacier Guiding Heli Hike **홈페이지** www.foxguides.co.nz	폭스 글래시어	$699	4시간

② 헬리콥터 투어 Helicopter Tour

상공을 비행하는 것이 기본이고, 스노 랜딩snow landing이 포함된 프로그램을 선택하면 설원 위에 내려 잠시 기념 촬영을 할 수 있다. 주요 업체인 헬리콥터 라인의 프로그램과 요금은 다음과 같다.

프로그램	요금	소요 시간	내용
프란츠 조셉 빙하 Franz Josef Glacier	$350	20분	두 빙하 중 하나만 선택
폭스 빙하 Fox Glacier	$350	20분	
트윈 빙하 Twin Glacier	$445	30분	두 빙하 모두 포함
마운트 시닉 스펙타큘러 Mount Scenic Spectacular	$610	40분	마운트 쿡+ 두 빙하 포함

헬리 하이크

Flight Path

헬리콥터 라인의 스노 랜딩 프로그램

⑤ 꼭 챙겨야 할 준비물은?

헬리 하이크 참여자에게는 기본 장비(부츠, 양말, 아이젠, 방수 재킷과 바지)를 대여해준다. 단, 아래 준비물은 직접 챙겨야 하며, 헬기 투어라 해도 잠시 눈밭을 걷기 때문에 방수 신발을 신는 게 좋다.

준비물
- ☐ 따뜻한 이너웨어(울이나 플리스 제품)
- ☐ 보온성이 좋은 긴바지(청바지 제외)
- ☐ 눈을 보호하기 위한 선글라스
- ☐ 방한용 모자와 장갑
- ☐ 선블록 크림
- ☐ 카메라, 휴대폰(셀카봉 금지)
- ☐ 식수와 초콜릿 등 고열량 간식

⑥ 글래시어 밸리 워크는 뭔가요?

상품명에 헬리콥터를 뜻하는 'Heli'가 빠져 있다면 단순히 숲과 계곡을 걸으면서 빙하 지대에 관한 설명을 듣는 가이드 투어일 확률이 높다. 참고로 프란츠 조셉 빙하 트레킹은 가이드가 없어도 다녀올 수 있다. 트레킹 정보 P.078

⑦ 그 외에 어떤 액티비티가 있나요?

① 온천 Waiho Hot Tubs

빙하 트레킹을 마친 후 몸을 녹일 수 있는 온천욕이 인기다. 예약하면 1시간 동안 1~4명이 프라이빗 풀을 사용할 수 있다. 4세 이하 이용 불가.
주소 64 Cron St **운영** 14:30~19:30
요금 1인 $94, 2인 $127 **홈페이지** waihohottubs.co.nz

② 쿼드 바이크 Quad Bike

약 2시간 동안 강 유역과 숲, 모래밭과 진흙탕을 달리는 사륜 오토바이 투어. 오토바이를 운전할 수 있는 최소 연령은 16세이며, 뒷좌석에는 8세까지만 탑승 가능하다. 카약이나 보트 투어를 추가하는 경우 15% 할인해준다.
주소 Franz Josef Wilderness Tours, 30 Main Rd **운영** 08:00~17:00
요금 2인 $300 **홈페이지** franzjoseftours.co.nz

웨스트랜드 국립공원
WESTLAND NATIONAL PARK · TAI POUTINI

웨스트랜드 국립공원의 대표적인 볼거리는 프란츠 조셉 빙하와 폭스 빙하이고,
두 빙하 아래에는 편의 시설을 갖춘 마을이 하나씩 있다. 프란츠 조셉 마을은 깊은 산중에 있으며,
구불구불한 산길을 따라 30km 정도 가면 평지에 자리 잡은 폭스 글래시어 마을이 나온다.

⑩ 프란츠 조셉 마을 *Franz Josef · Waiau*

빙하도 녹이는 핫플레이스

프란츠 조셉 빙하와 가까운 프란츠 조셉 마을은 레크리에이션에 최적화된 관광 타운이다. 구조는 매우 단순해서 6번 도로가 지나는 메인 도로와 그 안쪽 방문자 센터가 위치한 크론 스트리트Cron Street에 모든 편의 시설과 숙소가 밀집해 있다. 빙하 트레킹 출발점까지 왕복하는 셔틀버스가 있어서 배낭여행자도 쉽게 갈 수 있다. 인구는 500명에 불과하지만 연간 50만 명의 관광객이 찾아오기 때문에 숙소나 맛집 선택의 폭이 넓다. 저녁이 되면 액티비티를 마치고 돌아온 사람들이 삼삼오오 펍에 모여 활기찬 풍경을 이룬다.

가는 방법 호키티카에서 134km, 자동차로 2시간

> 빙하 트레킹이나 헬리콥터 투어는 일기예보에 따라 상황이 급변할 수 있기 때문에 1박 이상 체류하는 일정을 잡는 것이 좋아요. 프란츠 조셉 마을에 숙소를 잡고 헬리콥터 투어를 하지 않는 날은 폭스 글래시어 마을 쪽의 매서슨 호수에 다녀오는 것도 방법이에요.

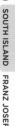

웨스트코스트 야생센터
West Coast Wildlife Centre

멸종 위기에 처한 키위새의 일종(로이Rowi 약 500마리, 하스트 토코에카Haast Tokoeka 약 400 마리)을 보호하고 인공 부화를 연구한다. 안으로 들어가면 어두운 실내에서 키위새를 볼 수 있는데 사진 촬영은 금지다. 볼거리에 비해 입장료가 비싼 편이다.

주소 Cron & Cowan St **운영** 08:30~17:00
요금 $40(온라인 예매 시 할인)
홈페이지 wildkiwi.co.nz

캘러리 협곡 트레킹
Callery Gorge Walk

마을에서 도보로 진입할 수 있는 트레킹 코스, 울창한 정글 같은 해안 우림 지대를 체험할 수 있다. 좁은 협곡 사이로 빙하가 녹아내린 새파란 물이 흐르는데, 점점 빙퇴석이 쌓이면서 수위가 상승하는 중이다. 같은 입구로 진입하는 타타레 동굴에 가려면 우비와 손전등을 준비하고 방수 신발을 착용해야 한다.

거리 왕복 5.2km
소요 시간 1시간 30분
난이도 하

프란츠 조셉 마을

N W E S
0 ━━━━ 500m

↖ 폭스 글래시어 마을 방향

Franz Josef TOP 10 Holiday Park

DOC Visitor Centre
스카이다이빙 Skydive Franz
😀 킹 타이거
😀 온천 Waiho Hot Tubs
Rainforest Retreat

더 랜딩 😀
스네이크바이트 브루어리 😀
마트 Foursquare 😀
😀 앨리스 메이

InterCity 🚌
웨스트코스트 야생 센터
🚶 캘러리 협곡 트레킹 Callery Gorge Walk

헬리콥터 ⛽
The Helicopter Line
Air Safaris
HeliServices.NZ
Glacier Helicopters
Montrose
Chateau Franz
Haka House

Fox Glacier Highway

Waiho River

웨스트랜드 국립공원
Tai Poutini National Park

● Waiho Bailey Bridge

↙ 🚶 프란츠 조셉 빙하 트레킹
Franz Josef Glacier Walk

⑫ 프란츠 조셉 빙하 트레킹 *Franz Josef Glacier Walk* 추천

걸어서 빙하까지

서던알프스산맥의 해발 3000m 지점에서 11km가량
바다를 향해 뻗어 내려간 프란츠 조셉 빙하의 최저 고
도는 300m에 불과하다. 뉴질랜드의 빙하 중 가장 경
사가 급격한 만큼 빙하의 이동 속도가 무척 빠르다.
얼마 전까지는 빙하가 매우 가깝게 보이는 지점까지
트레킹 코스가 연결되어 있었으나 홍수 피해로 접근
범위가 대폭 줄어들었다. 그래도 먼발치에서나마 빙하
말단부를 관찰할 수 있고, 걷는 동안 빙하천의 거대한
흐름과 대자연의 광활함을 만끽할 수 있는 멋진 트레
킹 코스다.

요즘에는 여기까지만 갈 수 있다.

거리 왕복 1.7km
소요 시간 30분
난이도 하

트레킹 출발점으로 가는 방법 및 주의 사항

통신이 안 되는 구간이 많으므로 구글맵 오프라인 지도를 미리 다운받아둔다. 중간에 별다른 편의 시설이 없으니 아래의 두 장소를 이정표 삼으면 길을 파악하는 데 도움이 된다.

○ 자동차로 가기

마을과 빙하 사이에는 빙하천인 와이호강Waiho River이 흐른다. 작은 다리를 건너자마자 6번 국도에서 왼쪽의 글래이서 액세스 로드Glacier Access Road로 접어들어 3km 더 가면 무료 주차장이 나온다. 도로 폭이 좁아서 일반 차량이 아닌 캐러밴이나 트레일러 차량은 진입하기 어렵다.
주소 Franz Josef Glacier Car Park

○ 셔틀버스로 가기

마을에서 트레킹 출발점까지는 5km 거리다. 이곳까지 걸어가면 체력이 많이 소모되므로 개인 차량을 이용하거나 국립공원 방문자 센터 또는 아래 홈페이지에서 셔틀버스를 예약하는 것이 좋다.
홈페이지 www.glaciershuttlescharters.co.nz

○ 주의 사항

평소에는 얕게 흐르는 계곡 수준인 빙하천에 비가 내리면 짧은 시간 안에 수위가 급격히 상승한다. 홍수나 산사태로 트레킹 코스가 폐쇄되는 경우가 종종 발생하므로 날씨가 흐릴 때는 출발하지 않는 것이 좋다. 등산로에 설치된 안내표지를 잘 확인해야 하며, 타운을 벗어나면 대부분의 지역에서 통신이 끊긴다는 점도 염두에 둬야 한다.

전망 포인트
Observation Point

숲길을 벗어나면 빙하와 빙퇴석이 가득 쌓인 U자형 빙식곡의 전경이 정면으로 눈에 들어온다.

트라이던트 크리크 폭포
Trident Creek Falls

절벽을 타고 쏟아지는 세 갈래의 폭포수는 프란츠 조셉 빙하 트레킹의 상징이다.

TRAVEL TALK

빙하의 또 다른 이름은 눈물

프란츠 조셉 빙하는 1859년에 지질학자 율리우스 폰 하스트가 오스트리아–헝가리 제국 황제 프란츠 조셉 1세에게 헌정하는 의미로 지은 이름이에요. 하지만 마오리족은 이 빙하를 '히네 후카테레의 눈물Kā Roimata o Hine Hukatere'이라 불렀어요. 전설에 따르면 사랑하는 연인을 산사태로 잃은 히네 후카테레라는 여인의 끝없는 눈물이 산비탈을 따라 흘러내린 끝에 불멸의 사랑과 슬픔을 상징하는 빙하로 얼어붙었다고 합니다.

03
폭스 빙하
Fox Glacier · Weheka

🌐
가는 방법 프란츠 조셉에서 24km,
자동차로 30분

웨스트랜드 국립공원 제2의 관광지

서던알프스산맥 해발 2600m에서 13km가량 뻗어 내려온 폭스 빙하는 프란츠 조셉 빙하에 비해 경사가 완만하지만 규모는 훨씬 크다. 2019년 대홍수 이후 빙하 말단부에 접근하는 트레킹 코스는 대부분 폐쇄되었으나, 헬리콥터를 타고 빙하천을 건너서 협곡을 걷는 글래시어 밸리 워크 투어는 전문 가이드와 동행한다면 가능하다.

아래쪽 초원 지대에는 폭스 글래시어Fox Glacier라는 빙하와 동명의 마을이 있다. 프란츠 조셉보다는 훨씬 작고 한결 조용한 분위기이지만 주유소, 숙소, 레스토랑 등 편의 시설은 충분하다. 특히 마을 근처에 있는 매서슨 호수 트레일은 웨스트랜드 국립공원에 왔다면 누구나 걷는 산책 코스다.

폭스 글래시어 마을

📍 리플렉션 아일랜드 록아웃

📍 제티 록아웃

🚶 매서슨 호수 서킷
Lake Matheson Circuit

❌ 매서슨 카페

프란츠 조셉 마을 방향 ↗

Cook Flat Rd
Mt Cook View Motel

Fox Glacier TOP 10
Holiday Park

❌ 쿡 새들 카페

InterCity

헬리콥터
Glacier Helicopters

🏪 식료품점
General Store

웨스트랜드 국립공원
Tai Poutini National Park

Haast Hwy

하스트 패스 방향 ↙

🚶 폭스 빙하 트레킹
Fox Glacier Valley Walk

매서슨 호수
Lake Matheson

추천

마운트 쿡과 마운트 태즈먼의 완벽한 반영

마운트 쿡과 마운트 태즈먼이 거울처럼 반영되는 풍경 덕분에 '거울 호수'라는 별명이 붙었다. 호수의 반영이 유난히 또렷한 까닭은 바닥에 쌓인 부엽토로 인해 물색이 짙은 갈색을 띠기 때문. 마운트 쿡과 상당히 멀리 떨어진 호수에 반영이 생긴다는 것 자체가 신기한 현상이다. 주차장 바로 옆에 기념품점을 겸하는 방문자 센터와 레스토랑이 있고, 평탄한 길을 따라서 호수를 한 바퀴 돌아볼 수 있다.

거리 한 바퀴 4.4km
소요 시간 1시간 30분
난이도 하

가는 방법 폭스 글래시어 마을에서 쿡 플랫 로드Cook Flat Rd 따라 5km
주소 ReflectioNZ Gifts & Gallery, 1 Lake Matheson Rd, Fox Glacier 7859
요금 무료 **홈페이지** www.lakematheson.com

매서슨 호수 서킷
Lake Matheson Circuit

트레킹 시작 지점, 마운트 쿡과 마운트 태즈먼을 배경으로 기념사진 찍기

제티 룩아웃
Jetty Lookout

키 큰 포도캅podocarp(나한송과의 상록수) 나무 숲을 헤치고 나가 만나는 첫 번째 전망 포인트

하라케케
Harakeke

주변에 하라케케 풀숲이 무성한 호수가 늪지처럼 보이는 지점

뷰 오브 뷰 룩아웃
View of Views Lookout

계단을 올라가면 나오는 전망 포인트

리플렉션 아일랜드 룩아웃
Reflection Island Lookout

모든 풍경이 완벽한 반영을 보여주는 최고의 포토 스폿

웨이 아웃
Way Out

산과 그 아래로 펼쳐진 초원을 바라보며 걸어 나오는 길

웨스트랜드 국립공원 편의 시설

전 세계의 여행자를 맞이하는 프란츠 조셉 마을의 카페, 레스토랑, 바는 전반적으로 수준이 높다.
숙소가 무척 다양하며 저렴한 숙소일수록 예약이 빨리 마감된다.

맛집

앨리스 메이 *Alice May*

프란츠 조셉 빙하를 바라보며 먹는 피시앤칩스는 어떤
맛일까? 늦은 오후에 영업을 시작하고 저녁에는 시끌
벅적한 바로 변하는 인기 맛집이다.

유형 유러피언 **주소** 30 Cron St, Franz Josef
운영 16:30~21:00 **예산** $$
페이스북 @alicemayfranzjosef

스네이크바이트 브루어리
SnakeBite Brewery

마을 메인 도로에 있는 맥줏
집으로 영업시간이 길어서 이
용하기 편리하다. 수제 맥주
와 함께 딤섬, 팟타이, 갈비 등
아시아 퓨전 음식을 판다.

유형 아시아 퓨전 **주소** 28 Main Rd, Franz Josef
운영 07:00~23:00 **예산** $$
홈페이지 www.snakebite.co.nz

더 랜딩 *The Landing*

초록입홍합과 피자 등
다양한 메뉴를 갖춘 맛
집으로 밤에는 스페이
츠 맥주를 마시러 온 사
람들로 붐빈다. 메인 도
로에 있고 영업시간이
긴 것도 장점이다.

유형 로컬·아메리칸
주소 7886/32 Main Rd, Franz Josef
운영 11:00~22:00 **예산** $$
홈페이지 www.thelandingbar.co.nz

킹 타이거 *King Tiger*

방문자 센터 바로 맞은편에 있으며, 중국요리나 인도
요리를 맛보려는 관광객이 주로 찾는다. 규모가 크고
손님도 꽤 많다.

유형 아시안 **주소** 70 Cron St, Franz Josef
운영 11:00~23:00 **예산** $$
홈페이지 kingtiger.co.nz

매서슨 카페 *Matheson Café*

폭스 빙하와 초원이 바라보이는 테라스에서 식사할 수
있는 곳으로 베이글, 브런치, 피자, 라멘, 스테이크까
지 메뉴가 다양하다. 매서슨 호수 입구에 있다.

유형 유러피언
주소 1 Lake Matheson Rd, Fox Glacier
운영 08:00~21:00 **예산** $$
홈페이지 www.lakematheson.com

쿡 새들 카페 *Cook Saddle Café*

낡은 산장 분위기의 미국식 레스토랑으로 1993년부
터 운영해오고 있다. 예쁜 식기에 담아내는 치킨 윙과
바비큐 립이 별미다. 폭스 글래시어
의 메인 도로에 있다.

유형 아메리칸 **주소** Main
South Rd, Fox Glacier
운영 09:00~15:00 **예산** $$
홈페이지 cooksaddle.co.nz

숙소

프란츠 조셉 몬트로즈
Franz Josef Montrose

마을 중심가에 있으며 체계적인 관리로 다녀간 이들의
후기가 좋다. 공동 욕실을 사용하는 싱글룸, 더블룸도
갖추고 있다.

유형 백패커스
주소 9 Cron St, Franz Josef
문의 027 368 7695 **예산** $
홈페이지 www.franzjosefmontrose.co.nz

하카 하우스 프란츠 조셉
Haka House Franz Josef

프란츠 조셉 몬트로즈 맞은편,
빙하가 보이는 거리 끝에 있으
며 시설이 무척 깔끔하다.

유형 백패커스
주소 2/4 Cron St, Franz Josef
문의 021 0269 4110 **예산** $
홈페이지 Haka House Franz Josef

레인포레스트 리트리트 프란츠 조셉
Rainforest Retreat Franz Josef

아름답게 꾸민 고
급 휴양 리조트다.
최고급 로지와 오
두막은 물론 발코
니와 개별 스파까
지 갖추어 힐링 여
행이 가능한 곳이
다. 비교적 저렴한 가격의 캠핑장과 도미토리도 있다.

유형 리조트 **주소** 46 Cron St, Franz Josef
문의 03 752 0220 **예산** $$$($)
홈페이지 ainforest.nz

프란츠 조셉 톱 10 홀리데이 파크
Franz Josef TOP 10 Holiday Park

프란츠 조셉 마을로 들어가기 직전, 넓은 평지에 자리
한 캠핑장이다. 모텔형 로지를 갖추고 있으며 창문을
통해 프란츠 조셉 빙하가 보인다.

유형 캠핑장(모텔)
주소 2902 Franz Josef Highway, Franz Josef
Murchison **문의** 03 752 0735 **예산** $$
홈페이지 top10.co.nz

폭스 글래시어 톱 10 홀리데이 파크
Fox Glacier TOP 10 Holiday Park

매서슨 호수 입구로 향하는 곳에 있으며, 시설이 좋은
스파와 캐빈 등을 보유한 캠핑장이다.

유형 캠핑장(캐빈)
주소 Kerr Rd, Fox Glacier
문의 03 751 0821 **예산** $$
홈페이지 fghp.co.nz

 쇼핑

포 스퀘어 슈퍼마켓
Four Square Supermarket

프란츠 조셉 마을
의 메인 도로에
있는 슈퍼마켓.
크기는 작지만 여
행자에게 필요한
물품은 다 갖추고
있다.

유형 마트 **주소** 24 Main Rd, Franz Josef
운영 07:45~20:30

온 더 스폿 폭스 글래시어
On the Spot Fox Glacier

폭스 글래시어의 6번 국도(SH6) 선상에 있는 작은 편
의점이다. 이곳을 지난 뒤에는 편의 시설이 거의 없으
니, 마을을 떠나기 전에 필요한 물품을 체크해 구입하
도록 한다.

유형 편의점 **주소** 37 Main Rd, Fox Glacier
운영 08:00~18:00

얼라이드 *Allied*

유형 주유소(가격 높음)
주소 20 Franz Josef Highway, Franz Josef
운영 24시간

NPD 주유소

유형 주유소 **주소** 52 Main Rd, Fox Glacie
운영 08:00~18:00

마운트 어스파이어링 국립공원
MOUNT ASPIRING NATIONAL PARK · TITITEA

프란츠 조셉에서 퀸스타운으로 가는 길 남쪽의 피오르드랜드 접경 지대까지 광활한 면적을 차지한
국립공원이다. '반짝이는 봉우리'라는 뜻을 지닌 마운트 어스파이어링(해발 3033m)을 보려면
헬리콥터를 타거나 며칠 동안 트레킹을 해야 한다. 따라서 하스트 패스를 통과하면서 국립공원의
멋진 폭포와 너도밤나무 숲길을 잠시 구경하는 것이 현실적인 방법이다.
하스트 패스를 지나면 바다처럼 탁 트인 와나카 호수와 하웨아 호수가 나오고,
6번 국도 맨 끝에는 퀸스타운이 기다린다.

⑴ 나이츠 포인트 룩아웃
Knights Point Lookout

물개 관찰 포인트

웨스트랜드 국립공원을 벗어나 6번 국도(SH6)가 바다
와 만나는 지점에 있는 전망대. 여기서 보이는 해안 절
벽은 뉴질랜드물개 떼를 관찰할 수 있는 아노트 포인트
Arnott Point다. 하스트 패스로 접어들기 전에 있으니 잠
깐 차를 세우고 경치를 감상해보자. 입구의 기념비는
하스트 패스 완공을 기념해 1965년에 세운 것이다.

지도 P.092
가는 방법 폭스 글래시어에서 93km, 자동차로 1시간
주소 SH6, Haast 7886
운영 24시간 **요금** 무료

전망 포인트마다 차를
세우다 보면 145km를
가는 데 3시간 이상
걸려요!

 02

하스트 패스
Haast Pass

서던알프스산맥 3대 산간 도로

뉴질랜드 남섬의 웨스트코스트와 퀸스타운 사이를 연결하는 하스트 패스(SH6)는 아서스 패스(SH73), 루이스 패스(SH7)와 더불어 서던알프스산맥의 3대 산간 도로 중 하나로 해발 564m의 고지와 평야를 넘나든다. 서해안 쪽 마지막 마을인 하스트를 기점으로 와나카 호수까지는 편의 시설이 없으니 산간 도로 진입 전에 음식을 준비하고, 필요하다면 주유소에도 들른다.

ⓘ Haast(Awarua) Visitor Centre(주유소가 있는 마을)

지도 P.092 **가는 방법** 나이츠 포인트 룩아웃에서 25km, 자동차로 20분
주소 SH6, Okuru 7886 **문의** 03 750 0809 **운영** 09:00~16:30

하스트강 *Haast River*

자동차 도로와 나란히 흐르는 하스트강은 서던알프스산맥을 가로질러 서쪽의 태즈먼해Tasman Sea로 흘러나간다. 산속으로 들어갈수록 강폭이 좁아지고, 협곡에서 쏟아지는 폭포가 강으로 유입된다. 강물은 빙하의 침전물을 다량 함유해 얼음처럼 차갑고 푸른빛을 띤다. 로어링 빌리 폭포까지 트레킹하는 것도 좋다.

주소 Roaring Billy Falls Track,
376P+74, Haast 9382

거리 왕복 1km
소요 시간 30분
난이도 하

선더 크리크 폭포 *Thunder Creek Falls*

길가에 차를 세우고 5분만 걸어가면 높이 28m의 선더 크리크 폭포를 볼 수 있다. 그다음 다시 6번 국도를 주행하다 보면 '게이트 오브 하스트Gate of Haast'라는 이름의 좁은 다리를 지나게 된다. 여기가 하스트 패스의 본격적인 시작점이다.

주소 Thunder Creek Falls, Haast 9382
※길거리 주차

거리 왕복 200m
소요 시간 10분
난이도 하

부채 모양 꼬리를 가진 부채꼬리딱새

팬테일 폭포 *Fantail Falls*

약 23m 높이에서 떨어지는 작고 예쁜 폭포. 하단부의 물줄기가 뉴질랜드의 토종새 부채꼬리딱새(팬테일)의 꼬리처럼 넓게 퍼진다고 해서 붙은 이름이다.

주소 Fantail Falls Walk, Haast 9382
※길거리 주차

거리 200m
소요 시간 10분
난이도 하

아름다운 뉴질랜드의 야생 숲
마운트 어스파이어링 국립공원의 3분의 2는 뉴질랜드 자생종인 남반구 너도밤나무와 나한송podocarp 숲으로 덮여 있다. 특히 나한송속의 카히카테아kahikatea와 리무rimu 나무는 최대 50~60m까지 자라는 수목이다. 이끼로 뒤덮인 거대한 고목들이 국립공원의 풍경을 더욱 신비롭게 만든다.

마운트 브루스터
2516m

바운더리 스퍼
1304m

캐머런 플랫

블루 풀 워크 *Blue Pools Walk*

하스트 패스에서 가장 인기 있는 트레킹 코스. 블루 풀은 블루강Blue River과 마카로아강Makaroa River이 만나는 지점에 형성된 협곡이다. 출렁다리 위에서 보면 빛의 굴절 작용으로 강물이 유난히 파랗게 빛난다. 하스트 패스 지역에서 가장 높은 산인 마운트 브루스터Mount Brewster와 바운더리 스퍼Boundary Spur가 보이는 캐머런 플랫 캠핑장에 주차하고 다녀오면 된다.

주소 Cameron Flat Campsite, Haast Pass, Haast 9382

거리 3km
소요 시간 1시간
난이도 하

와나카 뷰포인트 *Wānaka Viewpoint*

뉴질랜드에서 네 번째로 큰 와나카 호수(면적 192km², 최대 수심 311m) 북쪽에 있는 마카로아 마을부터 가장 남쪽의 와나카 마을까지는 무려 50km 거리다. 바다처럼 넓은 호수를 둘러싼 설산과 새파란 물빛에 반해 차를 세우고 싶을 때는 이름에 '뷰포인트' 혹은 '룩아웃'이라는 말이 붙은 전망 포인트를 찾아보자. 구글맵에서 '바운더리 크리크 캠핑장'을 목적지로 설정하면 와나카 뷰포인트를 쉽게 찾을 수 있다.

주소 Boundary Creek Campsite, Makarora 9382

(03)

하웨아 호수
Lake Hāwea

와나카 호수 옆 호수

와나카 호수와 평행으로 자리한 면적 141km², 최대 수심 392m의 호수다. 6번 국도를 따라가다 보면 전망 포인트가 계속 나오는데, 그중에서 육지의 폭이 1km에 불과한 더 넥The Neck과 가장 남쪽에 있는 레이크하웨아 마을 사이의 경치가 가장 아름답다.

지도 P.092 **가는 방법** 와나카 마을에서 17km, 자동차로 20분
주소 Lake Hawea Dam Lookout, Lake Hāwea 9382

(04)

와나카 호수
Lake Wānaka

추천

포토제닉한 와나카 트리

와나카 호수 가장 남쪽에 자리한 와나카 마을은 카드로나 알파인 리조트 및 퀸스타운과 가까운 리조트 타운이다. 마을 중심(와나카 타운 센터)에는 공식 방문자 센터와 마운트 어스파이어링 국립공원 방문자 센터가 있고 호숫가를 따라 전망 좋은 맛집과 숙소가 즐비하다.

지도 P.092 **가는 방법** 퀸스타운에서 70km, 자동차로 1시간

❶ Wanaka i-site

주소 103 Ardmore St, Wanaka 9305 **문의** 03 443 1233 **운영** 09:00~17:30
홈페이지 www.lakewanaka.co.nz/wanaka-i-site

❶ Mt Aspiring National Park Visitor Centre

주소 1 Ballantyne Rd, Wanaka 9305 **문의** 03 443 7660 **운영** 08:00~17:00
홈페이지 doc.govt.nz

마운트 아이언
와나카 타운 센터
로이스 베이
와나카 트리
글렌듀 베이 방향

와나카 트리 *Wanaka Tree*

인스타그램 해시태그 #ThatWanakaTree로 유명해진 포토 스폿이다. 뿌리와 줄기가 물에 잠긴 채로 자라는 버드나무willow tree 한 그루가 볼거리의 전부지만, 와나카 호수와 마운트 어스파이어링 국립공원을 배경으로 한 멋진 풍경 덕분에 관광객의 발길이 끊이지 않는다. 누군가 한쪽 가지를 잘라버리는 불상사도 있었으나, 다시 꿋꿋하게 자라나면서 강인함과 아름다움의 상징이 되었다. 와나카 마을에서 호숫가를 따라 20분 정도 걸어가거나, 바로 뒤편에 주차하고 볼 수 있다.

주소 59 Wanaka-Mt Aspiring Rd **운영** 24시간 **요금** 무료

퍼즐링 월드 *Puzzling World*

6번 국도에서 84번 국도로 접어들면 마을 진입로에 삐딱하게 세워진 건물이 보인다. 착시 현상을 이용해 평면의 그림을 입체적으로 보이게 하는 트릭 아트 박물관이다. 1.5km 길이의 긴 미로, 착시 체험관, 퍼즐 센터로 이루어져 있다. 카페도 있고, 재미있는 포즈로 인증샷을 찍을 수 있는 타워를 비롯해 일부 시설은 무료로 운영한다.

주소 188 Wanaka-Luggate Highway
운영 08:30~17:30(5~9월 17:00까지)
요금 시설 전체 성인 $27.50, 가족 $85
홈페이지 puzzlingworld.co.nz

로이스 피크 *Roy's Peak*

와나카 호수의 들쑥날쑥한 만灣 지형을 제대로 감상할 수 있는 전망 포인트이자 SNS의 인기 스폿이다. 로이스 피크 정상까지는 양 떼가 풀을 뜯는 초원을 지나 해발 1578m까지 올라가야 하기 때문에 섣부른 시도는 금물이다. 트레킹 대신 와나카 마을에서 자동차로 20분 거리에 있는 글렌듀 베이의 전망 포인트까지 드라이브를 하는 것도 좋다. 로이스 피크처럼 높은 위치는 아니지만, 아주 맑은 날에는 마운트 어스파이어링이 관측되는 장소다.

주소 글렌듀 베이 Glendhu Bay Lookout, Wanaka-Mt Aspiring Rd / 로이스 피크 주차장 Roy's Peak Track Parking **운영** 24시간 ※양 출산 시기인 10월 1일~11월 10일은 트레킹 금지 **요금** 무료

거리 왕복 16km **소요 시간** 5~6시간 **난이도** 중

≪ 와나카 마을 편의 시설 ≫

맛집

트라웃 *Trout*

호수 전망이 보이는 햇살 좋은 자리에 앉아 가볍게 맥주 한잔하거나 식사하기 적당한 장소. 오후 3시까지는 브런치와 버거, 피시앤칩스 같은 가벼운 메뉴, 오후 5시 30분부터는 대구blue cod, 새우 같은 해산물 요리와 스테이크 등의 디너 메뉴를 주문할 수 있다.

유형 유러피언 **주소** 151 Ardmore St
운영 10:30~21:00 **예산** $$
홈페이지 www.troutbar.co.nz

와나카 고메 키친 *Wanaka Gourmet Kitchen*

수준급 요리를 원하는 경우 추천할 만한 맛집이다. 슬로 쿡으로 조리한 양 어깨 요리, 돌에 익혀 먹는 스테이크와 뉴질랜드식 융합 요리도 주문 가능하다. 저녁에만 영업하며 예약 권장.

유형 유러피언 **주소** 123 Ardmore St
운영 화~목요일 17:30~21:30 **예산** $$$
홈페이지 www.wgk.co.nz

숙소

와나카 뷰 모텔
Wanaka View Motel

시설이 깔끔한 리조트형 숙소로, 이름은 모텔이지만 실제는 고급 호텔이다. 호숫가 전망 룸은 요금이 더 비싸며 주차는 무료다. 마을에서 200m 거리에 있다.

유형 호텔 **주소** 122 Brownston St
문의 03 443 7480 **예산** $$$$
홈페이지 www.wanakaviewmotel.co.nz

레이크 하웨아 홀리데이 파크
Lake Haewa Holiday Park

개인 차량이 있다면 하웨아 호수 쪽으로 가서 저렴한 숙소를 구할 수 있다. 이곳은 글램핑이 가능한 고급 시설부터 소박한 캐빈, 캠프사이트를 모두 갖춘 사설 캠핑장으로 조용한 호숫가 분위기를 즐길 수 있다. 예약은 필수이고 예약 취소 시 수수료가 붙는다.

유형 캠핑장
주소 1208 1208 Haast Pass-Makarora Rd
문의 03 443 1767 **예산** $$
홈페이지 thecamp.co.nz

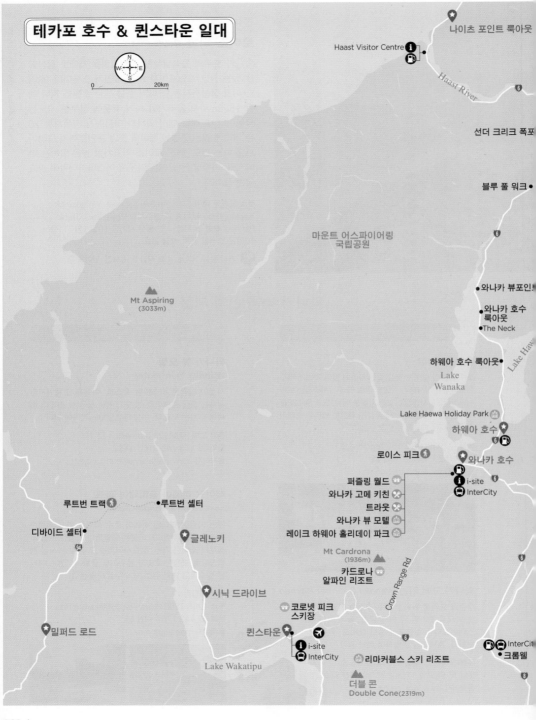

테카포 호수 & 퀸스타운 일대

0 _____ 20km

나이츠 포인트 룩아웃

Haast Visitor Centre

Haast River

선더 크리크 폭포

블루 풀 워크

마운트 어스파이어링
국립공원

와나카 뷰포인트

와나카 호수
룩아웃

The Neck

하웨아 호수 룩아웃

Lake Hawea

Mt Aspiring
(3033m)

Lake Wanaka

하웨아 호수

Lake Haewa Holiday Park

로이스 피크

와나카 호수

퍼즐링 월드

와나카 고메 키친

i-site

트라웃

InterCity

와나카 뷰 모텔

루트번 트랙

루트번 셸터

레이크 하웨아 홀리데이 파크

디바이드 셸터

글레노키

Mt Cardrona
(1936m)

카드로나
알파인 리조트

Crown Range Rd

시닉 드라이브

코로넷 피크
스키장

밀퍼드 로드

퀸스타운

InterCity

i-site

크롬웰

InterCity

리마커블스 스키 리조트

Lake Wakatipu

더블 콘
Double Cone(2319m)

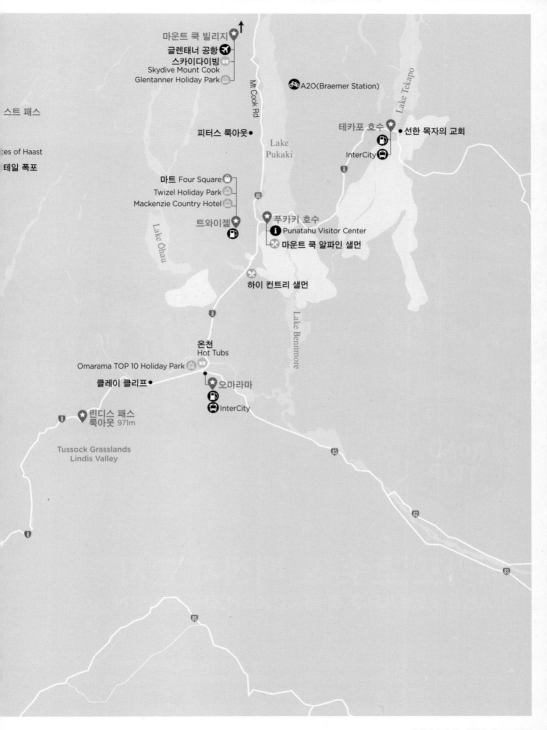

마운트 쿡 빌리지
글렌태너 공항 ✈
스카이다이빙
Skydive Mount Cook
Glentanner Holiday Park

A2O(Braemer Station)

스트 패스

es of Haast

테일 폭포

피터스 룩아웃 •

테카포 호수 • 선한 목자의 교회

InterCity

Lake
Pukaki

Mt Cook Rd

Lake Tekapo

마트 Four Square
Twizel Holiday Park
Mackenzie Country Hotel

트와이젤

푸카키 호수
Punatahu Visitor Center
마운트 쿡 알파인 샐먼

Lake Ōhau

하이 컨트리 샐먼

Lake Benmore

온천
Hot Tubs

Omarama TOP 10 Holiday Park

클레이 클리프 •

오마라마

InterCity

린디스 패스
룩아웃 971m

Tussock Grasslands
Lindis Valley

테카포 호수

크라이스트처치에서 퀸스타운으로 가는 길

테카포 호수 & 매켄지 분지
LAKE TEKAPO & MACKENZIE BASIN

매켄지 분지(마오리어 Te Manahuna)는 뉴질랜드 최대의 산간 분지 지형이다. 페얼리를 벗어나자마자 지나게 되는 해발 709m의 버크스 패스Burkes Pass는 뉴질랜드 토종 식물인 아키필라aciphylla와 터석tussock의 군락지로 자연 보호구역으로 지정되었다. 해발 965m의 린디스 패스까지 가는 동안 작은 마을 외에는 인공 시설이 거의 없고 평야와 구릉 지대가 전부다. 그 덕분에 지구상에서 가장 완벽한 은하수를 볼 수 있는 지역이다.

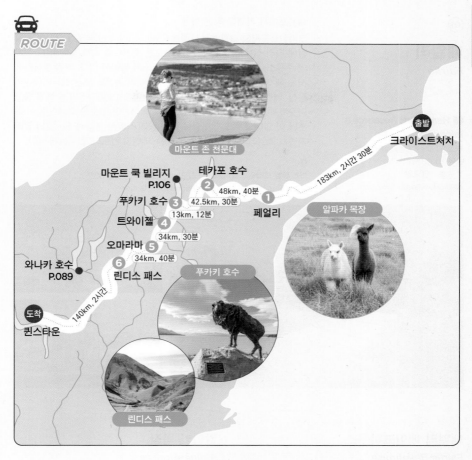

ROUTE

출발
크라이스트처치

183km, 2시간 30분

마운트 존 천문대

테카포 호수

마운트 쿡 빌리지
P.106

2 48km, 40분

1 페얼리

푸카키 호수 **3**
42.5km, 30분

알파카 목장

트와이젤 **4**
13km, 12분

오마라마 **5**
34km, 30분

와나카 호수
P.089

6 34km, 40분
린디스 패스

푸카키 호수

140km, 2시간

도착
퀸스타운

린디스 패스

Follow Check Point

❶ 여행 정보

유명 관광지임에도 불구하고 숙소가 매우 부족해서 캠핑카로 여행하는 사람이 많은 구간이다. 레이크 테카포 마을이나 마운트 쿡 빌리지에 숙소를 구하는 것이 가장 좋은데, 숙박 시설이 모두 매진되었다면 페얼리, 트와이젤, 오마라마 등 주변 마을까지 범위를 넓혀 찾아봐야 한다.

▶ 숙소 정보 P.101

🚗 가는 방법

크라이스트처치와 퀸스타운을 매일 왕복하는 인터시티 버스가 주요 지점에 정차한다. 자동차로 8번 국도(SH8)를 따라 반나절이면 갈 수 있지만, 그 사이에 빙하 호수인 테카포 호수와 푸카키 호수, 와나카 호수를 비롯해 마운트 쿡까지 남섬의 핵심 명소가 모여 있으니 1박 이상의 일정을 추천한다.

(01)

페얼리
Fairlie

ⓘ Heartlands Resource & Information Centre
주소 67 Main St, Fairlie 7925
운영 10:00~16:00
휴무 토·일요일
홈페이지 www.fairlienz.com

테카포에서 가까운 작은 마을

크라이스트처치 방향에서 내려온 79번 국도와 8번 국도가 교차하는 지점에 자리 잡은 마을이다. 메인 도로를 중심으로 가장 눈에 띄는 위치에 주유소, 포 스퀘어 마트, 모텔급 숙소가 늘어서 있다. 마을 한복판에서 눈에 띄게 자리한 것은 제임스 매켄지의 동상과 애견 프라이데이의 동상. 매켄지는 19세기 초, 양치기 개와 함께 1000마리의 양 떼를 몰고 이곳까지 왔으나 양을 훔친 도둑으로 의심받아 고초를 겪은 인물이다. 훗날 이 일대의 목초지가 양을 키우는 데 적합한 환경이라는 것이 알려지면서 페얼리와 테카포 호수 일대를 '매켄지 컨트리'로 부르게 됐다.

ⓥ
가는 방법 크라이스트처치에서 183km, 자동차로 2시간 30분
홈페이지 mackenzienz.com/destinations/fairlie

페얼리 베이크하우스
Fairlie Bakehouse

오스트리아 출신 셰프가 자가 제분 반죽으로 만드는 홈메이드 파이를 맛보기 위해 페얼리를 지나는 모든 사람이 들르는 곳이다. 간 고기를 넣은 클래식 미트 파이가 시그너처. 채소나 감자 등 속재료에 변화를 주기도 한다. 레이크 테카포 마을의 포 스퀘어 마트와 그리디 카우, 트와이젤 마을의 하이 컨트리 새먼, 마운트 쿡 국립공원의 허미티지 호텔 등에도 파이를 납품하고 있다.

주소 74 Main St **운영** 06:00~16:30
요금 파이 개당 $8~10
홈페이지 www.fairliebakehouse.co.nz

알파카 목장
Alpine Alpacas

알파카와 라마, 양을 키우는 목장이다. 가축을 방목한 들판에서 1시간 동안 동물을 만나는 투어(In-Paddock)는 최소 1일 전에 온라인 예약이 필수다. 목장 길을 따라 걸으면서 울타리 밖에서 먹이를 주는 단순 체험(Laneway Feeding Trail)은 예약 없이도 가능하다.

주소 18 Nixons Rd **운영** 월~금요일
09:00~16:00, 토·일요일
10:00~16:00 **휴무** 목요일(동절기)
요금 1시간 투어 $30, 단순 체험 $20
홈페이지 alpinealpacasfairlie.com

(02)

테카포 호수
Lake Tekapo · Takapō

추천

 가는 방법 크라이스트처치에서 227km, 자동차로 3시간 또는 인터시티 버스로 3시간 45분
주소 Lake Tekapo Post Centre, Rapuwai Lane, Lake Tekapo 7999
홈페이지 www.laketekaponz.co.nz

별이 빛나는 밤

서든알프스산맥의 빙하천인 고들리강Godley River이 유입되면서 생성된 가로 6km, 세로 27km의 호수다. 크기는 푸카키 호수보다 작지만 수심은 평균 70m(최대 120m)로 훨씬 깊다. 마오리어로 테카포는 '밤의 담요'라는 뜻이다. 실제로 테카포 호수와 마운트 쿡을 포함한 지역 전체가 국제 밤하늘 보호구역으로 지정될 만큼 은하수가 뚜렷하게 보인다. 별과 함께 테카포 호수를 대표하는 명물은 매년 봄이면 꽃이 무성하게 피어나는 루핀꽃밭으로 보라색과 분홍색 꽃송이가 에메랄드빛 호수와 완벽한 조화를 이룬다.

테카포 호수 여행하는 법

크라이스트처치와 퀸스타운을 왕복하는 인터시티 버스가 테카포 호수 남쪽의 레이크 테카포 마을에 정차한다. 버스에서 내려 걸어서 다닐 만한 거리에 맛집과 숙소(도미토리, 캠핑장)가 즐비해 개인 차량이 없어도 불편하지 않다. 마을 외곽에 있는 숙소나 관광지를 갈 때는 투어업체의 픽업 차량을 이용하면 된다. **홈페이지** www.intercity.co.nz

선한 목자의 교회
Church of the Good Shepherd

매켄지 분지의 초기 정착민을 기리기 위해 1935년 호숫가에 지은 교회다. 제단 창문을 통해 보이는 호수 풍경이 인상적인데, 내부는 촬영 금지이니 눈으로만 담아 오도록 하자. 건물 바로 옆에 서 있는 양치기 개 프라이데이의 동상도 놓치지 말 것. 자그마한 교회 건물을 배경으로 은하수를 사진 찍기 위해서 밤중에도 사람들이 꾸준히 찾아온다. 교회 근처 주차 공간이 매우 협소하고 자동차 운행이 사진 촬영에 방해가 될 수 있으니, 되도록 레이크테카포 마을 중심가에 주차하고 걸어서 다녀오는 것을 추천한다.

주소 Pioneer Dr
운영 여름 09:00~17:00, 겨울 10:00~16:00
요금 무료 ※기부금 권장
홈페이지 www.churchofthegoodshepherd.org.nz

테카포 스프링스
Tekapo Springs

낮에는 호수 전망을 감상하고 밤에는 은하수가 가득한 밤하늘 아래서 온천욕을 할 수 있는 야외 풀장이다. 한겨울에는 스케이트장과 스노 튜브 썰매장도 운영한다. 별 관측 투어와 온천을 결합한 상품도 있으며, 워터 슬라이드 등의 부대시설은 이용료가 별도다. 테카포 마을에서 약 1시간 간격으로 무료 셔틀 차량을 운행하며, 개인 차량은 바로 앞에 주차할 수 있다.

주소 Tekapo Springs Reception, 300 Lakeside Dr
운영 날씨에 따라 변동
요금 온천 $39, 별 관측 $119
홈페이지
tekaposprings.co.nz

마운트 존 천문대 *Mount John Observator*

마을 뒷산 격인 마운트 존(1029m) 정상에는 캔터베리 대학교 부설 천문대가 있다. 걸어 올라갈 수도 있지만 차를 타고 올라가면서 보는 알렉산드리나 호수Lake Alexandrina의 경치 또한 멋지다. 테카포 호수와 마을 전경이 모두 보이는 카페를 함께 운영하니 최고의 전망을 놓치지 말자. 뉴질랜드 최대의 천체망원경을 보유한 천문대에서 별 관측을 하고 싶다면 서밋 익스피리언스 투어를 신청한다. 저녁에 마을에서 픽업 차량을 타고 천문대까지 올라가 2시간 동안 체험하는 프로그램이다.

가는 방법 마을에서 10km, 자동차로 15분(통행료 차량 1대 $8)
주소 Godley Peaks Rd, Lake Tekapo 7945
운영 카페 10:00~15:00
※천문대 예약 후 방문
홈페이지
www.darkskyproject.co.nz

🚶 **거리** 편도 4km **소요 시간** 1시간 **난이도** 중

회색의 빙하천이 호수와 만나 섞여드는 장면

TRAVEL TALK

호수 색은 신비로운 밀키블루

매켄지 분지의 3대 호수인 푸카키 호수(178.7km²), 테카포 호수(87km²), 오하우 호수Lake Ohau(54km²)는 모두 빙하 호수입니다. 투명한 푸른빛에 우윳빛이 약간 섞인 듯한 빙하 호수의 색을 뉴질랜드에서는 밀키블루milky-blue라고 해요. 햇빛의 유무와 보는 각도에 따라 호수 색깔이 달라지는데, 이는 빙하수에 포함된 미세한 암석 입자가 햇빛과 반응하기 때문이에요. 푸카키 호수의 색이 테카포 호수에 비해 탁하게 느껴지는 이유는 뉴질랜드에서 가장 큰 빙하인 태즈먼 빙하로부터 다량의 석회질을 함유한 물이 섞여들기 때문이래요.

푸카키 호수   마운트 존 천문대

테카포 스프링스

선한 목자의 교회

8번 국도   테카포 호수

에어 사파리 *Air Safaris*

에어 사파리는 레이크 테카포 마을에서 5km 떨어진 위치에 사설 공항을 보유한 액티비티업체다. 여기서 출발하는 헬리콥터나 경비행기를 타면 마운트 쿡까지 날아가는 동안 테카포 호수와 푸카키 호수 전경을 감상할 수 있다는 것이 무엇보다 큰 장점이다. 투어에 참여하려면 예약 후 시간에 맞춰 직접 운전해서 공항까지 가거나 레이크 테카포 마을에서 픽업해달라고 따로 요청해야 한다.

주소 Lake Tekapo Airport, SH8
운영 08:00~17:30
홈페이지 www.airsafaris.co.nz

프로그램	종류	비용	소요 시간	내용
그랜드 트래버스 Grand Traverse	경비행기	$470	50분	마운트 쿡과 프란츠 조셉 빙하 및 폭스 빙하 지대, 호수 전체 감상
매켄지 익스플로러 Mackenzie Explorer	헬리콥터	$375	30분	테카포 호수와 푸카키 호수 주변을 순회하는 짧은 코스
마운트 쿡 알파인 그랜저 Mount Cook Alpine Grandeur	헬리콥터	$595	45분	마운트 쿡 근처의 설원에 잠시 내려주는 스노 랜딩 프로그램

≪ 레이크 테카포 마을 편의 시설 ≫

레이크 테카포 우체국Lake Tekapo Post에서 도보 5분 남짓 거리에 투어업체와 편의 시설이 모여 있다.
인구 700명에 불과한 작은 마을이다 보니 숙소는 늘 부족한 편이며, 호수 경치가 보이는 고급 호텔과
리조트는 숙박비가 굉장히 비싸다. 저렴한 숙소를 원한다면 캠핑장이 대안이고,
이마저 예약이 찼을 때는 트와이젤이나 페얼리 등 주변 마을에서 찾아봐야 한다.

 맛집

그리디 카우 *The Greedy Cow*

신선한 아보카도를 듬뿍 얹은 달걀 요리와 프렌치토스트, 먹음직스러운 샌드위치를 파는 레이크 테카포 마을

의 인기 브런치 카페. 페얼리 베이크하우스의 미트 파이를 납품받아 판매한다.

유형 브런치 카페 **주소** 16 Rapuwai Lane
운영 07:30~16:00 **예산** $$
홈페이지 greedycowtekapo.com

블루 레이크 이터리 & 바
Blue Lake Eatery & Bar

마을의 메인 도로에 있는 레스토랑 겸 바. 피시앤칩스, 버거, 양고기 등 다양한 뉴질랜드 음식과 맥주를 판다.

유형 유러피언 **주소** Main Rd(SH8)
운영 16:00~22:00 **휴무** 월·화요일
예산 $$ **페이스북** @bluelaketekapo

다크 스카이 다이너 *Dark Sky Diner*

호수 전체가 보이는 멋진 전망의 레스토랑이다. 브런치 타임은 오전 11시 30분부터 오후 2시 30분까지, 디너 타임은 오후 6시부터 9시까지이며 스낵류는 아무 때나 주문할 수 있다.

유형 유러피언 **주소** 1 Motuariki Ln
운영 09:00~21:00 **예산** $$
페이스북 www.darkskyproject.co.nz

 숙소

페퍼 블루워터 리조트
Peppers Bluewater Resort

깔끔하게 관리하는 전망 좋은 리조트. 성수기 요금은 하루 수십만 원에 달해 가격 대비 만족도는 떨어질 수 있으나 예약 경쟁은 늘 치열하다.

유형 리조트 **주소** Main Rd(SH8)
문의 03 680 7000 **예산** $$$$
홈페이지 www.peppers.co.nz/bluewater

레이크 테카포 로지 *Lake Tekapo Lodge*

테카포 빌리지 센터 건너편 언덕에 자리하며, 멋진 경치와 친절한 서비스로 좋은 평가를 받는 곳이다. 호수 전망이 아닌 방을 잡았을 때는 로비 앞 테라스에서 경치를 감상할 수 있다.

유형 고급 B&B **주소** 24 Aorangi Crescent
문의 03 680 6566 **예산** $$$
홈페이지 laketekapolodge.co.nz

레이크스 에지 홀리데이 파크
Lakes Edge Holiday Park

레이크 테카포 마을 중심 도로에서 도보 5분 거리의 호숫가에 있는 숙소다. 비교적 저렴하며 낮에는 호수 경치를, 밤에는 별을 감상할 수 있는 멋진 곳이다. 텐트 사이트, 모텔, 독채 캐빈 등 선택 옵션이 다양하다. 개인 차량이 있는 경우 추천한다.

유형 캠핑장(캐빈) **주소** 2 Lakeside Dr
문의 03 680 6825 **예산** $$($)
홈페이지 lakesedgeholidaypark.co.nz

하카 하우스 레이크 테카포
Haka House Lake Tekapo

인터시티 버스 정류장에서 가깝고 호수가 보이는 전망 덕분에 항상 예약 경쟁이 치열하다. 개인 화장실이 딸린 싱글룸과 더블룸도 있으며 주차도 가능하다.

유형 백패커스 **주소** 5 Motuariki Ln
문의 021 221 7085 **예산** $
홈페이지 hakahouse.com

만트라 레이크 테카포 *Mantra Lake Tekapo*

여러 명이 한 공간에 묵을 수 있고 주방이 딸린 콘도형 숙소라 가족여행에 특히 적합하다. 호수가 보이지 않는 위치라 다른 고급 리조트보다는 가격이 낮은 편이다.

유형 리조트 **주소** 1 Beauchamp Pl
문의 03 680 6888 **예산** $$$
홈페이지 www.mantrahotels.com

글래드스톤 호텔 *Gladstone Hotel*

페얼리에 위치한 낡은 모텔급 숙소다. 욕실은 공동 욕실뿐이며 시설이나 청결도가 떨어진다. 레이크 테카포 마을에 숙소가 아예 없는 상황이라면 대안으로 이용할 만한 곳이다.

유형 호텔 **주소** 43 Main St, Fairlie
문의 03 685 8140 **예산** $$
홈페이지 mackenzienz.com/tours/gladstone-hotel

테카포 호수 & 매켄지 호수 **101**

푸카키 호수
Lake Pukaki

추천

뉴질랜드 최고의 풍경

길이 50km, 평균 수심 47m(최고 수심 70m)에 달하는 거대한 빙하 호수다. 후커 빙하와 태즈먼 빙하에서 흘러나온 물길이 태즈먼강과 합류해 호수 북쪽으로 끝없이 유입된다. 물결이 잔잔한 날, 밀키블루색 호수에 눈 덮인 마운트 쿡의 반영을 마주하는 순간은 뉴질랜드 여행 중 가장 멋진 기억으로 남을 것이다. 한편 푸카키 호수와 트와이젤 주변의 평원은 영화 〈반지의 제왕〉 중 펠렌노르 평원의 전투를 촬영한 곳이다. 해당 장면의 대부분을 컴퓨터 그래픽으로 처리해 세트장은 남아 있지 않다.

지도 P.093 **가는 방법** 테카포 호수에서 42.5km, 자동차로 30분 / 퀸스타운에서 209km, 자동차로 2시간 30분

ⓘ **Lake Pukaki Information Centre(Punatahu Visitor Center)**
주소 SH8, Pukaki 7999 **문의** 03 435 0427
운영 겨울 10:00~16:30, 여름 08:30~17:30

피터스 룩아웃에서 바라본 마운트 쿡

Mt Cook Alpine Salmon Shop

마운트 쿡 알파인 새먼 *Mount Cook Alpine Salmon*

푸카키 호수 주변에는 편의 시설이 전혀 없는데, 유일하게 남쪽 주차장에
방문자 센터를 겸하는 연어 매장이다. 신선한 생연어 맛이 세계 최고 수준!
서던알프스산맥의 맑고 차가운 물이 빠르게 흐르는 수로와 체계적 시스템
을 갖춘 양식장에서 연어들이 계속 헤엄치도록 환경을 조성한 것이 맛의 비
결이라고 한다. 테이크아웃만 가능한데 호숫가에 마련된 테이블에서 먹으
면 된다.

주소 Mt Cook Alpine Salmon Shop
홈페이지 alpinesalmon.co.nz **페이스북** @100083106913428

초고추장과 밥을
준비해 가면 더 맛있게
먹을 수 있어요.

하이 컨트리 새먼 *High Country Salmon*

내부를 견학할 수 있는 소규모 연어 양식장. 마운트 쿡 알파인 새먼이 문을
닫았을 경우 대안이 될 수 있다. 연어 제품 외에 페얼리 베이크하우스의 미
트 파이와 클램 차우더, 김밥, 커피 등을 파는 식사 공간도 있다.

가는 방법 푸카키 호수에서 트와이젤 방향으로 14km
주소 2602 Twizel-Omarama Rd, Twizel 7999
운영 08:00~18:00(겨울철 단축 운영)
홈페이지 www.highcountrysalmon.co.nz

피터스 룩아웃
Peter's Lookout · Tapataia Mahaka

푸카키 호수 남쪽과 마운트 쿡 빌리지 사이
55km의 마운트 쿡 로드는 뉴질랜드 최고의 풍
경을 자랑하는 길이다. 마운트 쿡 빌리지까지
가지 않더라도 호수 초입에 위치한 첫 번째 전
망 포인트, 피터스 룩아웃은 꼭 다녀오자.

가는 방법 푸카키 호수에서 마운트 쿡 빌리지
방향으로14km, 자동차로 왕복 30분 거리(주차 공간
있음)
주소 Mt Cook Rd, Ben Ohau 7999
운영 24시간

 04

트와이젤
Twizel

푸카키 호수와 가장 가까운 마을

트와이젤은 푸카키 호수와 마운트 쿡을 찾아오는 관광객에게 편의 시설과 숙소를 제공하는 아주 작은 마을이다. 포 스퀘어 마트를 중심으로 편의 시설이 모여 있다. 퀸스타운 방향에서 출발해 마운트 쿡으로 가는 길이라면 여기서 필요한 물건을 사고 주유소도 들르는 것이 좋다.

지도 P.093 **가는 방법** 푸카키 호수에서 11km, 퀸스타운에서 199km
주소 Four Square Twizel, 20 Market Place, Ascot, Twizel 7901
운영 월~금요일 07:30~19:00, 토 · 일요일 08:00~19:00

《 **트와이젤 편의 시설** 》

 액티비티

스카이다이브 마운트 쿡
Skydive Mount Cook

푸카키 호수와 트와이젤 사이에 있는 푸카키 공항에서 진행하는 스카이다이빙 투어. 참가 인원에 따라 비행이 결정되므로 사전 예약이 필수다.

주소 Pukaki Airport, 2 Swallow Dr, Twizel 7999
요금 $340~500
홈페이지 skydivemtcook.com

 숙소

매켄지 컨트리 호텔
MacKenzie Country Hotel

유형 호텔 **주소** Ostler &, Wairepo Rd, Twizel
문의 03 435 0869 **예산** $$$
홈페이지 mackenzie.co.nz

트와이젤 홀리데이 파크
Twizel Holiday Park

유형 캠핑장 **주소** 122 Mackenzie Dr, Twizel
문의 03 435 0507 **예산** $$
홈페이지 twizelholidaypark.co.nz

오마라마 톱 10 홀리데이 파크
Omarama Top 10 Holiday Park

유형 캠핑장 **주소** 1 Omarama Ave, Omarama
문의 03 438 9875 **예산** $$
홈페이지 omaramatop10.co.nz

⑤ 오마라마 *Omarama*

여행자의 쉼터

8번 국도와 83번 국도의 교차로에 위치한 작은 마을. 주변 볼거리로는 독특한 바위가 인상적인 클레이 클리프Clay Cliffs가 있다. 가까이 다가갈수록 점점 크게 보이는 피너클(첨탑) 형상의 암석이 에워싼 협곡은 빙하에서 떨어져 나온 자갈, 모래, 진흙이 겹겹이 퇴적해 형성되었다. 이런 절벽들은 사유지 안에 있기 때문에 대부분 차를 타고 지나가면서 구경한다. 참고로 오마라마를 기점으로 83번 국도를 타고 동쪽으로 내려가면 1번 국도와 만나게 된다.

▶ 오타고 해안 지대 로드 트립 정보 P.208

📍 **지도** P.093 **가는 방법** 트와이젤에서 34km, 오아마루에서 118km
주소 주유소 Tasman Fuels, 2 Chain Hills Highway, Omarama 9412
운영 24시간

⑥ 린디스 패스 *Lindis Pass*

뉴질랜드의 고원을 달리다

오마라마를 지나 매켄지 분지 끝자락에 다다르면 린디스 패스가 시작된다. 크라이스트처치와 퀸스타운을 왕복하는 투어 버스가 통과하는 주요 길목이자 관광 명소다. 얼핏 잡초가 무성한 언덕처럼 보이는데 뉴질랜드의 자생식물 보호구역으로 지정될 만큼 생태학적 가치가 높다. 이 일대를 본래의 터석 초원으로 복원하기 위해 정부 차원의 노력을 기울이고 있다. 여러 개의 구릉을 구불거리며 넘나드는 도로의 정상은 해발 971m이며, 중간 지점에 잠시 차를 세워둘 수 있는 뷰포인트가 있다. 린디스 패스를 통과하는 데는 40~60분 정도 걸린다.

📍 **지도** P.093 **가는 방법** 퀸스타운까지 140km, 자동차로 2시간
주소 Lindis Pass Summit Scenic Lookout **운영** 24시간 **요금** 무료

NATURE TRIP

뉴질랜드 최고봉, 아오라키

마운트 쿡 국립공원
MOUNT COOK NATIONAL PARK · AORAKI

영화 〈반지의 제왕〉에서 안개산맥Misty Mountain이라는 지명으로 등장한 서던알프스산맥은
인도-오스트레일리아 지각판과 태평양 지각판의 충돌로 형성되면서 남섬 서부 해안을 따라 길게 뻗은 산맥이다.
그 중심에 뉴질랜드의 최고봉 마운트 쿡(정식 명칭: 아오라키 마운트 쿡)이 우뚝 솟아 있다.
마운트 쿡 빌리지까지 가는 30분 내내 해발 3724m의 산과 하늘색을 띤 푸카키 호수가 겹쳐 보이는
환상적인 풍경이야말로 뉴질랜드 여행을 떠나야 하는 진짜 이유다.

마운트 쿡
국립공원

Follow Check Point

ⓘ Aoraki/Mount Cook National Park Visitor Centre

위치 마운트 쿡 빌리지
주소 1 Larch Grove, Aoraki / Mt Cook Village
문의 03 435 1186
운영 10~4월 08:30~17:00, 5~9월 08:30~16:30
홈페이지 www.doc.govt.nz

❄ 마운트 쿡 국립공원 날씨

마운트 쿡 국립공원은 고산으로 둘러싸인 분지 지대로 연평균 강수량이 3656mm에 달하며 홍수와 눈사태의 위험이 상존한다. 여름에도 일교차가 극심하고 강력한 산바람 때문에 체감온도는 훨씬 낮다. 푸카키 호수 남쪽에서 마운트 쿡이 보이지 않는다면 마을 전체가 안개에 휩싸여 있을 가능성이 높다.

계절	봄(10월)	여름(1월)	가을(4월)	겨울(7월)
🌡 날씨	🌧	☀	🌧	❄
평균 최고 기온	21.9℃	28.2℃	21.8℃	14.2℃
평균 최저 기온	-3.0℃	2℃	-1.8℃	-8.4℃

마운트 쿡 국립공원 실전 여행

마운트 쿡 국립공원-주요 명소 간 거리 정보

프란츠 조셉 빙하 🚗 7시간 30분	← 484km
크라이스트처치 🚗 4시간 30분	333km →
퀸스타운 🚗 3시간 30분	← 262km
테카포 호수 🚗 1시간 30분	105km →

마운트 쿡 국립공원

ACCESS

● **자동차**

마운트 쿡 국립공원에 가려면 크라이스트처치와 퀸스타운 사이에 놓인 8번 국도(SH8)를 벗어나 푸카키 호수 남쪽에서 마운트 쿡 로드(SH80)를 타고 55km 들어가야 한다. 도로가 끝나는 지점에 마운트 쿡 빌리지와 허미티지 호텔이 있다. 호숫가를 따라 도로가 아주 잘 정비되어 있지만 빙하와 눈이 녹는 봄에는 홍수로 인해 진입이 통제될 수 있으며, 겨울에는 반드시 스노 체인을 장착해야 한다. 지도상으로는 프란츠 조셉 빙하와 폭스 빙하가 바로 옆에 붙어 있어서 가깝게 생각되지만 서던알프스산맥 반대쪽이라 실제 거리는 상당히 멀다.

▶ 8번 국도 로드 트립 정보 P.095
▶ 하스트 패스 로드 트립 정보 P.085

● **장거리 버스**

인터시티 버스 회사에서 테카포 호수와 마운트 쿡 빌리지를 연결하는 직행버스를 매일 운행한다. 이 노선은 크라이스트처치와 퀸스타운을 왕복하는 구간의 일부이고, 마운트 쿡 빌리지에서는 허미티지 호텔 로비 앞에 정차한다.
홈페이지 www.intercity.co.nz

● **헬리콥터 & 경비행기**

쾌청한 날씨에 상공에서 마운트 쿡과 서던알프스산맥을 감상하는 것만큼 장관은 없을 것이다. 푸카키 호수 북쪽의 글렌태너 비행장에서 두 업체가 각종 프로그램을 운영한다

주소 Glentanner Aerodrome, Mt Cook 7999

주요 업체

① 에어 사파리 Air Safaris
프란츠 조셉 – 테카포 호수 – 마운트 쿡 항로를 운항하는 경비행기업체. 테카포 호수 쪽에서 출발해도 된다. ▶ P.100

홈페이지 www.airsafaris.co.nz

② 헬리콥터 라인 Helicopter Line
일반적인 헬리콥터 투어뿐 아니라 마운트 쿡 빌리지에서 시작하는 자전거 여행 루트(A2O) 완주를 위한 연계 교통수단을 운영한다.

홈페이지 www.helicopter.co.nz

마운트 쿡 빌리지
3D 지도로 보기

TIP

국립공원 입장료는 없나요?
뉴질랜드 국립공원 관리 기관은 DOC(환경보존부Department of Conservation)다.
현행법에 따라 뉴질랜드 전역의 국립공원과 트레킹 코스는 무료 개방이 원칙이다.
다만 DOC 직영 숙박 시설(캠핑장)이나 편의 시설 중에는 요금을 받는 곳도 있다.

TRAVEL TALK

**구름을 꿰뚫는 자,
아오라키의 전설**

마오리족 신화에 따르면 하늘의 신 라키누이의 세 아들이 탄 카누가 암초에 부딪혀 기울어지면서 카누는 그대로 남섬이 되었고, 남극에서 불어온 찬 바람을 맞고 돌처럼 굳은 3형제는 서던알프스산맥으로 변했다고 합니다. 그중 가장 키가 큰 막내의 이름이 '구름을 꿰뚫는 자'라는 의미의 아오라키였어요. 신이 조각한 듯한 산세와 녹지 않는 빙하에 숨겨진 신화 때문일까요? 구름을 머리에 얹은 산을 보는 순간, '아오라키'가 쿡 선장의 이름을 딴 '마운트 쿡'보다 훨씬 잘 어울린다는 생각이 들었어요. 오늘날에는 공식적으로 '아오라키 마운트 쿡 국립공원'이라고 두 이름을 병기합니다. 마오리족은 여름에도 녹지 않는 산봉우리의 흰 눈을 먼바다의 파도가 반영된 것이라고 생각했대요. 그래서 서던알프스산맥의 원래 이름이 '바다의 신기루Kā Tiritiri o te Moana'라고 합니다.

WALK & BIKE
마운트 쿡을 더 재미있게 즐기는 방법

마운트 쿡 국립공원에는 등산가들이 즐겨 찾는 트레킹 코스와 환상적인 자전거 코스가 곳곳에 있다.
날씨 변화가 큰 곳이므로 출발 전 반드시 국립공원 방문자 센터에서 기상 상황과 주의 사항을
확인해야 한다.

😊 Follow Me! 마운트 쿡 빌리지 트레킹 코스 총정리

가벼운 마음으로 즐길 만한 코스부터 난도 높은 추천 등산로까지 정리
했다. 아웃도어 재킷이나 우비는 사계절 필요하고, 한여름이 아니라면
장갑, 패딩, 모자, 마스크 착용을 권장한다. 비바람이 심한 날에는 출발
하지 않는 것이 바람직하다. 1시간 이상 걸리는 코스는 충분한 식수와
음식물(도시락)을 꼭 챙길 것.

트레킹 코스	거리	난이도	소요 시간	설명
후커 밸리 트랙 추천 Hooker Valley Track	왕복 10km	하	3~4시간	마운트 쿡을 향해 빙하 계곡을 걷는 인기 코스
태즈먼 글래시어 워크 추천 Tasman Glacier Walks	왕복 1km	하	40분	태즈먼 빙하 호수가 보이는 전망 포인트. 무척 짧지만 가파른 계단을 올라가야 한다.
케아 포인트 워크 Kea Point Walk	왕복 2km	하	1시간	뮐러 빙하와 호수가 보이는 전망 포인트
거버너스 부시 워크 Governors Bush Walk	왕복 1.5km	하	1시간	허미티지 호텔과 마운트 쿡 빌리지 사이에 난 편안한 산책로
글렌코 워크 Glencoe Walk	왕복 1km	하	30분	
뮐러 헛 루트 Mueller Hut Route	편도 5.2km	상	4시간	고도 차이가 커서 난도가 높은 코스. 방문 전 방문자 센터에 입산 신고를 해야 한다. 뮐러 헛에 숙박하려면 예약 필수.
볼 헛 트랙 Ball Hut Track	편도 5km	상	3~4시간	후커 밸리와 태즈먼 밸리를 지나 마운트 쿡까지 3일 동안 걸어가는 트램핑 코스의 출발점

알프스에서 바다까지 자전거 여행

남섬을 대표하는 자전거 여행 루트인 A2O(Alps 2 Ocean)의 제1 구간은 마운트 쿡 빌리지에서 2km 떨어진 화이트 호스 힐 캠프그라운드에서 시작된다. 여기서부터 마운트 쿡 빌리지까지 자전거를 타기에 적합한 평지가 많다. 푸카키 호수의 자동차 도로인 마운트 쿡 로드Mount Cook Road를 따라 신나게 달려도 좋다.

그런데 마운트 쿡 빌리지를 벗어나면서부터 A2O는 안전한 큰길이 아닌 비포장도로로 연결된다. 특히 A2O 홈페이지에서는 자전거 여행자들이 글렌태너 공항에서 헬리콥터를 타고, 태즈먼강 건너편의 브레이머 스테이션에 내리도록 안내하는데 이 지역은 빙하천의 저지대라 강 수위가 급변하는 시기에는 굉장히 위험하다. 뉴질랜드의 자전거 여행 루트는 이처럼 산악지대나 비포장도로를 거쳐야 하는 경우가 많으므로 A2O 사인을 무작정 따르기보다는 충분한 사전 조사를 한 뒤 코스와 이동 방식을 결정하는 것이 중요하다.

▶ 자전거 여행 정보 1권 P.033

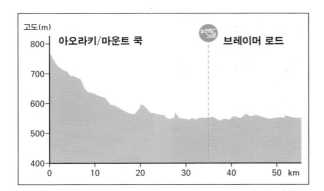

CHECK

화이트 호스 힐 캠프사이트
White Horse Hill Campsite

유형 캠프장(전기 및 샤워 시설 없음, 선착순 운영)
주소 227 Hooker Valley Rd
문의 03 435 1186
예산 성인 1인당 $18
홈페이지 www.doc.govt.nz

A2O 시작점

마운트 쿡 앞의 저지대

상공에서 내려다본 태즈먼강

후커 밸리 트랙
Hooker Valley Track

추천

바람의 계곡을 걸어서 호수까지

마운트 쿡을 중심으로 한 여러 갈래의 트레킹 코스 중 가장 멋진 풍경과 경험을 선사하는 후커 밸리 트랙은 남섬 여행의 하이라이트. 빙하 호수인 후커 호수까지 마운트 쿡을 정면으로 바라보며 걷는 코스다. 왕복 10km라는 거리가 다소 부담스러울 뿐 전체 코스의 고도 차이(124m)가 적어서 크게 힘든 구간이 없다. 다만 날씨에 따라 트레킹 만족도는 상반된다. 짙은 구름과 안개 때문에 마운트 쿡이 전혀 보이지 않거나 비바람이 심한 날은 시도하지 않는 것이 좋다.

가는 방법 허미티지 호텔에서 2.5km 거리의 캠핑장에 주차 후 도보 이동
주소 White Horse Hill Campground, 227 Hooker Valley Rd
운영 24시간 **요금** 무료

거리 왕복 10km **소요 시간** 3~4시간 **난이도** 중

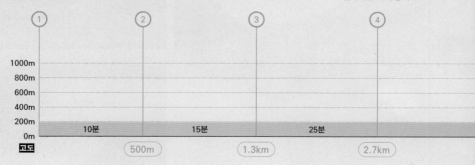

화이트 호스 힐 White Horse Hill	알파인 메모리얼 Apine Memorial	로어 후커 브리지 Lower Hooker Bridge	후커 블러프 브리지 Hooker Bluff Bridge
후커 밸리 트레일 및 A2O의 시작점	등반 도중 사고를 당한 산악인을 추모하기 위해 세운 비석	첫 번째 출렁다리. 이 다리를 건너면서 뮐러 빙하를 마주하게 된다.	정면으로 마운트 쿡이 보이는 두 번째 출렁다리. 시간이 없거나 날씨가 나쁠 때는 이 지점에서 돌아가는 것이 좋다.

① ② ③ ④

1000m
800m
600m
400m
200m
0m

10분   15분   25분

고도 (500m) (1.3km) (2.7km)

스토킹 스트림
Stocking Stream

계곡과 평원을 가로지르는 보드워크 구간. 온통 멋진 풍경으로 둘러싸여 있다.

5

어퍼 후커 브리지
Upper Hooker Bridge

세 번째 출렁다리. 마운트 세프턴과 뮐러 빙하를 보며 걷는다.

6

후커 호수
Hooker Lake

목적지 도착! 얼음 조각이 둥둥 떠다니는 빙하 호수에 쉼터가 마련되어 있다.

7

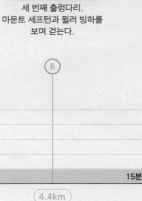

| 30분 | 15분 | 15분 | 시간 |

| 3.7km | 4.4km | 5km | 거리 |

태즈먼 빙하 말단부 | 태즈먼 호수 전경

02

태즈먼 빙하
Tasman Glacier

뉴질랜드 최대 규모의 빙하

마운트 쿡 국립공원에서 빙하가 차지하는 비중이 절반에 가까울 만큼 그 면적은 엄청나다. 그중 길이 27km, 두께 600m의 태즈먼 빙하는 뉴질랜드에서 가장 큰 빙하다. 빙하가 후퇴한 자리인 태즈먼 밸리에는 1973년부터 물이 고이기 시작해 불과 40년 만에 길이 5km, 수심 200m에 달하는 태즈먼 호수가 생성되었다. 수면 위로 작은 빙산이 떠다니는데 이는 태즈먼 빙하의 후퇴가 점점 더 빠르게 진행되고 있다는 증거다. 물에는 미세한 암석 입자가 포함되어 있어 호수가 우윳빛처럼 뿌옇게 보인다. 상공에서 빙하를 내려다보는 항공 투어를 하지 않아도 전망 포인트까지 걸어가면 호수의 일부를 볼 수 있다.

📍
가는 방법 허미티지 호텔에서 9km, 주차 후 도보 이동
주소 Tasman Glacier Car Park, Tasman Valley Rd
운영 24시간 **요금** 무료

태즈먼 빙하 방향에서 내려다본 서던알프스산맥

말테 브룬 3198m

마운트 쿡 빌리지

마운트 쿡 미들 피크

마운트 댐피어 3440m

마운트 태즈먼 3497m

아오라키 마운트 쿡 3724m

미너레츠 3040m

웨스트코스트(프란츠 조셉) 방향

태즈먼 빙하

태즈먼 빙하 뷰포인트 *Tasman Glacier Viewpoint*

빙하가 녹으면서 분리된 돌 부스러기와 흙이 산처럼 쌓인 퇴적층(빙퇴석) 위에 만든 전망 포인트. 가파른 계단을 따라 꼭대기까지 올라가면 호수의 윤곽이 드러나는데, 상상을 초월하는 엄청난 규모에 놀라게 된다. 수면 위로 떠다니는 작은 빙산과 그 옆을 지나가는 보트의 크기를 비교하면 빙산이 얼마나 큰지 짐작할 수 있다.

거리 왕복 1km **소요 시간** 40분 **난이도** 하

태즈먼 호수 선착장
Tasman Lake Jetty

빙산을 가까운 거리에서 관찰하려면 보트 투어를 신청한다. 허미티지 호텔에서 제공하는 왕복 버스를 타고 가서 아래쪽 호숫가까지 30분 정도 걸어가 제트보트에 탑승한다. 수면 위로 부유하는 빙산의 개수와 크기는 시기별로 다르다. 투어는 2시간 30분 정도 진행한다.

주소 Glacier Explorers
문의 03 435 1809
운영 09:00~17:00
요금 성인 $195, 4~14세 $89
홈페이지 www.glacierexplorers.com

TIP

저지대 운전 시 주의 사항

저지대에 있는 도로는 갑자기 침수될 우려가 있기 때문에 일부 렌터카 회사에서는 계절에 따라 태즈먼 밸리 로드Tasman Valley Road의 진입을 금지하기도 한다. 렌터카로 여행한다면 반드시 약관을 읽고 해당 조항을 확인할 것.

03

허미티지 호텔 *The Hermitage Hotel* 추천

마운트 쿡 최고의 전망

마운트 쿡 최고의 관광 명소이자 고급 호텔. 레스토랑과 객실의 전망이 환상적이다. 1884년에 처음 문을 열었으며 현재 건물은 1958년에 새로 지은 것이다. 테카포까지 왕복하는 인터시티 버스가 호텔 앞에 정차하며 별 관찰 투어, 빙하 보트 투어 등 다양한 액티비티의 출발 및 예약 장소다. 마운트 쿡 빌리지 가장 끝 지점에 있다.

가는 방법 푸카키 호수에서 57km
주소 89 Terrace Rd **홈페이지** www.hermitage.co.nz

에드먼드 힐러리 경 알파인 센터

Sir Edmund Hillary Alpine Centre

뉴질랜드가 낳은 세계적인 산악인 에드먼드 힐러리(1919~2008)의 동상이 호텔 입구에 세워져 있다. 힐러리는 세르파 텐징 노르게이(1914~1986)와 함께 1953년 5월 29일 세계 최초로 에베레스트 등정에 성공했다. 오클랜드에서 태어난 그는 마운트 루아페후 등 북섬의 여러 산을 오르며 등반가의 꿈을 키웠고, 영국이 조직한 에베레스트 등반대에 합류하기 직전까지 마운트 쿡에서 훈련을 거듭했다. 호텔 내부에 마련된 작은 박물관에 힐러리에 관한 자료를 전시하고 있으며, 다큐멘터리와 3D 영상을 상영하는 플라네타륨(천체 투영관)도 있다.

운영 09:00~20:30 **요금** $25

카페 & 레스토랑 *Café & Restaurant*

투숙객이 아니더라도 호텔에서 식사하며 경치를 감상할 수 있다. 알파인 레스토랑에서는 뷔페를 운영하고, 2층 카페에서는 피자, 버거, 샌드위치, 커피 같은 부담 없는 메뉴를 판매한다. 트레킹을 떠나기 전 카페에서 도시락을 구입하면 편하다. 전망 좋은 고급 레스토랑에서 멋진 식사를 원한다면 파노라마 룸을 예약한다.

- **뷔페 운영** 조식 07:30~10:00, 디너 17:00~20:00 **요금** 조식 $39, 디너 $79
- **카페 운영** 10:00~15:30 **요금** $15~30
- **파노라마 룸 운영** 18:00~20:00 **요금** $115~

저층부 전망과 고층부 전망 비교

호텔 객실 *Hotel Guestroom*

호텔은 객실이 164개로 규모가 큰 편이지만 수개월 전에 예약이 마감될 정도로 인기가 높다. 마운트 쿡이 정면으로 보이는 객실에 묵으려면 'Mt Cook View' 옵션을 선택해야 한다. 최상위 2개 층에 위치한 프리미엄 객실에서는 시야가 가리지 않는 완벽한 전망을 감상할 수 있다.

요금 성수기 기준 40만 원 이상

⑭ 마운트 쿡 빌리지 *Mount Cook Village*

국립공원의 베이스캠프

마운트 쿡의 유일한 마을이다. 숙소와 레스토랑이 적고 마트조차 없어서 물가가 비싼 편이다. 이곳으로 오기 전 65km 떨어진 트와이젤에서 미리 주유하고 물과 음식을 준비하도록 한다. 만약 급하게 주유해야 한다면 호텔 뒤편에 있는 주유 시설을 이용할 것. ➡ 트와이젤 정보 P.104

가는 방법 허미티지 호텔 아래쪽 저지대

마운트 쿡 로드 / 마운트 쿡 빌리지 / 허미티지 호텔

국립공원 방문자 센터 *National Park Visitor Centre*

DOC(환경보존부)에서 운영하는 국립공원 방문자 센터는 이 지역에 올 때 반드시 들러야 하는 안전 센터와 같다. 특히 장기간 산행을 떠나거나 위험 지역으로 입산할 때는 이곳에서 등록을 마쳐야 한다. 주의 사항과 날씨 정보를 제공하며 기념품을 판매하기도 한다.

주소 1 Larch Grove **문의** 03 435 1186
운영 10~4월 08:30~17:00, 5~9월 08:30~16:30
요금 무료 **홈페이지** www.doc.govt.nz

올드 마운티니어 카페
The Old Mountaineer's Café

세계적인 산악인 에드먼드 힐러리의 산장이었던 곳으로, 마운트 쿡이 보이는 방향으로 커다란 창문이 나 있는 레스토랑 겸 기념품점이다. 고급 요리를 기대할 수준은 아니지만, 완벽한 전망이 보이는 식탁에서 즐기는 식사는 꽤 훌륭하다. 시간대별로 주문 가능한 메뉴가 조금씩 다르다. 뉴질랜드 명물인 스페이츠 맥주도 판다.

주소 3 Larch Grove
운영 10:00~19:00
휴무 5~9월 월 · 화요일
홈페이지 www.mtcook.com

샤모아 바 & 그릴 *Chamois Bar & Grill*

마운트 쿡 로지 앤드 모텔에서 직영하는 카페테리아. 오전에는 투숙객에게 조식 뷔페를 제공하고 오후부터 피자, 버거 같은 간단한 식사 메뉴를 판다.

주소 1 Bowen Dr
운영 16:00~23:00 **휴무** 5~9월
홈페이지 www.hermitage.co.nz/dine/chamois-bar

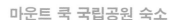
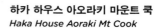

마운트 쿡 국립공원 숙소

전반적으로 요금이 비싼데 숙소가 매우 부족하므로 예약을 서둘러야 한다. 허미티지 호텔 외에도 빌리지 안쪽에 모텔과 백패커스가 몇 군데 있다. 글렌태너 비행장 근처의 글렌태너 홀리데이 파크는 샤워 및 편의 시설을 갖추었으며 그 외에는 DOC를 통해 예약하는 노지 캠핑장이 대부분이다.

마운트 쿡 로지 앤드 모텔
Mt Cook Lodge and Motel

유형 백패커스
주소 Glencoe Access Rd
문의 03 435 1653 **예산** $$
홈페이지 mtcooklodge.co.nz

아오라키 마운트 쿡 알파인 로지
Aoraki Mount Cook Alpine Lodge

유형 호텔 **주소** 101 Bowen Dr
문의 03 435 1860 **예산** $$$$
홈페이지 www.aorakialpinelodge.co.nz

하카 하우스 아오라키 마운트 쿡
Haka House Aoraki Mt Cook

유형 백패커스 **주소** 4 Kitchener Dr
문의 021 193 1150 **예산** $
홈페이지 hakahouse.com

글렌태너 홀리데이 파크
Glentanner Holiday Park

유형 백패커스 · 모텔 · 캠핑장
주소 3388 Mt Cook Rd
문의 03 435 1855 **예산** $$
홈페이지 www.glentanner.co.nz

QUEENSTOWN

퀸스타운

마오리어 TĀHUNA

뉴질랜드 남섬 오타고 지방Otago Region의 퀸스타운은 리마커블스를 포함해
해발 2000m가 넘는 연산으로 둘러싸인 보석 같은 리조트 타운이다.
인구는 2만 9000명 정도이며 남섬의 대표 여행지답게 어디를 가든 활력이 넘친다.
번지점프, 스카이다이빙, 래프팅, 골프, 스키 등 사계절 내내
다양한 액티비티를 즐길 수 있고, 퀸스타운을 거점으로 삼아
밀퍼드 사운드나 마운트 쿡으로 여행하기에도 좋은 위치다.

숏오버 제트

퍼그버거

와카티푸 호수

카와라우
번지

글레노키

리마커블스

애로우타운

밀퍼드
사운드

퀸스타운

Queenstown Preview
퀸스타운 미리 보기

와카티푸 호숫가의 퀸스타운 중심가에 관광객을 위한 편의 시설이 밀집해 있다. 증기선을 타고 호수를 건너면
월터 피크 목장이 나온다. 개인 차량이 있다면 뉴질랜드 최초의 번지점프대가 있는
카와라우 협곡이나 리마커블스가 보이는 전망 포인트를 다녀오는 것도 좋다. 프랭크턴(공항 근처), 펀힐,
아서스 포인트Arthurs Point 등은 퀸스타운의 교외 지역으로, 숙소를 구할 때 알아두면 편리하다.

🔒 Follow Check Point

❶ Tāhuna Queenstown i-site

위치 퀸스타운 중심가 시계탑 앞
주소 Clocktower, 22 Shotover St, Queenstown 9300
문의 03 442 4100
운영 08:30~20:30
홈페이지 www.queenstownnz.co.nz

❀ 퀸스타운 날씨

퀸스타운은 밀퍼드 사운드나 마운트 쿡 지역에 비해 기온이 훨씬 온화한 편이다. 하지만 산악 지대라는 특성을 감안해야 한다. 한여름에는 최고 기온이 34.1℃까지 오를 만큼 더운 반면, 겨울에는 눈이 많이 내려 차량에 스노 체인 장착이 필수다.

계절	봄(10월)	여름(1월)	가을(4월)	겨울(7월)
날씨	⛅	☀️	⛅	🌨️
평균 최고 기온	21.5℃	28.2℃	21.1℃	13.7℃
평균 최저 기온	−1.5℃	3.9℃	−1.1℃	−6℃

Best Course
퀸스타운 추천 코스

퀸스타운에 도착하면 가장 먼저 숏오버 스트리트의 공식 방문자
센터를 방문해 다양한 정보를 파악한 다음 일정을 계획한다.
패러글라이딩, 번지점프 등 강도 높은 액티비티를 하루에 두 가지
이상 참가하면 체력적으로 부담이 되므로 오전에 액티비티 하나를
체험한 후 보통 늦은 오후에 퀸스타운으로 돌아와 와카티푸 호수를
산책하거나 쇼핑가에서 식사를 즐긴다. 밀퍼드 사운드는 당일
투어가 가능하지만, 직접 운전할 때는 최소 1박 2일 일정으로
다녀오는 것이 좋다.

TRAVEL POINT

➟ **이런 사람 팔로우!** 힐링과 액티비티를
　동시에 원하는 사람
➟ **여행 적정 일수** 2일+근교 1~2일
➟ **주요 교통수단** 개인 차량 또는
　투어 이용
➟ **여행 준비물과 팁** 액티비티는 체력과
　날씨를 고려해서 예약

| DAY 1 | 퀸스타운 중심가 P.132 | DAY 2 | 퀸스타운&주변 P.144 | DAY 3 | 근교 여행 P.152 |

오전

시계탑 건물
• 방문자 센터

▼ 도보 5분

숏오버 스트리트
• 액티비티 예약

▼ 도보 5분

🍔 **퍼그버거**
• 퀸스타운 명물 맛집

버킷 리스트 도전!

• 번지점프, 스카이다이빙
• 스릴 만점 제트보트
• 오프로드 투어
• 겨울이라면 스키 여행

크라운 레인지 서밋
• 와나카로 가는 길

글레노키(루트번 트랙)
• 아름다운 호수 마을

오후

▼ 도보 10분

와카티푸 호수 산책

▼ 도보 15분

스카이라인 곤돌라

▼ 곤돌라 10분

신나는 액티비티 루지 타기

🍽 **스트라토스페어**
• 뷔페 전망 즐기기

PLAN A

▼ 자동차 30분

애로우타운
• 옛 금광 마을 구경

▼ 자동차 15분

카와라우 협곡
• 번지점프 구경

깁스턴 밸리
• 와이너리 투어

PLAN B

▼ 페리 90분

월터 피크 목장
• 증기선 타고 호수 건너기

밀퍼드 사운드
• 뉴질랜드의 피오르

▶ 퀸스타운 맛집 & 편의 시설 정보 P.138

퀸스타운 들어가기

퀸스타운은 루트번 트랙의 시작점인 글레노키와 밀퍼드 사운드를 당일로 다녀올 수 있는 남섬의 요지다.
크라이스트처치와 연결된 8번 국도 또는 프란츠 조셉과 연결된 6번 국도를 따라
퀸스타운으로 가는 길 자체가 남섬 여행의 핵심이다.

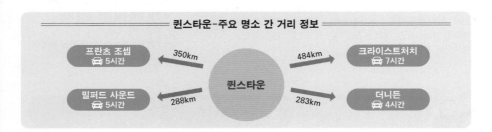

퀸스타운-주요 명소 간 거리 정보

프란츠 조셉 🚗 5시간	← 350km	
		크라이스트처치 🚗 7시간 484km →
퀸스타운		
밀퍼드 사운드 🚗 5시간	← 288km	
	283km →	더니든 🚗 4시간

비행기

퀸스타운 공항Queenstown Airport(공항 코드 ZQN)은 비행기 이착륙 시 보이는 바깥 풍경이 아름다운 공항으로 유명하다. 한국에서 직항편은 없고 보통 오클랜드(북섬)나 시드니(호주)를 경유하는 항공사가 취항한다. 단, 겨울철에는 기상 악화로 비행이 취소될 가능성이 있으므로 출국일을 여유 있게 잡고 다른 교통수단도 미리 알아보는 것이 좋다.
가는 방법 퀸스타운 중심가에서 10km, 자동차로 15분 또는 버스로 20분(편힐 방향 1번 버스)
주소 Sir Henry Wigley Dr, Frankton
홈페이지 www.queenstownairport.co.nz

벤 로몬드 1748m

퀸스타운 센터

카와라우강

퀸스타운 공항

장거리 버스

퀸스타운을 기점으로 장거리 버스 노선이 매일 수차례 운행한다. 주요 도시로 이동할 때는 인터시티 버스를 이용하고, 주변 관광지를 갈 때는 투어 상품 가격을 꼼꼼하게 비교해보자. 인터시티 버스 정류장은 시계탑 방문자 센터에서 도보 5분 거리의 애솔 스트리트Athol Street에 있다.

- **인터시티 Intercity**
  운행 지역 크라이스트처치, 더니든, 마운트 쿡 **홈페이지** intercity.co.nz
- **트랙넷 Tracknet**
  운행 지역 테아나우, 밀퍼드 사운드, 인버카길 **홈페이지** tracknet.net

퀸스타운 중심가 & 주변 교통

퀸스타운 중심가는 아주 작아 걸어서 다니기에 충분하다. 주변 관광지에 갈 때는
투어업체의 셔틀버스를 이용하고, 공항과 프랭크턴의 대형 쇼핑센터는 시내버스를 타고 간다.
트랜짓 앱(Transit)이나 구글맵을 통해 상세 버스 노선과 실시간 정보를 확인할 수 있다.
홈페이지 www.orc.govt.nz/public-transport

시내버스
ORBUS

시내버스인 ORBUS는 현금으로 탑승 시 성인, 어린이 요금이 같고 교통카드를 사용하면 각각 큰 폭으로 할인된다. 특히 공항에서 퀸스타운으로 들어갈 때 버스를 타는 경우는 교통카드를 이용하는 것이 무조건 유리하다.

주의 버스를 타고 내릴 때 반드시 교통카드 태그하기
운행 1번 버스 공항 기준 06:44~24:00(배차 간격 15~30분)

요금 정보	교통카드	현금
성인	$2 *공항 요금도 동일	$4(5세 이상 일괄 적용)
13~18세	$1.50	*공항 요금은 성인 $10, 5~18세 $8
5~12세	무료	

● 교통카드 준비하기

충전식 교통카드인 비 카드Bee Card는 퀸스타운 외에 오타고 지방의 다른 도시인 더니든과 인버카길, 그리고 북섬 일부 지역에서도 사용할 수 있다. 퀸스타운 공항(페이퍼 플러스Paper Plus 매장)이나 시계탑 방문자 센터에서 구입하거나, 버스를 탈 때 기사에게 현금으로 교통카드 구입비($5)와 충전 금액(최소 $5)을 내고 구입할 수도 있다. 이후 추가 충전할 때도 버스 기사에게 하는 것이 가장 간단하다. 이때도 신용카드는 사용할 수 없으므로 현금을 준비해야 한다. 교통카드를 모바일 앱에 등록해 충전할 경우 금액이 반영되기까지 12시간가량 소요될 수 있으니 주의할 것.

● 환승하기

교통카드를 사용하면 45분 이내 버스 환승은 무료다. 버스를 타고 내릴 때 카드를 태그하면 자동으로 할인이 적용된다. 버스와 페리 간 환승은 할인이 안 되며, 현금 승차 시에는 할인받을 수 없다.

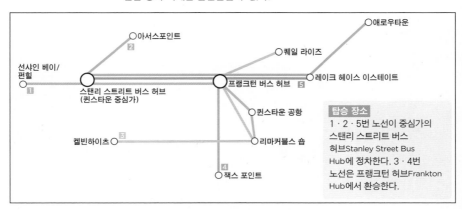

탑승 장소
1·2·5번 노선이 중심가의 스탠리 스트리트 버스 허브Stanley Street Bus Hub에 정차한다. 3·4번 노선은 프랭크턴 허브Frankton Hub에서 환승한다.

모두를 위한 마운틴 테마파크
스카이라인 퀸스타운

곤돌라를 타고 봅스 피크Bob's Peak 정상에 오르면 새파란 와카티푸 호수와
눈 덮인 리마커블스, 코로넷 피크Coronet Peak와 퀸스타운 전체가
파노라마처럼 펼쳐진다. 루지와 집트렉뿐 아니라 패러글라이딩,
산악자전거 코스까지 다양하게 갖춘 자연 속 테마파크 같은 곳이다.
늦은 오후에 올라가면 야경까지 볼 수 있다. 루지와 뷔페 이용권은 패키지
조합이 매우 다양하니 홈페이지에서 미리 확인할 것.

가는 방법 와카티푸 호수에서 도보 10분
※입구 주차장은 협소한 편이며 거리
(Brecon St) 주차는 240분까지만 무료
(안내표지 확인 필수)
주소 53 Brecon St
운영 09:30~21:00
홈페이지 www.skyline.co.nz/
queenstown

	곤돌라 왕복	곤돌라 왕복 +루지 3회	곤돌라 왕복 +디너(뷔페)	액티비티
1인	$64	$86	런치 $127 디너 $147	번지점프, 집트렉, 패러글라이딩 요금 별도
4인 가족	$174	$230	런치 $340 디너 $395	

스트라토스페어 Stratosfare & 마켓 키친 카페 Market Kitchen Café

전망대 아래층에는 뉴질랜드 최고의 뷰맛집, 스트라토스페어 뷔페 레스토랑이 있다. 맛과 가격은 무난한 수준이나 전망이 환상적이라 예약하지 않으면 자리가 없을 정도로 인기다. 식사 시간은 90분으로 제한되며, 창가 테이블에 앉으려면 추가 요금을 내고 프리미엄을 선택해야 한다. 음료수나 간식이 필요할 때는 카페테리아 형태로 운영하는 마켓 키친 카페를 이용해도 된다.

루지 Luge

퀸스타운에서 가장 예쁜 풍경을 바라보며 구불구 불한 트랙을 내려가는 루지는 퀸스타운 최고의 액 티비티다. 곤돌라에서 내린 다음 리프트로 정상까 지 올라가 전용 트랙을 따라 내려온다. 출발 전 간 단한 조작법을 알려주기 때문에 초보자는 물론 어 린이도 탈 수 있다.

집트렉 Ziptrek

집라인을 타고 숲속을 날아다니는 어트랙션. 출발 지점인 트리하우스는 곤돌라 전망대 옆에 있다. 세 가지 프로그램 중 난이도가 가장 낮은 케레루 (집라인 2개, 1시간)와 모아(집라인 4개, 2시간) 는 집라인을 타고 내려갔다가 트리하우스로 다시 걸어 올라간다. 케아(집라인 6개, 3시간)는 산 아 래로 하강하는 프로그램이므로 곤돌라 티켓은 편 도로 구매한다.

홈페이지 www.ziptrek.co.nz

레지 번지 Ledge Bungy

높이 47m에서 뛰어내리는 레지 번지는 카와라우 번지나 네비스 번지 에 비하면 평범한 수준이다. 그 대신 원하는 포즈를 자유롭게 취하는 프리스타일 점프가 가능해 은근히 인기다.

홈페이지 www.bungy.co.nz/queenstown/ledge

세상의 모든 액티비티
퀸스타운 액티비티 총정리

퀸스타운에서는 뉴질랜드에 존재하는 거의 모든 액티비티를 체험할 수 있다.
퀸스타운 중심가의 지정된 장소에서 체크인한 후 안전 교육을 받고 액티비티 장소로 이동하는 데
보통 3~4시간 걸린다. 미리 예약하면 할인받을 수 있지만 취소 정책을 반드시 확인할 것.

TRAVEL TALK

**카와라우와 네비스 번지,
같은 날 도전하기**

새파란 강물로 뛰어들고 싶다면
카와라우 번지, 최고 난도의
아찔한 체험을 원한다면 네비스
번지가 정답! 퀸스타운 시계탑
맞은편의 AJ 해켓 번지 센터에서
출발한 버스는 먼저 카와라우
현수교에 정차하고 네비스로
이동하기 때문에 두 곳을 모두
체험하는 것도 가능해요. 관람만
하는 스펙테이터spectator
입장권을 구입하면 친구나 가족이
동행할 수 있어요.

 최초의 번지점프
카와라우 번지 *Kawarau Bungy*

번지의 성공 신화 AJ 해켓이 1988년에 사업을 시작한 최초의 번지점
프대라는 점에서 큰 의미가 있다. 지은 지 140년이 넘은 카와라우 현수
교 위에서 43m 아래의 에메랄드빛 강물로 뛰어내리는 액티비티다. 둘
이 함께 뛰어내리는 탠덤tandem 옵션, 강물에 손과 머리를 적시는 옵션
을 선택해도 된다. 번지점프대 옆에는 130m 길이의 집라이드zipride도
있다. 다리 옆에 주차장이 있어서 지나가다 차를 세우고 번지점프 장면
을 구경해도 된다. 무료 셔틀을 이용하면 약 3시간 소요.

▶ AJ 해켓 정보 1권 P.048

가는 방법 퀸스타운에서 24km
주소 Kawarau Gorge Suspension Bridge, Arrow Junction
운영 09:00~17:00 **홈페이지** www.bungy.co.nz

☑ **요금** 번지 $320, 집라이드 $50
☑ **높이** 43m
☑ **최소 연령** 10세

 뉴질랜드 최고의 번지점프와 스윙

네비스 *Nevis*

네비스는 퀸스타운 외곽에 있는 협곡 이름이다. 이곳에서는 뉴질랜드에서 가장 높은 번지점프대를 포함해 세 종류의 어트랙션을 즐길 수 있다. 퀸스타운 번지 센터에서 체크인 후 사륜구동 버스를 타고 이동해야 하기 때문에 한번에 여러 가지 액티비티를 체험하는 것이 시간을 절약하는 방법이다. 최소 4시간 소요.

가는 방법 퀸스타운에서 36km
주소 Queenstawn Bungy Centre, 25 Shotover St(개인 차량으로 방문 불가)
운영 시즌별로 변동 **홈페이지** www.bungy.co.nz

❶ 네비스 번지

높이 134m의 와이어 구조물에서 8.5초간 자유낙하를 하는 동안 네비스 협곡의 적막감이 온몸으로 느껴진다.

- ☑ **요금** $395
- ☑ **높이** 134m
- ☑ **최소 연령** 13세

❷ 네비스 스윙

여러 미디어에서 소개한 세계 최장의 스윙. 1인 또는 2인 1조로 그네를 타듯 협곡 위를 왕복한다.

- ☑ **요금** $325
- ☑ **높이** 300m
- ☑ **최소 연령** 10세

❸ 캐터펄트

네비스에서 세계 최초로 선보인 익스트림 액티비티. 슈퍼히어로 같은 자세로 1.5초 만에 100km의 시속으로 협곡을 날아오른다.

- ☑ **요금** $295
- ☑ **높이** 150m
- ☑ **최소 연령** 13세

3 계곡을 날아가는 제트보트

숏오버 제트 *Shotover Jet*

시원한 물살을 맞으며 협곡을 누비는 제트보트는 여름 시즌의 대표적인 워터 스포츠다. 잔잔한 와카티푸 호수에서도 제트보트를 타는 사람이 많은데, 제대로 체험하고 싶다면 숏오버강Shotover River으로 가야 한다. 험준한 스키퍼스 캐니언 사이를 시속 85km의 빠른 속도로 질주하며 스릴을 즐기는 것이 숏오버 제트의 매력이다. 퀸스타운에서 무료 셔틀버스를 타고 다녀오는 데 3시간 정도 소요되는데, 실제 보트 탑승 시간은 25분이다. 개인 차량으로 가도 된다.

가는 방법 퀸스타운에서 7km
주소 퀸스타운 The Station, 25 Shotover St /
현장 3 Arthurs Point Rd, Arthurs Point 9371
운영 09:00~17:00(09:30부터 30분 간격으로
보트 출발) **요금** $169
홈페이지 www.shotoverjet.com

4 오프로드 끝판왕

스키퍼스 캐니언 *Skippers Canyon*

퀸스타운 북쪽에서 와카티푸 호수로 흘러가는 숏오버강의 협곡 스키퍼스 캐니언은 사금 채취를 목적으로 1883년에 건설을 시작해 암반을 폭파하고 굴착하면서 22년에 걸쳐 완공했다. 스키퍼스 캐니언을 통과하는 22km의 스키퍼스 로드는 위험한 절벽 길이라 일반 차량으로는 갈 수 없다. 아슬아슬한 오프로드 체험을 원한다면 투어업체를 이용하는 것이 유일한 방법이다. 약 4시간 소요.

가는 방법 퀸스타운 숙소에서 투어업체 픽업
주소 37 Shotover St **운영** 1일 2회 출발 ※예약 필수
요금 $285 **홈페이지** www.nomadsafaris.co.nz

 5

SNS 핫플레이스
온센 핫 풀 *Onsen Hot Pools*

지하수를 데워 적당한 온도를 맞춘 인공 온천으로, 숏오버강이 바라다 보이는 프라이빗 스파에서 음료수를 마시며 야외 온천을 즐길 수 있다. 욕실 문을 개폐할 수 있어서 날씨에 상관없이 사계절 운영한다. 일몰 이후에는 온천욕을 하며 별을 보는 야간 프로그램도 있다. 성수기에는 최소 3개월 전에 예약해야 할 정도로 인기가 많다. 예약 시 무료 셔틀 차량을 신청하면 픽업해준다. 프로그램에 따라 비용 차이가 큰데 가장 기본인 1시간짜리 프로그램(Outdoor Onsen)은 최대 4명까지 이용할 수 있다.

가는 방법 퀸스타운에서 10km
주소 퀸스타운 The Station, Camp St & Shotover St /
현장 160 Arthurs Point Rd, Arthurs Point 9371
운영 09:00~23:00 **요금** 1인 $97.50, 4인 $240 **홈페이지** onsen.co.nz

 6

상공에서 보는 퀸스타운
항공 투어

퀸스타운과 리마커블스, 와카티푸 호수를 상공에서 내려다보는 항공 투어야말로 여건이 허락한다면 반드시 체험해볼 만한 액티비티다. 투어 종류에 따라 출발 장소가 각각 다른데, 스카이라인 퀸스타운(곤돌라)에서 출발하는 패러글라이딩과 호수에서 진행하는 패러세일링을 제외하면 외곽으로 나가야 하기 때문에 더 많은 시간이 소요된다.

➡ 뉴질랜드 전국의 스카이다이빙과 패러글라이딩 정보 1권 P.051

N존 스카이다이브

스카이다이빙 N존 스카이다이브 NZone Skydive
위치 시계탑 부근에서 이동 **홈페이지** www.nzoneskydive.co.nz

패러글라이딩 G 포스 패러글라이딩 G Force Paragliding
위치 스카이라인 곤돌라 **홈페이지** www.nzgforce.com

헬리콥터 헬리콥터 라인 The Helicopter Line
위치 퀸스타운 공항 **홈페이지** helicopter.co.nz

패러세일링 패러플라이츠 Paraflights
위치 와카티푸 호수 **홈페이지** www.paraflights.co.nz

● 퀸스타운 액티비티 정보

퀸스타운 반지의 제왕 투어 ➡ 1권 P.024
퀸스타운 스키장 ➡ 1권 P.058
루트번 트랙 트레킹 코스 ➡ P.156

퀸스타운 중심가
Queenstown Centre

퀸스타운 관광의 중심지

맑고 깨끗한 와카티푸 호숫가에 자리 잡은 퀸스타운 중심가는 액티비티 투어의 출발점이자
자연과 완벽한 조화를 이루는 휴양 리조트 같은 분위기다. 남섬 여행의 중심지답게
맛집, 쇼핑, 관광, 모든 면을 충족시키며 자연경관이 매우 아름다워 여러 날 머물러도 지루하지 않다.
중앙의 시계탑 건물부터 호숫가를 따라 형성된 상점가와 퀸스타운 곤돌라까지 전부 걸어 다닐 수 있는 거리다.

현지에서는 중심가를 퀸스타운 센터 혹은 센트럴이라고
부르는데, 퀸스타운 공항 근처의 '퀸스타운 센트럴 쇼핑센터'와
자칫 헷갈릴 수 있어요. 택시나 우버를 타고 중심가로 갈 때는
'퀸스타운 클락 타워 빌딩'에 내려달라고 하는 것이 좋아요.

리마커블스 2319m

잭스 포인트

밀퍼드 사운드 방향 →

캘빈하이츠

퀸스타운 가든

퀸스타운 베이

퀸스타운 몰

스티머 워프

시계탑

글레노키 방향 →

⑴ 숏오버 스트리트
Shotover Street

모험과 투어의 출발점

공식 방문자 센터를 비롯해 인기 맛집 퍼그버거와 수많은 여행사가 몰려 있는 퀸스타운의 메인 도로다. 스테이션The Station이라고 불리는 건물 안에는 카와라우 번지와 네비스 번지로 유명한 AJ 해켓의 액티비티 예약 창구가 있다. 다른 액티비티업체의 셔틀버스도 대부분 이 건물 뒤편에서 출발한다. 모두가 모험을 마치고 돌아온 저녁에는 크래프트 바와 펍, 클럽이 문을 열어 퀸스타운의 밤 문화 중심지로 변신한다.

지도 P.132
가는 방법 와카티푸 호수에서 도보 10분
주소 스테이션 27 Shotover St / 시계탑 22 Shotover St

시계탑(클락 타워)

스테이션(번지 센터)

시계탑 건물에 있던 공식 방문자 센터는 공사 기간 동안 '스테이션'으로 위치를 옮겼어요. 바로 맞은편이라서 쉽게 찾을 수 있어요.

TIP

유료 주차장   퀸스타운 중심가는 주차 공간이 부족하고 주차비도 비싼 편이다. 이면 도로에는 무료 주차를 허용하나, 안내표지에 적힌 시간 제한을 어기면 과태료가 부과된다. 모바일 앱(PayMyPark)을 설치하면 주차장을 검색하고 비용을 지불하기 편리하다. 와카티푸 호수와 가까운 유료 주차장은 아래 두 곳이다.
- **맨 스트리트 카 파크 Man Street Car Park**
   주소 12 Man St **요금** 30분당 $3, 24시간 $72
- **처치 스트리트 카 파크(윌슨) Church Street Car Park(Wilson)**
   주소 14 Church St **요금** 30분당 $3.10

와카티푸 호수
Lake Wakatipu

추천

퀸스타운의 힐링 스폿

면적 291km²에 전체 길이가 80km에 달하는 와카티푸 호수는 뉴질랜드에서 가장 긴 호수다. 퀸스타운 중심가는 알파벳 N자 형태로 꺾인 호수의 중간 지점인 퀸스타운 베이Queenstown Bay에 자리 잡고 있다. 페리와 유람선, 제트보트가 출발하는 선착장이 있어서 항상 분주하지만 탁 트인 풍경을 바라보기만 해도 힐링이 되는 곳이다. 호숫가 모래사장은 여름이면 일광욕을 즐기는 사람들로 가득해진다.

지도 P.132 **가는 방법** 시계탑에서 도보 5분

윌리엄 리스 동상 *Statue of William Rees*

호숫가에서 가장 먼저 눈에 띄는 동상의 주인공 윌리엄 리스(1827~1898)는 1860년에 퀸스타운에 정착한 최초의 유럽인이다. 목초지를 찾아 이곳까지 왔으나 조용한 삶은 오래가지 못했다. 1862년에 사금이 발견되면서 골드러시의 광풍이 몰아쳤기 때문이다. 결국 그는 1867년 1만 파운드에 땅을 매각한 뒤 말버러로 이주해 여생을 보냈다. 매주 토요일 오전 9시부터 동상 옆 언슬로 파크Earnslaw Park에서 수공예품을 파는 작은 시장이 열린다.

주소 Main Town Pier, Marine Parade

퀸스타운 가든 *Queenstown Gardens*

퀸스타운 베이 바로 옆 호수 쪽으로 튀어나온 작은 반도에 자리한 식물원이다. 뉴질랜드의 자생식물이 자라는 네이티브 가든과 장미 정원, 연못, 잔디밭 등으로 이루어져 있다. 테니스장, 스케이트장 같은 운동 시설과 플라스틱 원반을 던지며 노는 디스크 골프장을 일반인에게 개방한다. 윌리엄 리스 동상에서 전쟁 기념비가 보이는데 이곳이 퀸스타운 가든의 입구다. 식물원을 한 바퀴 도는 산책로를 따라 끝에 자리한 전망 포인트(Welsh Kern)까지 가볼 수 있다.

주소 War Memorial, Queenstown Trail   **운영** 24시간   **요금** 무료

 페리를 타고 와카티푸 호수 건너기

퀸스타운 페리는 퀸스타운 중심가와 호수 깊숙한 지역을 연결해주는 또 다른 교통수단이다. 공항 인근의 프랭크턴이나 힐튼 리조트, 베이뷰 지역의 숙소로 이동할 때 주로 이용한다.

주의 현금 결제 불가, 신용카드와 교통카드만 가능
운행 1일 8~10회 운항, 퀸스타운 출발 기준 월~금요일 07:45~17:45(토 · 일요일 21:45까지)
요금 5세 이상 신용카드 $14, 교통카드 $10
홈페이지 queenstownferries.co.nz

⓪③ 스티머 워프 *Steamer Wharf*

와카티푸 호수 전망 맛집이 모인 곳

19세기 퀸스타운의 주요 교통수단이었던 증기선이 정박하는 선착장이었던 곳이 세련된 복합 쇼핑몰로 변모했다. 와카티푸 호수 주변의 목장과 농장으로 물자를 운송하는 배가 드나들던 곳에 지금은 엔터테인먼트 시설과 레스토랑, 카페, 바가 들어서 있다. 호수 풍경을 바라보며 시간 보내기에 완벽한 장소다.

지도 P.132
가는 방법 윌리엄 리스 동상에서 도보 5분
주소 88 Beach St **운영** 08:00~02:00
홈페이지 steamerwharf.co.nz

⓪④ TSS 언슬로호 *TSS Earnslow*

월터 피크 목장으로 떠나는 증기선

잔잔한 와카티푸 호수를 가로지르는 증기선은 1912년 10월 18일에 첫 취항한 TSS 언슬로호다. 1969년 피오르드랜드 여행사(현재 리얼NZ)가 인수해 호수 건너편 월터 피크 목장Walter Peak Farm을 왕복하는 유람선으로 사용하고 있다. 옛날 방식 그대로 석탄을 수작업으로 공급하는 스팀 엔진을 견학할 수 있고, 선상에서 피아노 연주를 들려주기도 한다. 양몰이를 구경하는 팜 투어나 바비큐 식사가 포함된 패키지를 신청할 경우 3~4시간, 목장에 내리지 않고 곧바로 되돌아오는 일반 크루즈는 90분 소요된다.

지도 P.132
가는 방법 스티머 워프 앞에서 출발
주소 68 Beach St
운영 11:00~17:00에 2시간 간격 운행
요금 크루즈 $109, 팜 투어 포함 $149, 바비큐 식사 포함 $189
홈페이지 www.realnz.com

05

퀸스타운 몰
Queensntown Mall

⦿
지도 P.132
가는 방법 시계탑에서 도보 2~5분
주소 Queenstown Mall & Beach St

관광객의 쇼핑 스트리트

시계탑 코너 안쪽으로 퀸스타운 대표 쇼핑가와 맛집 골목이 모여 있다. 그중 보행자 도로인 퀸스타운 몰과 비치 스트리트는 밤늦게까지 영업하는 핫플레이스로 가득하다. 호수가 보이는 루프톱 바 선데크The Sundeck와 말레이시아 레스토랑 마담 우Madam Woo가 특히 유명하고, 쿠키타임에서 운영하는 쿠키 바Cookie Bar도 놓치지 말 것! 오코넬스 O'Connells 쇼핑몰의 푸드 코트에서는 저렴하고 실속 있는 아시아 음식(한식 포함)을 먹을 수 있다. 뉴질랜드 스타일의 기념품을 구경하고 싶다면 아웃포스트The Outpost를 추천한다.

06 프랭크턴 Frankton

로컬들의 쇼핑 공간

뉴 월드New World, 팩앤세이브PAK'nSAVE, 울워스Woolworths, K-마트 등 대형 마트와 로컬들이 주로 찾는 쇼핑센터는 퀸스타운 공항 근처의 프랭크턴에 모여 있다. 리마커블스 숍이라고도 불리는 리마커블스 파크 타운 센터는 모던한 아웃렛 스타일이다. 여름철 토요일에는 옆 광장에서 리마커블스 마켓이 열린다. 40여 개의 매장이 입점한 퀸스타운 센트럴 쇼핑센터, 대형 마트인 울워스와 로컬 맛집이 입점한 파이브 마일 쇼핑센터에서도 편리하게 쇼핑할 수 있다.

- **리마커블스 파크 타운 센터 Remarkables Park Town Centre**
  가는 방법 스탠리 스트리트 버스 허브에서 1번 버스로 20분(Red Oaks Dr 하차) **운영** 리마커블스 파크 타운 센터 09:00~18:00, 리마커블스 마켓 10~4월 토요일
- **퀸스타운 센트럴 쇼핑센터 Queenstown Central Shopping Centre**
  가는 방법 스탠리 스트리트 버스 허브에서 5번 버스로 20분(Grant Rd 하차)
  운영 09:00~18:00
- **파이브 마일 쇼핑센터 Five Mile Shopping Centre**
  가는 방법 퀸스타운 센트럴 쇼핑센터에서 도보 5분 **운영** 09:00~17:30

퀸스타운 맛집

퀸스타운 명물인 퍼그버거, 전망 좋은 호숫가 레스토랑과 스테이크하우스까지,
퀸스타운은 전 세계 관광객의 입맛을 만족시키는 맛집으로 가득하다.
뉴질랜드 스타일을 강조한 브런치 카페도 수준급이다.

퍼그버거 *Fergburger*

2000년에 작은 가게로 시작해 숏오버 스트리트의 한
블록 전체를 차지하게 된 수제 버거 전문점이다. 간판
에 미국 1달러 지폐 뒷면의 "In God We Trust"를 패러
디한 "In Ferg We Trust"라는 문구를 적어놓은 게 재미
있다. 줄 서는 맛집이라 피크 타임에는 1시간 정도 웨
이팅을 해야 한다. 전화 주문 후 픽업하는 방법도 있다.

유형 버거 전문점 **주소** 42 Shotover St
문의 03 441 1232(전화 주문) **운영** 08:00~16:30
예산 $$(퍼그버거 $16.50) **홈페이지** www.fergburger.com

퍼그버거 메뉴

- **퍼그버거 Fergburger** 신선한 뉴질랜드산
  소고기 패티를 사용한 기본 퍼그버거
  with Cheese 퍼그버거에 치즈 추가
  with Double Beef & Cheese 퍼그버거에
  패티 1장과 치즈 추가

- **퍼그 디럭스 Ferg Delux** 퍼그버거에 베이컨,
  치즈, 딜 피클이 들어간 디럭스 버거

- **빅 알 Big Al** 패티와 베이컨, 치즈, 달걀 등 모든
  재료가 2배로 들어간 빅 사이즈 버거

- **불스아이 Bullseye** 립아이 스테이크와
  캐러멜라이즈 양파, 치즈 등이 들어간 버거

- **스위트 밤비 Sweet Bambi** 사슴 고기 패티,
  브리 치즈가 들어간 버거

- **리틀 래미 Little Lamby** 양고기 패티, 민트
  젤리가 들어간 버거

미세스 퍼그 젤라테리아 *Mrs Ferg Gelateria*

퍼그버거 옆으로 모두 퍼그에서 운영하는 베이커리, 젤라토
가게, 칵테일 바가 나란히 자리해 있다. 미세스 퍼그 젤라
테리아는 버거를 먹고 난 다음 입가심할 때 딱 좋은 곳이다.
뉴질랜드 특유의 호키포키 아이스크림과 각종 젤라
토를 맛볼 수 있다.

유형 디저트 **주소** 40 Shotover St
운영 06:00~20:00
예산 $
홈페이지 mrsferg.com

비스포크 키친 *Bespoke Kitchen*

취향 저격 브런치를 선보이며 오픈과 동시에 뉴질랜드 최고의 카페로 선정된 곳이다. 수란을 올린 에그 베네딕트, 블루베리 잼을 얹은 팬케이크를 꽃과 과일로 장식해 맛과 비주얼 모두 만족스럽다. 로컬 유기농 재료로 만든 건강식 위주이고, 글루틴프리 옵션을 선택할 수 있다. 스카이라인 곤돌라로 올라가는 길목에 있다.

유형 브런치 **주소** 9 Isle St
운영 07:30~16:00
예산 $$(메뉴당 $20~30)
홈페이지 www.bespokekitchen.co.nz

부두 카페 *Vudu Cafe*

와카티푸 호숫가에 있는 브런치 카페. 예쁘게 장식한 팬케이크와 프렌치토스트 등 브런치 메뉴가 맛있다. 비스포크 키친에서 함께 운영하는 곳이라 여러 가지 면에서 비슷한 느낌이다. 더 다양한 메뉴를 원한다면 비스포크 키친을 찾는 게 좋다.

유형 브런치 **주소** 16 Rees St
운영 07:30~15:30 **예산** $$
홈페이지 www.vudu.co.nz

포그 마혼스 아이리시 펍 *Póg Mahone's Irish Pub*

인테리어 자재를 아일랜드에서 공수해 내부를 꾸민 정통 아이리시 펍. 호수가 보이는 야외 테라스석이나 2층 발코니 테이블에 앉으면 멋진 경치를 즐길 수 있다. 맥주에 어울리는 간단한 안주도 있고, 뜨겁게 달군 돌판에 고기를 구워 먹는 스톤 그릴 스테이크도 판다. 음식의 퀄리티는 무난한 수준이며 저녁 시간에는 라이브 음악을 연주한다.

유형 펍 · 레스토랑 **주소** 14 Rees St
운영 11:00~24:00 **예산** $$
홈페이지 pogmahones.co.nz

페드로스 하우스 오브 램 *Pedro's House of Lamb*

크라이스트처치에서 간이 매대로 시작해 퀸스타운까지 진출한 뉴질랜드식 양고기 전문점이다. 마늘과 로즈메리로 양념하고 오랜 시간 푹 익힌 양 어깨살과 감자를 푸짐하게 담아준다. 매장에는 테이블이 없고 테이크아웃만 가능하다. 온라인 주문 후 픽업하면 편리하다. 중심가에서 약간 벗어난 곳에 위치하며, 가게 바로 앞에 주차하고 픽업하면 된다.

유형 양고기 전문점 **주소** 47 Gorge Rd
운영 12:00~21:00 **예산** 기본 메뉴(2~3인분) $70
홈페이지 www.pedros.co.nz

저보이스 스테이크 하우스 *Jervois Steak House*

미국식 스테이크하우스를 벤치마킹한 고급 스테이크 전문점. 최고 등급의 소고기를 브로일러에 구워낸다. 드라이에이징한 립아이, 뼈가 붙은 등심과 안심 스테이크가 시그너처 메뉴다. 사이드 메뉴로는 크림 시금치, 구운 마늘 버섯, 트러플 베이컨 맥 앤 치즈Truffle Bacon Mac 'n' Cheese 등이 있다. 가격은 고기 산지(호주, 뉴질랜드, 미국)와 무게에 따라 다른데 1인 기준 $120~150 정도다.

유형 스테이크 **주소** 8 Duke St(소피텔 단지 내)
운영 17:00~22:00 ※예약 권장 **예산** $$$$$
홈페이지 www.jervoissteakhouse.co.nz

플레임 바 & 그릴 *Flame Bar & Grill*

푸짐한 양으로 승부하는 남아프리카식 바비큐 전문점이다. 직화 그릴로 구워낸 바비큐 립(돼지고기)은 가격이 하프 랙(절반) 사이즈 $42, 1인 립아이 스테이크 $60 정도다. 고기 종류 외에 버거와 새우 요리도 있다. 호숫가의 인기 맛집으로 떠들썩한 분위기에서 즐거운 식사를 할 수 있다. 점심에는 워크인이 가능하고, 저녁에는 예약을 추천한다.

유형 바비큐 **주소** 88 Beach St
운영 12:00~밤 **예산** $$$
홈페이지 www.flamegrill.co.nz

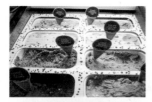

쿠키타임 쿠키바 *Cookitime Cookiebar*

뉴질랜드 국민 과자 쿠키타임에서 직영하는 플래그십 스토어다. 따끈하게 구워낸 즉석 쿠키도 팔고, 쿠키를 듬뿍 얹어주는 셰이크와 아이스크림, 쿠키 샌드위치 등 고칼로리 디저트가 유혹하는 곳이다. 입구에는 쿠키먼처 마스코트가 세워져 있고, 매장 안에는 포토존까지 꾸며놓은 퀸스타운의 관광 명소다. 시계탑 건물에서 도보 5분 거리인 퀸스타운 몰 초입에 있다.

유형 디저트 **주소** 18 Camp St
운영 월~금요일 09:00~22:30, 토 · 일요일 10:00~22:30
예산 $ **홈페이지** cookiebar.co.nz

파타고니아 초콜릿 *Patagonia Chocolates*

윌리엄 리스 동상 바로 옆에 있는 아이스크림 & 초콜릿 전문점이다. 퍼그버거를 먹고 난 다음 이곳에서 아이스크림을 사 들고 호숫가를 구경하면 퀸스타운 여행 끝! 애로우타운에서 작은 초콜릿 가게로 시작해 퀸스타운과 와나카까지 진출했다. 모던하게 꾸민 넓은 실내에 좌석이 마련되어 있다.

유형 디저트 **주소** 2 Rees St
운영 09:00~22:00 **예산** $
홈페이지 www.patagoniachocolates.co.nz

볼스 앤드 뱅글스 *Balls and Bangles*

남다른 비주얼의 디저트를 먹고 싶을 때를 위해 기억해둬야 할 카페. 따끈한 베이글 샌드위치도 맛있지만 초콜릿 드리즐과 오레오 쿠키를 얹은 도넛, 그리고 화려한 토핑을 올린 밀크셰이크가 최고 인기 메뉴다.

유형 디저트 **주소** 62 Shotover St
운영 07:30~17:30 **예산** $$
홈페이지 www.ballsandbangles.com

리마커블 스위트 숍
Remarkable Sweet Shop

달콤한 디저트를 맛보고 싶을 때 들를 만한 곳이
다. 컬러와 모양이 다양한 홈메이드 퍼지fudge(버
터와 우유를 넣어 만든 캐러멜의 일종), 견과류를
넣은 누가nougat, 예쁘게 포장한 초콜릿은 선물용
으로도 좋다. 본점은 애로우타운에 있다.

유형 디저트 **주소** 39 Beach St
운영 09:00~23:00
예산 $
홈페이지 www.remarkablesweetshop.co.nz

퍼블릭 키친 & 바
Public Kitchen & Bar

전망과 맛을 모두 충족시키는 스티머 워프에 자리
한 레스토랑. 뉴질랜드의 로컬 식재료를 활용한
맛깔스러운 음식을 선보인다. 파스타와 스테이크
같은 메인 요리는 $36~50 내외로 가격이 다소
높으며, 인기가 많아 예약하고 방문하는 것이 좋
다. 스티머 워프에는 다른 레스토랑도 많다.

유형 펍 · 레스토랑 **주소** Steamer Wharf
운영 12:00~22:00 **예산** $$$
홈페이지 www.publickitchen.co.nz

마이너스 5° 아이스 바 *Minus 5° Ice Bar*

입장과 동시에 두꺼운 파카를 입고 남극의 추위를 체험
하는 익스트림 바. 내부는 18톤의 얼음으로 장식되어 있
다. 입장료에는 얼음 잔에 마시는 칵테일이 포함되며,
어린이에게는 목테일mocktail(무알코올 음료수)을 제공
한다. 술을 팔기 때문에 입장 시 신분증이 필요하다.

유형 바 · 액티비티 **주소** Steamer Wharf
운영 14:00~23:00 **예산** 성인 $45, 어린이 $25
홈페이지 www.minus5icebar.com

퍼키스 플로팅 바 *Perky's Floating Bar*

호수에 정박한 작은 보트를 술집으로 꾸민 곳으로, 유람선 탄 기분을 내
면서 맥주를 즐길 수 있다. 맥주 외에도 와인, 보드카 등을 잔 단위로 팔
며 외부 음식 반입도 허용한다. 예약은 필요 없다.

유형 유람선 **주소** Queenstown Bay
운영 12:00~23:00 **예산** $
홈페이지 www.perkys.co.nz

퀸스타운 숙소

퀸스타운 중심가의 숙소는 남섬의 다른 지역에 비해 현저히 비싼 편이다.
따라서 아서스 포인트와 프랭크턴 쪽에서 중급 숙소를 구하는 것도 방법이다.
특별히 경치가 좋은 곳을 찾는다면 리마커블스가 바라다보이는 편힐 언덕 쪽 숙소를 추천한다.

크라운 플라자 퀸스타운
Crowne Plaza Queenstown

위치, 전망, 시설 모든 것을 갖춘 호텔이다. 호수 전망
발코니가 딸린 디럭스룸은 성수기 기준 40만~50만
원이며, 예약하면 약간 할인된다. 주차비는 별도다.

유형 호텔 **주소** 93 Beach St
문의 03 441 0095 **예산** $$$$
홈페이지 queenstown.crowneplaza.com

노보텔 퀸스타운 레이크사이드
Novotel Queenstown Lakeside

퀸스타운 가든과 와카티푸 호수가 내려다보이는 전망
이고, 도보로 쉽게 다닐 수 있다. 주차비는 별도이며
발레파킹을 이용하는 것이 좋다.

유형 호텔 **주소** Cnr Earl St, Marine Parade
문의 03 442 7750 **예산** $$$
홈페이지 novotelqueenstownlakeside.co.nz

블루 피크 로지 Blue Peaks Lodge

합리적인 요금의 모텔급 숙소. 무료 주차가 장점이다.
중심가와 가까우면서도 한적한 주택가에 있어 야간 소
음은 없다.

유형 모텔 **주소** 11 Sydney St
문의 0800 162 122 **예산** $$
홈페이지 www.bluepeaks.co.nz

하카 하우스 퀸스타운
Haka House Queenstown

백패커스 체인 하카 하우스의 퀸스타운 지점. 중심가
까지 도보 15분 거리인 대신 저렴하며, 경치가 아름다
워 호숫가를 따라 자전거를 타거나 산책하기 좋다.

유형 백패커스 **주소** 88-90 Lake Esplanade

문의 021 639 796 **예산** $
홈페이지 hakahouse.com

힐튼 퀸스타운 Hilton Queenstown

호숫가 건너편에 호텔부터 리조트까지 다양한 종류의
힐튼 계열 숙소가 모여 있는 곳. 차를 숙소에 두고 퀸
스타운 중심가까지 페리를 타고 건너오는 것도 재미
다. 주차비 별도.

유형 호텔 **주소** 79 Peninsula Rd, Kawarau Heights
문의 03 3450 9400 **예산** $$$~$$$$
홈페이지 www.hilton.com

톱 10 홀리데이 파크 Top 10 Holiday Park

숏오버강이 흐르는 아서스 포인트에는 톱 10 홀리데이
파크뿐 아니라 저렴한 숙소가 여럿 있다. 퀸스타운 중
심가에서는 자동차로 15분 거리이고, 애로우타운으로
가는 길목이기도 해서 개인 차량이 있다면 추천한다.

유형 캠핑장·캐빈
주소 70 Arthurs Point Rd, Arthurs Point
문의 0800 462 267 **예산** $$
홈페이지 qtowntop10.co.nz

플래티넘 퀸스타운 빌라
Platinum Queenstown Villa

퀸스타운에서 글레노키 방향으로 가다 보면 나오는 편
힐 언덕 위에 자리한 최고급 숙소. 리마커블스와 호수
가 겹쳐 보이는 전망이 멋지다. 여러 개의 방이 있는
콘도형 리조트로 가족여행에 알맞다. 주위에 편의 시
설이나 대중교통이 없으므로 반드시 개인 차량이 있어
야 한다. 주차 무료.

유형 리조트 **주소** 96 Fernhill Rd
문의 03 746 7700 **예산** $$$$
홈페이지 www.platinumqueenstown.co.nz

퀸스타운 근교
Around Queenstown

리마커블스를 눈에 가득 담는 시간

퀸스타운 중심가를 벗어나면 더욱 환상적인 풍경이 기다린다. 와카티푸 호수의 수원인 숏오버강과 카와라우강을 따라 짧은 여행을 떠나보자. 웅장한 리마커블스의 설경이 보이는 전망 포인트와 옛 금광 마을 분위기를 간직한 애로우타운, 카와라우 번지, 깁스턴 밸리를 묶어서 다녀오면 알찬 하루가 완성된다. 와카티푸 호수 북쪽 끝에 자리한 글레노키는 작은 시골 마을이라 조용하게 힐링하고 싶은 사람에게 적당하다.

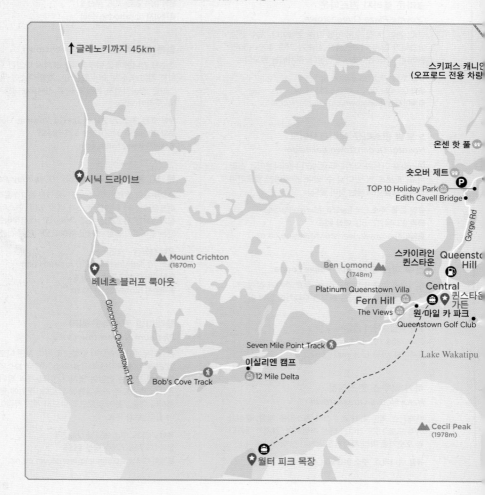

↑글레노키까지 45km

스키퍼스 캐니언
(오프로드 전용 차량

온센 핫 풀

숏오버 제트
TOP 10 Holiday Park
Edith Cavell Bridge

Gorge Rd

★ 시닉 드라이브

Mount Crichton
(1870m)

Ben Lomond
(1748m)

스카이라인
퀸스타운

Queensto
Hill

베네츠 블러프 룩아웃

Platinum Queenstown Villa

Central
퀸스타

Fern Hill
The Views

가든
원 마일 카 파크
Queenstown Golf Club

Glenorchy-Queenstown Rd

Seven Mile Point Track

이실리엔 캠프
12 Mile Delta

Bob's Cove Track

Lake Wakatipu

Cecil Peak
(1978m)

월터 피크 목장

퀸스타운 힐

스키퍼스 캐니언

코로넷 피크

애로우타운

퀸스타운 공항

숏오버강

카와라우강

리마커블스 스키장으로
올라가는 길에 바라본 전망

Coronet Peak

브루이넨 여울

카드로나 스키장

코로넷 피크
스키장

스키퍼스 로드
룩아웃

애로우타운 박물관

버킹엄 스트리트

윌콕스 그린
Wilcox Green

Arrowtown

Malaghans Rd

크라운 레인지 서밋
애로우 정선 룩아웃

Arrow Junction

Crown Range Rd

Arrow River

Shotover River

Woolworths
PAK'nSAVE
Warehouse
K-Mart
쇼핑센터

Coronet Peak

Kawarau River

Kawarau Gorge
Suspension Bridge

카와라우 번지

Boatshed
Cafe

Frankton

차드 팜 와이너리

Pillars of the Kings

퀸스타운 공항

쇼핑센터
— Remarkables Park
— Remarkables Market
— New World

Gibbston Valley

카와라우 폭포

킵스턴 밸리 와이너리

elvin Heights

에픽 룩아웃

Jankton Arm

리마커블스 스키장

리마커블스
Double Cone
(2319m)

Jack's Point

네비스 번지 · 스윙
(셔틀버스 이용)

Jack's Point Golf Course

잭스 포인트 클럽하우스

스카이다이빙
NZone

데빌스 스테어케이스

↓ 밀퍼드 사운드 방향

0   3km

01

리마커블스
The Remarkables

📍
지도 P.145

퀸스타운의 지붕

리마커블스는 퀸스타운을 병풍처럼 둘러싸고 있는 산맥이다. 더블 콘Double Cone이라고 불리는 2개의 뾰족한 봉우리는 해발 2319m에 달한다. 흰 눈이 덮인 산맥과 푸른 와카티푸 호수가 어우러진 풍경은 리마커블스라는 이름처럼 무척 인상적이다. 영화 〈반지의 제왕〉 팬이라면 로한의 피난민이 언덕을 넘는 장면에 등장한 리마커블스를 단번에 알아볼 것이다. 와카티푸 호수는 로스로리엔, 리마커블스는 딤릴 골짜기로 등장했으며, 퀸스타운과 리마커블스 중간에 있는 디어 파크 하이츠Deer Park Heights도 주요 촬영지였다.

리마커블스 스키장 *The Remarkables Ski Area*

리마커블스 뒤편에 자리한 퀸스타운의 대표 스키 리조트다. 겨울에는 일반 관람객도 리프트를 타고 해발 1600m 지점에 올라가 전망을 감상할 수 있고, 스키장이 문을 닫는 여름철에는 개인 차량으로 스키장 입구 근처의 진입로까지 가볼 수 있다. 흐린 날에는 정상과 호수 쪽 저지대의 기상 상황이 급변할 수 있으므로 맑은 날 방문하는 것이 좋다.

▶ 퀸스타운 스키장 정보 1권 P.058

가는 방법 퀸스타운에서 24km, 자동차로 45분, 겨울철에는 셔틀버스 이용
주소 Remarkables Skifield Car Park, 253 Kingston Rd, Kawarau Falls 9371
운영 겨울 09:00~16:00
요금 리프트 종일 이용권(슈퍼 패스) $165
홈페이지 theremarkables.co.nz

스키퍼스 로드 룩아웃 *Skippers Road Lookout*

리마커블스 스키장 정반대 편에 있는 스키퍼스 로드는 대부분의 렌터카 회사가 진입을 금지하는 벼랑 끝 산길이다. 일반 차량은 코로넷 피크 스키장으로 가는 도로와 스키퍼스 로드의 갈림길까지만 운행이 가능하다. 막힘 없이 탁 트인 전망을 자랑하는 이 지점에서는 리마커블스와 그 아래로 펼쳐진 퀸스타운 평원, 애로우타운으로 가는 도로가 한눈에 들어온다. 본격적인 오프로드 투어에 참여하면 마오리 포인트, 스키퍼스 포인트, 스키퍼스 브리지(100m 길이의 현수교)까지 다녀올 수 있다. ▶ 투어 정보 P.130

가는 방법 퀸스타운에서 12km, 자동차로 20분
주소 Skippers Rd & Coronet Peak Rd
운영 24시간

스키퍼스 로드 룩아웃의 전망

잭스 포인트 *Jack's Point*

리마커블스 산기슭에 자리한 잭스 포인트는 여름에는 골프장, 겨울에는 스키장을 찾는 사람을 위한 리조트 타운이다. 뉴질랜드에서 가장 멋진 경치를 자랑하는 잭스 포인트 골프 클럽(전체 18홀, 72파, 6986야드)이 있고, 호수 전망의 클럽하우스 레스토랑도 인기가 많다. 에어비앤비가 많이 모인 지역으로 퀸스타운에 비해 비교적 저렴하다.

가는 방법 퀸스타운에서 18km, 자동차로 20분 또는 4번 버스로 50분(종점 하차)
주소 Jack's Point Golf Course & Restaurant
운영 08:00~18:00
홈페이지 jackspoint.com

애로우타운
Arrowtown

추천

❶ Arrowtown Information Center(Lake District Museum)

주소 49 Buckingham St
운영 09:00~16:00
홈페이지 www.arrowtown.com

골드러시의 흔적을 간직한 마을

1862년 숏오버강에서 하루에 9kg의 금이 발견되면서 퀸스타운의 골드 러시가 시작되었다. 인근 애로우강에서도 사금이 발견되었다는 소식과 함께 애로우타운이라는 마을이 탄생했다. 아기자기한 기념품점과 카페가 들어선 메인 도로, 버킹엄 스트리트는 걸어서 10~15분이면 둘러볼 수 있다. 마을 역사를 전시한 소규모 박물관이 방문자 센터를 겸한다.

지도 P.145
가는 방법 퀸스타운에서 20km, 자동차로 30분 또는 2번 버스로 40분(종점 하차)

골드 너깃 *Gold Nugget*

애로우강에서 채취한 사금과 골드 너깃(금 덩어리)을 전시한 주얼리 숍. 버킹엄 스트리트 한복판에 있어 쉽게 찾을 수 있다. 원주민이 만든 공예품과 각종 기념품도 판매하니 작은 마그넷이라도 하나 구입하길 추천한다.

주소 43 Buckingham St
운영 09:00~17:00

파타고니아 초콜릿
Patagonia Chocolates

퀸스타운 호숫가의 인기 디저트 가게. 애로우타운에서 파타고니아 초콜릿 브랜드가 탄생했다. 메인 도로에서 한 블록 안쪽에 자리한, 영화 세트장 같은 예쁜 건물이 낭만적인 분위기를 연출한다. 초콜릿은 물론 아이스크림과 커피, 디저트도 판매한다.

주소 31 Ramshaw Lane
운영 09:00~18:00

중국인 정착지
Chinese Settlement

골드러시 시기에 뉴질랜드 정부가 사금 채취를 위해 초청한 중국 광부의 숫자는 1874년 기준 3564명에 달했다고 한다. 중국식 움막 등 초기 이민자의 생활상을 보기 위해 찾아온 중국 단체 관광객들의 모습이 종종 눈에 띈다.

주소 Historic Arrowtown Chinese Settlement
운영 24시간

애로우강 Arrow River

영화 〈반지의 제왕〉에서 브루이넨 여울로 묘사된 강이다. 물살이 잔잔한 이곳에서는 아르웬이 말을 타고 나즈굴을 유인하는 장면을 촬영했고, 강물이 범람하는 장면은 인근의 숏오버강에서 찍었다고 한다. 방문자 센터 근처 또는 아래 주소에 주차하고 걸어 들어가면 평범한 강이 나온다. 좀 더 흥미진진한 경험을 하려면 오프로드 차량으로 강물을 건너고 사금 채취를 체험하는 퀸스타운 반지의 제왕 투어를 추천한다.
➡ 투어 정보 P.130

주소 8 Ford St, Arrowtown 9302

퀸스타운-애로우타운 한 바퀴!
당일 여행 추천 코스

퀸스타운과 애로우타운 사이에는 두 갈래 길이 있다. 애로우타운으로 갈 때는 숏오버강을
지나가는 북쪽 경로를 택하고, 돌아올 때는 남쪽 경로인 6번 국도(SH6)를 이용하면
더욱 다양한 풍경을 볼 수 있다.

① 에디스 카벨 다리
Edith Cavell Bridge

제일 먼저 차를 세울 곳은 숏오버 협곡 위에 놓인
48m 높이의 다리 아래쪽이다. 잠시 멈춰서 물살
을 가르며 질주하는 제트보트를 구경할 수 있는
포인트다. 여기서 조금 더 가면 온센 핫 풀 등 휴
양 리조트와 숙소가 모여 있는 아서스 포인트가
나온다.

주소 3 Arthurs Point Rd, Arthurs Point, Queenstown
9371

② 아서스 로드 & 말라간 로드
Arthurs Road & Malaghans Road

리마커블스를 오른쪽에 두고 애로우타운까지 평
화로운 전원 속을 지나는 드라이브 코스다. 코로
넷 피크 스키장과 스키퍼스 캐니언으로 올라가는
길과 연결되어 있다.

주소 49 Buckingham St, Arrowtown 9302

③ 카와라우 협곡
Kawarau Gorge

애로우타운을 구경한 다음 남쪽으로 내려가면 카
와라우 번지점프대로 사용하는 현수교가 나온다.
주차장이 있어서 차를 세워두고 번지점프하는 모
습을 구경할 수 있다. 근처 깁스턴 밸리 와이너리
에 들러도 좋다.

주소 Kawarau Gorge Suspension Bridge

차드 팜 와이너리로 가는 길

⑬ 깁스턴 밸리 *Gibbston Valley*

퀸스타운의 와인 산지

카와라우 번지점프대 근처의 6번 국도에서는 카와라우강이 흐르는 협곡을 따라 포도밭이 펼쳐진 광경을 볼 수 있다. 서늘한 기후 덕분에 프랑스의 부르고뉴, 미국의 오리건과 함께 피노 누아 3대 생산지로 명성을 얻었다고 한다. 영화배우 샘 닐이 소유한 투 패덕스Two Paddocks 와이너리도 이 지역에 있다.

지도 P.122
가는 방법 퀸스타운에서 25km, 자동차로 30분

깁스턴 밸리 와이너리
Gibbston Valley Winery

오타고 중부 지역에서 피노 누아 재배에 성공한 초창기 와이너리 중 하나다. 피노 누아의 변종인 피노 그리, 독일의 리슬링 품종도 생산한다. 6번 국도 바로 옆에 있어서 찾아가기 쉽다. 뉴질랜드 최대의 와인 동굴과 테이스팅 룸, 레스토랑, 치즈 숍, 기념품점 등을 갖추고 있다.

주소 1820 State Highway 6, Gibbston 9371
운영 10:00~17:00
요금 와인 동굴 투어 $25, 와이너리 투어 $38
홈페이지 www.gibbstonvalley.com

차드 팜 와이너리
Chard Farm Winery

1862년에 조성한 옛 과수원을 사들여 1987년부터 포도를 재배하기 시작한 와이너리다. 협곡 건너편 고립된 위치에 자리한 만큼 경치가 무척 뛰어난데, 진입로 초입에서 〈반지의 제왕〉의 명장면 '왕들의 관문Pillars of the Kings' 촬영 장소를 내려다볼 수 있다. 컴퓨터 그래픽으로 합성한 아르고나스 석상은 당연히 볼 수 없지만 영화를 능가하는 풍경이 펼쳐진다.

주소 The Argonath, 205 Chard Rd, Gibbston 9197
운영 11:00~17:00 **요금** 시음 무료 ※예약 필수
홈페이지 www.chardfarm.co.nz

④ 크라운 레인지 서밋 *Crown Range Summit*

와나카로 가는 길

해발 1121m를 통과하는 뉴질랜드 최고 높이의 산간 도로. 전체 길이는 51km이며 카드로나 스키장을 지나 와나카까지 이어진다. 아찔한 고개를 넘을 때마다 보이는 황량한 알파인 지대의 풍경은 〈반지의 제왕〉 중간계로 등장해 더 유명해졌다. 애로우타운 부근의 전망 포인트에 서면 방금 지나온 구불구불한 도로와 퀸스타운 평야가 한눈에 들어온다. 겨울에서 초봄 사이의 동절기와 악천후일 때는 안전한 6번 국도를 이용할 것.

➡ 와나카 호수 정보 P.089

❶
지도 P.145
가는 방법 퀸스타운에서 22km, 자동차로 25분
주소 Arrow Junction Lookout, Crown Range Rd, Arrow Junction 9371
운영 24시간

⑤ 데빌스 스테어케이스 *Devil's Staircase*

밀퍼드 사운드로 가는 길

와카티푸 호수 가장 남쪽의 킹스턴 마을에 도착하기 전, 상상을 초월하는 아찔한 벼랑길 구간을 만나게 되는데 이를 '악마의 계단'이라고 부른다. 절벽의 굴곡을 따라 나 있는 길이라 야간 운전은 매우 위험하다. 퀸스타운에서 밀퍼드 사운드로 갈 때 들를 만한 전망 포인트다.

➡ 밀퍼드 사운드 정보 P.160

❶
지도 P.145
가는 방법 퀸스타운에서 35km, 자동차로 40분
주소 Devil's Staircase Lookout Point, 2911 Kingston Rd, Kingston 9793
운영 24시간

⑥ 시닉 드라이브 *Scenic Drive*

글레노키로 가는 길

와카티푸 호수의 맨 북쪽까지 이어진 45km의 드라이브 코스는 절경의 연속이다. 높은 산봉우리가 새파란 호수에 반영된 모습에 반해 몇 번이고 멈추어 서게 된다. 글레노키까지는 편도 1시간 정도 거리로, 통신이 원활하지 않고 중간에 편의 시설이 전혀 없으므로 당일 일정이라면 오전 일찍 출발하는 것이 좋다.

📍
지도 P.144
가는 방법 퀸스타운에서 개인 차량으로 이동(대중교통 없음)
주소 Glenorchy-Queenstown Rd **운영** 24시간

👀 전망 포인트

① 펀힐
Fernhill
벤 로몬드Ben Lomond 산기슭에 자리한 경치 좋은 주택가. 리마커블스가 정면으로 보이는 전망의 고급 리조트가 많다.

② 세븐 마일 포인트 트랙
Seven Mile Point Track
펀힐 언덕 위쪽의 전망 포인트. 여기서 호숫가까지 내려가는 편도 1시간 30분짜리 트레킹 코스가 있다.

③ 트웰브 마일 델타 *Twelve Mile Delta*
호숫가에 자리한 평화로운 캠핑장. 〈반지의 제왕〉에서 토끼를 잡아온 골룸에게 샘이 감자에 대해 설명해주는 장면을 촬영한 곳이라서 영화 속 지명인 '이실리엔 캠프Ithilien Camp'로 불리기도 한다.

④ 베네츠 블러프
Bennetts Bluff
탁 트인 넓은 호수와 앞으로 달릴 도로가 한눈에 들어오는 전망 포인트다.

⑤ 피전 · 피그 아일랜드
Pigeon · Pig Island
글레노키에 거의 도착할 무렵 호수 한가운데 떠 있는 커다란 섬 2개가 나타난다. 이 부근의 전망이 매우 아름답다.

⑦

글레노키
Glenorchy

추천

ⓘ Glenorchy Information Centre

가는 방법 퀸스타운에서 45km, 자동차로 1시간
주소 42 Mull St, Glenorchy 9372
문의 03 442 9902
운영 10:30~14:30
홈페이지 glenorchyinfocentre.co.nz

루트번 트랙의 시작점

와카티푸 호수 북쪽의 글레노키로 통하는 주요 도로는 단 하나뿐이다. 아주 오래전부터 마오리족이 장신구 재료인 그린스톤을 채취하던 터전에 1860년대 이후 유럽인이 정착하면서 마을이 형성되었다고 한다. 걸어서 둘러봐도 10분이면 충분할 정도로 작은 마을이다. 호숫가의 빨간색 오두막은 옛 글레노키 증기선 창고이며, 그 앞에 자라는 글레노키 버드나무Glenorchy willow가 포토 스폿이다. 퀸스타운 대신 이곳에서 집라인, 제트보트, 스카이다이빙 같은 액티비티를 하고 싶다면 방문자 센터에서 정보를 얻을 수 있다.

마을 북쪽은 유네스코 세계자연유산 테 와히포우나무의 일부인 마운트 어스파이어링 국립공원과 맞닿아 있다. 밀퍼드 사운드로 넘어가는 루트번 트랙Rootburn Track(2박 3일 소요)과 리스-다트 트랙Rees and Dart Tracks(4박 5일 소요) 등 트램핑 코스의 출발점이기도 하다.

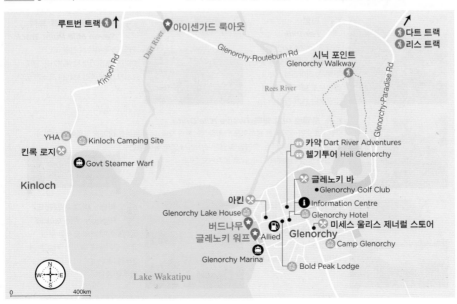

TRAVEL TALK

글레노키 영화 촬영지 알아보기

퀸스타운 주변에서 〈반지의 제왕〉 무비 투어로 유명한 두 마을이 글레노키와 애로우타운입니다. 안개산맥은 마운트 어스파이어링 국립공원을 배경으로 했으며, 글레노키 마을 북쪽의 초원(Dans Paddock)은 아이센가드로 등장했어요. 그러나 전문 투어업체를 통해 참여하지 않는 이상 접근이 쉽지 않은 장소가 대부분입니다. 루트번 트랙의 출발점인 루트번 셸터로 가는 길에 아이센가드 룩아웃Isengard Lookout을 지나가게 되는데, 비포장도로이고 범람 위험이 있는 다트강 위로 놓인 다리라 안전에 유의해야 합니다.

◁ 글레노키 편의 시설 ▷

루트번 트랙을 걷는 등산객들의 베이스캠프 역할을 하는 마을이라 기본적인 편의 시설을 갖추고 있지만 대부분 영업을 일찍 마친다. 숙박업소 또한 선택지가 한정적이며 가격에 비해 시설이 낡은 곳이 많다. 호수 건너편 킨록Kinloch 마을에 백패커스인 YHA가 있으나 강을 건너가야 하기 때문에 추천하지 않는다.

 맛집

아킨 *Akin*
<u>유형</u> 카페 <u>주소</u> 13 Mull St <u>운영</u> 08:30~15:00
<u>예산</u> $

미세스 울리스 제너럴 스토어
Mrs Woolly's General Store
<u>유형</u> 기념품점 · 카페 <u>주소</u> 64 Oban St
<u>운영</u> 08:30~15:00 <u>예산</u> $
<u>홈페이지</u> mrswoollysgeneralstore.nz

글레노키 바 *Glenorchy Bar*
<u>유형</u> 버거 <u>주소</u> 42/50 Mull St
<u>운영</u> 11:00~15:00, 17:00~20:30 <u>예산</u> $$
<u>홈페이지</u> www.glenorchynz.com

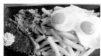 

 숙소

글레노키 알파인 베이스캠프
Glenorchy Alpine Base Camp
<u>유형</u> 오두막(트레킹 정보 제공)
<u>주소</u> 49 Oban St <u>예산</u> $$$
<u>홈페이지</u> thegreatglenorchyalpinebasecamp.co.nz

글레노키 호텔 *Glenorchy Hotel*
<u>유형</u> 호텔 · 백패커스
<u>주소</u> 42/50 Mull St
<u>문의</u> 03 442 9902
<u>예산</u> $$
<u>홈페이지</u> glenorchynz.com

글레노키 레이크 하우스
Glenorchy Lake House
<u>유형</u> 고급 캐빈 <u>주소</u> 13 Mull St
<u>문의</u> 03 442 4900
<u>예산</u> $$$$
<u>홈페이지</u> glenorchylakehouse.co.nz

자연과 하나 되는 진짜 여행
루트번 트랙과 피오르드랜드
3대 트레킹 코스

피오르드랜드 국립공원에는 루트번 트랙, 밀퍼드 트랙,
케플러 트랙이라는 3대 트레킹 코스가 있다.
알파인 고지대의 초원과 울창한 삼림, 고요한 호수가 어우러진
풍경을 보면서 산길을 걷는 것은 인생에 한 번쯤 도전해볼 만한
멋진 일이다.

 걸어서 밀퍼드 사운드까지
루트번 트랙 *Routeburn Track*

루트번 트랙은 글레노키에서 산맥을 넘어
밀퍼드 사운드까지 2박 3일 동안 걷는 트램
핑 코스다. 중간중간 텐트나 산장에서 불편
한 잠을 잘 수밖에 없지만, 마운트 어스파이
어링과 피오르드랜드라는 2개의 국립공원

거리 편도 33.1km
소요 시간 2~3일
난이도 중상

을 넘나들며 만나는 환상적인 경관 덕분에 세계 산악인들의 버킷
리스트로 손꼽힌다.
전반적인 난이도는 무난한 수준이나 루트번 트랙 입구까지 가는 길
25km 중 마지막 8km는 비가 내리면 강물이 범람하는 위험 지역이
므로 주의가 필요하다.

DAY 1

루트번 셀터에서 출발해 '깨끗한 물'
이라는 의미의 루트번강이 흐르는 계
곡을 지난다. 훔볼트산맥Humboldt
Mountains이 눈앞에 펼쳐지면서 고도
가 계속 높아지므로 체력 안배가 중요
한 날이다.

뉴질랜드에서는 11~4월을
걷기 좋은 그레이트 워크 시즌으로
정해놓았어요. 시즌 외 기간에는
자연재해의 위험이 높고 산장 등
편의 시설이 폐쇄됩니다.

루트번 플랫 산장
Routeburn Flats Hut

루트번 셀터
Routeburn Shelter

②

①

1시간 30분~2시간 30분   1시간 30분

DAY 1

0km   7.5km   9

홈볼트산맥

홀리포드 밸리 & 강

DAY 2

수목한계선을 통과하면 나무 대신 터석으로 가득 찬 알파인 평원과 습지대가 나타난다. 트랙의 최정상 지점인 해리스 새들을 넘어 둘째 날 목적지인 매켄지 호수까지 내려간다.

DAY 3

수목한계선으로 내려가기 직전, 작은 평야를 지나 다시 숲으로 들어간다. 목적지까지 1시간 30분 정도 남겨두고 케아 서밋Kea Summit 전망 포인트로 우회할 수도 있다.

해리스 새들
Harris Saddle(1255m)

매켄지 헛 호수
Lake Mackenzie Hut

디바이드 셸터
The Divide Shelter

루트번 폴 산장
outeburn Falls Hut

			시간
4시간 30분~6시간	3~4시간	1시간~1시간 30분	
DAY 2	DAY 3		기간
21.1km	29.7km	33km	거리

밀퍼드 사운드
루트번 트랙
밀퍼드 트랙
글레노키
퀸스타운
와카티푸 호수
테아나우다운스
테아나우
케플러 트랙

· 루트번 트랙 준비하기

루트번 트랙은 전반적으로 도로 상태가 좋아 11~4월에는 자유 산행이 가능하며, 별도의 입산 허가는 필요하지 않다. 물론 숙소나 식사, 교통편은 직접 계획해야 한다. 보통 5~6월경부터 DOC 홈페이지를 통해 루트번 트랙의 4개 산장hut과 캠핑장을 예약할 수 있으며, 원하는 날짜에 이용하려면 예약을 서둘러야 한다. 퀸스타운의 DOC 방문자 센터에서도 여러 가지 정보를 얻을 수 있다.

요금 산장 1박 $120(외국인 기준),
캠프장 1박 $38(외국인 기준)

ⓘ DOC Queenstown Visitor Centre

주소 50 Stanley St, Queenstown 9300
운영 08:30~16:30
홈페이지 www.doc.govt.nz(Routeburn Track으로 검색)

· 교통편 알아보기

출발점인 루트번 셸터와 도착점인 디바이드 셸터에는 대중교통이 없기 때문에 퀸스타운과 글레노키에서 루트번 셸터까지 하루에 2~3차례 셔틀버스를 운행한다. 코스를 완주한 여행자를 디바이드에서 픽업해 밀퍼드 사운드 관광과 연계해주는 상품도 있다. 셔틀버스를 놓치는 상황이 발생하지 않도록 반드시 예약해야 한다. 두 곳 모두 개인 차량으로 갈 수 있어 입구만 구경하고 돌아오기도 한다.

출발 **루트번 셸터** ▶ P.154(글레노키에서 25km, 비포장도로)
주소 Routeburn Shelter Parking, 314 Routeburn Rd, Kinloch 9372

도착 **디바이드 셸터** ▶ P.171(테아나우에서 84km, 포장도로)
주소 The Divide Carpark, Southland 9679 Fiordland, 9679

· 셔틀버스 정보

승차 지점	하차 지점	요금	출발 시간
퀸스타운	루트번 셸터	$59	08:00, 11:15, 16:00
글레노키	루트번 셸터	$34	09:00, 12:15, 17:00
디바이드 셸터	퀸스타운	$99	10:10, 15:15
디바이드 셸터	테아나우	$55	10:10, 15:15, 17:45
예약 홈페이지	www.infotrack.co.nz		

출발 지점인 루트번 셸터

도착 지점인 디바이드 셸터

 세 트랙 중 난도 최고
밀퍼드 트랙 *Milford Track*

피오르드랜드 국립공원의 심장을 관통하는 밀퍼드 트랙은 루트번 셸터에 비해 난도가 훨씬 높고 규정도 엄격하다. 테아나우다운스Te Anau Downs 마을의 호수에서 배를 타고 트레킹의 출발 지점으로 이동한 뒤 종료 지점인 밀퍼드 사운드의 마이터 피크에서 또 한 번 배를 타야 하는 번거로움도 따른다. 따라서 가이드 영업 허가를 받은 전문 업체의 도움을 받는 방법을 추천한다.

거리 편도 53.5km
소요 시간 4일
난이도 최상

출발 테아나우다운스 ▶ P.169
도착 마이터 피크 ▶ P.176
홈페이지 www.ultimatehikes.co.nz

3 테아나우 호수와 원시림 탐험
케플러 트랙 *Kepler Track*

테아나우에서 출발해 케플러 산맥의 고지대를 거쳐 피오르드랜드의 해안까지 크게 한 바퀴 돌아보는 4일간의 여정이다. 케플러 트랙은 길이 잘 관

거리 한 바퀴 60km
소요 시간 4일
난이도 중상

리되어 있고 난이도가 무난해 가이드 없이 개인 트램핑을 즐기는 사람이 많다. 편도 14km 지점의 룩스모어 산장Luxmore Hut까지 1박 2일 일정으로 다녀오기도 한다. 출발과 도착 지점이 동일하기 때문에 교통편은 따로 예약하지 않아도 된다. 산장은 DOC를 통해 사전 예약 필수.

출발 → **도착** 테아나우 마을에서 5km ▶ P.166
주소 Kepler Car Park, 1223 Manapouri Te Anau Highway, Manapouri 9679

폭포가 쏟아지는 피오르드랜드

밀퍼드 사운드
MILFORD SOUND · PIOPIOTAHI

영국 시인 키플링이 '세계에서 여덟 번째 불가사의'라고 극찬한 밀퍼드 사운드(피오피오타히)의
신비로운 협곡으로 항해를 떠나보자. 남섬의 남서부 해안은 대부분 복잡한 해안선과 협만으로 이루어져
접근 자체가 어려운 피오르 지형이다. 피오르드랜드 국립공원(면적 1만 2500km²)의 14개 피오르 중에서
밀퍼드 사운드는 유일하게 차량으로 방문이 가능할 뿐 아니라 불과 2시간 남짓의 유람선 투어로
그 진면목을 감상할 수 있는 뉴질랜드의 대표 관광지다.

밀퍼드 사운드

피오르드랜드 국립공원은 1986년 남섬의 다른 세 국립공원과 함께 테 와히포우나무 유네스코 세계자연유산으로 등재되었습니다.
➡ 세계자연유산 정보 P.071

세계자연유산 정보 P.071

🧍 Follow Check Point

ℹ Fiordland National Park Visitor Centre

위치 테아나우
주소 Lakefront Dr, Te Anau 9640
문의 03 249 7924
운영 08:30~16:30(겨울철 09:00~16:00, 일요일 휴무)
홈페이지 fiordland.org.nz

❄ 밀퍼드 사운드 날씨

밀퍼드 사운드는 연평균 강수량이 6800mm에 달할 만큼 비가 많이 내리는 온대 우림 지역이다. 강수량은 12월과 1월에 집중되나 비가 오지 않는 날이 드물다. 사계절 내내 기온 변화가 크지 않은 반면 일교차는 심하고, 습기 때문에 체감온도는 실제보다 낮게 느껴진다. 여름에는 샌드플라이(해충) 기피제를 꼭 준비해야 한다.

계절	봄(10월)	여름(1월)	가을(4월)	겨울(7월)
날씨	🌧	🌧	🌧	🌧
평균 최고 기온	19.7℃	24.4℃	19.9℃	14.2℃
평균 최저 기온	1.2℃	5.9℃	2℃	−2.1℃

밀퍼드 사운드 실전 여행

Te Anau Lodge

↗ 밀퍼드 로드

Te Anau Lakefront
Backpackers

랜치 바&그릴

피제리아

밍 가든

케플러 워터 택시

Te Anau

글로웜 케이브

i-site

리얼 NZ 유람선

서던레이크 헬리콥터

Distinction Te Anau Hotel

Lake Te Anau

Fiordland National Park
Visitor Centre

Lakeview Kiwi Holiday Park

테아나우 조류 보호구역

케플러 트랙

0   800m

테아나우 호수
룩아웃

테아나우

P

Golf Course Rd

● Te Anau Golf Club

밀퍼드 사운드-주요 지점 간 거리 정보

테아나우 🚗 3시간		인버카길 🚗 4시간 30분
	← 120km 273km →	
	밀퍼드 사운드	
퀸스타운 🚗 5~6시간	← 288km 406km →	더니든 🚗 6시간

ACCESS

● 자동차

직접 운전할 경우 퀸스타운에서 당일로 다녀가는 것은 무리다. 공식 방문자 센터가 소재한 테아나우에 숙소를 정하고 최소 1박 2일 일정으로 다녀올 것을 추천한다. 테아나우에서 밀퍼드 사운드로 들어가는 밀퍼드 사운드 로드(SH94)는 캠핑카 같은 대형 차량도 진입이 가능하다. 단, 테아나우를 벗어나면 통신이 거의 끊기고 밀퍼드 사운드까지 편의 시설이 거의 없으므로 사전에 철저하게 준비해야 한다.

● 밀퍼드 사운드 1박 2일 로드 트립 추천 일정

DAY 1	11:00	퀸스타운 출발
	13:00	테아나우 도착. 방문자 센터에서 날씨 확인하고 배를 예약한다. 호숫가 주변을 산책하거나 글로웜 동굴을 다녀온다. ▶ 숙소 정보 P.167
DAY 2	07:00	밀퍼드 사운드로 출발. 가는 길에 미러 호수에 잠시 들르면 3시간쯤 소요된다. 성수기와 오후 시간대에는 중간의 호머 터널Homer Tunnel 구간에서 교통 정체가 발생한다는 점을 감안할 것 ▶ 밀퍼드 로드 P.168
	10:30	퀸스타운에서 출발한 단체 관광객은 대부분 오후에 도착하므로 오전에 출발하는 배를 타야 번잡하지 않다. 주차장에서 크루즈 터미널까지는 도보 15분. ▶ 밀퍼드 사운드 P.173
	14:00	돌아오는 길에는 캐즘 계곡과 디바이드 셸터(루트번 트랙) 등 밀퍼드 로드의 나머지 장소를 구경한다. 퀸스타운으로 돌아가야 한다면 어두워지기 전에 출발한다.

TIP

로드 트립 시 주의 사항

테아나우에서는 맑은 날씨였다고 해도 호머 터널을 통과하면 상황이 달라질 수 있다. 폭우가 내릴 때는 사방에서 폭포가 쏟아지고 돌발적인 홍수 위험도 있으므로 출발 전 안전 상황을 점검해야 한다. 5~11월에는 산사태나 눈사태가 일어날 확률이 높으므로 반드시 스노 체인을 챙겨야 한다.
뉴질랜드 도로 정보 journeys.nzta.govt.nz
실시간 밀퍼드 로드 정보 www.milfordroad.co.nz

● 투어 버스

장거리 운전이 부담스럽다면 퀸스타운 또는 테아나우에서 출발하는 투어 버스를 이용한다. 리얼NZ, 서던 디스커버리 등의 크루즈업체와 인터시티 버스에서 투어 버스와 크루즈를 결합한 상품을 판매한다. 약 12시간 소요되는 당일 투어는 새벽에 퀸스타운을 출발해 정오 무렵에 유람선을 탄 다음 다시 돌아가는 빠듯한 일정이다. 테아나우에서 1박을 하거나, 루트번 트랙과 연계하는 편도 코스를 선택해도 된다.
▶ 루트번 트랙 정보 P.156

● 항공 투어

피오르 지형의 웅장한 규모를 체감하려면 크루즈 투어를, 상공에서 전체를 조망하려면 헬리콥터나 경비행기 투어를 이용한다. 비용은 출발 장소에 따라 달라진다. 피오르드랜드의 유일한 수상 비행기업체는 윙앤드워터다.

• 밀퍼드 헬리콥터 Milford Helicopters
위치 밀퍼드 사운드, 테아나우, 퀸스타운
홈페이지 www.milfordhelicopters.com
• 에어 밀퍼드 Air Milford
위치 퀸스타운 **홈페이지** www.airmilford.co.nz
• 윙 앤드 워터 Wings and Water
위치 테아나우 **홈페이지** www.wingsandwater.co.nz

● **크루즈**

밀퍼드 사운드에서 반드시 체험해야 할 필수 어트랙션. 원하는 시간에 탑승하려면 예약해야 한다. 호수가 바다와 만나는 지점까지 다녀오는 기본 경로는 대체로 비슷하고, 배 종류와 프로그램, 시즌에 따라 요금이 달라진다. 홈페이지에 접속하면 할인 코드를 제공하기도 한다. 퀸스타운 방문자 센터와 북미(bookme.co.nz)의 할인 상품도 체크해본다.

① **크루즈 시간 및 요금**

	출항 시간	기본 크루즈	퀸스타운 교통편 포함
연중	10:30, 11:00, 13:00, 13:15	$135~145	$245~265
성수기(11~1월)	09:00, 15:25 추가	$159	$274~300

② **크루즈 추가 옵션: 식사 제공**

선상에서 간단한 커피와 스낵을 판매한다. 사전 예약으로 점심 도시락이나 뷔페를 주문할 수도 있다.

③ **주요 크루즈업체와 투어 프로그램**

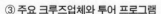

● **리얼NZ RealNZ**

홈페이지 www.realnz.com

1954년에 설립한 퀸스타운을 기반으로 한 로컬 업체. 리얼 저니에서 현재의 이름으로 변경했다. 퀸스타운의 TSS 언슬로호, 테아나우의 글로웜 투어, 다우트풀 사운드, 스튜어트 아일랜드 크루즈를 중복 예매할 경우 할인해주기도 한다.

소버린 The Sovereign 모던한 디자인의 큰 배를 타고 항해하는 기본 프로그램이다. 투어 버스를 타고 온 단체 관광객이 많이 이용한다.
소요 시간 1시간 40분

헤이븐 The Haven 소버린에 비해 약간 규모가 작고, 루프톱에 테이블을 갖춘 배를 타고 항해한다. 폭포에 가까이 접근하기도 하고, 물개와 펭귄 서식지에 대한 설명을 해준다.
소요 시간 2시간

마리너 The Mariner 스카우scow라는 작은 배를 타고 느긋한 항해를 즐기는 프로그램이다.

소요 시간 2시간

오버나이트 크루즈 Overnight Cruises 선실에서 하루를 보내면서 밀퍼드 사운드의 밤을 경험하는 특별한 크루즈 프로그램이다.

소요 시간 1박 2일

• **서던 디스커버리 Southern Discoveries**

홈페이지 www.southerndiscoveries.co.nz

리얼NZ와 함께 밀퍼드 사운드의 크루즈를 책임지는 회사. 밀퍼드 사운드의 수중을 관찰하는 언더워터 관측소Underwater Observatory를 운영하기도 한다. 버스 및 항공 투어도 선택할 수 있다.

네이처 크루즈 Nature Cruise 소형 선박을 타고 폭포 가까이까지 접근하는 기본 프로그램. 리얼NZ의 헤이븐과 흡사하다.

소요 시간 1시간 45분

디스커버 모어 크루즈 Discover More Cruise 기본 크루즈 프로그램을 마치고 돌아오는 길에 언더워터 관측소를 관람한다.

소요 시간 3시간

시닉 플라이트 & 크루즈 Scenic Flight & Cruise 글레노키에서 경비행기를 타고 밀퍼드 사운드에 착륙, 유람선에 탑승해 항해한 뒤 다시 경비행기를 타고 돌아오는 항공+크루즈 결합 상품이다.

소요 시간 4시간

• **퓨어 밀퍼드 Pure Milford**

홈페이지 puremilford.co.nz

저가형 렌터카업체인 주시Jucy와 연계된 크루즈를 운항한다. 비용은 약간 저렴하고 프로그램은 큰 차이가 없다.

밀퍼드 사운드 크루즈 Milford Sound Cruise

소요 시간 2시간

TRAVEL TALK

뉴질랜드에서 가장 큰 피오르, 다우트풀 사운드 Doubtful Sound

다우트풀 사운드는 밀퍼드 사운드의 3배 길이로, 내륙까지 40km나 깊숙하게 들어온 뉴질랜드 최장의 피오르 지형입니다. 크루즈 탑승 위치에 주차할 수 있어 차를 타고 쉽게 갈 수 있는 밀퍼드 사운드와 달리, 다우트풀 사운드에 가려면 배를 타고 마나포우리 호수Lake Manapouri를 건너가 다시 버스로 갈아타야 해요. 마나포우리 호수에서 출발한다면 최소 6~7시간 소요됩니다. 그만큼 가기 힘든 대신 관광객이 적어 한적한 여행을 즐길 수 있는 곳이에요.

 ⑴

테아나우
Te Anau

피오르드랜드의 관문

피오르드랜드 국립공원의 3대 트레킹 코스인 루트번 트랙, 밀퍼드 트랙, 케플러 트랙이 모두 연결된 테아나우는 전 세계 트레킹의 수도로 불린다. 관광 타운임에도 비교적 한산하고 마을 크기도 매우 작다. 테아나우 호숫가에는 피오르드랜드 국립공원 방문자 센터와 밀퍼드 사운드 투어업체 사무소, 각종 편의 시설이 모여 있다.

가는 방법 퀸스타운에서 170km, 밀퍼드 사운드까지 120km

ⓘ Southern Discoveries Visitor Centre
주소 80 Lakefront Dr
운영 09:00~17:00
홈페이지 www.southerndiscoveries. co.nz

테아나우 호수 *Lake Te Anau*

테아나우 호수는 뉴질랜드 북섬에 있는 타우포 호수 다음으로 큰 호수(면적 344km²)다. 호숫가 남쪽 끝의 테아나우 마을부터 최북단까지의 길이는 65km, 최대 수심은 417m에 달한다. 테아나우 마을 선착장에서 출발하는 글로웜 동굴 투어도 인기 있다. 먼저 유람선을 타고 호수를 건넌 다음, 조각배로 갈아타고 동굴을 탐험하는 프로그램으로 2시간 15분가량 소요된다

주소 RealNZ Te Anau Visitor Centre, 85 Lakefront Dr
운영 08:30~17:30
요금 왕복 보트+입장료 $120
홈페이지 realjourneys.co.nz

테아나우 조류 보호구역
Te Anau Bird Sanctuary

테아나우 타운 센터에는 거대한 타카헤takahē 동상이 서 있다. 타카헤는 날지 못하는 뉴질랜드의 토종새로, 40년간 멸종되었다고 알려졌으나 다행히 1948년 피오르드랜드에서 발견되었다. 호수 남쪽 끝에 있는 보호구역에 가면 실제로 살아 있는 타카헤와 세계 유일의 날지 못하는 앵무새 카카kākā를 만날 수 있다. 새들에게 먹이 주는 모습을 볼 수 있는 시간은 오전 10시 30분이다.

주소 162 Manapouri Te Anau Highway
운영 오전~저녁 **요금** 무료 ※기부금 권장
홈페이지 doc.govt.nz/teanaubirdsanctuary

❮ 테아나우 편의 시설 ❯

공식 방문자 센터가 있는 타운 센터 도로를 중심으로 여러 곳의 레스토랑이 있다. 피시앤칩스나 화덕 피자 같은 간단한 식사류와 중국, 인도, 칠레 등 세계 음식 중에서 골라 먹을 수 있다.

밀퍼드 사운드 일대에서 인기받은 정식 숙소는 밀퍼드 사운드 로지와 그 앞쪽의 캠핑장뿐이다. 따라서 가장 현실적인 방법은 테아나우에서 숙소를 구하는 것이다. 밀퍼드 로드의 캠핑장 정보는 다음을 참고하자.

🍴 맛집

리스토란테 피제리아 파라디소
Ristorante Pizzeria Paradiso

유형 피자 **주소** 1 Milford Crescent
운영 11:30~21:00(겨울철은 저녁에만 운영)
예산 $$ **홈페이지** paradisopizzeria.co.nz

랜치 바 & 그릴 Ranch Bar & Grill

유형 바 · 그릴 **주소** 111 Town Centre
운영 11:00~22:00 **예산** $$
홈페이지 theranchbar.co.nz

밍 가든 Ming Garden

유형 중국 음식 **주소** 2 Milford Crescent
운영 12:00~14:00, 17:00~21:00 **예산** $$

🏠 숙소

밀퍼드 사운드 로지 Milford Sound Lodge

유형 럭셔리 리조트 · 캠핑장
주소 SH94, Milford Sound **문의** 03 249 8071
예산 $$$$ **홈페이지** www.milfordlodge.com

디스팅션 테아나우 호텔 & 빌라
Distinction Te Anau Hotel & Villas

유형 리조트 **주소** 64 Lakefront Dr, Te Anau
문의 03 249 9700 **예산** $$$$
홈페이지 distinctionhotelsteanau.co.nz

레이크뷰 키위 홀리데이 파크
Lakeview Kiwi Holiday Park

유형 캠핑장 · 모텔 **주소** 77 Manapouri-Te Anau
문의 03 249 7457 **예산** $$
홈페이지 teanauholidaypark.co.nz

테아나우 레이크프런트 백패커스
Te Anau Lakefront Backpackers

유형 백패커스 **주소** 48/50 Lakefront Dr, Te Anau
문의 03 249 7713 **예산** $
홈페이지 teanaubackpackers.co.nz

(02)

밀퍼드 로드
Milford Road

크루즈 타러 가는 길

밀퍼드 사운드로 가는 유일한 도로인 밀퍼드 로드(SH94)에서는 평원과 호수, 계곡을 넘나드는 다양한 지형을 관찰할 수 있다. 퀸스타운과 밀퍼드 사운드를 하루만에 왕복하는 관광버스를 이용하면 에글링턴 밸리나 미러 호수 앞에서 잠깐 멈추는 것이 전부라 여러모로 아쉬움이 남는다. 중간 지점에서 캠핑을 하거나 테아나우에서 하룻밤 자고 이른 아침에 출발한다면, 밀퍼드 로드의 여러 포인트에 차를 세우고 시간을 보낼 여유가 생긴다. 중간에 편의 시설이 없으므로 출발 전 테아나우에서 반드시 주유를 해야 한다.

가는 방법 총거리 120km, 자동차로 3시간(중간 정차 없을 경우)

밀퍼드 사운드 ● **10** 캐즘
9 호머 터널
7 홀리포드 밸리 룩아웃
몽키 크리크 **8**
6 디바이드 셸터
건 호수 뷰포인트 **5**
4 놉스 플랫
미러 호수 **3**
2 에글링턴 밸리
1
테아나우다운스
● 테아나우

TIP

밀퍼드 로드의 DOC 캠핑장

밀퍼드 사운드 일대에 캠핑카를 세워두고 노숙하는 프리덤 캠핑은 금지되어 있다. 텐트나 캠퍼밴이 있다면 DOC 캠핑장을 미리 예약할 것. 놉스 플랫의 숙소를 제외하면 전부 전기가 들어오지 않는 캠프사이트다.

DOC 캠핑장

1 테아나우다운스
Te Anau Downs

테아나우 호수 중간에 위치한 작은 마을. 밀퍼드 트랙을 걷는 사람들은 이곳에서 워터 택시를 타고 밀퍼드 트랙의 출발점인 글레이드 워프 Glade Wharf로 향한다. ➡ 밀퍼드 트랙 정보 P.159

가는 방법 테아나우에서 30km **주소** Te Anau Downs Boat Launch

2 에글링턴 밸리
Eglinton Valley

좁은 산길을 달리다가 갑자기 나타나는 드넓은 평야다. 수천 년 전 빙하 지대였던 이곳은 터석(주로 강 유역에 군락을 형성하는 화본과 목초)이 넘실거리는 황금빛 들판이 되었다.

가는 방법 테아나우에서 54km **주소** Eglinton Flats

Eglinton Valley Viewpoint →

③ 미러 호수
Mirror Lakes

흰 눈이 쌓인 얼산맥Earl Mountains이 호수에 비치는 반영으로 유명한 곳이다. '미러 레이크' 표지판이 상하 대칭으로 보이게 한 것도 재미있는 볼거리다. 물결이 잔잔한 아침 시간에는 완벽한 반영 사진을 찍을 수 있다. 정식 주차장은 따로 없고, 길가에 차를 세우고 보드워크를 따라 5분만 걸어가면 나온다.

가는 방법 테아나우에서 59km **주소** Mirror Lakes Walk

④ 놉스 플랫
Knobs Flat

빙하가 후퇴하면서 남긴 모래와 자갈이 쌓인 케임 kame 지형을 볼 수 있는 평원이다. 밀퍼드 로드 건설 당시 인부들의 막사를 캠핑장과 캐빈으로 개조해 숙박 시설로 쓰고 있다. 지나가는 여행자를 위한 화장실과 공중전화도 있다.

가는 방법 테아나우에서 63km
주소 Eglinton Valley Camp
홈페이지 eglintonvalleycamp.nz

⑤ 건 호수 뷰포인트
Lake Gunn Viewpoint

테아나우 호수 다음에 만나게 되는 예쁜 호수로, 호숫가 남쪽에는 밀퍼드 로드에서 규모가 가장 큰 캐스케이드 크리크 DOC 캠핑장이, 북쪽에는 전망 포인트가 있다.

가는 방법 테아나우에서 78km
주소 Lake Gunn North Viewpoint

6 디바이드 셸터(루트번 트랙)
The Divide Shelter(Routeburn Track)

서던알프스산맥 남서쪽에서 가장 낮은 지점(해발 531m)이며, 루트번 트랙 종점에 해당한다. 2박 3일간의 루트번 트랙을 완주할 자신이 없다면, 해발 918m 높이의 키 서밋Key Summit까지만 다녀오는 것도 방법이다. 주차장에서 편도 3.4km 거리이며, 왕복하는 데 3시간 정도 걸린다.

➡ 루트번 트랙 정보 P.158

가는 방법 테아나우에서 84km
주소 The Divide Carpark

ROUTEBURN TRACK
& KEY SUMMIT

---

7 홀리포드 밸리 룩아웃
Hollyford Valley Lookout

길가에 차를 잠깐 세우고 홀리포드 밸리와 그 아래를 흘러가는 강물, 대런산맥Darran Mountains까지 감상할 수 있는 전망 포인트다. 작은 주차 공간과 전망대가 있는데, 밀퍼드 사운드를 보고 돌아오는 길에 잠깐 들르기 좋다.

가는 방법 테아나우에서 88km
주소 Hollyford Valley Lookout

8 몽키 크리크
Monkey Creek

홀리포드 밸리를 또 다른 각도에서 조망할 수 있는 있는 전망 포인트. 주차장에 차를 세우면 고지대에 서식하는 알파인 앵무새 케아가 아장아장 걸어서 다가오는데, 귀여운 외모와 달리 힘이 세고 공격 성향이 강해 만지거나 먹이를 주는 것은 금물이다.

가는 방법 테아나우에서 96km **주소** Monkey Creek Parking

9. 호머 터널
Homer Tunnel

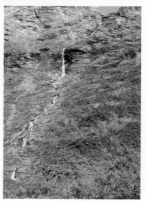

해발 945m 지점의 가파른 암반 지대를 뚫어 만든 1.2km 길이의 터널. 1880년대에 이 지역을 탐사한 윌리엄 호머가 밀퍼드 사운드의 잠재적 가치를 알아보고 이곳에 터널을 개통할 것을 건의했다고 한다. 1935년에 착공하여 갖은 어려움 끝에 1953년에야 완공할 수 있었으며, 덕분에 밀퍼드 사운드로의 접근이 용이해졌다. 터널을 통과하면 밀퍼드 협곡과 암벽을 따라 흘러내리는 수많은 폭포를 감상할 수 있는 전망 포인트가 나온다. 터널 폭이 매우 좁고 일방통행이라 앞에서 대기하고 있다가 신호등에 따라 교행하는 구조라서 성수기에는 교통 정체가 잦다.

가는 방법 테아나우에서 102km **주소** Milford Valley Lookout

10. 캐즘
The Chasm

강력한 물살이 바위 표면에 기묘한 흔적과 구멍을 내고, 사방에 작은 폭포를 생성한 계곡이다. 다리 위에서 계곡까지는 왕복 20분 정도 걸리지만, 좀 더 충분한 시간을 두고 여유 있게 즐기려면 밀퍼드 사운드에서 돌아오는 길에 들르는 게 좋다.

가는 방법 테아나우에서 110km
주소 The Chasm Car Park

⑬ 밀퍼드 사운드 *Milford Sound · Piopiotahi*

배를 타고 피오르 속으로

밀퍼드 사운드는 발견 당시 지형을 오인해 사운드sound(주로 하천에 의한 침식작용으로 생성되며 피오르보다 좀 더 완만한 편)라 불렀으나 실제로는 가파른 빙식곡에 바닷물이 유입되며 형성된 16km의 피오르 다. 1812년에 깊숙한 협곡 안쪽을 탐험하는 데 성공한 영국인 존 그로 노(1767~1847) 선장이 고향 웨일스의 밀퍼드 항구를 떠올리며 이름 붙였다. 한편 1000여 년 전부터 협곡에서 수렵을 하며 살았던 마오리 족은 이곳을 '한 마리의 피오피오새(지금은 멸종한 뉴질랜드의 새)'라 는 뜻의 '피오피오타히'라고 불렀다.

해발 1200m의 산봉우리로 첩첩이 둘러싸인 풍경을 제대로 감상하려 면 크루즈를 타야 한다. 내해가 육지와 만나는 지점에 있는 크루즈 터 미널에서 배를 타고 바다 쪽 입구까지 항해하고 돌아오는 경로다.

크루즈 출항 지점

태즈먼해에서 바라본 밀퍼드 사운드 입구

방문자 센터
Information Centre

서던 디스커버리 크루즈 회사에서 운영하는 방문자 센터 가 공영 주차장 바로 옆에 있으므로 내비게이션에 이곳 주 소를 찍고 가면 된다. 밀퍼드 사운드 내의 유일한 카페와 기념품점도 있다. 또 작은 주유소도 있으나 기름값이 매우 비싼 편이다.

가는 방법 공영 주차장 옆
주소 Discover Milford Sound Cruises Information Centre & Café, SH94, Milford Sound 9679
운영 09:00~16:00

마이터 피크
(1692m)

태즈먼해

밀퍼드 사운드 개념도

스털링 폭포

보웬 폭포

밀퍼드 사운드 룩아웃

크루즈 터미널

밀퍼드 사운드 공항 ✈

방문자 센터 ℹ
공영 주차장 🅿

도보 10분

무료 주차장 🅿

크루즈 터미널 *Cruise Terminal*

크루즈 터미널에 가려면 공영 주차장에서 산책로를 따라 걸어가야 한다. 이곳에 모든 크루즈업체의 체크인 카운터가 있다. 탑승 예약 시간보다 최소 30분 전(업체별 안내 확인)에는 도착하여 미리 체크인하도록 한다.

가는 방법 공영 주차장에서 도보 12분
주소 Milford Sound Visitor Terminal, 9679

---TIP---

**밀퍼드 사운드
주차 정보**

관광버스는 크루즈 터미널 앞에서 승객을 내려준다. 개인 차량은 방문자 센터 근처에 주차하고 걸어가야 한다. 주차비가 상당히 비싼데도 공간은 언제나 부족하다. 주차할 자리가 없으면 도보 20~30분 거리의 무료 주차장 쪽으로 이동하면서 주차할 곳을 찾아본다.

 밀퍼드 사운드 공영 주차장 Milford Sound Public Carpark
주소 147/157 Milford Sound Highway **요금** 시간당 $10(15:00 이후 시간당 $5)

 밀퍼드 사운드 무료 주차장 Milford Sound Free Parking
주소 75 Deepwater Basin Rd

밀퍼드 사운드 룩아웃
Milford Sound Lookout

영화 〈미션 임파서블: 폴아웃〉의 첫 장면에서 결혼식 장소로 등장한 전
망 포인트다. 보웬 폭포가 쏟아지는 광경과 마이터 포인트를 비롯해 밀
퍼드 사운드의 인상적인 모습이 한눈에 들어온다. 근처에 그네도 있고
산책로를 따라 가볍게 한 바퀴 돌아보기 좋다.

가는 방법 방문자 센터에서 도보 10분
주소 Milford Sound Foreshore Walk

언더워터 관측소
Underwater Observatory

해저 생태계를 관찰할 수 있는 일종의 천연 수족관이다. 64개의
계단을 따라 10m가량 내려가면 물고기와 밀퍼드 사운드의 수중
환경을 볼 수 있다. 서던 디스커버리에서 운영하는 디스커버 모
어 크루즈Discover More Cruise를 선택해야 관람이 가능하다. 크
루즈 투어를 마치고 돌아오는 길에 관측소에 들렀다가 다시 배
를 타고 돌아오기까지 3시간 정도 걸린다.

가는 방법 서던 디스커버리 크루즈 탑승
요금 $179(크루즈 투어 포함)
홈페이지 www.southerndiscoveries.co.nz

신비로운 피오르 지대
밀퍼드 사운드의 폭포와 바위

크루즈가 출항하는 지점은 호수처럼 잔잔하다. 하지만 먼바다까지 배를 타고 가는 동안
변화무쌍한 풍경을 경험하게 된다. 깎아지른 듯한 절벽에서는 쉴 새 없이 폭포수가 쏟아지고,
하늘을 찌를 듯 솟아오른 산봉우리 아래를 굽이굽이 돌아 나가다 보면
어느새 바다 한가운데에 도착한다.

① 마이터 피크
1692m
Mitre Peak · Rahotu

밀퍼드 사운드에서 가장 사진을
많이 찍는 아이코닉한 산봉우리
다. 수직으로 솟아오른 독특한 모
양의 산봉우리가 가톨릭 주교가
의식 때 쓰는 모자mitre를 닮았다
고 하여 마이터 피크라고 부른다.

② 물개바위
Seal Rock

피오르드랜드는 물개, 펭귄, 돌고
래가 서식하는 생태계의 보고다.
배를 타고 가다 보면 커다란 바위
위에 물개 서너 마리가 올라앉은
장면을 목격할 수 있다.

TRAVEL TALK

흐린 날
더 멋있다는데,
사실인가요?

1년에 200일 가까이 비가 내리는 밀퍼드 사운드는 흐린
날을 피해서 가기 쉽지 않아요. 비가 내린 직후에는
자연적으로 폭포가 생성되면서 폭포수가 쏟아져 내리는
광경을 볼 수 있어요. 그러나 비가 오거나 안개가 자욱한
날에는 협곡 정상부를 거의 볼 수 없고 도로가 위험하므로
되도록 맑은 날 가는 것이 좋아요. 12~2월은 비 오는
날이 적은 대신 샌드플라이가 극성을 부려 기피제를 꼭
준비해야 합니다.

③ 스털링 폭포
Stirling Falls

151m

크루즈를 타고 가야 볼 수 있는 밀퍼드 사운드 제2의 폭포. 폭포 바로 아래까지 접근해 물살을 맞으며 기념사진을 찍을 수 있다. 배가 돌아 나오는 순간 수면을 유심히 관찰하면 물결이 파동을 일으키며 퍼져나가는 신기한 장면을 목격할 수 있다.

④ 보웬 폭포
Bowen Falls · Hineteawa

162m

날씨와 상관없이 항상 폭포가 쏟아져 내리는 아름다운 곳이며, 이 폭포는 밀퍼드 사운드 일대에 전력을 공급하는 동력원이기도 하다. 폭포 아래까지 접근하는 트레킹 코스(왕복 30분)도 있다.

⑤ 데일 포인트
Dale Point

내해로 들어온 피오르가 태즈먼해와 만나는 곳으로, 이 지점에서 크루즈가 되돌아간다. 먼바다에서 항해하던 배들이 좁은 입구로 들어오기를 꺼렸던 탓에 밀퍼드 사운드의 존재는 1812년이 되어서야 세상에 알려졌다.

DUNEDIN

더니든

마오리어 **ŌTEPOTI**

인구 약 13만 5000명의 뉴질랜드 남섬 제2의 도시이자
오타고 지방의 주도. 게일어로 에든버러를 뜻하는 지명처럼 스코틀랜드 색채가 강한
항구도시다. 중심가는 유럽풍 건축물로 가득하며 뉴질랜드에서 가장 오래된 대학교인
오타고 대학교가 있다. 로열 앨버트로스 서식지가 있는 오타고반도의
드라이브 코스를 따라가면 아름다운 해안선과 푸른 바다가 펼쳐진 광경을 볼 수 있다.

로열
앨버트로스

뉴질랜드의
에든버러

시그널 힐
전망대

더니든
기차역

세계에서
가장
가파른 길

더니든

Dunedin Preview
더니든 미리 보기

더니든은 뉴질랜드 남섬의 일반적인 여행 경로에서 다소 벗어나 있지만,
남동쪽 해안 지역을 여행할 때는 훌륭한 베이스캠프 역할을 한다. 퀸스타운과 묶어서 여행 계획을 세울 때는
퀸스타운-밀퍼드 사운드(테 아나우)-블러프-더니든 순서로 여행하면 좋다.

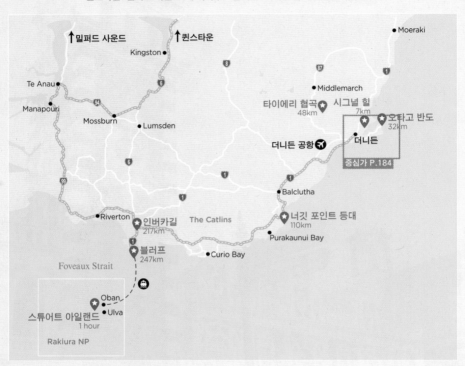

🧭 Follow Check Point

ℹ️ Dunedin i-site

위치 더니든 타운 홀
주소 50 The Octagon, Dunedin 9016
문의 03 474 3300
운영 월~금요일 08:30~17:00,
토 · 일요일 09:00~17:00
홈페이지 www.dunedinnz.com

❄️ 더니든 날씨

더니든은 연평균 강수량이 775mm이며 온대성 해양성기후다. 연교차가 크지 않아 여름철에도 날씨가 서늘하다. 그러나 강한 바람이 불어 체감온도는 낮은 편이다. 맑은 날씨보다는 흐리고 부슬부슬 비가 내리는 날이 많다.

계절	봄(10월)	여름(1월)	가을(4월)	겨울(7월)
날씨	⛅	🌧️	⛅	⛅
평균 최고 기온	24.4℃	28℃	22.3℃	17.2℃
평균 최저 기온	2.3℃	7.1℃	3.3℃	−1.3℃

Best Course
더니든 추천 코스

더니든 도심 관광은 2~3시간 정도면 충분하니, 오전에 더니든 기차역에서 출발하는 열차를 타고 타이에리 협곡을 다녀와도 좋다. 도시 전체가 내려다보이는 시그널 힐 전망대는 필수 방문지이나 개인 차량이 없으면 가기 어렵다. 둘째 날부터는 도시를 벗어나 오타고반도와 뉴질랜드 최남단의 스튜어트 아일랜드까지 자연 속으로 로드 트립을 떠나보자.

TRAVEL POINT

➜ **이런 사람 팔로우!** 남섬 남동쪽 해안 지대를 탐험하려는 사람
➜ **여행 적정 일수** 도심 반나절+ 근교 2~3일
➜ **주요 교통수단** 도보 또는 자동차
➜ **여행 준비물과 팁** 타이에리 협곡 열차는 예약 필수, 저녁에는 치안에 주의

DAY 1 더니든 중심가 P.184	**DAY 2** 오타고반도 P.194	**DAY 3** 서던 시닉 루트 P.200

오전

▼ 기차 4시간 30분
더니든 기차역
• 타이에리 협곡 기차 여행

▼ 자동차 1시간
오타고반도
• 로열 앨버트로스 센터
• 타이아로아 헤드

인버카길
• 사우스랜드의 중심

블러프
• 남섬의 땅끝 마을

오후

▼ 자동차 15분
시그널 힐 전망대
• 더니든 전경 감상

▼ 자동차 10분
볼드윈 스트리트
• 세계에서 가장 가파른 길

▼ 자동차 10분
🍴 스페이츠 브루어리

▼ 자동차 45분
🍴 라나크 캐슬 또는 글렌폴로크 레스토랑
• 정원 산책 및 식사

▼ 자동차 30분
세인트클레어 비치
• 해수풀과 서핑 해변
• 터널 비치 포토 스폿

▼ 자동차 10분
🍴 옥타곤 주변 맛집

스튜어트 아일랜드
• 탐조 활동과 트레킹

너깃 포인트 등대
• 캐틀린스

➥ 더니든 맛집 & 쇼핑 정보 P.191

더니든 들어가기 & 도심 교통

오타고 지역 의회Otago Regional Council에서 운영하는 버스 노선이 시내와 교외 지역을 연결한다.
대중교통으로는 방문하기 어려운 장소가 많아 개인 차량 이용을 권장한다.

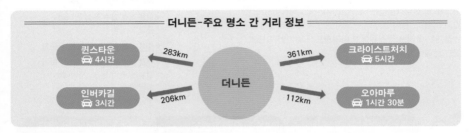

더니든-주요 명소 간 거리 정보

퀸스타운 🚗 4시간	← 283km	크라이스트처치 🚗 5시간 →
인버카길 🚗 3시간	← 206km	더니든	112km →	오아마루 🚗 1시간 30분

비행기

더니든 공항Dunedin Airport(공항 코드 DUD)은 오타고 지방이나 오클랜드, 크라이스트처치, 웰링턴행 항공편이 취항하는 국내선 공항이다. 중심가와 멀리 떨어져 있어 여행자가 이용하는 일은 드물다.

가는 방법 더니든 중심가까지 30km, 자동차로 30~40분
주소 Dunedin Airport, 25 Miller Rd, Momona, Dunedin 9073
홈페이지 dunedinairport.co.nz

TIP
더니든 주차 정보

더니든 중심가의 길거리 주차는 월~토요일 오전 9시부터 오후 6시까지
유료이며, 특히 옥타곤 주변은 최대 1시간까지 주차할 수 있다.
요금은 모바일 앱(PayMyPark)을 통해 납부한다.
요금 시간당 $3.50

장거리 버스

더니든에서 퀸스타운(직행 4시간 30분) 또는 크라이스트처치(직행 6시간)로 향하는 인터시티 버스 노선이 매일 수차례 운행한다. 출발 장소인 플랫폼 K는 옥타곤에서 도보 5분 거리에 있다.

- **인터시티 버스 정류장 더니든**
  InterCity Bus Stop Dunedin
  주소 331 Moray Place, Platform K

시내버스
ORBUS

도심의 중앙 광장 옥타곤 부근에 있는 버스 허브 정류장Bus Hub Stop에 모든 시내버스 노선이 정차한다. 알파벳 A부터 J까지 여러 개의 정류장으로 구분되며, 홈페이지에서 'Plan Your Journey'로 검색해 정확한 탑승 위치와 이동 시간을 확인한다.

주의 버스 승하차 시 교통카드 태그할 것(45분 이내 무료 환승)
탑승 장소 Great King Street Bus Hub
운행 06:00~23:20(배차 간격 15~30분, 주말 단축 운행)
홈페이지 www.orc.govt.nz/public-transport

요금 정보	교통카드	현금
성인	$2	
13~18세	$1.20	$3
5~12세	무료	

● **교통카드 준비하기**

더니든의 충전식 교통카드인 비 카드Bee Card는 퀸스타운과 북섬 일부 지역에서도 통용된다. 교통카드는 버스 기사에게 $10(구입비 $5+최소 충전액 $5)를 내고 구입하거나 충전하면 되는데, 신용카드 결제는 불가능하니 정확한 금액의 현금으로 준비해야 한다. 교통카드를 모바일 앱에 등록해 충전할 경우 금액이 반영되기까지 12시간 이상 소요될 수 있으니 주의할 것.

- **오타고 지역 의회 사무소(교통카드 판매처)** Otago Regional Council Dunedin Office
  주소 70 Stafford St **운영** 08:00~16:00 **휴무** 주말, 공휴일

주요 버스 정류장

8 세인트클레어, 터널 비치로 갈 때(St Clair 방향)
18 오타고반도로 갈 때(Portobello 방향)
44 **55** 세인트킬다 비치로 갈 때(St Kilda 방향)

G 정류장 남쪽 방향   **I 정류장** 남쪽 방향

D 정류장 북쪽 방향
8 볼드윈 스트리트로 갈 때(Normanby 방향)

더니든 중심가
Dunedin Central

퀸스타운 관광의 중심지

상업 시설이 모인 도시의 중심가를 더니든 센트럴이라고 한다. 옥타곤을 중심으로
조지 스트리트George Street와 스튜어트 스트리트Stuart Street에 주요 건물이 모여 있고,
쇼핑몰과 레스토랑 밀집 지역은 걸어 다닐 수 있는 범위다. 더니든의 특징은 언덕이 많다는 것인데,
옥타곤 주변을 제외하면 주택가와 주변 관광지는 자동차가 없으면 다니기 힘든 편이다.

더니든은 치안이 썩 좋은
편은 아니에요. 오후부터
인적이 드물어지고, 한적한
길가에 주차할 때는 차량 도난
사고에 주의해야 합니다.

옥타곤
The Octagon

더니든의 중심 광장

고풍스러운 건축물이 주변을 에워싸고 있는, 8각형을 이루는 광장 옥타곤은 도시의 교통 허브이며 저녁에는 노천 테이블에서 맥주를 마시기 좋은 곳이다. 1860~1870년대에 대대적인 개간 공사로 원래 개펄과 언덕이었던 곳을 평지로 만들고 그곳에 옥타곤, 오타고 제일 교회 First Church of Otago(1873년 완공) 등을 건립했다. 더니든 기차역, 조지 스트리트 쇼핑가 등이 옥타곤에서 도보 가능한 거리에 있다.

지도 P.184
가는 방법 더니든 기차역에서 도보 10분

TRAVEL TALK

남반구의 에든버러, 더니든의 탄생 배경

영국 스코틀랜드의 수도 에든버러를 게일어로 표기하면 'Dùn Èidean', 즉 더니든입니다. 머나먼 뉴질랜드에 더니든이라는 도시가 탄생한 것은 1848년 토머스 번스라는 종교 지도자가 스코틀랜드 자유 교회 신도들을 이끌고 이곳에 정착하면서부터였어요. 옥타곤 중앙에 토머스 번스의 삼촌인 시인 로버트 번스(1759~1796)의 동상이 세워진 이유이기도 하죠. 1860년대에는 오타고 지방의 골드러시로

부가 집중되면서 뉴질랜드 최초의 식물원과 최초의 대학교, 최초의 신문사, 최초의 공공 미술관, 최초의 예술 학교 등이 연달아 들어섰고, 한때는 인구가 오클랜드를 앞서기도 했어요. 도시 설계 초기부터 '남반구의 에든버러'를 표방한 더니든에서 잠시나마 유럽 감성을 느껴보세요.

더니든 기차역　오타고 제일 교회　옥타곤

02

더니든 타운 홀
Dunedin Town Hall

지도 P.184
가는 방법 옥타곤 내
주소 The Octagon

더니든 방문자 센터가 있는 곳

더니든 타운 홀은 호주 시드니 타운 홀, 미국 필라델피아 타운 홀과 어깨를 나란히 하는 19~20세기 관공서 건축양식의 전형으로 평가받는다. 옥타곤 쪽에서 보이는 시계탑은 1878~1880년에 네오르네상스 양식으로 지은 3층 건물이며, 시계탑 뒤쪽에 자리한 네오바로크 양식의 메인 강당은 1930년에 추가로 건축한 것이다. 바로 옆 세인트폴 대성당St Pau's Cathedral(1919년 완공)과 함께 뉴질랜드 역사 건축물로 지정되었다. 현재 다양한 이벤트 장소로 사용하며, 옥타곤 방향에는 더니든 공식 방문자 센터(i-site)가 입점해 있다.

03 조지 스트리트 George Street

더니든의 메인 도로

옥타곤에서 북쪽으로 2.5km 이어지는 메인 도로. 이곳의 랜드마크는 1872년에 고딕 양식으로 지은 녹스 교회Knox Church다. 메리디언 몰Meridian Mall, 월 스트리트 몰Wall Street Mall 같은 모던한 쇼핑센터와 다양한 레스토랑이 모여 있고, 오타고 대학교와 가까워질수록 생동감 넘치는 펍과 레스토랑이 늘어난다. 도로 끝은 뉴질랜드 최초의 식물원인 보태닉 가든을 지나 시그널 힐 언덕이 있는 지역과 연결되어 있다.

지도 P.184 **가는 방법** 옥타곤 북쪽 **주소** 449 George St

(04)

볼드윈 스트리트
Baldwin Street

세계에서 가장 가파른 길

평균 경사도가 무려 19도로, 1987년 '세계에서 가장 가파른 길'로 〈기네스북〉에 오른 길이다. 2019년 영국 웨일스에 1위 자리를 빼앗겼지만 여전히 많은 관광객이 찾아온다. 일부러 가파른 경사를 만든 것이 아니라 도시계획을 할 때 언덕 지형을 고려하지 않고 설계했다가 실수로 발생한 지형이라고 한다. 경사 때문에 무더운 날씨에 도로가 녹아 흘러내리지 않도록 아스팔트가 아닌 콘크리트로 포장한 점도 특이하다. 1988년부터 매년 2월경에 일제히 언덕을 달려 올라갔다가 내려오는 것버스터Gutbuster 행사를 이어오고 있다. 캐드버리 초콜릿 회사의 자파Jaffa 캔디 수만 개를 굴리는 자선 행사도 유명했으나, 더니든에서 공장을 철수하면서 더 이상 볼 수 없게 되었다는 것이 지역민들에게 큰 아쉬움으로 남았다. 평소에는 평범한 거리이며, 양쪽으로 계단이 설치되어 있어 높이 350m 지점까지 걸어 올라갈 수 있다.

📍
지도 P.184
가는 방법 옥타곤에서 4.6km, 자동차로 10분 또는 8번 버스로 30분(North Rd 275 하차 후 도보 5분)
주소 Baldwin St, North East Valley

05 더니든 기차역 *Dunedin Railway Station*

추천

타이에리 협곡 열차의 출발점

조지 알렉산더 트룹(1863~1941)의 설계로 1906년에 완공했다. 네오 바로코 양식의 시계탑 건축물로 높이는 37m다. 어두운 현무암과 밝은 오아마루 스톤(석회암)이 대비를 이룬 모습이, 새하얀 아이싱을 얹은 진저브레드(생강 과자)처럼 보인다고 해서 설계자의 이름과 결합해 '진저브레드 조지'라는 별명이 붙었다.

평소 한적한 기차역 일대가 관광 열차가 출발하고 도착하는 시간에는 잠시 분주해진다. 스코틀랜드 애버딘에서 들여온 분홍색 대리석으로 만든 기둥과 스페인 마르세유산 테라코타로 장식한 천장으로 이루어진 내부가 무척 화려해 잠시 들어가 구경해봐도 좋다. 역 앞 광장인 안작 스퀘어에서는 매주 토요일 오전에 파머스 마켓이 열린다.

지도 P.184
가는 방법 옥타곤에서 도보 10분
주소 22 Anzac Ave
운영 기차역 월~금요일
08:00~17:00, 토 · 일요일
09:00~14:30 / 파머스 마켓 토요일
08:00~12:30

타이에리 협곡부터 바닷가 마을까지
더니든 기차 여행

더니든 기차역에서 출발하는 관광 열차는 크게 오타고 중부 내륙의 스펙터클한 경치를 감상하는 타이에리 협곡 열차와 해안 절벽 지대를 달리는 시사이더 열차로 나뉜다. 객실 종류나 좌석은 따로 지정되지 않으니 되도록 기차역에 일찍 도착해서 체크인하는 것이 좋다. 편도 티켓을 구입하거나 자전거를 소지하고 승차할 경우는 메일을 보내 따로 예약해야 한다.

운영 성수기 주 3~4회 출발, 비수기 주 1~2회 출발 ※예약 필수
요금 $69~99
홈페이지 www.dunedinrailways.co.nz
이메일 info@dunedinrailways.co.nz

---

① 타이에리 협곡 열차
Taieri Gorge Railway

타이에리강이 흐르는 계곡과 아찔한 나무 다리를 통과하는 협곡 열차. 성수기에는 종점인 푸케랑이Pukerangi까지 운행하고, 비수기에는 힌든Hindon까지만 다녀오는 3시간 30분짜리 노선으로 대체된다. 종점에서 내리면 산골 마을인 미들마치Middlemarch까지 산악자전거 코스가 연결되어 있다.

왕복 5시간

더니든 ── 힌든 ── 푸케랑이 ┈┈ 미들마치
15분 정차

② 시사이더 열차
The Seasider Railway

더니든에서 북쪽으로 30km가량 떨어진 머턴Merton 마을까지 다녀오는 열차. 아크 브루어리Arc Brewery에 내려서 맥주를 마시는 프로그램(요금 별도)도 있다. 시클리프Seacliff역은 무정차 통과한다.

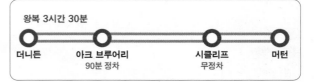

왕복 3시간 30분

더니든 ── 아크 브루어리 ── 시클리프 ── 머턴
90분 정차   무정차

06

시그널 힐
Signal Hill

추천

전망 좋은 바람의 언덕

더니든 북쪽에 있는 해발 393m의 언덕으로, 전망대와 뉴질랜드 건국 100주년 기념비가 있어 꼭 방문해야 할 명소다. 전망대에서는 구릉을 따라 자리 잡은 더니든 시내와 오타고반도가 어우러진 풍경이 한눈에 들어온다. 굴곡진 언덕은 산악자전거 코스로도 인기가 높아 자전거가 많이 다니므로 안전 운전이 필수다.

지도 P.180
가는 방법 옥타곤에서 6.9km, 자동차로 15분(대중교통으로는 가기 어려움)
주소 Signal Hill Lookout

오타고반도 · 포토벨로 로드 · 남태평양 · 세인트킬다 · 세인트클레어 · 브라이턴 · 오타고 하버 · 더니든 중심가

더니든 맛집

번화가인 옥타곤 주변과 오타고 대학교 사이에 맛집이 모여 있다.
스페이츠 맥주의 본고장인 만큼 브루어리 투어를 즐겨보는 것도 좋다.
오타고반도에 위치한 전망 좋은 레스토랑에서 더욱 특별한 경험을 할 수 있다.

스페이츠 브루어리 *Speights Brewery*

뉴질랜드의 국민 맥주 스페이츠는 1876년에 더니든에서 시작되었다.
141년 전통의 양조장을 75분간 견학하는 브루어리 투어 프로그램에
는 맥주 시음이 포함되므로 신분증을 지참해야 한다. 투어를 하지 않을
경우 바로 옆 에일 하우스에서 식사할 수 있다. 옥타곤에서 도보 7분
거리이며 주차장은 없다.

유형 양조장 · 펍   **주소** 200 Rattray St
운영 11:30~22:00 ※투어는 예약 권장
예산 $$(브루어리 투어 $47.35)
홈페이지 www.speights.co.nz/brewery-tour

크래프트 바 & 키친 *Craft Bar & Kitchen*

뉴질랜드의 다양한 로컬 맥주를 구비한 맥주 전문점이다. 뜨거운 돌판
에 익혀내는 스테이크 등 그릴 요리를 추천한다. 옥타곤 광장에 야외
테이블을 갖추고 있으며 북적북적한 분위기다.

유형 맥주 전문점 겸 캐주얼 레스토랑   **주소** 17 Bath St
운영 월 · 화요일 16:00~22:00, 수~일요일 12:00~23:00
예산 $$

서울 *Seoul*

더니든처럼 먼 곳까지 왔다면 한
국 음식이 그립지 않을 리 없다.
돌솥비빔밥, 제육볶음, 불고기
덮밥 등 1인 메뉴와 여럿이 함께
먹기 좋은 전골, 부대찌개도 있
다. 옥타곤에서 도보 10분 거리
에 있다.

유형 한식당
주소 11 Frederick St
운영 12:00~21:00
예산 $$(메뉴당 $20~21)

보그 The Bog

대학가에 자리해 밤늦게까지 떠들썩한 분위기가 이어지는 아이리시 펍. 낮에는 아이리시 스튜, 기네스 파이 같은 푸짐한 아일랜드 음식을 먹을 수 있고 밤에는 취객들로 가득한 흥겨운 분위기다.

유형 아이리시 펍
주소 387 George St
운영 월~금요일 15:00~24:00, 토·일요일 12:00~새벽
예산 $$ **홈페이지** thebog.co.nz

더니든 소셜 클럽 Dunedin Social Club

리젠트 극장 방향에 위치한 캐주얼 바. 저녁에는 라이브 음악을 연주하는 클럽 분위기라 배낭여행자도 많이 찾는다. 이 외에도 옥타곤 주변에는 심야까지 영업하는 바가 많으니 마음에 드는 곳을 골라 즐겨보자.

유형 캐주얼 바 **주소** 1 Princes St
운영 12:00~새벽 **예산** $$ **홈페이지** www.dunedinsocialclub.co.nz

볼룸 카페 Ballroom Cafe

라나크 캐슬 연회장에서 운영하는 카페 겸 레스토랑. 라나크 하이 티는 오후 1시 30분부터 3시까지만 주문 가능하며, 24시간 전 예약이 필수다. 예약 없이 방문해 간단하게 티와 스콘을 즐기거나 식사를 해도 좋다.

유형 카페·레스토랑
주소 145 Camp Rd, Larnachs Castle
운영 09:30~16:30
예산 라나크 하이 티 $89.43, 식사 $20~28
홈페이지 larnachcastle.co.nz

글렌폴로크 레스토랑 Glenfalloch Restaurant

더니든에서 가장 특별한 레스토랑으로, 오타고반도의 아름다운 정원과 저택을 다이닝과 연회 공간으로 꾸민 곳이다. 오전부터 오후 3시 30분까지는 다과 메뉴와 점심 식사를, 저녁에는 정찬을 즐길 수 있다. 운영 시간이 다소 불규칙하니 예약하고 방문할 것. 더니든 중심가에서 자동차로 15분, 18번 버스를 타면 30분 걸린다.

유형 파인다이닝 **주소** 430 Portobello Rd, Macandrew Bay
운영 수·목·일요일 09:30~15:30, 금·토요일 17:00~저녁(4~9월 낮에만 영업)
휴무 월·화요일 **예산** 3코스 디너 기준 $50~60 **홈페이지** glenfalloch.co.nz

더니든 숙소

도시가 크고 관광객은 적어서 숙박비는 비싸지 않은 편이다.
더니든 중심가에서는 치안과 시설을 고려해 비용이 조금 더 들더라도 호텔급 숙소를 권한다.
노보텔, 소피텔 같은 체인 호텔이 없으므로 조건을 잘 살펴봐야 한다.
개인 차량이 있다면 해변이 보이는 세인트클레어나 오타고반도 쪽 숙소를 알아봐도 좋다.

시닉 호텔 더니든 시티
Scenic Hotel Dunedin City

루프톱에서 바다 풍경이 내려다보이는 3성급 호텔. 시설은 깔끔한 편이다.

유형 호텔 **주소** 123 Princes St, Central Dunedin
문의 03 470 1470 **예산** $$$
홈페이지 scenichotelgroup.co.nz

블루스톤 온 조지
Bluestone on George

조지 스트리트에 자리한 부티크 호텔로 주방과 세탁기 등이 포함된 객실도 있다. 소음이 많은 쇼핑가에서 약간 떨어져 있으며, 주변에 비슷한 조건의 숙소가 모여 있다. 주차 걱정이 없다는 것이 장점이다. 세부 옵션은 예약 시 확인할 것.

유형 부티크 호텔 **주소** 571 George St
문의 03 477 9201
예산 $$$
홈페이지 bluestonedunedin.co.nz

호텔 세인트클레어 *Hotel Saint Clair*

세인트클레어 비치의 핫 솔트 워터 풀 근처에 있는 바다 전망이 멋진 휴양 호텔이다. 여름철에는 해변 분위기를 만끽할 수 있다. 중심가까지 자동차로 약 15분 거리다.

유형 호텔 **주소** 24 Esplanade, St Clair
문의 03 456 0555
예산 $$$
홈페이지 hotelstclair.com

더니든 홀리데이 파크
Dunedin Holiday Park

세인트클레어 비치 바로 앞에 있는 캠핑장이다. 모텔을 함께 운영하며 더니든 중심가와 비교적 가깝다. 시설은 매우 허름하지만 저렴한 숙소를 찾는다면 고려해 볼 것.

유형 캠핑장 · 모텔 **주소** 41 Victoria Rd, St Kilda
문의 03 455 4690 **예산** $$
홈페이지 dunedinholidaypark.co.nz

포토벨로 빌리지 투어리스트 파크
Portobello Village Tourist Park

오타고반도 중심에 위치한 캠핑장이다. 공용 부엌과 욕실 등의 시설이 깔끔하고 주변 환경이 좋은 편이다. 모텔형 숙소도 있다. 더니든 중심가까지는 자동차로 30분 거리다.

유형 캠핑장 · 모텔 **주소** 27 Hereweka St
문의 03 478 0359 **예산** $$
홈페이지 www.portobello.co.nz

라나크 로지 *Larnach Lodge*

라나크 캐슬 근처의 고택을 리모델링해 숙박 시설로 사용하는 곳이다. 오타고반도의 멋진 전망이 보이는 언덕 위에 있으나, 가는 길이 험하니 어두워지기 전에 도착할 것.

유형 고급 B&B
주소 145 Camp Rd, Larnach Castle
문의 03 476 1616 **예산** $$$$
홈페이지 larnachcastle.co.nz

오타고반도
Otago Peninsula

멋진 해변과 앨버트로스 서식지

더니든 동쪽으로 길게 뻗은 오타고반도는 도시를 아늑하게 보호하는 방파제 역할을 한다.
천연 항인 오타고 하버를 따라서 해안 도로 드라이브를 즐길 수 있으며,
맨 끝에는 타이아로아 헤드(곶)와 로열 앨버트로스 센터가 있다.
서핑 명소이자 멋진 경치를 자랑하는 해변은 더니든 중심가 가까이 모여 있다.

⓪① 세인트클레어 비치
Saint Clair Beach

도시와 가까운 해변

오타고반도가 육지와 연결되는 지점은 도시와는 전혀 다른 분위기의 해변이다. 해안 산책로인 에스플러네이드에는 아기자기한 바와 레스토랑이 즐비하고, 거친 파도는 서핑을 즐기기에 최적의 환경이다. 앙상하게 기둥만 남은 피어 사진이 인기를 끌면서 더 유명해졌다. 주차 공간은 항상 부족해 버스를 이용하는 것이 편리하다.

📍
지도 P.194
가는 방법 더니든 중심가에서 5.5km, 자동차로 10분 또는 8번 버스로 25분(종점 하차)
주소 151 Victoria Rd, St Clair

핫 솔트 워터 풀
Hot Salt Water Pool

바닷물을 따뜻하게 데운 야외 수영장이다. 흐린 날이 많고 파도가 강한 해변에서 안전하게 수영할 수 있도록 1800년대 후반에 조성했다. 세인트클레어 비치와 세인트킬다 비치가 한눈에 들어와 바다에서 수영하는 기분을 느낄 수 있다.

주소 The Esplanade, St Clair
운영 10~3월 06:00~19:00(토 · 일요일 07:00부터)
휴무 4~9월 **요금** 성인 $8.40, 가족 $18
홈페이지 www.dunedin.govt.nz/community-facilities/swimming-pools/st-clair-pool

 02

터널 비치
Tunnel Beach

더니든의 대표 포토 스폿

세인트클레어와 브라이턴 사이의 해안 절벽에는 SNS 포토존으로 매우 유명해진 터널 비치가 있다. 하이킹 코스 마지막 구간에 암벽을 손으로 뚫어서 만들었다는 터널을 통과하면 눈부시게 아름다운 절경을 만나게 된다. 해안 절벽에서 해수면까지 걸어 내려가야 하고, 밀물 때는 위험하므로 방문 전 날씨 확인이 필수다. 대중교통을 이용한다면 33·50번 버스를 타고 미들턴 로드Middleton Road에 하차해 20분 정도 걸어가야 한다.

거리 왕복 2.6km
소요 시간 1시간
난이도 하

지도 P.194
가는 방법 세인트클레어 비치에서 4km, 자동차로 10분
주소 25 Tunnel Beach Rd, Blackhead
운영 4~8월 09:00~17:00, 9~3월 08:00~21:00 ※밤에는 주차장 폐쇄

03 # 글렌폴로크 우드랜드 가든 *Glenfalloch Woodland Gardens*

뉴질랜드의 자생 수목원

글렌폴로크는 게일어로 '숨은 계곡'이라는 뜻으로 1871년에 조성한 공공 정원이다. 많은 관광객이 찾는 곳으로 레스토랑도 운영한다. 계절별로 진달래, 철쭉, 목련이 만발하고 뉴질랜드 자생식물이 한데 어우러져 있다. 수령이 1000년 넘은 마타이나무matai tree(검은 소나무라고도 하는 뉴질랜드 자생목)가 대표 수목이다.

지도 P.194
가는 방법 더니든 중심가에서 10km, 자동차로 20분 또는 18번 버스로 30분(Portobello Rd 하차)
주소 430 Portobello Rd, Macandrew Bay
운영 09:00~저녁
요금 기부금 입장
홈페이지 glenfalloch.co.nz/woodland-gardens

 04

라나크 캐슬
Larnach Castle

뉴질랜드의 유일한 성

뉴질랜드의 사업가이자 정치인이었던 윌리엄 라나크가 1871년부터 3년 동안 지은 대저택이다. 당대 뉴질랜드 부호의 라이프스타일과 영국에 대한 동경심을 엿볼 수 있는 건물이다. 스코틀랜드의 성을 모티브로 한 작은 테마파크라 할 수 있다. 대형 연회장과 43개의 방으로 이루어져 있으며 이탈리아산 대리석, 베네치아와 프랑스의 유리공예품으로 내부를 장식했다. 지붕에는 웨일스산 슬레이트를 얹고 바닥은 영국에서 수입한 타일로 시공했다고 한다. 전망 탑에 올라가면 오타고반도가 보이고, 잘 가꾼 정원도 둘러볼 만하다. 연회장은 레스토랑 겸 카페로 사용하는데 24시간 전에 예약하면 하이 티를 맛볼 수 있다.

▶ 볼룸 카페 정보 P.192

지도 P.194
가는 방법 더니든 중심가에서 12km, 자동차로 30분(대중교통 없음)
주소 145 Camp Rd
문의 03 476 1616
운영 내부 관람 09:00~18:00(마지막 입장 17:00),
정원 10~3월 09:00~19:00
요금 캐슬 & 정원 $47.35
홈페이지 larnachcastle.co.nz

TIP

오타고반도 운전 시 주의 사항

오타고반도는 오타고 하버를 따라 해수면과 거의 비슷한 높이의 포토벨로 로드Portobello Road를 따라 달리게 된다. 도로의 포장 상태는 완벽하나 길이 구불구불하고 가로등이 없기 때문에 과속은 절대 금물이다. 라나크 캐슬로 올라가는 도로 또한 경사가 매우 심하다.

⑤ 로열 앨버트로스 센터 *Royal Albatross Centre*

전설의 앨버트로스가 사는 곳

천혜의 환경을 자랑하는 오타고반도는 다양한 물새와 해양 동물의 서식처다. 반도 끄트머리의 곶 지형인 타이아로아 헤드Taiaroa Head에는 멸종 위기종으로 분류된 앨버트로스와 희귀종인 노란눈펭귄, 작은 몸집의 리틀블루펭귄 등 20여 종의 조류가 서식한다. 또한 뉴질랜드물개, 바다사자, 바다코끼리 같은 해양 동물도 주기적으로 찾아온다. 바로 이곳에 로열 앨버트로스 센터가 있다. 제1 · 2차 세계대전 때 사용한 타이아로아 요새도 가이드 투어로 관람할 수 있다. 모든 투어는 예약 필수.

📍
지도 P.194
가는 방법 더니든 중심가에서 32km, 자동차로 1시간
(여름철에는 더니든 중심가에서 픽업하는 옵션 선택 가능)
주소 1259 Harington Point Rd, Harington Point
운영 10:15~석양 **홈페이지** albatross.org.nz

투어 종류	소요 시간	요금	특징	관측 시기
앨버트로스 클래식 Albatross Classic	60분	$63.13	앨버트로스	연중 (9~10월은 피할 것)
유니크 타이아로아 Unique Taiaroa	90분	$73.65	앨버트로스+요새	
더블 앨버트로스 Double Albatross	2시간	$119.95	앨버트로스+크루즈	
포트 타이아로아 Fort Taiaroa	30분	$31.75	요새	연중

FOLLOW
UP

더 멀리, 더 높이! 하늘의 여행자
앨버트로스의 1년

앨버트로스 탄생 및 성장 과정

부화기	보호기			성장기				번식기			산란기
1월	2월	3월	4월	5월	6월	7월	8월	9월	10월	11월	12월

날개를 펼쳤을 때 길이가 3m에 달하는 앨버트로스는 연간 19만 km를 비행하며 일생의 85%를 바다 위에서 생활하기 때문에 쉽게 볼 수 없는 대형 조류다. 정식 명칭은 노던 로열 앨버트로스(학명 *Diomedea sanfordi*)이며, 보통 육지가 아닌 섬에서 번식한다. 본섬과 멀리 떨어진 채텀 제도가 주요 서식지인데, 길게 돌출된 오타고반도 지형과 포식자가 없는 생태계 덕분에 타이아로아 헤드를 번식지로 삼았다고 한다. 번식기에 가면 앨버트로스를 볼 수 있는 확률이 약 80%다.

앨버트로스는 보통 9월부터 타이아로아 헤드에 도달해 11월 초에 둥지를 틀고 짝짓기한 후 1개의 알을 낳아 약 65~80일 동안 품어 부화시킨다. 1월 말부터 2월 초에 새끼가 태어나면 35일째까지는 부모가 번갈아가며 지키다가 이후에는 새끼를 둥지에 남기고 먹이를 찾아 나선다. 9월 무렵 새끼가 첫 비행을 시작하면 부모는 1년 만에 새끼를 데리고 둥지를 떠난다. 이후 1년 동안 바다를 떠돌던 앨버트로스는 번식을 위해 또다시 타이아로아 헤드를 찾는다. 안타깝게도 앨버트로스의 개체 수는 매년 감소하는 추세라고 한다.

뉴질랜드 남동부 해안을 달리다

서던 시닉 루트
SOUTHERN SCENIC ROUTE

서던 시닉 루트는 더니든에서 남섬 최남단 사우스랜드 지방Southland Region의 해안선을 따라 우회하며
경치를 즐기는 드라이브 코스다. 캐틀린스를 제대로 보려면 적어도 1박 2일 일정이어야 하고,
캐틀린스를 거치지 않고 1번 국도를 따라 인버카길로 직행하면 훨씬 빠르다.
1번 국도 맨 끝에는 스튜어트 아일랜드행 페리가 출발하는 블러프 항구가 있다.

• TRIP •
01

〈나니아 연대기〉 촬영지
캐틀린스 *The Catlins*

더니든 남쪽 바위투성이 해안 지역으로, 너깃 포인트 등대가 SNS 포토
스폿으로 알려졌다. 커시드럴 케이브가 영화 〈나니아 연대기〉 촬영지
로 알려지면서 관심이 높아졌으나 방문은 신중하게 결정해야 한다. 너
깃 포인트까지 가려면 먼저 밸클루서Balclutha에서 1번 국도를 벗어나
구불구불한 일반 도로를 따라 16km가량 가야 한다. 커시드럴 케이브는
밸클루서에서 70km 더 가야 하며 10~5월에만 접근 가능한 해식동굴
이다. 여름이라 해도 조수 간만의 차에 따라 진입 가능한 시간이 달라진
다. 1번 국도의 방문자 센터에서 종이 지도를 받고 안전 정보를 체크한
다음 진입 여부를 결정하도록 한다.

가는 방법 더니든에서 80km(방문자 센터 기준)

• **너깃 포인트 Nugget Point**

🚶 **거리** 편도 200m **소요 시간** 10~20분 **난이도** 하

• **커시드럴 케이브 워크 Cathedral Caves Walk**

🚶 **거리** 왕복 2.6km **소요 시간** 1시간 **난이도** 하

ℹ **Clutha i-site**
주소 4 Clyde St, Balclutha 9230
문의 03 418 0388
운영 월~금요일 08:30~17:00,
토 · 일요일 09:30~15:30
홈페이지 www.catlins.org.nz

· TRIP · 02

물과 빛의 도시
인버카길 *Invercargill · Waihōpai*

겨울철 남극의 오로라가 관측되는 지역이라 '물과 빛의 도시'라는 로
맨틱한 별명이 붙었다. 1853년부터 유럽인이 정착하기 시작해 사우
스랜드 지방의 주도로 발전했다. 1번 국도(Tay Street)와 6번 국도
(Dee Street)의 교차로에 있는 보어 전쟁 기념비와 1889년에 건축한
31.5m 높이의 저수탑이 랜드마크다. 그러나 지역이 전반적으로 낙후
되어 있으며 관광지도 아니니 일부러 방문할 필요는 없다. 숙소는 다른
지역에 비해 비용이 아주 저렴하다.

가는 방법 더니든에서 217km,
자동차로 3시간(1번 국도 이용 시)
주소 Boer War Memorial,
Invercargill 9810
운영 08:30~17:00(토·일요일
16:00까지)
홈페이지 southlandnz.com

· TRIP · 03

1번 국도의 종점
블러프 *Bluff · Motupōhue*

블러프와
서울 간 거리는
1만 241km입니다.

북섬 최북단 케이프 레잉가에서 시작된 1번 국도(SH1)는 남섬 블러프
의 스털링 포인트까지 2033km에 걸쳐 뉴질랜드를 종단하는 도로다.
남섬 가장 끝에 위치한 이 작은 어촌 마을까지 이어진 이유는 단 하나!
스튜어트 아일랜드에 방문하려면 블러프에서 페리를 타야 하기 때문
이다. 페리 탑승까지 시간이 남아 있을 때는 스털링 포인트 등대나 블
러프 힐 전망 포인트에서 경치를 감상하거나, 굴 맛집 파울러스 와일드
블러프 오이스터Fowler's Wild Bluff Oysters를 찾아간다. 블
러프는 뉴질랜드 최대 굴 생산지로, 굴 수확기인 3~8월에
는 더없이 신선한 굴을 먹을 수 있다.
➤ 케이프 레잉가 정보 3권 P.070

가는 방법 더니든에서 247km, 자동차로 3시간 30분 /
인버카길에서 30km, 자동차로 25분
주소 Stirling Point, 39 Ward Parade, Bluff 9814

STIRLING
POINT

남극에서 가장 가까운 섬

스튜어트 아일랜드
STEWART ISLAND · RAKIURA

스튜어트 아일랜드는 키위 등 희귀 조류 관찰을 목적으로 하거나 완벽한 힐링을 꿈꾸는 사람에게
어울리는 여행지다. 남섬과 북섬에 이어 뉴질랜드에서 세 번째로 큰 섬으로,
제주도와 비슷한 1746km²의 면적 중 80%가 라키우라 국립공원Rakiura National Park으로 지정되어 있다.
인구는 450명 남짓으로 대부분 오반이라는 작은 마을에 모여 산다.
그만큼 사람의 발길이 닿지 않는 곳이 대부분이라 자연환경이 완벽하게 보존되어 있다.
마오리어 지명인 라키우라는 '빛나는 하늘'을 의미하며, 예로부터 오로라를 볼 수 있다고 하여
이런 지명을 붙인 것으로 추정된다. 실제 남반구의 오로라가 목격되는 시기는 3~9월이다.

가는 방법

블러프에서 스튜어트 아일랜드의 오반까지는
페리로 1시간 걸린다. 배편 티켓이 매진되거나
운항이 불규칙한 경우가 있으니 만약을 대비해
섬에서 나오는 티켓까지 예약하는 것이 좋다.
배낭여행자는 인버카길에서 블러프까지 운행하는 버스를
따로 예약해야 하고, 개인 차량을 운행한다면
블러프 페리 터미널 앞 탑승객 전용 주차장을 이용한다.

• **블러프 페리 터미널**
주소 RealNZ Bluff Visitor Centre, 21 Foreshore Rd, Bluff 9814
홈페이지 stewartislandexperience.co.nz

• **페리 시간**

		블러프 출발	오반 출발
운항 시간	10~9월	09:45	08:00
	12~3월	13:45	12:15

버터필드 비치 •

블러프
Foveaux Strait

펭귄 관찰
처치 힐
라키우라 트랙
Halfmoon Bay
애커스 포인트 등대 •
Oban Visitor Centre
Jensen Bay House
DOC Visitor Centre
Backpackers
오반
키위새 관찰
우체국
Raroa Reserve
옵저베이션 록
사우스 시 레스토랑
Golden Bay Wharf
South Sea Hotel

Deep Bay Apartment

Post Office Cove

Native Island

웨스트 엔드 비치
시드니 코브
Paterson Inlet
Whaka A Te Wera
볼더 비치
울바 아일랜드
Ulva Island

0   1km

스튜어트 아일랜드

 스튜어트 아일랜드 숙소

숙소가 부족한 편이라 미리 계획을 세우는 것이 중요하다.

사우스 시 호텔 *South Sea Hotel*

섬을 찾아온 여행자들에게 식사와 잠자리를 제공하는 소박한 호텔이다. 레스토랑 메뉴는 시간대별로 바뀌고, 바 자리에서는 간단한 스낵과 음료를 늦게까지 주문할 수 있다. 초록입홍합, 피시앤칩스, 브런치 등 모든 메뉴가 맛있다. 숙소 테라스의 전망이 근사하다.

유형 레스토랑 · 펍 · 모텔　**주소** 26 Elgin Terrace　**문의** 03 219 1059　**운영** 08:00~심야
예산 $$　**홈페이지** stewart-island.co.nz

처치 힐 부티크 로지 *Church Hill Boutique Lodge*

작은 교회가 세워진 언덕 위에 자리한 고급 리조트. 하프 문 베이가 내려다보이는 전망 좋은 숙소로 최소 2박부터 예약이 가능하다. 투숙객 대상의 레스토랑도 운영하며, 미리 요청하면 페리 터미널에서 픽업해준다.

유형 고급 리조트　**주소** 36 Kamahi Rd　**문의** 03 219 1123　**운영** 예약제　**예산** $$$$　**홈페이지** churchhill.co.nz

---

 스튜어트 아일랜드 맛집

식사는 선착장 앞 호텔이나 동네 카페를 이용한다.

카이 카트 *Kai Kart*

라키우라 박물관 옆에 있는 피시앤칩스 전문점. 종이에 싸서 먹는 테이크아웃 피시앤칩스가 명물이다. 어촌마을이라 싱싱한 생선으로 만든 바삭한 튀김 맛이 별미다.

유형 간이 식당　**주소** 7 Ayr St　**운영** 2:00~13:30, 17:00~19:00(겨울철은 금 · 토요일만 영업)
예산 $$　**홈페이지** southlandnz.com

· TRIP ·
01

한가로운 해변 마을

오반 *Oban*

블러프에서 출발한 배는 포보 해협Foveaux Strait을 향해해 하프 문 베이 Half Moon Bay(반달 모양의 만)에 도착한다. 선착장에 내려 도보 5분도 안 되는 거리에 스튜어트 아일랜드의 유일한 마을이자 남극과 가장 가까운 마을, 오반이 있다. 빨간색 건물의 방문자 센터에서는 페리 회사에서 운영하는 대형 업체의 투어 상품을 판매하며, 문의하면 좀 더 저렴한 현지인 대상 여행 상품을 소개해주기도 한다. 마을은 구석구석 걸어 다니며 돌아볼 수 있을 정도로 작다.

ⓘ **Oban Visitor Centre**
가는 방법 선착장 앞
주소 12 Elgin Terrace
문의 03 219 0056
운영 08:30~17:00
홈페이지 www.stewartisland.co.nz

◀ **TRAVEL TALK**

오반에서 시간 보내는 방법

본격적인 트레킹을 하지 않는 이상 오반에서는 무척 한가로운 시간을 보내게 될 거예요. 낮에는 마을 우체국에 가서 엽서를 쓰거나 라키우라 박물관을 구경하고, 일몰 무렵에는 선착장 근처 갯바위에 출몰하는 블루펭귄을 보러 가도 좋아요. 아름답게 노을이 물드는 바다 풍경도 감상할 수 있어요. 칠흑처럼 어두운 밤에는 키위 관찰 투어를 진행하는데, 사람보다 새가 더 많은 특이한 경험을 하게 될 거예요!

라키우라 박물관

야생 키위 새가 사는 곳

우체국에서 엽서 쓰기

걸어서 세상 끝까지
· TRIP 02 · 라키우라 트랙 *Rakiura Track*

뉴질랜드의 그레이트 워크(트레킹 코스) 중 하나인
라키우라 트랙은 오반에서 출발해, 사람이 전혀 살
지 않는 숲과 해안선을 따라 사흘 동안 걷는 32km
의 트램핑 코스다. 라키우라 국립공원 공식 방문자
센터에서는 트레킹 정보를 제공하며 기념품점을 겸한
전시관도 운영한다. 섬의 80%를 차지하는 라키우라 국립
공원에 대해 좀 더 자세히 알고 싶다면 방문해보자.

ⓘ Rakiura National Park Visitor Centre
가는 방법 마을에서 도보 3분 **주소** Main Rd, Halfmoon Bay
문의 03 219 0002
운영 방문자 센터 08:30~16:30(여름·겨울철은 유동적)
홈페이지 www.doc.govt.nz

기분 좋은 산책 코스
· TRIP 03 · 옵저베이션 록 뷰포인트 *Observation Rock Viewpoint*

마오리 신화에 따르면 위대한 고래 케와Kewa가 남섬을 씹어 먹다가 떨
어져 나온 부스러기가 라키우라(스튜어트 아일랜드)라고 한다. 옵저베
이션 록 뷰포인트에서는 하프 문 베이 반대편, 골든 베이Golden Bay 주
변에 흩어져 있는 크고 작은 무인도들이 보인다. 전망대로 가는 길에
라로아 리저브Raroa Reserve를 만나게 되는데 키위가 많이 출몰하는 장
소로 알려져 있다. 이곳을 함부로 걸어 다니면 키위 서식지를 파괴할
수 있으니 주의할 것.

가는 방법 마을에서 도보 15분(산길 200m 포함)
주소 48 Excelsior Rd

• TRIP •
04

새들의 낙원
울바 아일랜드 *Ulva Island*

스튜어트 아일랜드에서 또다시 배를 타고 들어가야 하는 울바 아일랜드는 함께 온 몇 명의 관광객이 내는 소리를 제외하면 새소리만 들리는 무인도다. 새의 천적인 설치류와 포유류 같은 위험 요소를 완전히 퇴치한 보호구역이라 뉴질랜드 토종 새인 스튜어트 아일랜드 로빈(개똥지빠귀)을 비롯해 다양한 조류를 볼 수 있다. 생태계를 교란하거나 먹이를 주는 행위는 엄격히 금지된다.

울바 아일랜드에서 볼 수 있는 새

뉴질랜드 토종 앵무새 카카리키
Kākāriki

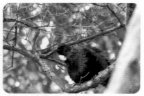

울음소리가 예쁜 투이
Tui

꿀을 먹고 사는 사우스아일랜드 새들백
Tīeke

꼬리가 귀여운 부채꼬리딱새
New Zealand Fantail

마오리 암탉이라는 별명을 가진 웨카
Weka

깜찍한 스튜어트 아일랜드 로빈
Stewart Island Robin

TIP

자유 여행으로 다녀오는 방법 (혼자 여행 금지)

오반에서 20분쯤 걸어가면 골든 베이 선착장이 나온다. 여기서 워터 택시(예약제 운행)를 타면 10분 만에 울바 아일랜드에 도착한다. 별다른 위험 요소는 없으나 통신이 불가능한 지역이라 오반의 방문자 센터에서 가이드 투어를 먼저 알아보는 것이 좋다. 일행이 여럿이라도 가이드 투어보다 개인적으로 방문하는 것이 더 저렴하다. 간단한 음식과 비상용품을 준비해 갈 것.

- **워터 택시**
  탑승 장소 Golden Bay Wharf, 57 Golden Bay Rd
- **라키우라 어드벤처**
  요금 편도 $19, 왕복 $38 **홈페이지** rakiura.nz
- **라키우라 워터 택시**
  요금 왕복 $30 **홈페이지** www.rakiuracharters.co.nz

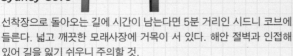

포스트 오피스 코브
Post Office Cove

작은 선착장으로, 여기서부터 보드워크를 따라 섬을 한 바퀴 도는 데 2~3시간 걸린다. 섬은 대부분 평지이고 주요 포인트를 알려주는 표지판이 설치되어 있다.

볼더 비치
Boulder Beach

새소리를 들으며 울창한 숲을 30분 정도 걷다 보면 스튜어트 아일랜드가 보이는 반대편 포인트에 도착한다. 여기서 섬 서쪽 끝인 웨스트엔드 비치까지는 10분 거리다. 개체 수가 급격히 감소해 본토에서는 좀처럼 보기 힘든 웨카(흰눈썹뜸부기)가 이곳 해변에서는 쉽게 눈에 띈다.

시드니 코브
Sydney Cove

선착장으로 돌아오는 길에 시간이 남는다면 5분 거리인 시드니 코브에 들른다. 넓고 깨끗한 모래사장에 거목이 서 있다. 해안 절벽과 인접해 있어 길을 잃기 쉬우니 주의할 것.

오타고

ROAD
TRIP

남섬 1번 국도 따라가기

오타고 해안 지대
COASTAL OTAGO

남섬 제1의 도시인 크라이스트처치와 제2의 도시 더니든 사이의 동부 해안에는 기상천외한 모양의
모에라키 바위와 〈나니아 연대기〉 촬영지인 엘리펀트 록스처럼 의외의 사진 명소가 많다.
또한 중부나 서부의 험준한 산악 지대와 달리 평야가 많고 기후가 온화하다. 사람이 살기 좋은 환경이다 보니
중간중간 소도시와 마을이 자주 눈에 띈다. 숙소와 맛집도 많아서 날씨나 도로 상황에 대한 걱정 없이 편안한
마음으로 여행을 즐길 수 있다. 뉴질랜드 전체를 관통하는 1번 국도(SH1)를 따라가며
남섬 동부 해안의 소도시와 명소를 차례로 둘러보자.

ROUTE

↑ 픽턴 방향

도착
크라이스트처치

162km, 2시간

페얼리
P.096

오마라마
P.105

5 티마루

블루펭귄 서식지

110km, 1시간 30분

엘리펀트 록스 4
40.5km, 1시간
3 오아마루

38km, 30분

엘리펀트 록스

2 모에라키 바위

1 섀그 포인트

모에라키 바위

15km, 15분

출발
더니든

🔒 **Follow Check Point**

❶ 여행 정보

이 지도에는 더니든과 크라이스트처치 사이의 약 430km 구간이 소개되어 있다. 크라이스트처치 북쪽으로 336km 지점의 픽턴에서는 북섬의 웰링턴으로 갈 수 있다. 엘리펀트 록스를 본 다음 티마루 대신 오마라마 방향으로 가면 퀸스타운까지 250km다. 티마루에서 페얼리 방향의 8번 국도(SH8)로 접어들면 테카포 호수와 마운트 쿡이 나온다. 물론 이 순서와 반대로 크라이스트처치에서 남섬 최남단의 블러프까지 내려가도 된다. ▶ 서던 시닉 루트 P.200

🚗 가는 방법

인터시티 버스가 더니든과 크라이스트처치 사이의 오아마루, 티마루에 정차한다. 그러나 이 지역을 개인 차량 없이 여행하기는 힘들다. 1번 국도의 공사 구간이나 도로 상황은 NZTA(도로교통국)를 통해 실시간으로 확인할 것.

도로 상황 안내

①

섀그 포인트
Shag Point · Matakaea

물개와 가마우지의 쉼터

더니든에서 모에라키 바위를 보러 가는 길에 잠시 들르기 좋은 해안이다. 1번 국도를 달리다가 오솔길로 3분만 걸어 들어가면 평평하고 넓은 바위 위에서 수십 마리의 뉴질랜드물개 떼가 휴식을 취하는 평화로운 풍경을 볼 수 있다. 뉴질랜드물개는 한때 무분별한 남획으로 멸종 위기에 처하기도 했으나 다행히 개체 수가 늘어나 안정적인 상태를 유지하고 있다. 물개는 주로 야간에 먹이 활동을 하므로 낮에는 장난을 치거나 잠을 자는 모습을 보게 된다. 간혹 300kg이 넘는 바다사자가 물개 무리 속에 끼어들기도 한다. 운이 좋으면 고래를 목격할 수도 있다.

 가는 방법 더니든에서 64km, 자동차로 50분
주소 Shag Point Lookout, Shag Point Rd, Shag Point 9482

TRAVEL TALK

화석을 좋아한다면 오타고 박물관으로!

'마타카에아 풍경 보호구역'으로 지정된 섀그 포인트 일대의 붉고 반들반들한 진흙 성분의 바위 속에는 다량의 화석이 숨어 있다고 합니다. 이곳에서 발굴된 6.5m 크기의 플레시오사우루스 화석은 더니든의 투후라 오타고 박물관Tūhura Otago Museum에 전시되어 있어요.
주소 419 Great King St, Dunedin North
운영 10:00~17:00
운영 무료
홈페이지 otagomuseum.nz

해안 절벽에 박힌 바위

⑫ 모에라키 바위 *Moeraki Boulders · Kaihinaki* 추천

동글동글 신기한 모양의 바위

주차장에서 보드워크를 따라 모에라키 볼더스 비치Moeraki Boulders Beach로 내려가면 해안에 수십 개의 둥그런 바위가 있다. 마치 공룡알이나 외계 생명체의 알처럼 보이는 이 바위는 이암(진흙)의 중심에서 균열이 발생하고 그 틈새로 방해석(탄산칼슘)이 스며들어 단단하게 응결된 귀갑석의 일종이다. 형성 과정이 완전히 밝혀진 것은 아니나 약 6000만 년 전에 해저 깊은 곳에서 해양 동물의 뼈와 나뭇조각이 굳은 결정체가 핵을 형성하고, 그 위에 실트와 점토가 달라붙으며 점점 자라났다는 학설이 우세하다. 해안 절벽에 박혀 있는 바위도 눈에 띄는데, 이는 바닷속에 있던 바위가 세월이 흐르면서 바닷물이 빠져 밖으로 드러나면서 파도의 침식 작용을 받은 것이라고 한다. 바위 크기는 50cm에서 2m(무게 7톤)까지 다양하며, 2m 정도까지 자라는 데는 400만~500만 년 정도 걸린다고 한다.

참고로 교통표지에 'Moeraki'라고만 적혀 있으면 바위가 있는 해변이 아닌 모에라키 마을로 향하는 것이니 반드시 'Moeraki Boulders'라고 적힌 교통표지를 따라가야 한다.

가는 방법 더니든에서 75km, 자동차로 1시간 / 공영 주차장(무료)에서 300m, 카페 주차장(유료) 바로 아래
주소 공영 주차장 Moeraki Boulders Public Parking /
모에라키 볼더스 카페 Moeraki Boulders Café, Hampden 9482
운영 24시간
요금 입장료 없음, 카페 쪽으로 진입할 경우 $2

Moeraki Boulders
KAIHINAKI

쪼개진 바위 안쪽은 텅 비어 있다

물때를 확인하세요!
침식작용이 계속 진행될 만큼 조차가 심해 만조 때는 해변으로 내려가는 것이 어려울 수 있어요. 구글맵에서 'moeraki beach tide times'를 검색해 만조high tide와 간조low tide 시간을 확인한 후 가능하면 썰물 시간에 맞춰 방문하세요. 파도가 치는 곳이니 샌들 착용 권장!

모에라키 볼더스 카페
Moeraki Boulders Cafe

모에라키 바위가 있는 해변과 가까운 카페 겸 기념품점이다. 카페에 주차하고 계단으로 내려가면 바로 모에라키 바위가 보인다. 아이들과 함께 방문한다면 계단 이용료를 내더라도 이곳에 주차하는 것이 여러모로 편리하다. 해변 풍경을 감상하면서 간단한 식사를 즐겨도 좋다.

주소 7 Moeraki Boulders Rd, Hampden
운영 08:30~16:00(여름철 17:30까지)
요금 계단 이용료 $2
홈페이지 moerakiboulders.co.nz

모에라키 빌리지
Moeraki Village

해변 남쪽 끝의 곶에 자리한 어촌. 고래 포경이 활발하던 당시에는 철도가 연결될 정도로 번화했으나 지금은 아주 조용하다. 마을에 세워진 탑에는 1836년 이곳을 포경 기지로 정한 6명의 유럽인과 마오리족의 만남이 기록되어 있다.

주소 174 Haven St, Moeraki 9482, New Zealand

〈 모에라키 편의 시설 〉

일출이나 일몰 때 모에라키 바위를 보고 싶다면 모에라키 빌리지나 햄든에 숙소를 정할 것.
이곳에 큰 호텔이나 마트 같은 편의 시설은 없다. 바위가 있는 해변까지는 4km 거리.

 맛집

모에라키 태번 *Moereaki Tavern*
유형 전망 레스토랑 · 펍
주소 174 Haven St, Moeraki
운영 11:00~저녁
예산 $$
홈페이지 moerakitavern.com

 숙소

모에라키 빌리지 홀리데이 파크
Moeraki Village Holiday Park
유형 캠핑장 · 캐빈 · 모텔
주소 114 Haven St, Moeraki **문의** 03 439 4759
예산 $$
홈페이지 moerakivillageholidaypark.co.nz

⑬ 오아마루 *Oamaru · Te Oha-a-Maru*

소박한 유럽풍 소도시

오아마루는 와이타키 디스트릭트district(region보다 하위 행정구역)의 중심 타운으로 인구는 1만 4000명이다. 항구가 폐쇄되면서 경제적 타격을 입게 되자 1987년에 재단을 설립해 오염된 바다를 복구하고, 템스 스트리트의 관공서와 항구의 상업 시설을 박물관과 갤러리로 바꿔 나갔다. 마운트 쿡에서 시작되는 A2O 자전거 도로의 종점이기도 하다. 뉴 월드, 울워스 등 대형 마트도 있다. ▶ A20 도로 정보 P.111

가는 방법 더니든에서 112km, 자동차로 1시간 30분

❶ Oamaru & Waitaki Visitor Information Centre

주소 12 Harbour St, South Hill, Oamaru 9400
문의 03 434 1100
운영 10:00~16:00
홈페이지 isitoamaru.co.nz

오아마루 블루펭귄 서식지
Oamaru Blue Penguin Colony

오아마루 타운과 가까운 갯바위에 세계에서 가장 작은 쇠푸른펭귄(키 30~33cm) 무리의 서식지가 있다. 쇠푸른펭귄은 이곳에 둥지를 틀고, 아침 일찍 먹이를 찾으러 나갔다가 저녁에 돌아온다. 펭귄 보호 센터에 가면 낮에는 둥지에 남아 있는 새끼 펭귄이나 수백 마리의 가마우지와 물개를 볼 수 있다. 펭귄이 줄지어 돌아오는 장관을 관람하려면 유료 투어에 참가해야 한다. 해 지는 시간(겨울철 오후 6~7시, 여름철 오후 8~10시)에 따라 펭귄의 귀가 시간도 달라지므로 홈페이지를 꼭 확인하고 방문할 것. 무료인 부시 비치Bushy Beach 전망대도 있지만 거리가 멀어서 펭귄의 이동 모습을 제대로 보기 어렵다.

주소 17 Waterfront Rd **운영** 10:00~저녁(계절별로 조금씩 다름)
요금 낮 $20, 저녁 $4 **홈페이지** www.penguins.co.nz

뉴질랜드의 숨은 보석
오아마루 산책 코스

흰색 오아마루 스톤으로 지은 19세기 신고전주의 양식의 웅장한 건물과
빅토리아풍 주택이 혼합되어 있는 오아마루 거리는 의외로 예쁘다.
방문자 센터에서부터 아래에 소개하는 장소를 이정표 삼아 템스 스트리트까지
걸으면 20분쯤 걸린다. 내부 관람이나 시설 이용은 개인적으로 선택하면 된다.
매주 일요일에는 빅토리아 역사 지구Victorian Precinct와 오아마루 항구 사이를
오가는 관광용 증기기관차가 운행한다.

① 오아마루 스팀 앤드 레일
Oamaru Steam and Rail

길을 걸으며 만나게 되는 철길과 예쁜 기차역
주소 Itchen St & Humber St **운영** 일요일
홈페이지 www.oamaru-steam.org.nz

② 윌리엄 비 *William Bee*

주변 카페와 소품 숍을 구경하기 좋은, 거리 코너에 자리한
패션 매장
주소 1 Itchen St **운영** 09:00~17:00

③ 스팀펑크 HQ *Steampunk HQ*

SF 역사물의 한 장르인 스팀펑크를 구현한 박물관
주소 1 Humber St **운영** 10:00~16:00

④ 포레스터 갤러리 *Forrester Gallery*

옛 뉴사우스웨일스 은행 건물을 개조한 미술관
주소 9 Thames St **운영** 10:00~16:00(겨울철 단축 운영)

⑤ 라스트 포스트 *The Last Post*

레스토랑이 입점한, 메인 도로의 옛 우체국 건물
주소 12 Thames St **운영** 11:30~21:00(겨울철 단축 운영)

⑥ 화이트스톤 치즈 *Whitestone Cheese*

고급 아티장 치즈를 맛볼 수 있는 치즈 공방
주소 469 Thames Highway ※방문자 센터에서 자동차로 10분
운영 화~금요일 09:00~17:00 **휴무** 월요일

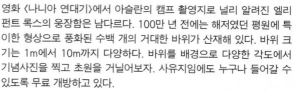

가는 방법 오아마루에서 40km,
자동차로 40분
주소 Elephant Rocks Car Park,
Island Cliff 9494

⑭ 엘리펀트 록스 *Elephant Rocks*

쉽게 가볼 수 있는 〈나니아 연대기〉 촬영지

영화 〈나니아 연대기〉에서 아슬란의 캠프 촬영지로 널리 알려진 엘리
펀트 록스의 웅장함은 남다르다. 100만 년 전에는 해저였던 평원에 특
이한 형상으로 풍화된 수백 개의 거대한 바위가 산재해 있다. 바위 크
기는 1m에서 10m까지 다양하다. 바위를 배경으로 다양한 각도에서
기념사진을 찍고 초원을 거닐어보자. 사유지임에도 누구나 들어갈 수
있도록 무료 개방하고 있다.
엘리펀트 록스로 가려면 1번 국도를 잠시 벗어나 83번 국도(SH83)로
우회해야 한다. 가는 길에 지나게 되는 던트룬Duntroon 마을은 자전거
도로 A2O와 연결되어 있으며 대장간, 교회, 강당 등 옛 건물이 남아 있
다. 내륙 쪽으로 계속 들어가면 오마라마(푸카키 호수와 퀸스타운 사
이)로 갈 수 있다.

⑮ 티마루 *Timaru · Te Tihi-o-Maru*

편의 시설을 잘 갖춘 도시

티마루는 캔터베리 지방의 항구도시다. 청회색 사암으
로 건축한 중심가의 건물들이 고풍스럽고, 근처에 캐롤
라인 베이Caroline Bay 등의 해변이 있어 현지인들에게
휴양지로 이용되는 곳이다. 인구는 약 2만 9000명으로
규모가 꽤 크며, 1번 국도를 지나는 길에 주유소와 팩
앤세이브, 뉴 월드, 울워스 등 대형 마트를 이용하기에
편리하다.

가는 방법 크라이스트처치에서 165km, 자동차로 2시간 30분

❶ Timaru Information Centre

주소 2 George St, Timaru 7910 **문의** 03 688 4452
운영 10:00~16:00 **휴무** 주말(겨울철)
홈페이지 southcanterbury.org.nz/town/timaru

남섬과 북섬의 연결 고리

픽턴 & 넬슨
PICTON & NELSON

뉴질랜드 남섬 북쪽 끝에 위치한 픽턴은 북섬의 웰링턴과 페리로 연결되는 항구 마을이다.
남섬과 북섬을 오가는 여행자 모두가 경유하는 곳이라 규모에 비해 상당히 분주한 편이다.
픽턴에서 서쪽으로 140km 떨어진 도시 넬슨은 아벨태즈먼 국립공원으로 떠나는 관문 역할을 한다.
고립된 지역인 만큼 자연경관이 더없이 수려하다.
유람선을 타고 말버러 사운드 해역을 감상하거나, 뉴질랜드의 자연 속에서
낚시를 즐기고 직접 과일을 수확하면서 진정한 힐링을 경험하기에 완벽한 곳이다.

👣 Follow Check Point

ⓘ Picton i-site

위치 픽턴
주소 The Foreshore, Picton 7220
문의 03 520 3113
운영 월~금요일 09:00~17:00,
토 · 일요일 09:00~16:00
휴무 겨울철 주말
홈페이지 marlboroughnz.com

❄ 날씨

픽턴 일대의 날씨는 언제나 변덕스럽다. 기본적으로 비가 굉장히 많이 내리고, 더운 날에도 새벽에는 기온이 급격하게 떨어지는 날이 많다. 이렇게 다양한 기후변화에 대비해 경량 패딩과 우비를 준비한다. 호수와 습지가 많은 지역이라 여름철에는 샌드플라이(해충) 기피제도 꼭 챙긴다.

계절	봄(10월)	여름(1월)	가을(4월)	겨울(7월)
날씨	⛅	☀	🌧	🌧
평균 최고 기온	21.3℃	27℃	22℃	15.4℃
평균 최저 기온	3℃	8.8℃	4.2℃	−1.3℃

픽턴 & 넬슨 실전 여행

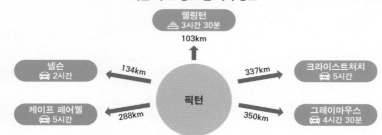

픽턴-주요 명소 간 거리 정보

웰링턴 🚢 3시간 30분

103km

넬슨 🚗 2시간

134km

크라이스트처치 🚗 5시간

337km

케이프 페어웰 🚗 5시간

288km

픽턴

그레이마우스 🚗 4시간 30분

350km

ACCESS

● 자동차

픽턴에서 남섬 여행을 시작할 때 경로는 크게 두 가지다. 6번 국도(SH6)를 따라 넬슨을 지나 서해안(그레이마우스, 프란츠 조셉)으로 내려가거나, 1번 국도(SH1)를 따라 블레넘을 거쳐 동해안(카이코우라, 크라이스트처치)으로 가는 것이다. 둘 중 6번 국도가 훨씬 더 구불구불한 산간 도로다. 따라서 오후 늦게 페리를 타고 픽턴에 도착한다면 서둘러 출발하지 말고 하루 숙박하는 게 좋다. 아벨태즈먼 국립공원과 가장 서쪽의 케이프 페어웰까지 돌아보려면 최소 2박 3일이 걸린다.

홈페이지 www.journeys.nzta.govt.nz

TIP

페리 탑승 시 주의 사항

픽턴 – 웰링턴 간 페리를 탑승하려면 충분한 사전 조사와 준비가 필요하다. 탑승하는 페리 종류(인터아일랜더, 블루브리지)에 따라 체크인 장소와 시간이 달라서 예약 시 제공하는 정보를 꼼꼼하게 읽어야 한다. 렌터카를 페리에 싣지 못하도록 규정한 회사도 많다. 이런 경우에는 출발하는 항구에서 렌터카를 반납하고 도착하는 항구에서 다시 픽업할 수 있도록 조율한다.

▶ 페리 탑승 절차 1권 P.036

● 기차

픽턴에서는 코스털 퍼시픽이라는 관광 열차를 타고 크라이스트처치까지 갈 수 있다. 말버러 지방과 동부 해안을 지나가는 전망 좋은 황금 노선으로, 직행하면 5시간 30분 걸린다. 픽턴 기차역은 페리 터미널에서 도보 5분 거리다.

주소 Picton Railway Station, Picton 7220
운영 9월 말~4월 말 하루 1회 출발 **휴무** 겨울철 **요금** $219
홈페이지 www.greatjourneysofnz.co.nz/coastal-pacific

픽턴-크라이스트처치 기차 노선

○ **픽턴** Picton

○ **블레넘** Blenheim

○ **카이코우라** Kaikoura

○ **랑이오라** Rangiora

○ **크라이스트처치** Christchurch

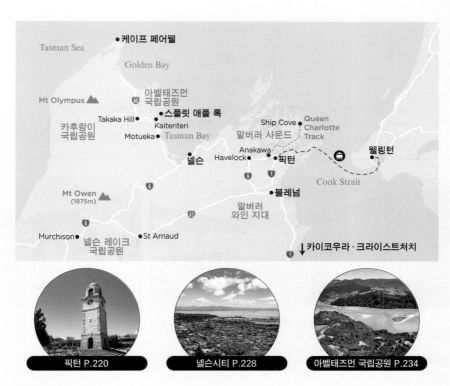

Tasman Sea

● 케이프 페어웰

Golden Bay

Mt Olympus ▲

아벨태즈먼
국립공원

Takaka Hill

● 스플릿 애플 록

Kaiteriteri

카후랑이
국립공원

Motueka Tasman Bay

넬슨

Havelock

Anakawa

Ship Cove ● Queen
Charlotte
Track

말버러 사운드

● 픽턴

웰링턴 ●

Cook Strait

Mt Owen
(1875m)

● 블레넘

말버러
와인 지대

Murchison ●

넬슨 레이크
국립공원

● St Arnaud

↓ 카이코우라 · 크라이스트처치

픽턴 P.220

넬슨시티 P.228

아벨태즈먼 국립공원 P.234

● 장거리 버스(코치 Coach)

인터시티 버스의 플렉시패스FlexiPass(시간제 승차권)가 있으면 남섬과 북섬 사이를 운행하는 인터아일랜더 페리를 이용할 수 있다. 단, 출발 26시간 전까지 인터시티 버스 홈페이지에서 예약을 확정해야 한다. 시간 내에 예약하지 못하면 플렉시패스를 사용할 수 없고 따로 페리 티켓을 구입해야 한다. 쿡 해협을 건너는 데 걸리는 시간은 3시간 정도이지만 대기 시간과 체크인까지 포함하면 4~5시간은 필요하다. 특히 인터시티 버스 측에서는 버스 환승 예약을 할 때 최소 1시간 30분 여유 시간을 두라고 안내한다.

홈페이지 www.intercity.co.nz

픽턴 버스 정류장(출발지)	목적지	이동 시간(홈페이지 기준)
인터아일랜더 페리 터미널 Interislander Ferry Terminal	블레넘	30분
	카이코우라	2시간 10분
픽턴 크로 터번 Picton Crow Tavern	크라이스트처치	5시간 15분
픽턴 방문자 센터 Picton Information Centre	넬슨	2시간 10분

말버러
MARLBOROUGH

항구 마을 픽턴과 와인 산지 블레넘은 말버러 지방Malborough Region의 대표적인 관광지다.
말버러 사운드의 청정 해역은 초록입홍합의 주요 산지로 유명하고, 내륙은 긴 일조 시간 덕분에
뉴질랜드 최대의 와인 생산지로 발전했다. 짧은 시간 안에 두 가지 색다른 여행을 경험해보자.

01 픽턴 Picton · Waitohi

남섬과 북섬의 연결 고리

웰링턴을 떠난 페리가 쿡 해협을 지나 퀸 샬롯 사운드Queen's Charlotte
Sound의 잔잔한 내해로 진입하면 픽턴항 전경이 눈에 들어온다. 남섬과
북섬을 연결하는 중요한 역할을 하는 곳이기에 숙소는 물론이고 카페와
레스토랑, 상점까지 다양한 편의 시설이 갖춰져 있다. 항구에서 도보 5
분 거리에 방문자 센터, 인터시티 버스 터미널, 렌터카 사무실 등 주요
시설이 모여 있다. 참고로 대형 페리 선착장은 페리 터미널, 유람선 선
착장은 마리나marina로 구분해서 부른다.

📍
지도 P.219
가는 방법 크라이스트처치에서 337km, 자동차로 5시간
주소 Picton Port, Auckland St, Picton 7281

> **TRAVEL TALK**

에드윈 폭스 해양 박물관

픽턴 항구에 있는 박물관으로
세계에서 두 번째로 오래된
상선, 에드윈 폭스호Edwin
Fox가 전시되어 있어요. 1853년에
처음으로 물에 띄운 이 배는
호주에서 죄수 호송선으로,
뉴질랜드에서는 수차례에 걸쳐
이민선으로 사용했다고 합니다.
주소 Edwin Fox Maritime
Museum
운영 09:00~15:00
요금 $10
홈페이지 www.edwinfoxship.nz

샐리 비치 | 픽턴 마리나 | 전쟁기념비 | 방문자 센터 | 에드윈 폭스 해양 박물관 | 페리 터미널 | 픽턴 하버 룩아웃

픽턴 편의 시설

배낭여행자들의 집결지이자 휴양지인 픽턴에는 저렴한 백패커스와 캠핑장, 모텔, 고급 리조트 등 다양한 숙소가 있다. 여름철에는 숙소가 부족할 수도 있으니 반드시 예약하도록 한다. 픽턴에서 숙소를 구하지 못하면 30분 거리의 블레넘이 대안이다.

 맛집

픽턴 빌리지 베이커리
Picton Village Bakery

갓 구운 네덜란드식 빵과 타르트, 뉴질랜드 미트 파이를 파는 인기 베이커리. 트레킹이나 로드 트립을 시작하기 전, 간식을 준비하기 위해 들르기 적당하다.

유형 베이커리 **주소** 46 Auckland St
운영 06:00~16:00 **휴무** 일요일 **예산** $$

 숙소

애틀랜티스 백패커스
Atlantis Backpackers

페리 터미널까지 걸어서 5분이면 닿는 거리라 배낭여행자들에게 인기다. 픽턴 방문자 센터 부근에 있다.

유형 백패커스 **주소** 42 London Quay
문의 03 573 7390 **예산** $
홈페이지 www.atlantishostel.co.nz

태즈먼 홀리데이 파크
Tasman Holiday Parks

픽턴 마리나 근처에 있는 체인형 캠핑장. 항구까지 자동차로 5분 거리로, 아침 일찍 페리를 타야 하는 경우 최적의 위치다.

유형 캠핑장 **주소** 78 Waikawa Rd
문의 03 573 7212 **예산** $$
홈페이지 tasmanholidayparks.com

와이카와 베이 홀리데이 파크
Waikawa Bay Holiday Park

작은 캐빈형 숙소와 여러 시설을 갖춘 캠핑장. 픽턴에서 너무 멀지 않으면서 한적한 위치가 장점이다. 항구까지 자동차로 10분 거리다.

유형 캠핑장 · 캐빈 **주소** 5 Waimarama St
문의 03 573 7434 **예산** $$
홈페이지 waikawabayholidaypark.co.nz

모모랑이 베이 캠프그라운드
Momorangi Bay Campground

샤워 시설과 공용 부엌, 파워드 · 논파워드 사이트를 모두 갖춘 DOC 캠핑장. 픽턴에서 넬슨 방향으로 가는 산길을 지나야 하며, 조용한 그로브 암Grove Arm 협만에 있어 분위기는 최고다. 작은 카페도 있고 항구까지 자동차로 30분 거리다.

유형 캠핑장 **주소** Queen Charlotte Dr
문의 03 573 7865 **예산** $
홈페이지 www.doc.govt.nz

남섬의 다도해
말버러 사운드 제대로 감상하기

말버러 사운드Marlborough Sounds(면적 4000km²)는 무수히 많은 섬과 반도로 이루어진 남섬 북쪽
해안을 통칭하는 지명이다. 사운드란 고대의 강이나 계곡의 침식작용으로 바닷물이 유입되며 형성된
깊숙한 만을 뜻하며, 가파른 협만인 피오르와 비교하면 좀 더 넓고 완만한 편이다.
픽턴 항구가 있는 퀸 샬롯 사운드와 펠로루스 사운드, 케네푸루 사운드가 큰 줄기를 이루며
이 외에도 여러 갈래의 크고 작은 만(bay, inlet, cove 등)이 미로처럼 얽히고설켜 있다.

완만한 사운드

가파른 피오르

 ❶ 말버러 사운드 트레킹 코스

말버러 사운드에서 가장 유명한 퀸 샬롯 트랙은 제임스 쿡 선장이 뉴질랜드에 첫발을 내디딘 십 코브까지 배
를 타고 가서 며칠 동안 걷는 장거리 코스다. 대안으로는 마하우 사운드Mahau Sound의 환상적인 경관을 볼 수
있는 컬런 포인트 트랙을 추천한다. 픽턴에서 넬슨으로 가는 길에 있으며 구글맵에서 'Cullen Point Lookout'
으로 검색하면 최단 코스로 올라갈 수 있다.

코스	거리	난이도	소요 시간
퀸 샬롯 트랙 Queen Charlotte Track 말버러 사운드의 대표 트레킹 코스	73.5km	최상	3~5일
컬런 포인트 트랙 Cullen Point Track 주차 후 전망 포인트까지 걸어 올라가기	500m	하	20분

 ❷ 말버러 사운드 크루즈 투어

말버러 사운드의 복잡한 해안선을 구석구석 보고 싶다면 카약이나 크루즈 투어를 신청한다. 픽턴 항구에서 출
발하는 프로그램 종류가 매우 다양하다.

투어업체	종류	요금	소요 시간
십 코브 크루즈 Ship Cove Cruise 퀸 샬롯 트랙의 출발점인 십 코브에 갔다가 돌아오는 투어 운영 홈페이지 www.beachcombercruises.co.nz	보트	$106	3시간
시푸드 오디세아 Seafood Odyssea 해산물 식사를 제공하는 유람선 투어 운영 홈페이지 www.marlboroughtourcompany.co.nz	보트+식사	$155	3시간
시 카약 트립 Sea Kayak Trip 카약 대여와 가이드 투어 운영 홈페이지 www.marlboroughsounds.co.nz	카약	$120	반나절

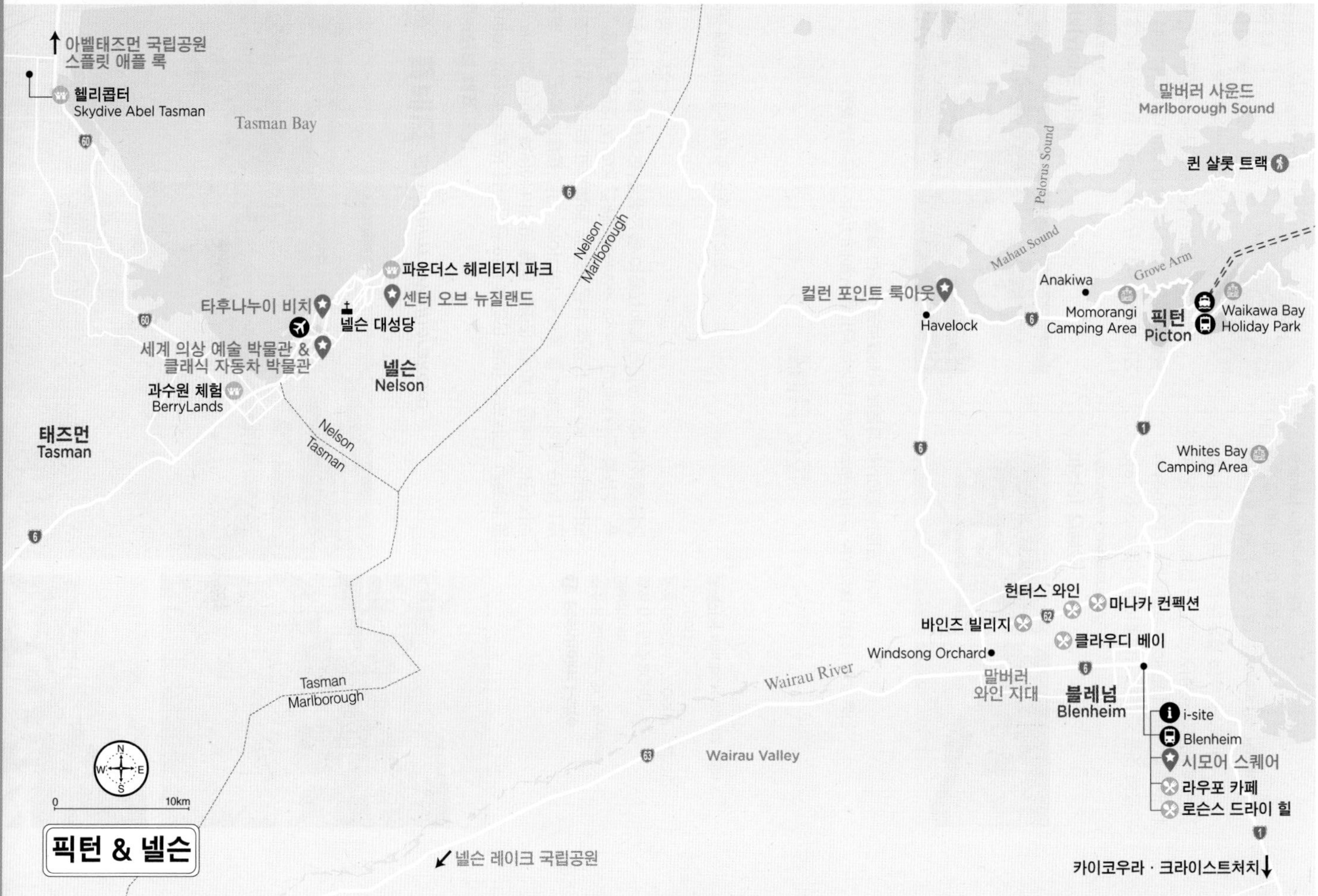

픽턴 & 넬슨

이벨태즈먼 국립공원
스카이다이브 애블 택
Skydive Abel Tasman

태즈먼
Tasman

Tasman Bay

과수원 체험
BerryLands

티후나우이 비치
넬슨 대성당
Nelson

넬슨
Nelson

세계 의상 예술 박물관 &
클래식 자동차 박물관

센터 오브 뉴질랜드

피콘단스 헤리티지 파크

Nelson
Marlborough

Tasman
Marlborough

Tasman
Nelson

0　　　　　10km

넬슨 레이크 국립공원

퀸 샬롯 트랙

말버러 사운드
Marlborough Sound

퀸 샬롯 트랙

퀸 샬롯 포인트 룩아웃
Havelock

Pelorus Sound

Mahau Sound

Momorangi
Camping Area

Anakiwa

Grove Arm

픽턴
Picton

와이카와 베이
홀리데이 파크
Waikawa Bay
Holiday Park

Wairau Valley

Wairau River

Windsong Orchard

바인즈 빌리지

말버러 와인 지대

헌터스 와인

마나쿠 컨펙션

클라우디 베이

Whites Bay
Camping Area

1

블레넘
Blenheim

카이코우라 · 크라이스트처치

⑫ 블레넘 *Blenheim · Waiharakeke*

말버러의 대표 도시

말버러 지방의 주도인 블레넘은 인구 약 3만 명의 소도시다. 내륙의 평야 지대에 자리해 픽턴에 비하면 훨씬 따뜻한 편이다. 말버러 와인 지역으로 가는 관문 역할을 한다. 와이너리 투어를 할 계획이라면 먼저 1번 국도와 6번 국도의 교차로에 위치한 공식 방문자 센터에 들러 문의한다. 중앙 공원인 시모어 스퀘어Seymour Square 일대에서는 울워스, 뉴월드 같은 대형 마트와 주유소 등 여행자에게 요긴한 상업 시설을 쉽게 찾을 수 있다.

가는 방법 픽턴에서 28km, 자동차로 30분

ℹ **Blenheim i-site**
주소 8 Sinclair St, Mayfield, Blenheim
문의 03 577 8080
운영 09:00~17:00(토 · 일요일 15:00까지)
홈페이지 marlboroughnz.com

⟨ 블레넘 맛집 ⟩

블레넘은 인근 와이너리에서 즐기는 럭셔리 다이닝부터 간단한 식사까지 선택의 폭이 넓다.
특히 마켓 스트리트에는 저렴한 아시아 음식점도 있다.

리버사이드 마켓
Riverside Market

상호가 바뀌면서 기존의 평가가 다소 반감되었으나 테일러강이 보이는 테라스 전망은 여전히 훌륭하다. 브런치와 늦은 저녁 식사까지 가능하다.

유형 카페 **주소** 6 Symons St
운영 08:30~20:30
예산 $$
홈페이지 www.raupocafe.co.nz

마나카 컨펙션
Manaka Confections

와인 산지의 명성에 어울리는 고급 초콜릿 매장으로 베이오브아일랜즈에도 매장이 있다. 초콜릿 제조 공정을 견학할 수 있고, 선물용 초콜릿을 구입하거나 핫초코 등의 음료를 마실 수 있다.

유형 초콜릿 매장 **주소** 180 Odwyers Rd, Rapaura
운영 09:00~17:30 **예산** $
홈페이지 makana.co.nz

⑬ 말버러 와인 지대 *Marlborough Wine Region*

세계적인 소비뇽 블랑 생산지

170여 개의 와이너리가 모인 말버러 와인 지대는 뉴질랜드 와인 생산량
의 4분의 3을 담당하는 대표 와인 생산지다. 블레넘에서 자동차로 10분
내 거리에 여러 곳의 유명한 셀러 도어가 문을 활짝 열어놓고 손님을 맞
이한다. 예약을 받는 곳도 있으니 방문 전 홈페이지를 확인할 것.

블레넘 주변 정보 www.wine-marlborough.co.nz

TRAVEL TALK

말버러 와인은
어떻게 유명해졌을까?

말버러의 와이라우 밸리Wairau Valley는 말버러
사운드와는 기후가 전혀 다른 지역이에요. 산맥이
병풍처럼 서쪽을 가로막고 있는 덕분에 낮에는
강렬한 햇살이 내리쬐고, 저녁에는 바다에서
서늘한 바람이 불어와 포도 재배에 최적의
조건이라고 합니다. 덕분에 말버러에서 생산된
와인은 산미와 청량감이 뛰어납니다. 말버러에서
첫 상업용 와인을 출시한 때는 1973년이고,
1986년부터 런던 국제 와인 축제에서 소비뇽
블랑이 3년 연속 우승하면서 세계적인 프리미엄
와인 생산지로 인정받게 됐어요.

헌터스 와인
Hunter's Wines

1986년 아일랜드 출신의 어니 헌터가 '말버러 소비뇽 블랑'으로 국제 대회에서 우승하면서 뉴질랜드 와인의 역사를 바꿔놓았다. 이곳은 그의 가족이 대대로 운영하는 와이너리로 다양한 수상 경력을 자랑하며 옛 농장 분위기의 정원까지 그대로 보존한 채 정통성을 중시한다. 셀러 도어도 갖추고 있으며 와인에 곁들이는 치즈 샘플러와 파이 종류도 판매한다.

주소 603 Rapaura Rd **운영** 09:30~16:30
휴무 겨울철 월·화요일 **홈페이지** hunters.co.nz

클라우디 베이 빈야드
Cloudy Bay Vineyards

1985년부터 운영해온 와이너리로 영국으로 와인을 수출하면서 헌터스 와인과 함께 말버러 와인의 명성을 구축했다. 현재는 오너가 바뀌었고, 오타고 지역에도 와이너리를 운영한다. 소비뇽 블랑, 샤르도네, 피노 누아를 주로 생산한다. 특히 프랑스산 오크 통에서 숙성하는 테 코코 소비뇽 블랑을 비롯해 창의적인 실험에 도전하는 부티크 와이너리다. 방문 시 예약 권장.

주소 230 Jacksons Rd **운영** 10:00~16:00
홈페이지 cloudybay.co.nz

로슨스 드라이 힐
Lawson's Dry Hills

25년간 와이너리를 운영하면서 소비뇽 블랑은 물론 게뷔르츠트라미너 같은 특별한 와인으로 여러 차례 수상한 경력이 있다. 각각 다른 품종을 생산하는 와이너리가 말버러 전역에 흩어져 있는데, 셀러 도어는 블레넘 근처에서 운영한다. 친절한 테이스팅이 장점이다.

주소 238 Alabama Rd
운영 10:00~16:30
휴무 겨울철 주말
홈페이지 lawsonsdryhills.co.nz

바인즈 빌리지
The Vines Village

어린이를 동반한 가족이 방문하기 좋은 와이너리다. 와인 테이스팅을 위한 셀러 도어, 맥주 샘플러를 맛보는 탭 룸을 갖추고 있으며 아이스크림 가게, 레스토랑, 기념품점이 한데 모여 있다. 자전거를 빌려 와이너리 일대의 평야를 달리는 라이딩도 가능하다.

주소 193 Rapaura Rd **문의** 03 579 5424
운영 11~4월 08:30~17:30, 5~10월 09:00~16:30 / 셀러 도어 11:00~16:30
요금 매장별로 다름
홈페이지 www.thevinesvillage.co.nz

ZONE 02

넬슨 & 태즈먼
NELSON & TASMAN

넬슨을 기준으로 북쪽과 남쪽 양방향으로 진행 경로를 선택할 수 있다. 60번 국도(SH60)를 따라가면
넬슨 호수, 아벨태즈먼 국립공원, 카후랑이 국립공원 등 태즈먼 지역에서 꼭 들러야 하는 명소를 돌아보고,
북서쪽 끝까지 가볼 수 있다. 6번 국도(SH6)를 타고 남하하면 남섬의 웨스트코스트로 가게 된다.

➡ 웨스트코스트 정보 P.052

⑴ 센터 오브 뉴질랜드 Centre of New Zealand

뉴질랜드 측량의 기준점

넬슨 동쪽 언덕에 위치한 전망대. 1870년대에 뉴질랜드 국토를 측량
할 때 기준점으로 삼은 위치였기 때문에 이런 이름이 붙었으며, 이를
기념하기 위해 전망대에 기념비를 건립했다. 주차하고 2.5km 걸어가
면 태즈먼 베이에 자리 잡은 넬슨 도심과 멀리 아벨태즈먼 국립공원까
지 연결된 바다 쪽 전망을 볼 수 있다. 반대 방향인 육지 쪽으로는 풍요
로운 숲과 도로가 눈에 들어온다.

📍
가는 방법 넬슨 센트럴에서 2.3km,
Hardy St East 부근에 주차
주소 Maitai, Nelson 7010

⑫ 넬슨시티 *Nelson City · Whakatū*

태즈먼 베이의 대표 도시

넬슨시티는 여름철 평균기온이 24℃ 정도인 쾌적한 기후 덕분에 5만 명이 거주하는 살기 좋은 도시다. 1841년 영국 출신 이주민들이 넬슨 제독(1758~1805)의 이름을 붙인 도시를 설립하고, 1858년 영국 왕립 헌장에 따라 정식 도시로 인정받았다. 별도의 행정구역에 속하지 않는 독립된 도시이지만 넬슨 기념일(2월 1일)은 주변의 말버러와 태즈먼에서도 공휴일로 지정할 만큼 남섬 북부 지역의 구심점 역할을 한다. 보통 줄여서 넬슨이라 부르며 마오리어 지명 '화카투'는 '짓다', '기르다', '설립하다'라는 뜻이다.

ℹ️ Nelson Conservation Visitor Centre
주소 1/37 Halifax St, Nelson 7010
문의 03 546 9339
운영 월~금요일 08:30~17:00,
토·일요일 09:00~16:00
홈페이지 www.nelsontasman.nz

●
가는 방법 픽턴에서 134km,
자동차로 2시간

넬슨 대성당 *Nelson Cathedral*

크라이스트처치 대성당Christ Church Cathedral이 공식 명칭으로, 언덕(마오리어 이름은 '이리로 올라오라'는 뜻의 피키마이Pikimai) 위에 처음 성당을 지은 것은 1851년이다. 몇 차례의 재건축을 거쳐 1965년에 현재의 건물이 완공되었다. 메인 도로인 트라팔가 스트리트에서 올려다보면 화강암 계단 위로 35m 높이의 종탑이 눈에 들어온다. 성당 정문은 타카카 힐에서 가져온 대리석으로 지은 네오고딕 양식의 건축 형태를 띠고 있다. 성당 내부는 일반인에게도 개방하는데, 2500개의 파이프로 이루어진 파이프오르간이 인상적이다.

주소 Trafalgar Sq **운영** 09:00~18:00
홈페이지 nelsoncathedral.nz

트라팔가 스트리트
Trafalgar Street

도시의 중심 도로. 다양한 상점과 레스토랑, 백패커스가 모여 있다. 넬슨 지역의 역사를 전시한 박물관, 아벨태즈먼 국립공원 방문객을 위한 DOC 방문자 센터도 있다. 방문자 센터 바로 옆으로 도심을 관통하는 마이타이강Maitai River이 흐른다.

주소 Trafalgar St

TRAVEL TALK

이런 곳도 있어요!
넬슨 레이크 국립공원

거대한 2개의 호수, 로토이티 호수Lake Rotoiti와 로토로아 호수Laka Rotoroa가 포함된 넬슨 레이크 국립공원Nelson Lakes National Park. 가는 길은 두 갈래로, 블레넘에서 63번 국도를 타고 곧바로 진입하거나, 넬슨에서 6번 국도를 타고 내려오다가 우회해야 합니다. 굉장히 큰 호수라 정확한 위치 파악이 중요하니 일단 세인트아르노 마을의 국립공원 방문자 센터를 방문하세요.

지도 P.219 **가는 방법** 넬슨 또는 블레넘에서 100km

ℹ Nelson Lakes Visitor Centre

주소 Nelson Lakes DOC Visitor Centre, St Arnaud 7072
문의 03 5211806 **운영** 09:00~16:30
홈페이지 www.doc.govt.nz

파운더스 헤리티지 파크 *Founders Heritage Park*

초기 개척 시대 넬슨의 역사를 눈으로 확인할 수 있도록 1986년에 조성한 일종의 민속촌이자 테마파크다. 넬슨은 영국 정부가 식민지 개척을 목적으로 설립한 뉴질랜드 컴퍼니를 통해 토지를 구입하고, 체계적인 이주를 추진하여 탄생시킨 계획 도시다. 1841년 11월부터 약 18개월간 무려 3500명의 이민자를 실은 배가 태즈먼 베이에 입항했으며, 도로와 기간 시설의 건설 또한 빠르게 진행되었다. 파운더스 헤리티지 파크에는 과거 이 지역을 운행하던 증기기관차도 남아 있으며, 주말이면 시민들이 아이들의 손을 잡고 나와 이곳에서 즐거운 시간을 보낸다.

주소 87 Atawhai Dr **운영** 10:00~16:30(증기기관차는 여름철 매월 둘째 주, 넷째 주 일요일에 운행)
요금 성인 $12.10, 가족 $30(증기기관차 요금 별도)
홈페이지 www.founderspark.co.nz

타후나누이 비치 *Tahunanui Beach*

넬슨의 주요 해변으로 태즈먼 베이에 광활하게 펼쳐져 있다. 완만한 경사로 길게 뻗은 지형 덕분에 바다의 수심이 얕아 어린이도 안심하고 즐길 수 있다. 넬슨 공항에서 이착륙하는 항공기가 해변 상공을 지나는 이색적인 풍경이 눈길을 끈다. 해변을 따라 휴양지 분위기의 주택과 숙소가 늘어서 있다.

주소 Tahunanui Dr, Tahunanui **홈페이지** tahunanui.nz

뜻밖의 예술 산책
넬슨의 미술관 & 박물관

넬슨은 소규모 갤러리와 특화된 박물관이 다수 자리한 문화 중심지로 연중 다양한 예술 축제가 열린다.

① 수터 아트 갤러리
Suter Art Gallery

19세기 넬슨의 제2대 주교였던 앤드루 수터(1830~1895)와 아멜리아 수터 부부의 저택에 그들의 유산으로 마련한 공공 미술관이다.

주소 208 Bridge St
운영 09:30~16:30
요금 무료
홈페이지 thesuter.org.nz

② 세계 의상 예술 박물관 & 클래식 자동차 박물관
World of Wearable Art & Classic Cars Museum

태즈먼 하이츠 언덕 너머에는 독보적인 명성의 디자인 관련 소장품을 전시하는 세계 의상 예술 박물관이 있다. 바로 옆에 140여 대의 차량을 보유한 클래식 자동차 박물관을 함께 운영한다.

주소 1 Cadillac Way　**운영** 10:00~17:00　**요금** $24
홈페이지 www.wowcars.co.nz

③ 플레임데이지 갤러리& 호글룬드 아트 글라스
Flamedaisy Gallery & Höglund Art Glass

유리공예에 관심이 많다면 플레임데이지 갤러리나 세계적인 지명도를 얻은 호글룬드 아트 글라스도 방문해보자.

- 플레임데이지 갤러리
  주소 324 Trafalgar Sq　**운영** 월~금요일 09:00~17:00, 토 · 일요일 09:00~16:00　**요금** 무료　**홈페이지** flamedaisy.co.nz
- 호글룬드 아트 글라스
  주소 52 Lansdowne Rd　**운영** 10:00~17:00　**요금** 무료
  홈페이지 www.hoglundartglass.com

넬슨 편의 시설

쇼핑

옌스 한센 절대반지 제작자
Jens Hansen The Ringmaker

1960년대에 넬슨에 정착한 덴마크 출신의 옌스 한센(1940~1999)은 영화 〈반지의 제왕〉과 〈호빗〉의 절대반지 소품을 제작한 보석 디자이너. 영화사로부터 절대반지의 공식 상품화권을 인증받은 업체는 이곳이 유일하다. 현재는 그의 아들이 다양한 수공예 보석을 제작하며 가업을 계승하고 있다. 반지는 웰링턴의 웨카 스튜디오와 넬슨 본점에서만 구입할 수 있다.

주소 Nelson Studio, 320 Trafalgar Sq
운영 월~금요일 09:00~17:00, 토요일 09:00~14:00 **휴무** 일요일
홈페이지 www.jenshansen.com

넬슨 마켓
Nelson Market

넬슨에서는 일주일에 세 번 정도 이색적인 마켓이 열린다. 그중 1981년부터 매주 토요일에 열리는 넬슨 마켓이 가장 유명하다. 장소는 몽고메리 스퀘어 중심가이며, 지역 아티스트와 패션 디자이너의 수공예 제품을 판매하는데 인기가 많다. 일요일에는 같은 자리에서 골동품 마켓이, 수요일에는 마이타이강 변에서 로컬 식재료와 먹거리를 파는 파머스 마켓이 열린다. 각자의 취향과 날짜에 맞춰 방문해보는 것도 좋다.

- **넬슨 마켓 Nelson Market**
  주소 Montgomery Sq **운영** 토 · 일요일 08:00~13:00
  홈페이지 www.nelsonmarket.co.nz
- **파머스 마켓 Farmer's Market**
  주소 23 Halifax St **운영** 수요일 08:00~13:00
  홈페이지 nelsonfarmersmarket.org.nz

 맛집

스틱스 *The Styx*

아름다운 항구를 바라보며 식사하기 좋은 뷰맛집. 오
전과 점심에는 브런치나 버거 · 피자 · 피시앤칩스를,
저녁에는 신선한 로컬 해산물 요리나 스테이크를 주문
해보자.

유형 시푸드 · 스테이크
주소 272 Wakefield Quay, Stepneyville
운영 11:00~22:00 **휴무** 월 · 화요일 **예산** $$$
홈페이지 styxrestaurant.co.nz

수터 카페 *Suter Café*

수터 아트 갤러리 안에 있는 카페로, 퀸스 가든의 정원
이 보이는 멋진 전망으로 인기가 높다. 간단한 브런치
메뉴나 파이류를 주문해보자.

유형 브런치 카페
주소 208 Bridge St
운영 08:00~16:30 **예산** $$
홈페이지 thesuter.org.nz/cafe

그레이프 이스케이프 카페
The Grape Escape Cafe

전원주택처럼 예쁜 집에서 유명 셰프가 운영하는 레스
토랑. 브런치와 애프터눈 티를 즐기기 좋다. 결혼식 연
회장으로도 사용한다.

유형 브런치 · 카페
주소 McShane Rd & SH60 **운영** 10:00~16:00
예산 $$ **홈페이지** riversidemurchison.co.nz

 숙소

러더퍼드 호텔 *Rutherford Hotel*

넬슨에서 가장 큰 4성급 호텔이며 크라이스트처치 대
성당 바로 옆에 있다. 넬슨 중심가를 도보로 다니기에
는 최적의 입지.

유형 호텔
주소 27 Nile St **문의** 03 548 2299 **예산** $$$
홈페이지 www.rutherfordhotel.nz

소전 코티지 *Sojourn Cottage*

넬슨 대성당 옆 사우스
스트리트는 1860년대
에 건축한 옛날 건물이
보존되어 있는 거리다.
관광객도 즐겨 찾는 곳
으로 건물 일부는 숙소
로 활용하는데, 일정 기간 이상 집 전체를 빌려주는 형
태다. 이것도 그중 하나로 오래된 건물이라 불편한 점
도 있지만 특별한 경험을 할 수 있다.

유형 민박
주소 5 South St **예산** $$$
홈페이지 www.sojourncottage.co.nz

YHA 넬슨 *YHA Nelson*

파머스 마켓이 열리는 몽고메리 스퀘어와 가깝고 도시
의 여러 장소를 걸어 다니기 좋은 위치다. 시설에 대해
서는 큰 기대를 하지 말 것.

유형 백패커스 **주소** 59 Rutherford St
문의 03 545 9988 **예산** $
홈페이지 www.accentshostel.nz

타후나 비치 홀리데이 파크
Tahuna Beach Holiday Park

넬슨의 주요 해변에는 캠핑장을 비롯한 다양한 형태의
숙소가 많다. 도시를 벗어나 탁 트인 바다 풍경을 만끽
하고 싶을 때 선택해보자.

유형 캠핑장 **주소** 70 Beach Rd, Tāhunanui
문의 03 548 5159 **예산** $$
홈페이지 tahunabeachholidaypark.co.nz

⓷ 아벨태즈먼 국립공원 *Abel Tasman National Park*

남섬의 숨은 보석

골든 베이와 태즈먼 베이 사이에 돌출된 갑(岬)과 주변의 여러 섬으로 이루어져 있으며, 뉴질랜드의 국립공원 가운데 가장 작은 면적임(225.41㎢)에도 불구하고 변화무쌍한 지형을 자랑한다. 해변 쪽은 물결이 잔잔해 카약과 액티비티를 즐기기 좋은 환경인 반면, 고지대 쪽은 울창한 원시림과 해안 절벽으로 이루어져 접근조차 힘든 곳이 대부분이다. 인간의 발길이 거의 닿지 않은 덕분에 풍부한 조류와 해양 생물의 서식지로 남을 수 있었고, 최초로 뉴질랜드를 탐험한 네덜란드 항해사 아벌 타스만 상륙 300주년을 기념해 1942년에 국립공원으로 지정되었다.

🚩
가는 방법 넬슨에서 67km

ⓘ **Abel Tasman Centre**
주소 229 Sandy Bay-Marahau Rd, Marahau 7197
문의 03 527 8176
운영 08:00~17:00
홈페이지 www.abeltasmancentre. co.nz

───── TIP ─────
아벨태즈먼 국립공원 여행 방법
국립공원 안에는 도로가 없기 때문에 마라하우Marahau, 모투에카Motueka, 카이테리테리Kaiteriteri 등 자동차로 진입할 수 있는 가까운 마을로 가서 투어 상품을 이용하는 것이 일반적이다. 뉴질랜드의 트레킹 코스(그레이트 워크) 중 하나인 아벨태즈먼 코스트 트랙에 도전하더라도 크루즈, 카약, 헬리콥터 등 추가적인 교통편을 이용해야 제대로 된 여행을 할 수 있다.

카이테리테리 비치 *Kaiteriteri Beach*

카이테리테리 마을의 아름다운 해변은 아벨태즈먼 국립공원으로 향하는 크루즈와 카약 투어의 출발점이다. 자동차로 갈 수 있고, 스플릿 애플 록 투어를 병행할 수 있다는 것이 장점이다. 더 깊숙한 곳에 위치한 마라하우에서 출발하거나 넬슨이나 픽턴에서 출발하는 투어도 있다.

• 주요 투어업체 정보

아벨태즈먼 시 셔틀 Abel Tasman Sea Shuttles

국립공원의 주요 장소를 왕복하며 버스, 크루즈와 연결해주는 업체. 편도 또는 왕복으로 티켓을 구입하거나 가이드 투어를 선택할 수 있다.

종류 셔틀 · 보트 **소요 시간** 반나절~하루 **주소** 2 Kaiteriteri-Sandy Bay Rd, Kaiteriteri
홈페이지 abeltasmanseashuttles.co.nz

카이테리테리 카약 Kaiteriteri Kayaks

스플릿 애플 록 투어 또는 아벨태즈먼 국립공원 내 카약 투어를 선택할 수 있다. 출발 장소는 카이테리테리.

종류 카약 **소요 시간** 3~4시간 **주소** 3 Kaiteriteri-Sandy Bay Rd, Kaiteriteri **홈페이지** seakayak.co.nz

시닉NZ 아벨태즈먼 ScenicNZ Abel Tasman

넬슨에서부터 교통편을 제공하는 업체. 목적지를 카이테리테리로 지정해 예약한다.

종류 버스 **소요 시간** 편도 1시간 **주소** 27 Bridge St, Nelson **홈페이지** www.scenicnzabeltasman.co.nz

아벨태즈먼

Tasman Sea

케이프 페어웰
푸퐁가 포인트

Golden Bay

0　　　　　13km

Whariwharangi Bay

Heaphy Track
테 와이코로푸푸 스프링스
라비린스 록스　Wainui Falls
연어 양식장　Takaka
Anatoki Salmon
Mt Olympus
Awaroa Bay

아벨태즈먼 코스트 트랙

Tasman West Coast
아벨태즈먼 국립공원

카후랑이 국립공원
Anchorage

스플릿 애플 록　마라하우
타카카 힐　카이테리테리

끝없는 해변과 원시림의 세계
아벨태즈먼 자연 탐험

투명한 바다를 헤엄치는 물고기와 평화롭고 고요한 해변, 울창한 원시림.
원초적인 자연으로 가득한 아벨태즈먼 국립공원의 본모습을 제대로 체험하려면 충분한 시간과
날씨 운이 필요하다. 여기까지 왔다면 당신은 이미 뉴질랜드 전문가!
걷거나 카약을 타거나 보트를 타거나, 나만의 방식으로 뉴질랜드의 자연을 탐험할 시간이다.

Follow Me!

❶ 맞춤형 코스로 걷기
아벨태즈먼 코스트 트랙 *Abel Tasman Coast Track*

태즈먼 베이의 마라하우에서 시작해 와이누이 베이에서 끝나는 트레킹 코스다. 해변을 지나 원시림과 습지를 걸어야 하기에 난도가 매우 높다. 60km 구간 전체를 도보로 완주하는 사람은 거의 없고, 대부분 수상 택시를 타고 원하는 출발 지점까지 가서 일부 구간을 걸은 뒤 도착 지점에서 다른 교통편을 이용해 돌아온다. 왕복 3.4km 거리의 와이누이 폭포 트레킹이나 카이테리테리 비치에서 수상 택시를 타고 다녀오는 앵커리지 베이가 인기 있다.

> 🏃 **거리** 60km
> **소요 시간** 5일
> **난이도** 최상

 Follow Me!

❷ 수상 택시 타고 사과 바위 보러 가기
스플릿 애플 록 *Split Apple Rock · Tokangawhā*

카이테리테리와 마라하우 사이의 해변에서 약 50m 떨어진 지점에 날카로운 칼로 반듯하게 조각낸 듯한 둥근 사과 모양의 바위가 바다 위로 드러나 있다. 약 1억 2000만 년 전 중생대 백악기의 화강암 바위에 균열이 발생하면서 바닷물이 스며들었고 빙하기를 거치며 자연적으로 갈라진 것으로 추정된다고 한다. 전해오는 마오리 전설로는 신들이 서로 바위를 차지하려고 싸움을 벌이다가 정확하게 반으로 잘라 나눠 가졌다고 한다. 이곳은 카이테리테리 비치에서 출발하는 수상 택시를 타고 찾아가는 방법이 제일 간단하다. 카약을 타고 직접 노를 저어 바위 주 변을 돌아보는 투어도 인기가 많다. 개인 차량으로 간다면 사유지에 주차하고 15분쯤 숲길을 따라 해변으로 내려가야 하는 번거로움이 따른다.

가는 방법 카이테리테리에서 5.4km **주소** Moonraker Way, Kaiteriteri 7197

 Follow Me!

❸ 최고의 순간!
스카이다이브 아벨태즈먼 *Skydive Abel Tasman*

스카이다이빙 센터로, 5000m 상공에서 낙하 후 20분간 비행하는 탠덤 점프는 태즈먼 베이를 하늘에서 내려다보는 멋진 경험을 선사한다. 투어는 60번 국도 변에 위치한 모투에카 공항에서 출발하며, 약 2~3시간 소요된다. 예약 시 요청하면 넬슨, 카이테리테리, 마라하우까지는 무료 픽업해준다.

주소 Motueka Airport, 16 College St, Motueka 7120 **문의** 0800 422 899 **운영** 예약제
요금 $429 **홈페이지** www.skydive.co.nz

⑭

케이프 페어웰
Cape Farewell

남섬 북쪽 끝

1642년 남섬 최북단에 위치한 곶 지형을 지도에 처음 등록한 것은 아벌 타스만이지만, '작별farewell'이라는 뜻의 지명을 붙인 사람은 제임스 쿡 선장이다. 그가 1770년 영국으로 돌아갈 당시 마지막으로 본 뉴질랜드 땅이었기 때문이다. 멀고 외딴곳이기에 큰마음 먹고 찾아가야 하지만 오로지 새와 물개와 바람과 모래가 전부인 자연환경이 깊은 인상을 남기는 곳이다. 케이프 페어웰의 아치가 보이는 전망 포인트는 주차장에서 가깝다. 하지만 바람이 매우 거세고 저지대의 도로는 침수 위험이 있으므로 비가 내린 직후나 기상 악화가 예상될 때는 가지 않는 것이 좋다.

📍
가는 방법 타카카에서 52km, 자동차로 1시간
주소 6 Wharariki Rd, Port, Puponga 7073

케이프 페어웰 스핏 방향

케이프 페어웰의 아치

🔷 TRAVEL TALK

윈도 바탕화면에서 봤는데!

케이프 페어웰과 화라리키 비치 사이의 바위섬 4개를 합쳐 아치웨이 제도Archway Islands라고 해요. 윈도 10 바탕화면에서 볼 수 있는 해식동굴의 반영을 촬영한 장소로 꽤 유명하답니다. 석영질 사암으로 이루어진 해안 절벽은 햇빛을 받으면 더욱 하얗게 반짝여요. 끝없이 불어닥치는 태즈먼해의 거센 바람과 파도에 침식되면서 분쇄된 고운 모래가 주변에 거대한 사구를 만들기도 하고, 조류를 타고 실려 가 가늘고 긴 모래톱(스핏spit)을 형성하기도 해요. 태즈먼해와 골든 베이 사이에 있는 25km 길이의 모래톱도 굉장한 볼거리예요.

아치웨이 제도●　　　　　　●케이프 페어웰

화라리키 비치●

태즈먼해

P

Wharariki Road

페어웰 스핏

아치웨이 카페　　푸퐁가 목장

P

골든 베이

P

카후랑이 국립공원

●푸퐁가 포인트

푸퐁가 목장 *Puponga Farm*

비포장도로가 끝나는 지점에 가끔 문을 여는 허름한 카페와 주차장이 있다. 이곳에서 아름다운 초원 사이로 난 산책로, 푸퐁가 힐톱 워크Puponga Hilltop Walk를 따라 1km가량 걸어가면(약 20분 소요) 푸퐁가 목장의 환상적인 풍경을 만나게 된다. 아치웨이 제도를 보기 위한 트레킹이지만 산책로 풍경이 아름다워 걷는 것만으로도 즐겁다. 양 떼를 방목하는 목장은 정부 소유로 입장료는 받지 않으며, 케이프 페어웰 지역 각지로 트레킹과 산악자전거 루트가 이어진다.

화라리키 비치 *Wharariki Beach*

언덕을 넘으면 이 지역에서 가장 스펙터클한 해안선을 마주하게 된다. 간조 때는 해변을 걸어서 아치웨이 제도의 해식동굴까지 갈 수 있지만 물때를 맞추기가 어렵기 때문에 추천하지 않는다. 조류가 특히 강한 지역이라 수영이나 바닷물에 발을 담그는 행위는 위험하다.

⑤ 카후랑이 국립공원 Kahurangi National Park

기암괴석으로 가득한 곳

뉴질랜드에서 두 번째로 큰 국립공원(면적 4520km²)으로, 영화 〈반지의 제왕〉에서 모리아 광산의 딤릴 골짜기로 등장한 마운트 오웬Mount Owen과 리븐델로 나온 마운트 올림푸스Mount Olympus가 유명하다. 하지만 두 곳 모두 차량으로는 갈 수 없어 넬슨에서 출발하는 헬기 투어를 이용해야 한다.

🚩 **가는 방법** 넬슨에서 103km, 자동차로 1시간 30분

ℹ Golden Bay Visitor Centre
주소 16 Willow St, Takaka 7110
문의 03 525 9136
운영 09:00~17:00
휴무 겨울철 주말
홈페이지 goldenbaynz.co.nz

타카카 힐 Takaka Hill

넬슨에서 타카카로 가는 길에 지나게 될 해발 791m의 산간 도로(SH60)에도 〈반지의 제왕〉 촬영지가 하나 있다. 아라곤과 호빗들이 나즈굴을 피해 몸을 숨겼던 '쳇우드 숲'의 배경이 되었던 장소로, 호크스 룩아웃으로 검색하면 쉽게 찾을 수 있다. 삐쭉삐쭉한 대리석 바위가 무수히 솟아오른 가운데, 멀리 넬슨의 해안선이 시원하게 눈에 들어온다.

주소 Hawkes Lookout Walk, 1147 Takaka Hill Highway, Takaka Hill 7073

🚶 **거리** 왕복 1km
소요 시간 20분
난이도 하

라비린스 록스 Labyrinth Rocks

오래된 카르스트지형의 바위로 형성된 천연 미로다. 규모는 크지 않으나 울창한 숲 사이에 바위가 아기자기하게 배치된 구조가 재미있다. 아이를 동반한 가족여행자에게 적당한 여행지다.

주소 45 Scott Rd, Tākaka 7183
운영 24시간 **요금** 무료

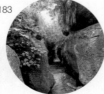

🚶 **거리** 한 바퀴 1km
소요 시간 30분
난이도 하

테 와이코로푸푸 스프링스
Te Waikoropupū Springs

블루 호수Blue Lake와 함께 뉴질랜드에서 가장 맑고 투명한 천연수로 알려진 샘물. 약 700년 전부터 마오리족이 '타옹가taonga(보물)' 또는 '와이 타푸wāhi tapu(신성한 장소)'로 받들어온 성역이다. 마누카 나무와 카누카 나무 숲으로 둘러싸인 3개의 샘물에서 초당 1만 4000리터의 물이 타카카강으로 흘러나간다. 물을 만지거나 오염시키는 행위는 엄격히 금지된다.

주소 Pupu Springs Rd, Takaka 7183

🚶 **거리** 한 바퀴 1.2km
소요 시간 45분
난이도 하

팔로우하라!
가이드북을 바꾸면
여행이 더 업그레이드된다

(follow series)

더 * 가벼워지다

더 새로워지다

더 풍성해지다

팔로우 다낭 · 호이안 · 후에	박진주 지음 | 값 18,500원
팔로우 스페인 · 포르투갈	정꽃나래 · 정꽃보라 지음 | 값 22,000원
팔로우 호주	제이민 지음 | 값 21,500원
팔로우 나트랑 · 달랏 · 무이네	박진주 지음 | 값 16,800원
팔로우 동유럽	이주은 · 박주미 지음 | 값 20,500원
팔로우 발리	김낙현 지음 | 값 19,000원
팔로우 타이베이	장은정 지음 | 값 18,000원
팔로우 뉴질랜드	제이민 · 원동권 지음 | 값 21,500원

Travelike

**팔로우 시리즈가
제안하는**

**뉴질랜드
남섬 여행
버킷 리스트**

 뉴질랜드 최고봉 마운트 쿡의 환상적인 설국

 빙하 왕국에서 경험하는 헬기 투어와 얼음 트레킹

 지구상에서 가장 완벽한 밤하늘의 남십자성 찾기

 경이로운 산간 도로 달리며 황홀한 풍경 즐기기

 신비로운 해양 동물의 생생한 몸짓 감상하기

follow New Zealand

제이민
원동권
지음

2025-2026
NEW EDITION

팔로우 **뉴질랜드** 오클랜드·웰링턴
로토루아·타우포

3

실시간 최신 정보 완벽 반영! 뉴질랜드 북섬 실전 가이드북

Travelike

CONTENTS

3

뉴질랜드 북섬
실전 가이드북

2025–2026
NEW EDITION

팔로우 뉴질랜드

크라이스트처치 · 퀸스타운 · 오클랜드 · 웰링턴

팔로우 뉴질랜드
크라이스트처치·퀸스타운·오클랜드·웰링턴

1판 1쇄 인쇄   2024년 12월 16일
1판 1쇄 발행   2024년 12월 24일

지은이 | 제이민·원동권
발행인 | 홍영태
발행처 | 트래블라이크
등 록 | 제2020-000176호(2020년 6월 24일)
주 소 | 03991 서울시 마포구 월드컵북로6길 3 이노베이스빌딩 7층
전 화 | (02)338-9449
팩 스 | (02)338-6543
대표메일 | bb@businessbooks.co.kr
홈페이지 | http://www.businessbooks.co.kr
블로그 | http://blog.naver.com/travelike1
인스타그램 | travelike_book
ISBN 979-11-987272-7-5 14980
      979-11-982694-0-9 14980(세트)

팔로우
뉴질랜드

크라이스트처치 · 퀸스타운 · 오클랜드 · 웰링턴

제이민 · 원동권 지음

Travelike

책 속 여행지를 스마트폰에 쏙!

《팔로우 뉴질랜드》
지도 QR코드 활용법

QR코드를 스캔하세요.
구글맵 앱 '메뉴–저장됨–
지도'로 들어가면 언제든지
열어볼 수 있습니다.

스마트폰으로 오른쪽 상단의 QR코드를
스캔합니다. 연결된 페이지에서 원하는
지역을 선택합니다.

선택한 지역의 지도로 페이지가 이동됩
니다. 화면 우측 상단에 있는 ⊞ 아이콘
을 클릭합니다.

지도가 구글맵 앱으로 연동되고, 내 구
글 계정에 저장됩니다. 본문에 소개된
장소들의 위치를 확인할 수 있습니다.

《팔로우 뉴질랜드》본문 보는 법
HOW TO FOLLOW NEW ZEALAND

**한국 직항편이 닿는 오클랜드를 시작으로 최북단의 케이프 레잉가, 중심부의 와이카토와 로토루아,
남섬과 페리로 연결되는 뉴질랜드의 수도 웰링턴까지 가는 코스를 소개합니다.**

● **대도시는 존zone으로 구분**
볼거리가 많은 대도시는 존으로 나누고 핵심 명소와 주변 명소를
연계해 여행 동선이 편리하도록 안내했습니다. 핵심 볼거리는
매력적인 테마 여행법을 제안하고 풍부한 읽을 거리, 사진, 지도
등과 함께 소개해 알찬 여행을 즐길 수 있도록 했습니다.

● **로드 트립 ROAD TRIP**
뉴질랜드에서는 도시 간 이동 자체가 하나의 여행 코스가 되기에,
로드 트립 형식을 활용해 주요 지점 간의 거리와 이동 시간을
한눈에 파악할 수 있도록 개념 지도를 구성했습니다. 이를 통해
더욱 효율적으로 동선을 계획할 수 있습니다.

● **네이처 트립 NATURE TRIP**
프란츠 조셉 빙하, 밀퍼드 사운드, 마운트 쿡 등 뉴질랜드의 주요
자연 명소는 도시만큼이나 중요한 비중으로 다루었습니다. 또 통신이
원활하지 않은 환경에서도 어려움 없이 여행할 수 있도록 상세히
안내했습니다.

● **트레킹 코스**
개인의 체력에 맞춰 트레킹 코스를 선택할 수
있도록 이동 거리, 난이도, 소요 시간을 명확히
표기했습니다. 특히 루트번 트랙과 통가리로
알파인 크로싱 같은 대표 트레킹 코스는
상세 지도를 이용해 더욱 구체적으로
안내했습니다.

거리 편도 33.1km
소요 시간 2~3일
난이도 중상

지도에 사용한 기호 종류								
관광 명소	맛집	쇼핑	숙소	액티비티	온천	트레킹	방문자 센터	도로 번호
대성당	병원	공항	기차역	버스 터미널	페리 터미널	케이블카	트램	주차장	주유소

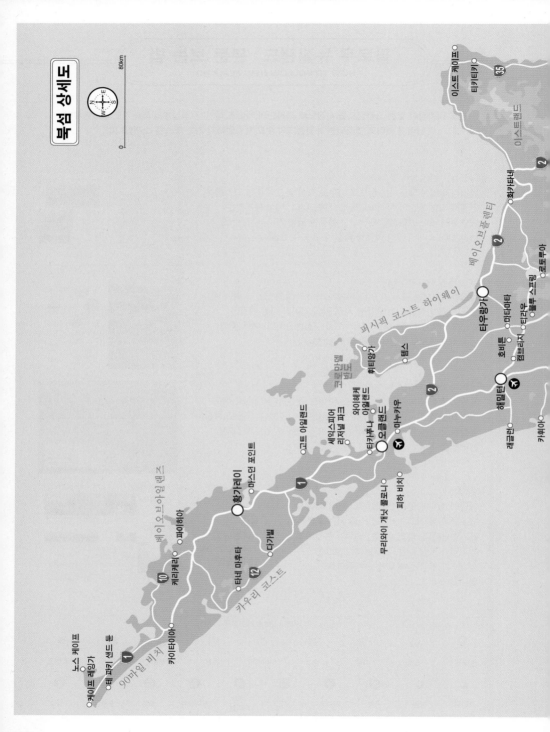

북섬 상세도

80km

0

누스 케이프
케이프 레잉가
테 파카
테파카 샌드 듄
카이타이아
90마일 비치
1

베이 오브 아일랜즈
케리케리
파이히아
케이바베이
타이 마후타
다가빌
12
카우리 코스트

후앙가레이
이스턴 포인트
1
고트 아일랜드
셰익스피어
리저널 파크
와이헤케 아일랜드
타카푸나
오클랜드
마누카우
무리와이 개닛 콜로니
피하 비치

만게레
카와우

레글런
카와이아

로토마

휘티앙가
휘팅가키
템스
록스 만글플 레넬
파시픽 코스트 하이웨이
2

타우랑가
마타마타
2

호비튼
캠브리지
티라우
블루 스프링
론토루아
2
35

화카타네
이스트 케이프
티키티키
이스트랜드
베이 오브 플렌티

해밀턴
2

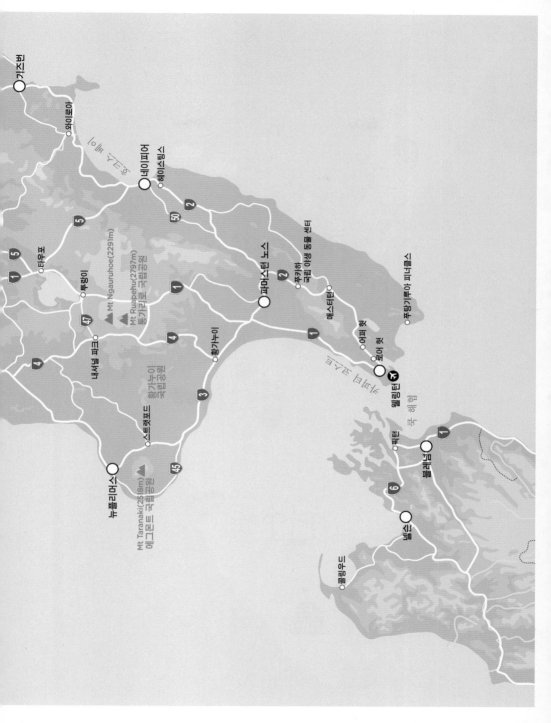

뉴질랜드 북섬
NORTH ISLAND
마오리어 TE IKA-A-MĀUI

마오리어로 테이카아마우이('마우이의 물고기'라는 뜻)라 불리는 북섬에는
뉴질랜드 전체 인구의 77%가 거주한다. 가장 북쪽은 아열대기후,
오클랜드 남쪽은 온대기후로 따뜻하고 살기 좋은 환경이며,
중간 지점에는 온천과 간헐천이 발달한 화산 지대인 로토루아가 있다.
북섬의 가장 남쪽에 위치한 수도 웰링턴은
뉴질랜드의 두 섬, 북섬과 남섬을 잇는 구심점 역할을 한다.

INFO

면적	11만 3729km²	인구	399만 명
길이	1100km	시차	한국 시간+3시간(서머타임 기간 +4시간)

AUCKLAND

오클랜드

마오리어 **TĀMAKI MAKAURAU**

뉴질랜드 최대 도시 오클랜드는 인구 170만 명으로
대도시의 활력과 자연의 매력을 고루 갖춘 여행지다. 랜드마크인 스카이 타워가 도시 중심에
우뚝 솟은 가운데 천연 항과 깨끗한 해변이 조화를 이룬다.
도시를 둘러싼 수십 개의 화산구 중 하나인 마운트 이든이나 원 트리 힐에 올라가면
분화구와 함께 오클랜드 스카이라인을 조망할 수 있다.

와이테마타
하버

돛단배의
도시

마운트 이든

오클랜드
박물관

스카이 타워

와이헤케
아일랜드

오클랜드

Auckland Preview
오클랜드 미리 보기

오클랜드는 육지가 병목처럼 좁아지는 타마키 지협Tāmaki Isthmus에 자리 잡고 있다.
가장 좁은 지점은 폭이 2km에 불과하며, 와이테마타 하버와 마누카우 하버라는 2개의 천연 항을 통해
북쪽의 태평양이나 남쪽의 태즈먼해로 항해해 나갈 수 있는 탁월한 조건을 갖춘 항구도시다.

고트 아일랜드↑
83km

태평양

Hauraki Gulf

●Woodhill Forest 16

North Harbour   Motutapu Island ●
Rangitoto Island ●   ● Oneroa

와이헤케 아일랜드
Kennedy Point

데번포트

●무리와이 비치
43km

오클랜드 동물원
7km

미션 베이
7km

West Auckland

마운트 이든
4.5km   오클랜드 박물관
2.8km

Half Moon Bay

● 피하 비치
42km

중심가 P.022

South Auckland

Manukau
Harbour

오클랜드 공항   ● Botanic Gardens

태즈먼해

↓로토루아
230km

🔒 Follow Check Point

ℹ Auckland i-site

지도 P.022
위치 중심가(프린스 워프 맞은편)
주소 188 Quay St, Auckland
CBD, Auckland 1010
문의 09 365 9918
운영 09:00~17:00
홈페이지 www.aucklandnz.com

❄ 오클랜드 날씨

연중 기온은 큰 변화가 없는 온화한 해양성기후인데, 바다와 주변 산간지대의 영향을 받아 날씨가 매우 변덕스럽다. 연간 강수량은 1284mm로 비가 자주 내리고, 특히 겨울철에는 흐리고 바람이 많이 불어 체감온도가 더욱 낮아지기 때문에 추위를 많이 타면 두꺼운 패딩이 필요하다.

계절	봄(10월)	여름(1월)	가을(4월)	겨울(7월)
날씨	🌧	☀	🌧	🌧
평균 최고 기온	21.1℃	25.5℃	23.8℃	17.5℃
평균 최저 기온	6.7℃	11.8℃	7.8℃	2.4℃

Best Course
오클랜드 추천 코스

중심가의 항구 지역인 워터프런트와 스카이 타워 전망대,
맛집 골목 등은 걸어 다니며 구경할 수 있다.
둘째 날에는 오클랜드 박물관이나 미션 베이, 마운트 이든 등
중심가 주변 명소를 돌아보면 좋은데, 이때 오클랜드 익스플로러
버스를 활용하면 좀 더 편리하다. 일정상 여유가 있다면
인근의 섬과 해변을 찾아가 북섬의 매력을 만끽해보자.

TRAVEL POINT

➥ **이런 사람 팔로우!** 뉴질랜드 대표 도시가
궁금하다면

➥ **여행 적정 일수** 중심가와 주변 2일+
근교 여행

➥ **주요 교통수단** 도보, 대중교통 또는
오클랜드 익스플로러 버스

➥ **여행 준비물과 팁** 스카이 타워 예약,
〈반지의 제왕〉 투어(웨타 워크숍) 예약,
박물관이나 동물원 선택 관람 ➡ P.032

| **DAY 1** 오클랜드 중심가 P.022 | **DAY 2** 오클랜드 주변 P.036 | **DAY 3** 당일 여행지 P.046 |

오전

프린스 워프
- 방문자 센터
- 뉴질랜드 해양 박물관
- 윈야드 크로싱
▼ 도보 10~20분
🚇 **윈야드 쿼터**
- 피시 마켓
- 윈야드 파빌리온

오클랜드 박물관
- 전시 관람
- 도메인(공원) 산책

▼ 자동차(우버) 10분
마운트 이든
- 분화구까지 하이킹

데번포트
- 페리 타고 건너가기

와이헤케 아일랜드
- 여유로운 섬 풍경

오후

▼ 도보 20분/버스 10분
스카이 타워
- 전망대 구경
- 스카이 워크(액티비티)
▼ 도보 2분
웨타 워크숍 언리시드
- 특수 효과 스튜디오 투어
▼ 도보 10분
🚇 **퀸 스트리트**
- 벌컨 레인(맛집 골목)
- 케이 로드(쇼핑가)

▼ 자동차(우버) 15분
파넬 로드
- 파넬 로드 쇼핑가
▼ 도보 15분
저지스 베이
- 파넬 로즈 가든
- 해수풀(수영장)
▼ 버스 30분
미션 베이
- 시티 전망과 해변

피하 비치 & 무리와이 비치
- 오클랜드 서쪽 해변

고트 아일랜드
- 스노클링 즐기기

| **DAY 4** 로드 트립 P.074 |

호비튼 & 와이토모 동굴
- 와이카토 지역

로토루아
- 온천과 화산 지대

➡➡ 오클랜드 맛집 & 쇼핑 정보 P.048

오클랜드 들어가기

오클랜드는 한국과 뉴질랜드 간 직항 항공편이 운항하는 도시로, 뉴질랜드 여행의 중요한 관문이다.
연결 항공편으로 곧바로 남섬의 크라이스트처치나 퀸스타운으로 이동하는 경우가 많다.
오클랜드 공항에서 차량을 렌트해 북섬 자동차 여행을 시작하기도 좋은 위치다.

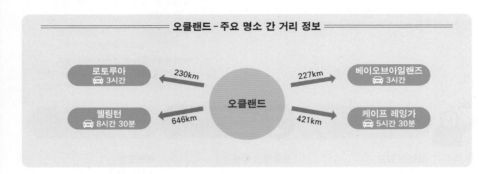

오클랜드 - 주요 명소 간 거리 정보

| 로토루아 🚗 3시간 | ← 230km | 오클랜드 | 227km → | 베이오브아일랜즈 🚗 3시간 |
| 웰링턴 🚗 8시간 30분 | ← 646km | | 421km → | 케이프 레잉가 🚗 5시간 30분 |

비행기

인천국제공항에서 오클랜드 공항Auckland Airport(공항 코드 AKL)까지 비행시간은 약 11시간 30분이다. 대한항공과 에어뉴질랜드에서 직항 편을 운항하며 호주 시드니 등을 경유하는 방법도 있다. 오클랜드 공항 내에 국제선과 국내선 터미널이 분리되어 있으며, 국내선으로 환승하려면 무료 셔틀버스(인터터미널 트랜스퍼)를 타고 가거나 15분 정도 걸어야 한다.

가는 방법 CBD에서 21km, 자동차로 30분
주소 Auckland Airport, Ray Emery Dr, Mangere, Auckland 2022
홈페이지 www.aucklandairport.co.nz

● **입국 · 환승 시 주의 사항**

오클랜드 공항에서 환승하는 경우, 먼저 국제선 터미널에서 입국 심사와 수하물 검사를 마치고 국내선 터미널로 이동한다. 뉴질랜드는 입국 절차가 까다로운 편이니 다음 정보를 반드시 숙지할 것.

➡ 여행 서류 준비 1권 P.122
➡ 입국 절차 & 환승하기 1권 P.126

● **공항버스 종류**

❶ 인터 터미널 트랜스퍼
Inter-Terminal Transfer
무료 국제선 터미널과
국내선 터미널 왕복

❷ 카 파크 D & E
Car Park D & E
무료 가까운 장 · 단기
주차장 왕복

❸ 카 파크 & 라이드
Car Park & Ride
유료 멀리 떨어진
주차장 왕복

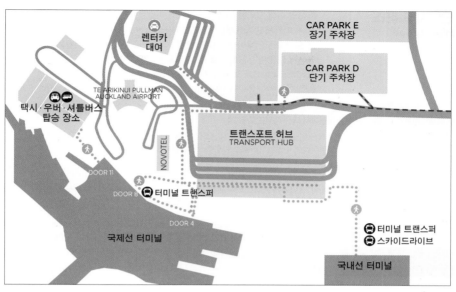

오클랜드 공항에서 도심 들어가기

오클랜드 공항은 도심에서 20km 떨어져 있으며 출퇴근 시간대(오전 8~10시, 오후 3~6시)에는 교통 체증이 매우 심하다. 오전에 출국하는 비행기를 탑승할 예정이라면 공항 근처 숙소를 이용하는 것도 고려해보자.

● **스카이드라이브**
SkyDrive

리무진 버스인 스카이드라이브는 공항과 도심을 연결하는 가장 효율적인 교통수단이다. 티켓은 현장에서 운전기사에게 구입(신용카드 결제)하거나, 온라인 예매 후 QR코드를 제시하면 된다. 그런데 예약 시간 변경이나 환불 방법이 까다로워(이메일로 요청) 공항에서 탑승 직전에 구입하는 편이 낫다. 단, 이용객이 많은 성수기에는 사전 예매를 권장한다.

탑승 장소 국내선 터미널 4번 출구/국제선 터미널 8번 출구 건너편 ↔ 오클랜드 중심가 스카이시티(스카이 타워 전망대 아래쪽 리조트 단지)
운행 05:00~22:30(배차 간격 약 30분) **소요 시간** 40분~1시간
요금 $20 **홈페이지** www.skydrive.co.nz

● **택시 · 우버 · 슈퍼셔틀**

택시는 중심가까지 비용이 정해져 있지만 상당히 비싸고, 우버는 교통 정체나 수요에 따라 요금이 바뀐다. 중심가의 주요 호텔까지 운행하는 슈퍼셔틀이 좀 더 합리적이지만, 다른 승객의 목적지에 먼저 들르게 되면 시간이 오래 걸릴 수 있다. 택시, 우버, 슈퍼셔틀 모두 국제선 터미널 11번 출구 밖 탑승 장소(Transport Pick Up Zone)에서 승차한다.

슈퍼셔틀 www.supershuttle.co.nz

	요금	소요 시간	운영	추가 요금
택시	$75~95	25~45분	24시간	픽업 비용 $5, 드롭 비용 $3
우버	$60~75	25~45분	24시간	국내선 터미널 $4, 국제선 터미널 $5
슈퍼셔틀	1인 $35 2인 $40	1시간 이상	예약 필수	짐 1개 $10

인터시티 버스
InterCity Bus

북섬의 여러 지역을 연결하는 장거리 버스로, 오클랜드 공항에는 정차하지 않는다. 따라서 공항에서는 에어포트링크AirportLink 버스(38번)를 타고 공항 인근 도시 마누카우 버스 터미널로 간 다음 인터시티 버스로 환승한다. 다른 지역에서 오클랜드 공항으로 갈 때도 마찬가지다.

주소 Manukau Bus Station, 12 Putney Way, Manukau, Auckland 2104
홈페이지 www.intercity.co.nz

--- TIP ---

에어포트링크 탑승 예시

❶ 오클랜드 공항에서 다른 지역으로 갈 때

공항 터미널(국제선 버스 정류장 E 또는 국내선 버스 정류장 C)에서 에어포트링크 버스 탑승 → 마누카우 버스 터미널에서 인터시티 버스로 환승 → 목적지 도착

❷ 다른 지역에서 오클랜드 공항으로 갈 때

인터시티 버스 하차 → 마누카우 버스 터미널에서 에어포트링크 버스로 환승 → 공항 도착

기차

노던 익스플로러 기차 노선

- **오클랜드** Auckland
- **파파쿠라** Papakura
- **해밀턴** Hamilton
- **오토로항가** Otorohanga
- **통가리로 국립공원** Tongariro National Park
- **오하쿠네** Ohakune
- **파머스턴노스** Palmerston North
- **파라파라우무** Paraparaumu
- **웰링턴** Wellington

북섬의 양대 도시 오클랜드와 웰링턴을 연결하는 장거리 열차로는 노던 익스플로러Northern Explorer가 있다. 인구가 많은 북섬의 주요 도시와 통가리로 국립공원을 지나가는 681km 길이의 노선이다. 웰링턴까지는 약 11시간 소요되며, 종착역을 남섬의 크라이스트처치로 선택할 경우 북섬–남섬 간 페리 환승도 가능하다. 기차가 출발하는 장소는 파넬(중심가 주변)에 위치한 스트랜드 기차역이다.

주소 Auckland Strand Station, Parnell
운행 오클랜드 → 웰링턴 월·목·토요일 출발 /
웰링턴 → 오클랜드 수·금·일요일 출발
요금 편도 $220 이상 ※예약 권장 **홈페이지** greatjourneysofnz.co.nz

자동차

뉴질랜드의 좌측 주행에 적응하기까지는 시간이 필요하다. 공항 주변은 괜찮지만 오클랜드의 도로는 매우 복잡하므로 상대적으로 운전이 편한 남쪽(로토루아 등) 근

교 여행지를 먼저 다녀오는 편이 나을 수 있다. 오클랜드 시내에서 주차장을 찾으려면 모바일 앱(AT Parking)을 다운로드할 것. 또한 북섬에는 톨게이트 요금을 받는 곳이 있으니 사전에 위치를 확인해둔다.

▶ 유료 도로 정보 1권 P.041

도로 번호	출발지	경유지	도착지	여행 정보
①		황가레이	케이프 레잉가	노스랜드 ▶ P.058
㉗	오클랜드	호비튼	로토루아	와이카토 ▶ P.074
②		기즈번 네이피어	웰링턴	퍼시픽 코스트 하이웨이 ▶ P.126
①		해밀턴	웰링턴	웰링턴 ▶ P.146

오클랜드 교통카드
자세히 알아보기

오클랜드에서 사용하는 충전식 교통카드인 홉 카드HOP Card를 승하차 시 태그하면
요금이 자동으로 차감 및 할인된다. 종이 티켓과 교통카드 이용 시 요금 차이가 크기 때문에
체류 기간이 길 때는 교통카드가 유리하다. 하지만 중심가를 다니는 시티링크CityLink 버스는
현금 $1를 내고 타면 되므로 하루나 이틀 정도 체류한다면 굳이 교통카드를 구입하지 않아도 된다.

● 세븐 데이 캡 7 Day Cap(7일 결제액 한도)

교통카드 이용 시 7일간 최대 결제액 한도인 $50가 넘으면 더 이상
요금이 결제되지 않는다. 사용 횟수는 처음 사용한 날을 기준으로 7일마다
리셋되며, 동일한 결제 수단으로 탑승 이력이 누적되어야 할인 혜택을 받을
수 있다. 결제 한도에 도달했더라도 대중교통을 타고 내릴 때는 반드시
교통카드를 태그해야 한다.

● 교통카드 구입처 및 충전 방법

오클랜드 공항에서는 국내선 터미널(4번 출구 밖) 또는 트랜스포트 허브의
버스 정류장 자동판매기에서 구입할 수 있다. 도심에서는 다운타운 페리 터
미널, 데번포트 페리 터미널, 앳 홉AT HOP 표지가 있는 편의점에서도 홉 카
드를 구입하거나 충전할 수 있다.

홉 카드 구입비 $5 **최초 충전 금액** 자동판매기 $20

● 교통카드가 없다면 일회용 티켓

오클랜드 트레인, 일반 버스, 페리에서는 현금을 사용하지 못한다. 따라서
교통카드가 없다면 탑승 전 자동판매기에서 일회용 종이 티켓을 구입해야
한다. 버스에서는 운전기사에게 말하고 교통카드 1장으로 여러 명의 요금
을 결제할 수 있는데, 최초 1명을 제외한 나머지는 할인가가 아닌 일반 종
이 티켓 요금으로 결제된다.

※콘택트리스(일반 신용카드 및 모바일) 결제 시스템은 현재 도입 단계이며, 2025년
중 전체 노선으로 확대할 예정이다.

● 환승 방법

교통카드를 사용하면 다른 교통수단으로 환승할 때 할인받을 수 있다. 예를 들어 버스로 1존을 이동한 후 트
레인으로 환승해 2존을 이동하면, 전체를 하나의 구간으로 여겨 3존에 해당하는 요금으로 할인 적용된다. 반
면 현금으로 승차할 때는 버스의 1존 요금과 트레인 2존 요금을 각각 지불하게 되므로 더 비싸다. 환승 시에
는 30분 이내에 교통카드를 태그해야 하고, 전체 이용은 4시간 이내여야 한다.

오클랜드 도심 교통

오클랜드 중심가와 항구 일대는 도보 여행이 가능하며,
주변 지역까지 AT 메트로AT Metro에서 운영하는 대중교통이 잘 연결되어 있다.
트레인과 버스는 이동 거리에 따라 존ZONE으로 나누어 요금을 부과한다.
페리는 목적지에 따라 요금이 다르다.
홈페이지 at.govt.nz

오클랜드 트레인 & 버스 요금

구간별 요금	1회용 티켓 Single Trip	홈 카드* HOP Card*
시티링크	$1	$0.85
1존	$4	$2.80
2존	$6	$4.65
3존	$8	$6.25
4존	$10	$7.65

*2025년 2월 9일 이후 요금

2026년에 오클랜드 중심가(브리토마트)와 마운트 이든을
연결하는 시티 레일 링크(지하철)가 개통할 예정이다.
이 때문에 도시 곳곳에 공사가 진행 중이며 버스 노선이
갑작스럽게 변경되기도 한다.
2025년 2월부터는 요금 체계(14존 → 9존으로 통합)도
변경된다. AT 모바일At Mobile 앱의 'Journey Planner'를
활용하면 실시간 정보를 확인할 수 있다.

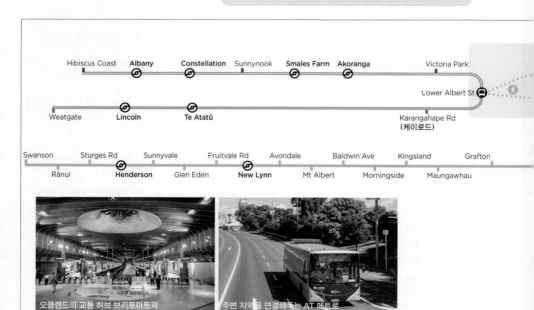

오클랜드의 교통 허브 브리토마트역

주변 지역을 연결해주는 AT 메트로

오클랜드 트레인
Auckland Train

오클랜드 주변 지역을 운행하는 트레인은 버스와 요금 체계가 동일하다. 교통카드가 없다면 탑승 전 반드시 종이 티켓을 구입한 뒤 게이트에서 QR코드를 스캔한다. 모든 노선이 연결되는 역은 와이테마타역인데 기존 명칭인 브리토마트역으로 더 많이 불리니 둘 다 기억해둘 것.
주의 티켓은 검사에 대비해 항상 지참할 것

브리토마트 & 와이테마타 기차역
Britomart & Waitematā Train Station
운영 고객 센터 월~금요일 06:30~20:00, 토요일 08:00~19:00, 일요일 08:00~18:00

일반 버스
BUS

노선별로 번호가 붙은 일반 버스는 새벽 6시부터 자정까지 운행하며 대중교통의 약 70%를 분담한다. 운영 업체는 서로 달라도 교통카드를 공통으로 이용할 수 있도록 AT 메트로와 계약을 맺고 있다. 우리나라처럼 승하차 시 교통카드를 태그하는 방식이다.

오클랜드 버스에서는 안내 방송이 나오지 않으니, 구글맵이나 AT 모바일 앱을 활용하세요. 버스 하차 시에는 빨간색 버튼을 누르거나 로프를 잡아당겨 정차 신호를 보내야 합니다.

오클랜드 중심가

🚢 Downtown Ferry Terminal
(퀸스 워프 페리 터미널)
Ⓜ Waitematā
(브리토마트 기차역)
　　　　　　　　Meadowbank
　　Ōrākei
–Parnell　　　Glen Innes
Ⓜ Newmarket　　Ⓜ Panmure
(웨스트필드 쇼핑센터)
–Remuera　　Sylvia Park
Greenlane　Penrose　Middlemore　Puhinui　Manukau (인터시티 버스 정류장)
　　(Platform 1 & 2)　　　　　　　Homai　Te Mahia　Papakura　Ngākōroa　Pukekohe
Ellerslie　Penrose　Ōtāhuhu　Papatoetoe　Manurewa　Takaanini　Drury　Paerāta
　　(Platform 3)
–Te Papapa　　에어포트링크(38번)
　　Onehunga　Ⓞ Auckland Airport
　　　　　✈ (오클랜드 공항)

2025~2026년 개통 구간

오클랜드 교통 노선도

트레인 노선도
— Eastern Line
— Sourthern Line
— Western Line
— Onehunga Line
═══ Northern Busway
═══ Western Express
── Airportlink Bus

링크 버스
LINK Bus

오클랜드 CBD를 운행하는 링크 버스는 네 가지 색으로 노선을 구분한다. CBD만 왕복하는 빨간색 시티링크 버스는 현금으로 $1를 내고 탈 수 있어 관광객들이 자주 이용하는 노선이다. 홉 카드를 사용하면 추가 할인까지 된다. 나머지 노선은 일반 버스와 동일한 방식으로 요금을 부과한다.

주의 승하차 시에 각각 카드를 태그해야 추가 요금이 부과되지 않는다.

운행 월~금요일 06:00~24:00, 토·일요일 06:20~24:00(약간씩 차이가 있음)

시티링크
CityLink

이너링크
InnerLink

아우터링크
OuterLink

타마키링크
TamakiLink

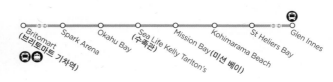

페리
Ferry

페리는 현지인의 주요 교통수단이자 와이테마타 하버의 경치와 오클랜드 스카이라인을 감상할 수 있는 유람선 기능을 겸한다. 요금은 목적지에 따라 다르고, 운행 업체에 따라 홉 카드는 사용 불가능한 경우도 있다. 또한 데번 포트나 버킨헤드처럼 가까운 이너 하버Inner Harbour 일대를 운행하는 페리는 홉 카드의 세븐 데이 캡 할인이 적용되지만, 와이헤케 아일랜드처럼 먼 곳을 운행하는 페리는 적용되지 않는다. 페리 출발 장소는 퀸스 워프와 프린스 워프 사이의 다운타운 페리 터미널이다.

주의 목적지별로 탑승 위치가 다르니 현장에서 정확한 위치 확인 필수
주소 Downtown Ferry Terminal, Quay St

목적지	1회용 티켓 Single Trip	홉 카드 HOP Card*
데번포트	$8	$7.40
버킨헤드	$8	$7.40
하프문 베이	$11.50	$9.90
걸프 하버	$16	$13.20
와이헤케 아일랜드	$28.50	$44~59(왕복)

*2025년 2월 9일 이후 요금

TIP

주변 섬이나 해변으로 갈 때는 페리업체인 풀러스 360을 통해 버스 투어를 연계한 결합 상품을 이용할 수 있다. 바이덕트 하버Viaduct Harbour에서 출발하는 고래 & 돌고래 투어와 관광 유람선도 있다.

풀러스 360 Fullers 360 www.fullers.co.nz
익스플로러 Explorer www.exploregroup.co.nz

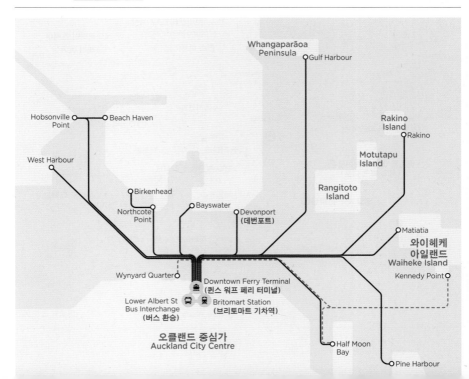

오클랜드 중심가
Auckland City Centre

오클랜드 여행의 출발점

뉴질랜드와 호주에서는 상업 시설이 모인 도시의 중심 업무 지구Central Business District를 줄여서
CBD라 부른다. 오클랜드 CBD는 이 도시에서 가장 역동적이고 활력 넘치는 번화가로,
가장 높은 건축물인 스카이 타워 아래에 대형 카지노 리조트와 쇼핑센터가 들어서 있다.
아오테아 스퀘어에서 항구 근처의 브리토마트 기차역까지는 1km에 불과해 충분히 걸어 다닐 만하다.

⓪① 오클랜드 워터프런트 *Auckland Waterfront* 추천

항구도시의 낭만

'돛단배의 도시City of Sails'라는 별명에 걸맞게 오클랜드 항구에는 수많은 요트와 페리, 유람선이 드나든다. 여러 선착장(워프)과 화물 부두를 포함해 다양한 편의 시설이 모인 항만 일대를 오클랜드 워터프런트라고 부르며, 그중에서도 방문자 센터가 있는 프린스 워프와 페리 터미널이 있는 퀸스 워프가 중추적 역할을 한다. 수많은 요트가 정박한 바이덕트 하버와 각종 이벤트가 열리는 윈야드 쿼터까지 걸어 다니며 구경해보자.

지도 P.022
가는 방법 브리토마트 기차역에서 도보 5분

> 오클랜드에서는 중심가를 세로로 관통하는 퀸 스트리트 Queen Street와 항구 앞을 가로지르는 키 스트리트Quay Street를 기준으로 삼으면 길 찾기가 편해요.

타카푸나 · 하버 브리지 · 랑기토토 아일랜드 · 뉴질랜드 해양 박물관 · 프린스 워프 · 퀸스 워프 · 데번포트 · 윈야드 쿼터 · 윈야드 크로싱 · 바이덕트 하버 · 브리토마트 기차역

다운타운 페리 터미널

퀸스 워프 *Queens Wharf*

퀸 스트리트가 끝나는 지점에 있는 오클랜드의 중심 선착장이 퀸스 워프다. 처음에는 1912년에 건축한 네오바로크 양식의 주황색 벽돌 건물인 페리 빌딩Ferry Building을 주 터미널로 사용했으나, 보다 현대적인 접안 시설이 필요해지면서 그 앞에 다운타운 페리 터미널을 신축했다.
퀸스 워프 안쪽으로 자리한 흰색 지붕의 낮은 건물은 클라우드The Cloud라는 이름의 컨벤션 센터. 뉴질랜드의 마오리어 이름이 뜻하는 '길고 흰 구름의 나라'를 모티브로 하여 구름 모양으로 기다랗게 클라우드를 설계했다고 한다.

주소 107 Quay St
운영 페리 빌딩 06:00~22:00

퀸스 워프와 컨벤션 센터 클라우드

프린스 워프 *Princes Wharf*

퀸스 워프와 함께 오클랜드 항구의 대표 접안 시설로, 오클랜드에 입항하는 대형 크루즈의 국제 여객 터미널을 겸한다. 같은 건물에 힐튼 호텔과 고급 레스토랑, 스타일리시한 바가 여럿 입점해 있어, 항구와 오클랜드 하버 브리지 전망을 특별하게 감상하고 싶을 때 이용하기 좋다. 프린스 워프 주변은 전부 관광지로 각종 투어 버스와 유람선업체의 부스가 쉽게 눈에 띈다. 맞은편 HSBC 빌딩(Level 3)에는 오클랜드 공식 방문자 센터(i-site)가 있다.

주소 137-147 Quay St
운영 방문자 센터 09:00~17:00 **홈페이지** princes-wharf.co.nz

바이덕트 하버 *Viaduct Harbour*

2000년 국제 요트 경기인 아메리카컵 개최를 앞두고 요트 항으로 재정비한 항구 지역이다. 150여 척의 호화 요트가 정박한 최신식 선착장을 럭셔리 아파트와 쇼핑센터, 레스토랑 등이 둘러싸고 있다. 파크 하얏트 호텔 단지를 비롯한 중·고급 호텔이 많아 숙소를 구하기에도 적당하다. 항구 앞쪽에서는 돌고래 크루즈 등의 유람선이 출발한다.

주소 Viaduct Lookout
운영 24시간

윈야드 쿼터 *Wynyard Quarter*

뉴질랜드 해양 박물관에서 보행자 전용 도개교인 윈야드 크로싱Wynyard Crossing을 건너면 보이는 항구다. 시민들이 즐겨 찾는 곳으로, 원래 석유 탱크와 컨테이너 박스가 적재되어 있던 공업단지를 재개발한 것이다. 젤리코 스트리트Jellicoe Street에는 힙한 레스토랑과 카페가 즐비하고, 주말이면 사일로 파크Silo Park에서 나이트 마켓 등의 이벤트가 열린다. 윈야드 쿼터에서 꼭 방문해야 할 곳은 앨버트 샌퍼드 가족이 1904년부터 운영해온 오클랜드 피시 마켓이다. 새벽에는 수산물 경매시장이 열리며 낮에는 쇼핑센터처럼 운영한다. 저렴한 스낵바부터 고급 레스토랑까지 다양한 음식점이 입점해 있어 마음에 드는 장소를 골라 식사하기 좋다. 푸짐한 피시앤칩스나 랍스터 롤, 종류별로 골라 먹을 수 있는 오이스터 추천! 싱싱한 초록입홍합을 구입해 숙소에서 요리해 먹을 수도 있다.

- **오클랜드 피시 마켓 Auckland Fish Market**
  주소 22 Jellicoe St **운영** 새벽 경매 평일 05:00~06:00, 음식점 월~수·일요일 11:00~17:00, 목~토요일 11:00~19:00 **홈페이지** www.afm.co.nz

상판이 개폐되는 도개교 윈야드 크로싱은 꼭 걸어서 건너보세요!

브리토마트 기차역에서 타쿠타이 스퀘어로 가는 길

② 브리토마트 & 와이테마타 기차역
Britomart & Waitematā Train Station

오클랜드 중심가의 교통 허브

브리토마트는 1840년에 HMS 브리토마트라는 영국 해군 군함이 정박했던 곳Point Britomart에서 이름을 따온 재개발 구역으로 그 중심에 와이테마타 기차역(옛 명칭: 브리토마트 기차역)이 있다. 이곳은 오클랜드 트레인과 2026년 개통을 앞둔 오클랜드 지하철 시티 레일, 버스 정류장, 퀸스 워프의 페리 터미널까지 연결되는 교통 허브다.

기차역과 타쿠타이 스퀘어Takutai Square 사이에 나 있는 보행자 도로는 공장이나 창고로 사용했던 낡은 건물을 리모델링하면서 트렌디한 쇼핑가로 변했다. 뉴질랜드 패션 디자이너의 브랜드 매장과 분위기 좋은 바와 카페, 레스토랑이 즐비하고, 매주 토요일에는 수공예품과 로컬 먹거리를 판매하는 마켓이 열린다.

지도 P.022
가는 방법 퀸스 워프에서 도보 5분
주소 Britomart Train Station
운영 24시간 (매장별로 다름)
홈페이지 britomart.org

CHECK

- **트렐리스 쿠퍼 파빌리온** *Trelise Cooper Pavilions*
  유형 패션 매장 **운영** 10:00~17:30
  홈페이지 trelisecooper.com

- **캐런 워커** *Karen Walker*
  유형 패션 매장 **운영** 10:00~18:00
  홈페이지 karenwalker.com

- **시티 파머스 마켓** *City Farmers Market*
  유형 파머스 마켓 **운영** 토요일 08:00~15:00
  인스타그램 @britomartsaturdaymarketnz

⑬

스카이 타워
Sky Tower

추천

오클랜드 전경이 한눈에!

시내 어느 방향에서나 보이는 스카이 타워는 도시의 구심점이자 오클랜드를 상징하는 랜드마크다. 전체 높이는 328m로, 뉴질랜드에서 가장 높은 건물이다. 스카이 타워의 하이라이트인 360도 전망대에서는 오클랜드 CBD와 항구 전경, 내륙 쪽의 마운트 이든까지 완벽한 파노라마 전망을 감상할 수 있다. 번지점프의 창시자 AJ 해켓의 스카이 점프와 스카이 워크도 운영한다. 하층부에는 고급 호텔, 카지노, 영화관, 웨타 워크숍 언리시드, 레스토랑 등이 들어선 리조트 단지 스카이시티SkyCity가 자리해 있다.

지도 P.022
가는 방법 퀸스 워프에서 도보 15분　**주소** 72 Victoria St West
운영 11~4월 일~목요일 08:30~22:30, 금 · 토요일 08:30~23:30, 5~10월 09:00~22:00　**요금** 성인 $42, 가족 $109($10 추가 시 72시간 내 재방문 가능)
※온라인 예약 시 $4~5 할인
홈페이지 skycityauckland.co.nz/sky-tower

CHECK

전망대
- **51층(높이 186m) 메인 전망대**
- **60층(높이 220m) 스카이 데크**

부대시설
- **50층(높이 182m) 스카이바** 아이스크림과 커피, 스낵을 판매하는 카페
- **52층 오빗 360° 다이닝** 1시간 동안 한 바퀴 회전하는 전망 레스토랑
- **53층 스카이 워크** 안전줄에 의존해 바깥의 플랫폼을 걷는 체험(요금 별도)
- **53층 스카이 점프** 192m 높이에서 뛰어내리는 번지점프(요금 별도)

퀸 스트리트
Queen Street

오클랜드 최대 번화가

북쪽 퀸스 워프에서부터 남쪽 카랑가하페 로드Karangahape Road(줄여서 '케이 로드'로 부른다)까지 약 3km에 걸쳐 오클랜드 중심가를 관통하는 주요 도로다. 상가, 관공서, 상업 빌딩이 빼곡하게 들어서 있어 여행자뿐 아니라 현지인도 매일같이 지나다니는 길이다.

브리토마트역과 커머셜 베이 쇼핑센터 사이는 보행자 전용 도로이고, H&M 건너편부터 명품 브랜드들이 들어선 럭셔리 쇼핑가가 시작된다. 여기서부터 빅토리아 스트리트와 교차하는 약 500m 구간이 핵심이다. 남쪽으로 이동할수록 대중적인 브랜드가 늘어나며 거리 분위기가 조금씩 바뀌는데, 오클랜드를 잠깐 방문하는 경우라면 아오테아 스퀘어보다 더 남쪽으로 내려갈 일은 드물다.

지도 P.022
가는 방법 브리토마트 기차역에서 도보 5~10분

빅토리아 스트리트 Victoria Street

앨버트 파크 앞에서 시작해 스카이 타워 앞을 지나는 또 다른 주요 도로. 가장 번화한 지역이라 항상 혼잡하고, 주변에는 백패커스도 많아 관광객을 대상으로 하는 바와 클럽이 늦게까지 문을 연다. 퀸 스트리트와의 교차 지점에 있는 파머스Farmers 백화점이 랜드마크다. 파머스는 1909년에 탄생한 뉴질랜드 고유의 백화점 브랜드로, 크리스마스 등 특별한 시즌이면 예쁜 장식으로 존재감을 알린다.

주소 Victoria St & Queen St
운영 월~금요일 09:00~18:00, 토 · 일요일 10:00~17:00

벌컨 레인 *Vulcan Lane*

퀸 스트리트와 하이 스트리트의 교차 지점에 자리한 매력 만점의 맛집 골목이다. 1840년대에 진흙투성이의 좁은 골목에 대장간이 들어섰다고 해서 '대장장이'라는 의미의 벌컨 레인으로 불렸으며, 19세기 중반에 호텔과 공방으로 가득한 상업 중심지로 발전했다. 지금은 보행자 전용 도로이며, 식당과 카페에서 내놓은 길거리 테이블에 앉아 여유로운 시간을 즐기는 사람들로 밤늦게까지 붐빈다. 홍합 요리로 유명한 옥시덴탈이 최고 인기 맛집이지만, 꼭 이름난 곳이 아니더라도 마음에 드는 집을 골라 맛있는 음식을 즐겨보자. ≫ 옥시덴탈 식당 정보 P.048

주소 Queen St & High St
운영 가게마다 다름

챈서리 스퀘어 *Chancery Square*

깔끔하면서도 아기자기한 분위기의 야외 쇼핑몰. 19세기에 법원이었던 건물을 재개발한 후 트렌디한 매장들이 들어섰다. 광장을 중심축으로 세 갈래의 쇼핑 통로가 있는데 인생네컷, 한식당 등 한글 간판이 눈에 많이 띈다.

주소 34 Courthouse Lane
운영 06:00~24:00
홈페이지 chancerysq.co.nz

CHECK

- **마막** *Mamak* 유형 말레이시아 음식점
- **포차** *Pocha* 유형 한식당
- **마이티 핫도그** *Mighty Hotdog*
  유형 한국식 핫도그

커머셜 베이 쇼핑센터 *Commercial Bay Shopping Centre*

오클랜드 워터프런트와 브리토마트 일대에서 가장 규모가 큰 쇼핑센터. 각종 패션 브랜드와 레스토랑 등 120여 개 매장이 입점해 있으며, 3층에는 초대형 푸드 코트인 하버 이츠Harbour Eats가 들어서 있어 저렴한 식사도 가능하다. 지하로는 2026년 시티 레일과 연결될 예정이다.

주소 7 Queen St
운영 매장 10:00~18:00, 식당가 07:00~23:30
홈페이지 www.commercialbay.co.nz

오클랜드 타운 홀　시빅 극장

⑤ 아오테아 스퀘어 *Aotea Square · Te Papa Tū Wātea*

오클랜드의 문화 광장

다양한 문화 공간으로 둘러싸인 오클랜드의 중앙 광장이다. 시계탑이 눈에 띄는 건물은 1911년에 건축한 오클랜드 타운 홀Auckland Town Hall 이다. 어두운 톤의 현무암 기단이 오아마루 석회석으로 마감된 깔끔한 흰색 상층부와 대비를 이룬다. 대형 파이프오르간이 설치된 콘서트홀에서는 음악 공연과 문화 행사가 종종 열린다. 그 밖에도 1929년에 개관한 시빅 극장Civic Theatre, 현대적인 공연 예술 공간인 Q극장Q Theatre 등이 있으며, 겨울에는 광장 중앙에 아이스링크를 설치하기도 한다. 평소 길거리 뮤지션의 노랫소리가 울려 퍼지는 낭만적인 장소지만 인적이 드문 밤에는 안전에 주의해야 한다.

ⓘ
지도 P.022
가는 방법 스카이 타워에서 도보 7분
주소 291-297 Queen St
운영 24시간

오클랜드 대학가
퀸 스트리트
오클랜드 타운 홀
센트럴 시티 도서관
아오테아 스퀘어
아오테아 센터
시빅 극장

06

앨버트 파크
Albert Park

평화로운 도심 공원

1880년에 조성한 공원으로, 대형 분수를 중심으로 북쪽에는 빅토리아 여왕 동상이, 남쪽에는 야외 공연장이 있다. 현재는 고층 빌딩에 가려져 잘 보이지 않지만 원래는 항구가 잘 보이는 언덕 지형이라 1840~1870년대에 영국군의 병영 부지로 사용했다고 한다. 오늘날에는 바로 옆 오클랜드 대학교 학생들이 캠퍼스처럼 이용하는 공원이 되었다. 여기서 놓치지 말아야 할 볼거리는 8각형으로 정교하게 지은 시계탑. 오클랜드 대학교의 상징물로, 미국 시카고 출신 건축가 R.A. 리핀코트가 영국 옥스퍼드 대학교 크라이스트 처치의 톰 타워Tom Tower에서 영감을 받아 설계했다.

🚩
지도 P.022
가는 방법 스카이 타워에서 빅토리아 스트리트를 따라 도보 10분
주소 22 Princes St　**운영** 24시간

오클랜드 대학교 시계탑

TRAVEL TALK

오클랜드 역사　1840년 영국 왕실과 마오리족 간에 와이탕이 조약이 체결되고, 북섬 타마키 지역의 원주민 나티 화투아Ngāti Whātua 부족은 영국인이 정착지를 마련할 수 있도록 1만 2000m²의 땅을 제공합니다. 천연 항구와 비옥한 토양 덕분에 '모두가 탐내는 곳(타마키 마카우라우Tāmaki Makaurau)'이라 불리던 땅이었죠. 뉴질랜드 초대 총독인 윌리엄 홉슨(1792~1842)은 영국의 정치가이자 1대 오클랜드 백작인 조지 이든George Eden, 1st Earl of Auckland의 이름을 따서 이곳을 오클랜드로 명명하고, 1841년 수도로 정했습니다. 1865년 웰링턴으로 수도를 이전한 다음에도 오클랜드는 여전히 뉴질랜드에서 가장 큰 도시의 지위를 유지하고 있습니다. ➡ 와이탕이 조약 P.064

박물관부터 동물원, 천문대까지
오클랜드 어트랙션 총정리

뉴질랜드의 경제, 문화, 교통 등 각 분야에서 집약적인 발전을 이룬 제1의 도시답게
박물관, 미술관, 동물원, 놀이공원 등 무궁무진한 볼거리가 곳곳에 자리해 있다.
입장료는 성인 1인 기준으로 기재했으나 오클랜드 거주자는 신분증을 제시하면 무료인 곳이 많고,
가족(성인 2명, 아이 2~3명)이 이용하는 경우 할인 요금도 확인할 것.
온라인으로 예매하면 추가 할인을 받을 수 있다.

 ## 오클랜드 박물관
Auckland Museum · Tāmaki Paenga Hira

참전 용사를 추모하는 기념관으로 1929년에 개관했으며, 공식 명칭은
오클랜드 전쟁 기념 박물관(Auckland War Memorial Museum)이다.
뉴질랜드 역사와 자연사, 마오리족의 민속 자료와 유럽인 이주 이후 근
대사 자료 등이 전시되어 있어 오클랜드의 문화적 다양성을 체험할 수
있는 곳이다. 하루 2~3회 열리는 민속 공연 티켓은 박물관 입장권과 별
도로 구입해야 한다.

가는 방법 CBD에서 2.8km, 자동차로 10분 또는 오클랜드 트레인으로
20분(Parnell 기차역 하차 후 도보 12분)
주소 Auckland Domain
운영 월~금요일 10:00~17:00(화요일 20:30까지), 토 · 일요일 09:00~17:00
요금 입장료 $32, 민속 공연 $35
홈페이지 www.aucklandmuseum.com

오클랜드 익스플로러 버스 투어

오클랜드 익스플로러 버스Auckland Explorer Bus는 관광지 정류장에서 자유롭
게 타고 내릴 수 있는 시티 투어 버스다. 오클랜드 CBD를 순환하는 빨간색 노선
이 기본이고, 여름철에는 마운트 이든처럼 대중교통으로 가기 힘든 주변 관광지
까지 운행하는 파란색 노선이 추가된다. 버스 요금에 포함된 데번포트 왕복 페리
티켓은 버스 탑승 시간 만료 후 24시간까지 유효해 다음 날 이용해도 된다.
운영 09:00~17:00(배차 간격 30분)
요금 24시간 $65, 75시간 $75 **홈페이지** www.explorerbus.co.nz

2 오클랜드 아트 갤러리
Auckland Art Gallery · Toi o Tāmaki

뉴질랜드 총독을 지낸 조지 그레이의 컬렉션을 시초로 하여 1888년에 개관한 국립 미술관이다. 유럽 회화, 뉴질랜드 미술 작품과 전통문화의 수집과 보존을 목적으로 하며 1만 7000여 점에 달하는 작품을 소장하고 있다. 앨버트 파크에 초창기 미술관과 공립 도서관을 겸했던 옛 건물이 남아 있고, 현재의 본관 건물은 새롭게 지은 현대식 갤러리다.

가는 방법 아오테아 스퀘어에서 도보 5분
주소 Kitchener & Wellesley St **운영** 10:00~17:00
요금 무료 ※해외 관광객은 한시적 무료입장
홈페이지 aucklandartgallery.com

3 교통 기술 박물관
MOTAT(Museum Of Transport And Technology)

교통 및 기술 발전사를 광범위하게 다루는 대형 박물관으로, 웨스턴 스프링스 공원 내 2개의 건물로 이루어졌다. 항공기와 관련 기술을 전시한 본관(Aviation Hall)에서부터 초기 수자원 공급 동력인 펌프 하우스가 있는 분관(Great North Road)까지 약 1.8km 거리이며, 그 사이를 빈티지한 트램을 타고 이동하는 재미가 있다. 트램 요금은 무료이고, 중간에 오클랜드 동물원에 내릴 수도 있다.

가는 방법 CBD에서 6km, 자동차로 10분(여름철에는 오클랜드 익스플로러 버스 이용) **주소** 98 Motions Rd, Western Springs
운영 10:00~16:00 **요금** 입장료 $19, 주차료 시간당 $2(1일 최대 $8)
홈페이지 www.motat.org.nz

웨스턴 스프링스 트램 노선도

○ **본관 및 메인 주차장**
MOTAT Aviation Hall

○ **제2주차장**
Motions Road Corner

○ **오클랜드 동물원**
Auckland Zoo

○ **분관**
MOTAT Great North Road

---

4 웨타 워크숍 언리시드
Wētā Workshop Unleashed

영화 〈반지의 제왕〉, 〈킹콩〉, 〈헝거 게임〉 등으로 유명한 특수 효과 회사 웨타 워크숍에서 두 번째로 개관한 몰입형 체험 박물관이다. 약 90분 동안 진행하는 가이드 투어를 통해 공포, 판타지, SF 세 가지 가상 영화 프로젝트를 테마로 영화 제작 과정을 깊이 있게 소개한다. 원래 웰링턴에 있던 스튜디오 투어를 오클랜드 중심가에서도 경험할 수 있도록 마련한 상품으로, 좀 더 흥미진진한 체험으로 구성했다. 기념품점도 놓치지 말 것!

가는 방법 스카이 타워 아래쪽 스카이시티 건물
주소 Convention Centre Level 5/88 Federal St
운영 09:45~18:00 **요금** 기본 투어 $65 ※예약 권장
홈페이지 tours.wetaworkshop.com

5 뉴질랜드 해양 박물관
New Zealand Maritime Museum · Hui Te Ananui A Tangaroa

뉴질랜드의 삶의 터전인 바다, 즉 해양 산업과 관련된 콘텐츠를 전시하며 유람선도 운행하는 박물관이다. 요일별로 다른 종류의 선박이 출항하는데, 2개의 마스트에 돛을 매단 범선(Ted Ashby)과 증기를 내뿜는 소형 예인선(SS Puke)의 인기가 높으니 방문 전 온라인으로 예약하는 것이 좋다.

가는 방법 CBD 워터프런트(프린스 워프) 옆
주소 Quay & Hobson St **운영** 10:00~17:00
요금 $24(유람선 포함 $63) **홈페이지** www.maritimemuseum.co.nz

6 시 라이프 켈리 탈튼 아쿠아리움
SEA LIFE Kelly Tarlton's Aquarium

오클랜드 서쪽 미션 베이 해안가에 자리한 아쿠아리움. 뉴질랜드의 해양 고고학자이자 다이버인 켈리 탈튼의 제안으로 오클랜드의 해저 하수관을 재활용해 만든 투명 수중 터널이 유명하다. 남반구에서 가장 큰 규모로 조성한 남극 펭귄 서식지는 매일 오전 11시 30분과 오후 1시 먹이주는 시간에 맞춰 가면 재미있게 관람할 수 있다. 철창 안에 들어가 상어와 대면하는 샤크 케이지 투어와 펭귄에게 가깝게 접근할 수 있는 펭귄 패스포트는 특정 요일에만 진행하는 프로그램으로 예약이 필수다.

가는 방법 CBD에서 6km, 자동차로 10분 또는 버스로 20분(Kelly Tarlton's 하차)
주소 23 Tamaki Dr, Orakei **운영** 09:30~17:00(마지막 입장 16:00)
요금 입장권 $45, 샤크 케이지 $109, 펭귄 패스포트 $219
홈페이지 www.visitsealife.com/auckland

7 스타돔 천문대 Stardome Observatory

오클랜드 주변의 언덕 중 하나인 원 트리 힐 남쪽 끝에 위치한 천문대. 남반구의 하늘이 북반구와 어떻게 다른지 궁금하다면 꼭 방문해볼 만한 곳이다. 천체망원경인 자이스 망원경Zeiss Telescope을 이용한 별 관측이나 거대한 천체 투영관인 플라네타륨Planetarium에서 펼쳐지는 각종 쇼가 많은 이들에게 사랑받고 있다. 홈페이지에서 프로그램 시간을 확인하고 방문할 것.

가는 방법 CBD에서 9km, 자동차로 15분
주소 670 Manukau Rd, Epsom
운영 주간 10:00~17:00, 심야 18:00~23:00(월요일 심야 프로그램 없음)
요금 전시 $5, 천체망원경 $20, 천체 투영관 $15~20
홈페이지 stardome.org.nz

8 화이트워터 파크 마누카우
Whitewater Park Manukau

인공적으로 계곡과 호수를 조성해 래프팅과 카약을 즐길 수 있는 워터 테마파크. 실제 래프팅 훈련을 위해 찾아오는 동호인도 많다. 코스와 진행 방식은 난이도에 따라 나뉘며, 가이드를 동반한 타마키 리버Tāmaki River 래프팅 체험은 초보자(5~7세 보호자 동반 필수)도 참여할 수 있다. 장비를 대여해야 하고 참가 인원 제한이 있어서 예약이 필수다.

가는 방법 CBD에서 24km, 자동차로 25분
주소 Vector Wero Whitewater Park, 770 Great South Rd, Wiri
운영 08:30~17:00 ※예약제
요금 참가 프로그램에 따라 달라짐(타마키 리버 래프팅 기준 $65~)
홈페이지 wero.org.nz

9 레인보 엔드 Rainbow's End

롤러코스터(Corkscrew Coaster), 허리케인(Stratosfear), 드롭타워(Fearfall) 등 20여 가지 놀이기구를 갖춘 테마파크. 다른 나라의 놀이 공원에 비해 규모는 작은 편이다.

가는 방법 CBD에서 22km, 자동차로 20분 또는 오클랜드 트레인으로 50분(Manukau 기차역 하차 후 도보 10분)
주소 2 Clist Crescent, Manukau **운영** 10:00~16:00(토·일요일 17:00까지)
휴무 화·수·목요일(단, 11~2월 매일 운영)
요금 자유이용권 $72, 입장권 $20 **홈페이지** rainbowsend.co.nz

10 오클랜드 식물원 Auckland Botanic Gardens

멸종 위기의 자생식물을 보호하고 품종을 개발·복원하는 연구 기관과 공원을 겸한다. 동백꽃이 만발하는 카멜리아 가든, 허브와 채소류를 키우는 정원, 곤드와나 대륙의 고대 식물이 자라는 정원 등 다양한 테마로 꾸며져 있다.

가는 방법 CBD에서 25km, 자동차로 25분 또는 대중교통으로 1시간 이상(Manurewa 기차역에서 366번 버스로 환승)
주소 102 Hill Rd, The Gardens
운영 10~3월 06:30~20:00, 4~9월 06:30~18:00 **요금** 무료
홈페이지 aucklandbotanicgardens.co.nz

11 오클랜드 동물원 Auckland Zoo

토종 동식물과 생태계를 연구하는 비영리단체에서 운영하는 뉴질랜드 최대 규모의 동물원이다. 뉴질랜드의 자연환경을 여섯 가지 유형(해안, 섬, 습지, 숲, 고지대, 밤)으로 구분한 테 와오 누이Te Wao Nui 부분이 핵심이며 먹이 주기 체험 등 특별 프로그램은 추가 요금을 내고 예약해야 한다.

가는 방법 CBD에서 7km, 자동차로 15분 또는 18번 버스로 30분(Auckland Zoo 하차 후 도보 7분) **주소** Motions Rd **운영** 09:30~17:30(마지막 입장 16:15) **요금** $35 **홈페이지** www.aucklandzoo.co.nz

오클랜드 중심가 주변
Around Auckland Central

복잡한 오클랜드 중심가를 벗어나 한결 여유로운 분위기에서 쇼핑을 즐기고 멋진 자연에 파묻혀보자.
오클랜드 주변의 화산구가 공원이자 전망대 역할을 하며, 페리를 타고 바다를 건너면서
오클랜드의 도시 풍경을 감상해도 좋다. 시간이 부족하거나 개인 차량이 없어도 충분히 즐길 수 있도록
대중교통으로 2~3시간 내에 다녀올 만한 장소를 모았다.

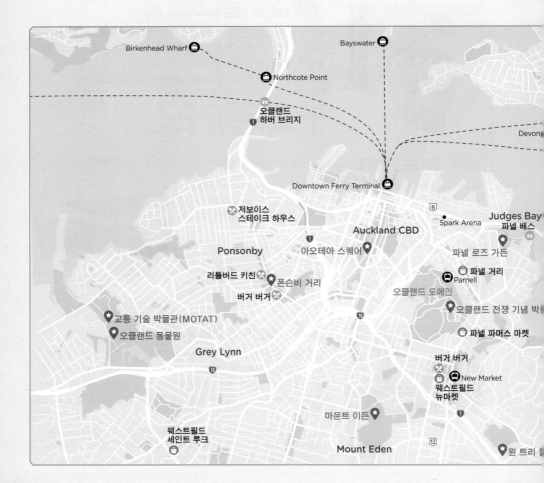

데번포트 　미션 베이　저지스 베이　오클랜드 도메인 (오클랜드 박물관)　원 트리 힐

마운트 이든
파넬
앨버트 파크　아오테아 스퀘어
퀸 & 빅토리아 스트리트

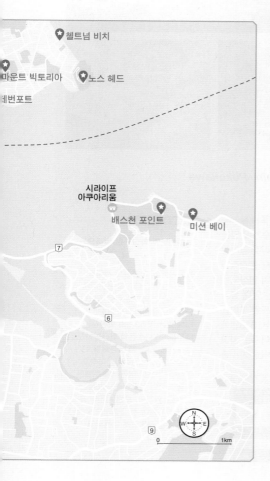

첼트넘 비치
마운트 빅토리아　노스 헤드
데번포트

시라이프 아쿠아리움
배스천 포인트　미션 베이

N
1km

TRAVEL TALK

팁 탑 팩토리 투어 Tip Top Factory Tour

팁 탑은 1936년 웰링턴에 첫 가게를 내고 아이스크림과 밀크셰이크로 인기를 얻으면서 긴 세월 동안 뉴질랜드 국민 아이스크림으로 불렸습니다. 1938년에 지은 오클랜드 근교의 공장에서는 아이스크림 제조 공정을 견학하고 아이스크림을 맛보는 1시간짜리 투어 프로그램을 진행합니다. 한 달 전부터 온라인 예약이 가능하며, 예약이 마감되면 추가로 대기 신청을 받기도 합니다.

가는 방법 CBD에서 14km, 자동차로 15분(대중교통 없음)
주소 113 Carbine Rd, Mount Wellington
요금 $12.50 ※예약 필수
홈페이지 www.tiptop.co.nz/factory-tour

⑴ 오클랜드 도메인 *Auckland Domain · Pukekawa*

오클랜드의 중앙 공원

약 14만 년 전에 분화해 이제는 완만한 언덕으로 변한 푸케카와Pukekawa 화산 지대에 조성한 공원이다. 분화구 바닥 면에는 원래 호수가 있었는데 점차 물이 증발하자 1898년에 땅을 메우고 축구장과 크리켓 경기장 등 스포츠 시설을 만들었다고 한다. 1910년대에 들어서면서 본격적인 조경을 시작했고, 1929년에 가장 높은 지점에 그리스 신전이 연상되는 대리석 건물, 오클랜드 박물관을 건립했다. 언덕 아래쪽에는 당대 영국 최고의 정원 디자이너로 손꼽힌 거트루드 지킬과 건축가 에드윈 루티엔스가 설계한 온실, 도메인 윈터가든Domain Wintergardens이 1928년에 들어섰다. 박물관과 온실 사이는 도보 10분 거리이지만 나머지는 넓고 울창한 숲으로 뒤덮여 있어 방문 전에 목적지를 확실히 정하는 것이 중요하다.

지도 P.036
가는 방법 CBD에서 2.8km, 북쪽 입구는 퀸 스트리트와 연결
운영 09:00~16:30 ▶ 오클랜드 박물관 정보 P.032
홈페이지 aucklandmuseum.com

TRAVEL TALK

오클랜드의 화산구란 뭘까요?

높은 곳에서 오클랜드 시내를 내려다보면 군데군데 봉긋하게 솟아오른 언덕이 눈길을 끕니다. 오클랜드 중심가에서 20km 반경 내에 있는 약 53개의 화산구는 대부분 수만 년 전의 화산활동으로 생성된 것으로, 재차 분화할 위험성은 없는 단성화산이라고 합니다. 마운트 이든처럼 뚜렷한 원뿔 모양인 볼캐닉 콘volcanic cone도 있지만, 오랜 시간이 흘러 평탄한 지형이 된 오클랜드 도메인 같은 곳은 공원으로 이용되고 있어요.

지도 P.036
가는 방법 CBD에서 4.5km, 자동차로 15분
주소 250 Mount Eden Rd, Mount Eden(구글맵에서 'Maungawhau Visitor Experience Centre' 또는 'Friend & Whau Café'를 목적지로 설정)
운영 07:00~19:00 **요금** 무료

> 산 아래쪽에 똑같은 이름의 마운트 이든이라는 주택가가 있으니 혼동하지 않도록 주의하세요.

⑫ 마운트 이든
Mount Eden·Maungawhau 추천

환상적인 전망의 트레킹 코스

오클랜드 일대에서 가장 높은 해발 196m의 화산구에서 도시 전경을 감상할 수 있는 곳이다. 약 2만 8000년 전 세 번에 걸친 분화로 생성되었으며, 중앙에는 풀로 뒤덮인 분화구가 그대로 남아 있다. 분화구 가장자리에 설치된 보드워크를 따라 한 바퀴 걷는 동안 오로지 뉴질랜드에서만 볼 수 있는 독특한 풍경을 만나게 된다.

산 아래에서부터 올라가려면 적어도 1시간이 걸리기 때문에 대중교통 이용은 권하지 않는다. 우버 이용 시 마웅가화우Maungawhau 방문자 센터에서 내리면 5분 만에 분화구 입구에 닿을 수 있다. 주차 공간은 무척 협소하다.

🚶 **거리** 한 바퀴 500m **소요 시간** 20~30분 **난이도** 하

⑬ 원 트리 힐 *One Tree Hill · Maungakieki*

오벨리스크가 지키는 언덕

마운트 이든에 비해 경사가 훨씬 완만하고, 한가롭게 풀을 뜯는 양 떼를 볼 수 있어 평범한 목장처럼 보이지만 원 트리 힐 또한 화산이다. 영국인이 처음 이곳을 발견할 당시 해발 182m 정상에 마오리족이 신성시하는 나무(포후투카와pōhutukawa로 추정)가 서 있어서 원 트리 힐로 부르게 되었다고 한다. 오클랜드의 제17대 시장을 지낸 존 캠벨(1817~1912)의 유언에 따라 마오리에게 헌정하는 대형 오벨리스크를 세웠으며, 그 아래에는 캠벨의 묘가 있다.
오벨리스크 북동쪽의 콘월 파크Cornwall Park에 주차하고 20분 정도 걸어 올라가야 한다. 대중교통으로 가기는 어렵다.

🚶 **거리** 왕복 3km **소요 시간** 1시간 **난이도** 하

지도 P.036
가는 방법 CBD에서 10km, 자동차로 20분
주소 34 Michael Horton Dr, One Tree Hill
운영 07:00~19:00
요금 무료

TRAVEL TALK

원 트리 힐의 비하인드 스토리

군사적 요충지였던 원 트리 힐은 무려 5000명의 원주민이 거주하는 마오리 파maori pā(요새화된 마을 또는 정착지)였다고 해요. 하지만 와이탕이 조약 이후 토지 소유권이 영국으로 넘어가고 땅이 상업적으로 거래되기 시작했지요. 이를 막기 위해 1901년 존 캠벨이 이 땅을 전부 사들여 정부에 기증하면서 오늘날의 콘월 파크가 탄생하게 되었습니다. 2012년에는 나티 파투아 부족에게 소유권의 일부가 반환되었습니다.

12월이 되면 빨간색 꽃을 피워서 뉴질랜드의 크리스마스트리라고 불리는 포후투카와 나무

나무가 있던 자리에 세운 오벨리스크

하버 브리지 클라임

하버 브리지 번지점프

버컨헤드Birkenhead에서 바라본 하버 브리지

04

하버 브리지
Harbour Bridge

다리에서 번지점프를!

와이테마타 하버를 중간에 두고 오클랜드 CBD와 바다 건너 노스쇼어North Shore를 연결하는 왕복 8차선 대교로, 1959년 5월 30일에 개통했다. 이곳에서 AJ 해켓에서 운영하는 두 가지 색다른 액티비티를 체험할 수 있다. 하버 브리지 꼭대기(243m)를 걸으며 담력을 테스트하고 전망도 감상하는 하버 브리지 클라임, 그리고 교각 아래 점프대에서 40m 아래의 바다로 뛰어내리는 번지점프다. 두 가지를 결합한 상품도 있으며, 뉴질랜드를 포함해 전 세계 어디서든 AJ 해켓의 액티비티를 이용한 결제 내역을 제시하면 요금을 할인해준다.

지도 P.036 **가는 방법** CBD에서 3.4km, 자동차로 10~15분
주소 105 Curran St Extension, Westhaven Marina, Herne Bay
운영 09:00~16:30(액티비티 2시간 소요)
요금 하버 브리지 클라임 $165, 번지점프 $260
홈페이지 www.bungy.co.nz/auckland

오닐 포인트O'Neills Point에서 바라본 오클랜드 CBD

성 요한 성당 홀리 트리니티 성당

 05

파넬 빌리지
Parnell Village

추천

지도 P.036
가는 방법 CBD 동쪽으로 2km,
버스로 약 10분(Parnell Shops 하차)
주소 St John the Baptist Catholic
Church, 212 Parnell Rd
홈페이지 www.parnell.net.nz

걷고 싶은 거리

와이탕이 조약 체결 직후인 1841년경에 조성한 마을로, 오클랜드에서 가장 오래된 주택가로 알려져 있다. 뉴질랜드 최초의 영국 성공회 주교로 임명된 조지 셀윈(1809~1878)이 여러 성당과 교회, 학교를 건립했다. 그중 성공회 오클랜드 주교좌성당인 홀리 트리니티 성당은 2008년, 에베레스트를 최초로 등정한 뉴질랜드 산악인 에드먼드 힐러리의 장례식이 거행된 곳이다.

메인 쇼핑가인 파넬 로드에는 팬시한 매장과 갤러리가 즐비하다. 버거 퓨얼이나 살스 피자 같은 체인점은 물론, 분위기 좋은 레스토랑과 파넬 초콜릿 부티크 같은 카페도 있어 이곳저곳 찾아다니는 재미가 쏠쏠하다. 녹색 지붕의 성 요한 성당을 이정표 삼아 주변 주택가까지 구경해보자. 파넬 기차역도 있으나 버스로 가도 쉽게 찾을 수 있다.

➡ 파넬 초콜릿 부티크 P.050

Shopping Destination 파넬에서 쇼핑하기

통신이 안 되는 구간이 많으므로 구글맵 오프라인 지도를 미리 다운받아둔다. 중간에 별다른 편의 시설이 없으니 아래의 두 장소를 이정표 삼으면 길을 파악하기 좋다.

• 팬테일 하우스 *The Fantail House*

뉴질랜드의 로컬 수공예품과 감각적인 소품을 모아놓은 기념품점. 파넬 로드에서 가장 예쁜 골목 안쪽에 숨어 있으며, 가게를 구경하는 것만으로도 눈이 즐겁다.

주소 237 Parnell Rd **운영** 10:00~17:00 **홈페이지** www.thefantailhouse.co.nz

• 패션 포 페이퍼 *Passion for Paper*

1880년대에 지은 주택에 자리 잡은 부티크. 편지지와 포장지, 메모지, 카드 등 전 세계의 고급 문구류를 취급한다.

주소 217 Parnell Rd **운영** 10:00~17:00 **홈페이지** www.passionforpaper.co.nz

• 파넬 파머스 마켓 *Parnell Farmers Market*

농민들이 수확한 농산물을 직접 판매하는 직거래 장터. 파넬 빌리지의 역사 건축물 중 하나인 주빌리 빌딩 앞에서 열리는데, 메인 쇼핑가보다 오클랜드 박물관과 더 가깝다.

주소 545 Parnell Rd(Jubilee Building) **운영** 토요일 08:00~12:00
홈페이지 www.parnell.net.nz

⑥ 저지스 베이 *Judges Bay*

장미 정원과 바다 수영장

파넬 빌리지 아래쪽 해안가 일대를 저지스 베이라고 한다. 뉴질랜드 초대 대법원장을 지낸 윌리엄 마틴(1807~1880)을 포함한 3명의 판사가 이곳에 거주했다는 데에서 지명이 유래했다.
여름철이면 바닷물을 채워 만든 100년 역사의 해수 풀 파넬 배스Parnell Bath에서 주민들이 수영을 즐긴다. 근처에 5000그루의 장미를 기르는 파넬 로즈 가든Parnell Rose Garden이 있는데 꽃이 가장 풍성하게 개화하는 시기는 10~4월이다. 정원 내에는 1992년에 건립한 한국전 참전 기념비도 있다.

지도 P.036
가는 방법 CBD 동쪽으로 2km, 버스로 10분(Parnell Baths 하차)

• 파넬 로즈 가든
주소 85-87 Gladstone Rd **운영** 24시간 **요금** 무료

• 파넬 배스
주소 Judges Bay Rd **운영** 24시간
요금 수영 $8(스파 포함 $10), 관람 $2
홈페이지 www.clmnz.co.nz/parnell-baths

(07)

미션 베이
Mission Bay

오클랜드 동쪽 해변

오클랜드 동쪽으로는 조깅이나 자전거 라이딩에 최적화된 해안 도로 타마키 드라이브Tāmaki Drive가 이어진다. 해수욕을 즐기기 좋은 해변이 차례로 나타나는데, 그중에서 특별히 가볼 만한 곳이 미션 베이다. 화산섬인 랑기토토 아일랜드가 정면으로 보이는 위치이며, 해안 산책로를 따라 분위기 좋은 카페와 레스토랑이 늘어서 있어 남태평양 휴양지에 놀러 온 듯한 기분을 만끽할 수 있다. 타마키링크 버스를 타면 중심가에서 쉽게 갈 수 있고, 자전거를 타고 해안 도로를 달려도 좋다.

📍
지도 P.037
가는 방법 CBD 동쪽으로 7km, 버스로 15분(Mission Bay 하차)
주소 72 Tamaki Dr, Mission Bay
운영 24시간 **홈페이지** missionbay.co.nz

TRAVEL TALK

언덕 위 전망 공원, 배스천 포인트 Bastion Point

오클랜드의 스카이라인과 와이테마타 하버 풍경이 한눈에 담기는 배스천 포인트는 1886년 영국 왕실이 강제로 수용해 군사시설로 사용하다가 공원으로 바뀐 곳입니다. 1976년에 이곳을 주택단지로 전용하려는 계획에 반대해 마오리 공동체에서 무려 507일 동안 투쟁을 벌였고, 결국 1980년대 후반 와이탕이 재판소의 판결로 원주민 나티 화투아 부족의 소유권을 회복했습니다. 공원 중심에는 뉴질랜드 제23대 수상이자 복지 정책의 초석을 다진 마이클 조셉 새비지(1872~1940)의 기념비가 세워져 있고, 언덕 한편에는 시위대가 만든 마라에marae(마오리 회당) 건물이 남아 있어요. 미션 베이에서 10분 정도 걸으면 언덕에 올라 전망을 감상할 수 있습니다.

⑧ 타카푸나 *Takapuna*

일요일에는 마켓 구경

오클랜드 북쪽 교외 지역인 노스쇼어의 한 동네로 해변과 호수로 둘러싸인 쾌적한 주거 환경을 자랑한다. 특히 한국 교민이 많이 거주해 번화가에는 한글 간판이 흔히 보이고, 오클랜드 숙소나 한국 음식점을 검색하면 이 지명이 자주 보인다. 관광 목적으로 이곳에 간다면 일요일마다 열리는 선데이 마켓을 구경하고 타카푸나 해변에서 여유로운 시간을 보내도 좋다. 하버 브리지를 건너면 쉽게 갈 수 있지만 평일 출퇴근 시간에는 교통 정체를 감안해야 한다.

지도 P.006
가는 방법 CBD 북쪽으로 9km, 자동차로 15~25분
주소 38 Hurstmere Rd, Takapuna

CHECK

- **타카푸나 비치 선데이 마켓** *Takapuna Beach Sunday Market*
  유형 로컬 마켓 **운영** 일요일 08:00~13:00
  홈페이지 www.takapunamarket.co.nz

- **타카푸나 비치 카페** *Takapuna Beach Café*
  유형 브런치 & 전망 레스토랑 **운영** 06:30~19:30
  홈페이지 www.takapunabeachcafe.co.nz

- **명동(한국 음식점)** *Myung Dong Korean Restaurant*
  유형 한식당 **운영** 11:30~20:30
  홈페이지 myungdong.co.nz

미션 베이에서 바라본 마운트 빅토리아

데번포트 페리 터미널

(09)

데번포트
Devonport

추천

노스쇼어의 아름다운 항구 마을

데번포트는 오클랜드에서 가장 오래된 교외 주거지 중 하나로, 빅토리아 시대와 에드워드 시대의 고풍스러운 건축물이 잘 보존되어 있다. 오클랜드 중심가에서 페리를 타고 쉽게 갈 수 있는 곳으로, 도심이 한눈에 보이는 위치라 역사적으로 방어기지 역할을 한 항구 마을이다. 한쪽에 뉴질랜드 해군의 주둔지도 자리 잡고 있다. 마을 뒤쪽으로 솟아오른 2개의 화산구, 마운트 빅토리아와 노스 헤드North Head가 오클랜드 시내와 랑기토토 아일랜드, 그리고 주변 바다를 조망할 수 있는 전망대 역할을 한다.

지도 P.037

가는 방법 오클랜드 다운타운 페리 터미널에서 데번포트 페리 터미널까지 편도 12분(30분 간격 운항)

홈페이지 devonport.co.nz

빅토리아 로드 *Victoria Road*

데번포트의 메인 도로로 클래식한 카페와 레스토랑, 부티크, 갤러리가 즐비해 전형적인 바닷가 휴양지 분위기를 풍긴다. 데번포트 페리 터미널에서 도보 5분 거리에 있는 데번포트 도서관을 기점으로 천천히 걸으면서 구경해 보자.

주소 2 Victoria Rd(Devonport Library)

첼트넘 비치 *Cheltenham Beach*

데번포트 페리 터미널에서 2km 떨어진 곳에 있는
깨끗한 해변으로 랑기토토 아일랜드가 정면으로
보인다. 여기서 해안 산책로를 따라 노스 헤드를
걸어 올라갈 수 있다. 반도 지형인 노스쇼어 지역
에는 10여 개의 해변이 자리하며, 첼트넘 비치를
시작으로 긴 해안선을 따라 내로 넥, 타카푸나 비
치, 밀퍼드 비치 등이 계속 이어진다.

주소 Bath St

마운트 빅토리아 *Mount Victoria · Takarunga*

마오리족에게 천연의 요새였고 1870~1990년대에는 영국군이 군사
시설로 활용한 해발 87m의 언덕이다. 정상에는 옛날에 설치한 대포의
흔적과 벙커가 아직 남아 있는데, 벙커 중 하나는 매주 주민들이 모여
라이브 음악을 즐기는 클럽으로 이용한다. 산 정상에 오르면 휘황찬란
한 오클랜드 도심의 스카이라인, 반도의 끝 노스 헤드, 랑기토토 아일
랜드까지 완벽한 파노라마 전망을 눈에 담을 수 있다.

거리 왕복 2.7km **소요 시간** 40분 **난이도** 하

랑기토토 아일랜드

노스 헤드

오클랜드 CBD 전망

오클랜드 맛집

대도시답게 식사 선택지가 다양하다. 특히 퀸 스트리트의 맛집 골목, 워터프런트의
전망 레스토랑, 그리고 브리토마트 주변의 맛집을 눈여겨보자.
간편하게 식사할 수 있는 푸드 코트를 찾는다면 커머셜 베이 쇼핑센터가 좋은 선택이다.

▶ 푸드 코트 정보 P.029

옥시덴탈 *The Occidental*

고풍스러운 건물로 가득한 맛집 골목 벌컨 레인에서 가장 손님이 많은
벨기에식 펍. 특히 월요일에는 벨기에식 홍합 요리를 내며, 화요일에는
스테이크를 약 50% 할인하는 해피 아워로 한국 관광객에게 널리 알려
졌다. 홍합찜을 주문할 때는 소스 종류를, 구운 홍합과 스테이크는 토핑
종류를 선택해야 한다. 물론 해피 아워가 아닌 시간에도 홍합이나 스테
이크 주문이 가능하고, 그 외에도 다양한 메뉴가 있다.

유형 펍 **주소** 6 Vulcan Lane
운영 월~목요일 10:30~23:00, 금~일요일 09:00~새벽
(방문 전 구글맵 통해 예약 권장)
홈페이지 www.occidentalbar.co.nz

메뉴	해피 아워	월요일 하루 종일	화요일 하루 종일
	홍합찜 Steamed Mussels	구운 홍합 Grilled Mussels	앵거스 럼프 (우둔살) Angus Rump
선택 사항 (추천)	• 화이트 와인 크림 & 갈릭 소스 • 랍스터 & 브랜디 비스크	• 믹스트 플래터 (모 든 토핑 맛보기)	• 페퍼콘 (후추 양념) • 갈릭 & 허브 버터
해피 아워 가격	1kg(Solo) $18 500g(Half) $13	1kg(Solo) $18	250g $20 500g $25

피시 레스토랑 *Fish Restaurant*

프린스 워프 끝 지점의 힐튼 호텔 내에 있어 바다
전망이 완벽한 레스토랑이다. 평일에는 비교적 저
렴한 런치 메뉴도 있다. 근처에서 좀 더 저렴하게
먹으려면 넵튠 카페Neptune Café가 대안이다.

유형 시푸드 레스토랑 **주소** 147 Quay St
운영 06:30~21:00(토 · 일요일 07:00부터)
예산 $$$(런치 $40, 디너 $75~120)
홈페이지 fishrestaurant.co.nz

버거 전문점
Burger Joints

오클랜드에는 스타일과 가격대가 다양한 버거 전문점이 많다. 가성비 측면에서는 베터 버거를, 접근성과 퀄리티 면에서는 체인점이 많은 버거 퓨얼을 추천한다. 클래식 버거를 판매하는 화이트 레이디는 1948년에 처음 문을 연 푸드 트럭으로 평일에는 저녁부터 새벽까지, 주말에는 24시간 영업한다.

체인점	푸드 트럭 · 테이크아웃
베터 버거 Better Burger **위치** 오클랜드 CBD 및 근교 **예산** 단품 $12, 콤보(세트) $19 **홈페이지** www.betterburger.co.nz	**화이트 레이디 The White Lady** **위치** CBD(Commerce & Fort St) **예산** 디럭스 $23, 화이트 레이디 $28 **홈페이지** www.thewhitelady.co.nz
버거 퓨얼 Burger Fuel **위치** 오클랜드 CBD 및 뉴질랜드 전역 **예산** 단품 $14~19 **홈페이지** www.burgerfuel.com	**브로드웨이 다이너 Broadway Diner** **위치** 뉴마켓 **예산** 단품 $16~18 **페이스북** @theoriginalbroadwaydiner
버거 버거 Burger Burger **위치** CBD 주변(뉴마켓, 타카푸나 등) **예산** 단품 $18.5~25 **홈페이지** burgerburger.co.nz	**빅 제이스 테이크어웨이 Big J's Takeaways** **위치** 오클랜드 근교(마운트 웰링턴) **예산** $10.50~14.50 **홈페이지** www.bigjs.co.nz

살스 피자 *Sal's Pizza*

1975년부터 오클랜드 전역에 여러 곳의 매장을 운영하는 피자 전문점이다. 토마토소스에 치즈를 듬뿍 얹은 클래식 피자, 살라미를 얹은 페퍼로니 등 큼직한 뉴욕 스타일 피자를 판매한다. 조각 피자도 팔아 저렴하게 한 끼 때우기 좋다.

유형 피자 전문점
주소 265 Queen St
운영 10:00~21:00
예산 $
홈페이지 www.sals.co.nz

오르톨라나 *Ortolana*

신선한 로컬 재료로 만든 산뜻한 이탈리아 음식을 선보이는 레스토랑으로 '오르톨라나'는 이탈리아어로 마켓 가드너(유기농을 직거래로 판매하는 소규모 농부)를 뜻한다. 오전에는 가벼운 브런치를 즐기기 좋고, 저녁에는 조명을 밝힌 낭만적인 장소로 변신한다.

유형 브런치 · 이탈리아식
주소 33 Tyler St(브리토마트 기차역 근처)
운영 09:00~21:00(일 · 월요일 15:00까지)
예산 $$ **홈페이지** ortolana.co.nz

디포 이터리 *Depot Eatery*

스카이 타워 바로 아래쪽의 페더럴 스트리트에는 밤늦게까지 불을 밝히는 맛집 거리가 형성되어 있다. 그중 디포 이터리는 하루 종일 문을 열기 때문에 알아두면 편리하다. 브런치 메뉴는 오전 10시 45분까지 주문할 수 있고, 점심시간 이후로는 본격적인 식사 메뉴(해산물 요리 등)를 취급한다.

유형 브런치 · 유러피언
주소 86 Federal St
운영 월~금요일 07:00~21:00, 토 · 일요일 11:00~21:30
예산 $$$ **홈페이지** www.eatatdepot.co.nz

저보이스 스테이크 하우스 *Jervois Steak House*

미국식 드라이에이징 기법과 조리 도구(브로일러)를 도입해 명성을 얻은 스테이크하우스 본점이다. 블랙 앵거스 프라임 립Black Angus Prime Lib과 안심 스테이크가 시그너처 메뉴. 관광 명소와는 다소 거리가 있지만 퀄리티 높은 스테이크를 먹고 싶을 때 찾아갈 만한 곳이다. 예약 권장.

유형 스테이크 전문점 **주소** 70 Jervois Rd, Ponsonby
운영 런치 금요일 12:00~14:00, 디너 17:30~22:00
휴무 토~목요일 런치 **예산** $$$$
홈페이지 jervoissteakhouse.co.nz

파넬 초콜릿 부티크 *Parnell Chocolate Boutique*

팬시한 매장과 갤러리가 밀집한 파넬 로드에 있는 초콜릿 전문점이다. 세계 최대 코코아 가공업체인 배리 칼레바우트Barry Callebaut에서 원재료를 조달하고, 여기에 마누카 꿀, 마카다미아 너트, 베리 등 뉴질랜드의 로컬 재료를 혼합해 고급 수제 초콜릿을 생산한다. 매장 한쪽의 카페에서는 핫 초콜릿과 각종 케이크, 선데 아이스크림을 맛볼 수 있다.

유형 디저트
주소 1/323 Parnell Rd
운영 월요일 18:00~21:30, 화~일요일 11:00~21:30
예산 $
홈페이지 www.chocolateboutique.co.nz

윈야드 파빌리온 *Wynyard Pavilion*

낮에는 캐주얼한 카페, 저녁에는 활기찬 바로 변신하는 윈야드 쿼터의 인기 맛집이다. 버거와 피시앤칩스 같은 기본 메뉴부터 안주류까지 선택의 폭이 넓다. 실내와 실외석을 모두 갖추고 있어 항구 전망을 즐기며 시간을 보내기 좋다. 특히 주말 브런치 장소로 인기가 높다.

유형 카페 · 바 **주소** 17 Jellicoe St
운영 11:00~03:00 **예산** $$$
홈페이지 www.hqviaduct.co.nz

베스트 어글리 베이글 *Best Ugly Bagels*

베이글을 삶을 때 물에 꿀을 넣어 달콤한 맛을 더하고, 다시 장작 화덕에 구워내는 캐나다 몬트리올 스타일의 수제 베이글 전문점이다. 맛집이 입점한 시티 웍스 디포City Works Depot 매장에서 베이글 만드는 과정을 볼 수 있으며, 뉴마켓에도 매장이 있다. 속재료는 킹 새먼 또는 아보카도를 추천한다.

유형 베이글 전문점 **예산** $
• **시티 워크 디포 주소** 90 Wellesley St **운영** 07:00~15:00
• **뉴마켓 주소** 3A York St **운영** 08:00~15:00

헤드쿼터 *Headquarters*

테라스 좌석에 앉으면 요트가 정박한 바이덕트 하버의 화려한 전망을 볼 수 있다. 팝업 스토어로 시작했으나 인기가 좋아 계속 영업하게 된 곳이다. 대형 스크린까지 설치해 스포츠 경기가 열릴 때면 한층 더 떠들썩해진다. 연어와 생선 스테이크, 가벼운 피자 종류도 있으며 수~일요일 저녁에는 라이브 음악을 연주한다.

유형 바 · 레스토랑
주소 103 Customs St
운영 11:00~03:00 **예산** $$
홈페이지 hqviaduct.co.nz

대니 둘런 *Danny Doolans*

바이덕트 하버의 대표적인 아이리시 펍. 매일 밤 8시에 라이브 음악을 연주하기 시작해 밤늦게까지 흥겨운 분위기가 계속된다. 약 1리터 용량의 특대 컵(저그jug)에 담아주는 수제 맥주를 $25에 즐길 수 있고, 미트 파이와 뱅거스 앤드 매시(소시지와 으깬 감자 요리) 같은 음식도 저렴해서 배낭여행자들에게 인기가 높다.

유형 펍 · 라이브 클럽
주소 204 Quay St
운영 11:00~02:00, 해피 아워 15:00~20:00
예산 $$ **홈페이지** dannydoolans.co.nz

TIP

공공장소에서 음주 시 주의 사항

오클랜드 일부 지역에서는 야외 공간(도로, 공원 등)에서의 음주를 금지한다. 특정 지역은 술병이 보이도록 들고 다니는 것 자체가 불법이다. 학교 주변, 동물원, 공원(오클랜드 도메인 포함)처럼 어린이가 많은 지역은 더욱 엄격하다. 크리스마스나 연말연시 등 특정 기간에는 한시적으로 허용하기도 하는데, 이러한 정보에 익숙하지 않은 여행자라면 각별한 주의가 필요하다.

오클랜드 편의 시설

쇼핑

오클랜드 나이트 마켓
Auckland Night Market

가게들이 일찍 문을 닫아 한산해진 거리 분위기를 반전시키는 것이 나이트 마켓이다. 오클랜드에서는 요일별로 장소가 바뀌며 장이 서는데, 저녁 시간에 여흥을 즐기려는 이들이 즐겨 찾는다. 토요일과 일요일 밤에는 CBD 워터프런트의 사일로 파크(원야드 쿼터 내 작은 공원)에서 마켓이 열리고, 평일에는 오클랜드에서 15~20km 떨어진 교외 지역 쇼핑센터 주차장에서 열리곤 한다. 장소와 시간이 수시로 변경되니 방문 전 인스타그램(@aucklandnightmarket) 공지를 꼭 확인하도록 하자.

홈페이지 aucklandnightmarkets.co.nz

> **TIP** 주요 나이트 마켓 정보
>
> **월요일**
> 켈스턴 몰(글렌이든 지역)
>
> **화요일**
> 울워스(마운트 웰링턴 지역)
>
> **수요일**
> 보타니 타운 센터(보타니다운스 지역)
>
> **목요일**
> 케이마트(헨더슨 지역)
>
> **금요일**
> 케이마트(파파토이토이 지역)
>
> **토 · 일요일**
> 사일로 파크(CBD 워터프런트) `추천`

한인 마트 *Korean Groceries*

본격적인 여행의 출발점인 오클랜드에서 마트 장보기는 필수! 울워스, 팩앤세이브, 뉴 월드 같은 대형 마트는 어느 곳에나 있지만 즉석 밥, 김치, 고추장을 구입하려면 한인 마트의 위치를 알아두는 것이 좋다.
CBD의 아이마트는 걸어갈 수 있어서 배낭여행자가 이용하기 편리하고, 개인 차량이 있다면 오클랜드 북쪽의 글렌필드Glenfield와 올버니Albany, 남쪽으로는 호윅Howick과 보타니Botany 등 교민이 많이 거주하는 동네의 규모 있는 마트에 가는 것도 좋다. 구글맵에서 'Korean Supermarket'으로 검색할 것.

- **아이마트 iMart**
  위치 CBD 아오테아 스퀘어 건너편
  주소 9~15 Wakefield St
  운영 09:00~20:00
- **로열 세이브 마트 Royal Save Mart**
  위치 CBD 아오테아 스퀘어에서 도보 7분
  주소 161 Hobson St
  운영 009:00~22:45
- **왕 코리아 푸드 마켓(거복식품)**
  Wang Korea Food Market
  위치 마운트 이든, 글렌필드, 헨더슨, 보타니
  홈페이지 구글맵에서 'Wang Mart' 검색
- **한아름마트 H Mart**
  위치 올버니, 호윅(구글맵에서 'H Mart' 검색)

뉴마켓 *Newmarket*

오클랜드 도메인 남쪽에 자리한 주거 지역. 유동 인구가 많아서 다양한 편의 시설이 들어섰다. 초대형 쇼핑센터인 웨스트필드를 포함해 뉴질랜드와 호주의 아웃도어 브랜드, 실용적인 패션 매장과 각종 할인점이 전부 모여 있다.

가는 방법 CBD에서 4.5km, 자동차로 10분 또는 오클랜드 트레인으로 15분(Newmarket 기차역 하차)
주소 Westfield Newmarket
운영 매장별로 다름
홈페이지 www.westfield.co.nz/newmarket

 숙소

그랜드 바이 스카이시티
The Grand by SkyCity

스카이 타워 전망대 아래쪽에 자리한 호텔. 카지노가 입점한 복합 리조트로 편의 시설이 많아 매우 편리한 대신 어느 정도 소음과 혼잡함은 감안해야 한다. 공항 버스(스카이드라이브)가 정차하는 곳이라서 이용이 편리하다.

유형 호텔 **주소** 90 Federal St
문의 09 363 6000 **예산** $$$$
홈페이지 skycityauckland.co.nz

시티라이프 오클랜드
CityLife Auckland

퀸 스트리트 번화가와 가까운 아파트먼트형 숙소. 이 주변에 비슷한 호텔이 여럿 모여 있으니 가격을 비교해보고 선택해도 된다. 숙소를 고를 때는 구글맵의 스트리트 뷰를 확인하고 큰길에 있는 호텔로 정하는 것이 안전하다.

유형 호텔 **주소** 171 Queen St
문의 09 979 7200
예산 $$$ **홈페이지** heritagehotels.co.nz

힐튼 오클랜드
Hilton Auckland

오클랜드 워터프런트의 프린스 워프에 입점한 최고급 호텔. 항구 전망이 뛰어나고 페리 터미널을 이용하기 매우 편리하다. 반면 스카이 타워가 있는 쇼핑가까지 걷기는 다소 멀고 버스 노선은 없는 애매한 위치다.

유형 호텔 **주소** 147 Quay St
문의 09 978 2000 **예산** $$$$
홈페이지 www.hilton.com

소피텔 오클랜드 바이덕트 하버
Sofitel Auckland Viaduct Harbour

바이덕트 하버에 있어서 오클랜드 항구의 밤 분위기를 감상할 수 있고 편의성, 시설, 퀄리티 면에서 모자람이 없는 고급 호텔이다.

유형 호텔 **주소** 21 Viaduct Harbour Ave
문의 09 909 9000 **예산** $$$$
홈페이지 www.sofitel-auckland.com

하카 하우스 오클랜드시티
Haka House Auckland City

비교적 시설이 깔끔한 백패커스. 아오테아 스퀘어에서 도보 10분 거리이며, 근처에 다른 저가형 숙소가 여럿 있다. 낮에는 걷거나 버스를 이용해도 괜찮지만 늦은 시간에 찾아갈 때는 우버 이용 권장.

유형 백패커스 **주소** 5 Turner St
문의 021 505 468 **예산** $($)
홈페이지 hakahouse.com

보석처럼 빛나는 섬과 해변

오클랜드 근교 여행

오클랜드에서는 방향에 따라 풍경이 전혀 다른 섬이나 해변을 만날 수 있다.
서쪽 태즈먼해의 해안에는 검은 모래와 거친 절벽으로 이루어진 서핑 명소가 많고,
동쪽 태평양 연안의 하우라키 걸프Hauraki Gulf에는 화산섬 랑기토토 아일랜드를 비롯해
50여 개의 크고 작은 섬이 흩어져 있다.

TRIP 01 해변과 와이너리를 갖춘 휴양지
와이헤케 아일랜드 *Waiheke Island*

잔잔하고 푸른 태평양 한가운데 있는 섬 와이헤케 아일랜드는 오클랜드
사람들이 주말에 즐겨 찾는 휴양지다. 인구는 약 1만 명으로, 편의 시설
이 완벽하고 즐길 거리도 풍부하다. 해수욕도 즐기고 바닷가 카페에서
커피 한잔 하면서 힐링의 시간을 보낼 수 있다. 와인에 관심이 많다면
와이너리를 방문하는 것도 좋다.

지도 P.012
가는 방법 오클랜드에서 17.7km, 오클랜드 CBD에서 페리로 40분
홈페이지 www.waiheke.co.nz

(가는 방법)

STEP 01 도보 여행자라면

오클랜드 중심가의 페리 터미널에서 일반 페리를 타면 40분 만에
와이헤케 아일랜드에 도착한다. 섬이 넓고 언덕이 많아 걷거나
자전거로 다니기는 힘들다. 따라서 렌터카를 빌리거나, 명소 17곳에
내렸다 탈 수 있는 투어 버스를 이용해야 한다. 페리 티켓을 구입할 때
패키지로 선택할 수 있다.

출발 오클랜드 다운타운 페리 터미널 Auckland Downtown Ferry Terminal
도착 와이헤케 페리 터미널 Waiheke Ferry Terminal
요금 페리 왕복 $44~55, 투어 버스(Hop-On-Hop-Off Explorer) 1일권 $34
홈페이지 www.fullers.co.nz

STEP 02 개인 차량이 있다면

차를 가져간다면 넓은 섬을 마음껏 다닐 수 있어 편리하다. 하지만
중심가에는 카 페리가 없으므로 오클랜드에서 20km 거리의 하프
문 베이 항구로 가야 한다. 페리 운항 스케줄과 요금은 시기별로
다르므로 온라인으로 예약하고 방문할 것을 권장한다.

출발 하프 문 베이 페리 터미널 Half Moon Bay Ferry Terminal
주소 37 Ara-Tai Rd, Half Moon Bay
도착 케네디 포인트 페리 터미널 Kennedy Point Ferry Terminal
주소 141 Donald Bruce Rd, Surfdale
요금 차량 1대+성인 1명 기준 편도 $154 **홈페이지** www.sealink.co.nz

해변 *Beach*

맑고 투명한 에메랄드빛 바다를 만끽할 수 있는 아름다운 해변이 섬 전체에 흩어져 있다. 페리가 도착하는 마을의 메인 해변인 오네로아 비치Oneroa Beach나 서프데일 비치Surfdale Beach는 쉽게 갈 수 있고, 캑터스 베이Cactus Bay 같은 깊숙한 곳에 있는 해변은 배나 카약을 타고 가야 한다. 계획 없이 다니다 마음에 드는 장소에서 잠시 쉬었다 가는 자유로움이 매력이다.
주소 191 Oceanview Rd, Oneroa
운영 24시간

와이너리 *Winery*

와이헤케 아일랜드는 온화한 해양성기후 덕분에 프랑스 보르도 지역의 레드 와인 품종(메를로, 카베르네 소비뇽) 재배에 성공해 어느덧 와인의 섬으로 변했다. 재배 규모가 작은 편이라 와인 가격은 다소 비싸다. 푸른 바다와 오클랜드 전경이 시원하게 펼쳐진 곳에 위치한 와이너리는 그 자체로 방문할 가치가 충분하다. 와인 시음 비용은 대개 $10~15 정도인데 와인을 구매하면 환불해주는 것이 일반적이다.

스토니릿지 *Stonyridge*

1981년에 설립했으며 카베르네 소비뇽, 메를로, 카베르네 프랑 품종을 블렌딩한 '스토니릿지 라로즈'가 세계적인 프리미엄 와인 대열에 합류했다. 유기농 재료로 만든 음식을 파는 카페도 함께 운영한다.
주소 80 Onetangi Rd
운영 11:30~17:00(토 · 일요일 18:00까지)
홈페이지 stonyridge.com

골디 이스테이트 *Goldie Estate*

와이헤케 아일랜드에서 가장 오래된 와이너리. 푸타키 베이Putaki Bay가 내려다보이는 아름다운 언덕에 자리 잡고 있다. 메를로, 시라, 말베크, 소비뇽 블랑 등 다양한 와인을 생산한다.
주소 18 Causeway Rd, Surfdale
운영 12:00~16:00(겨울철은 일~수요일 휴무)
홈페이지 goldieestate.co.nz

키테키테 폭포

카레카레 폭포

• TRIP • 02

검은 해변과 서핑 명소

피하 비치 *Piha Beach*

북섬 서부 해안의 와일드한 풍광을 체감할 수 있는 대표적인 장소. 검은 모래로 이루어진 해변의 양쪽 끝 지점, 바다 쪽으로 튀어나온 해안 절벽은 마그마가 굳은 화산암경이다. 2개의 바위 중 '라이언록Lion Rock'이라고 불리는 바위의 마오리어 명칭 '테 피하Te Piha'는 '카누 뱃머리에 부딪혀 생기는 물살'이라는 시적인 의미를 담고 있다.

태즈먼해에서 밀려오는 파도가 매우 강력해 서핑 해변으로 각광받고 있다. 그러나 조류가 강한 위험 지역이기 때문에 구조 요원이 근무할 때 안전 구역에서만 서핑을 즐기는 것이 바람직하다. 해변을 따라 형성된 울창한 우림 지대는 트레킹 명소다. 이 중 키테키테 폭포Kitekite Falls 정상부에 있는 천연 인피니티 풀은 SNS 인증샷 명소로 유명하지만, 오르는 길이 꽤 험난하고 왕복 1시간 30분 이상 걸린다. 카레카레 폭포Karekare Falls는 주차장에 내려 5분만 걸으면 볼 수 있다.

지도 P.012
가는 방법 오클랜드에서 42km, 자동차로 45분
주소 Marine Parade South, Piha 0772
운영 24시간
홈페이지 www.piha.co.nz

· TRIP ·
03

바다새 무리가 알을 품는 곳
무리와이 비치 *Muriwai Beach*

거친 해풍이 불어닥치는 오클랜드 서쪽 해안에 피하 비치와 비슷한 검은 모래로 이루어진 해변이 있다. 여름에는 서핑 해안으로 유명하고, 겨울에는 개닛gannet(부비새의 일종) 무리가 둥지를 틀고 알을 품는 장관을 볼 수 있다. 마오리어로 타카푸Tākapu라고 하는 오스트랄라시아 개닛은 검은색으로 짙은 화장을 한 듯한 눈과 노란색 머리가 독특한 바다새다. 8월 무렵에 해안 절벽 위에 둥지를 만들고 11월이 되면 알을 낳는다. 12~2월 여름에 새끼가 태어나고, 날이 추워지는 3~4월에 둥지를 떠나 멀리 호주까지 날아간다. 시기에 맞춰 해안 절벽 위쪽 전망 포인트를 찾아가면 쉽게 볼 수 있다.

지도 P.012
가는 방법 오클랜드에서 43km,
자동차로 45분
주소 25/27-37 Waitea Rd, Muriwai
0881 (구글맵에 'Muriwai Gannet
Colony Lookout'으로 검색)
운영 24시간

· TRIP ·
04

스노클링에 빠지다
고트 아일랜드 *Goat Island · Te Hāwere-a-Maki*

본섬(북섬)의 해안에서 불과 100m밖에 떨어지지 않은 아주 작은 섬이다. 본섬이 천연의 방파제 역할을 해주기 때문에 먼바다에서 밀려오는 거친 파도의 영향을 거의 받지 않는다. 덕분에 독특한 해양 생태계가 유지되어 1975년 뉴질랜드 최초의 해양 보호구역으로 지정되었다. 물살이 잔잔해서 스노클링과 수영을 즐기기에 최적의 환경이며, 바닥이 유리로 된 보트를 타고 유난히 맑고 투명한 바닷물 속을 들여다보는 투어도 있다. 단, 낚시와 채집 활동은 금지되고 반려견을 데려갈 수 없다.

지도 P.006
가는 방법 오클랜드 북쪽으로 83km,
자동차로 1시간 30분
주소 Goat Island Rd, Goat Island,
Leigh 0985
운영 24시간
홈페이지 goatislandmarine.co.nz

노스랜드

뉴질랜드 역사의 시작

노스랜드
NORTHLAND

와이탕이 조약 체결지가 있는 베이오브아일랜즈를 시작으로, 파 노스Far North(머나먼 북쪽이라는 뜻으로
북섬 최북단 지역을 일컫는 표현)의 케이프 레잉가, 모래사장이 끝없이 이어지는 90마일 비치,
거대한 카우리 나무를 차례로 돌아보자. 이처럼 뉴질랜드 북쪽 지방 노스랜드에서 동부의 남태평양과
서부의 태즈먼해를 같이 돌아보는 경로를 '트윈 코스트 디스커버리Twin Coast Discovery'라고 한다.
뉴질랜드의 문화유산과 역사에 대해 더 깊이 알아볼 수 있는 기회가 될 것이다.

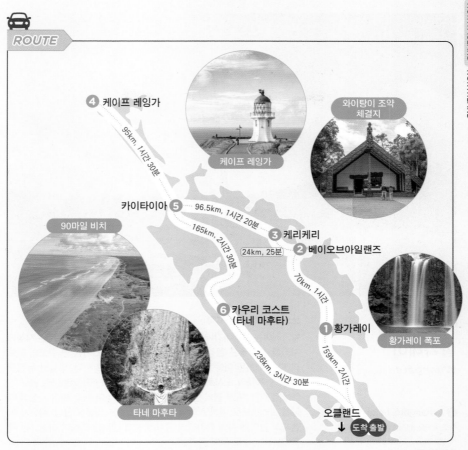

ROUTE

④ 케이프 레잉가

95km, 1시간 30분

케이프 레잉가

와이탕이 조약
체결지

카이타이아 ⑤   96.5km, 1시간 20분

90마일 비치

③ 케리케리

② 베이오브아일랜즈

165km, 2시간 30분

[24km, 25분]

⑥ 카우리 코스트
(타네 마후타)

70km, 1시간

① 황가레이

황가레이 폭포

159km, 2시간

236km, 3시간 30분

타네 마후타

오클랜드
↓ [도착 출발]

🧑 **Follow Check Point**

❶ 여행 정보

오클랜드보다 북쪽에 위치한 노스랜드는 연중
습하고 따뜻한 아열대성 기후다. 12~2월(여름)
에는 굉장히 습하고, 기온이 30℃를 넘는 날이
많다. 우기에 해당하는 6~8월(겨울)의 평균 기
온은 7~16℃이며 비가 많이 내린다. 따라서 하
이킹이나 관광을 하기에는 3~5월과 9~11월이
적당하다. 오클랜드에서 베이오브아일랜즈만 다
녀온다면 1박 2일도 가능하고, 최북단 케이프 레
잉가까지 간다면 적어도 3박 4일은 잡아야 한다.

홈페이지 www.northlandnz.com

🚗 가는 방법

동부 해안은 인구가 많아 편의 시설이 충분하지
만, 케이프 레잉가와 서부 해안은 인적이 드물고
통신이 잘되지 않는 곳이 많으므로 캠핑 및 비상
식량을 준비해야 한다. 렌터카를 이용하지 않고
버스로 여행한다면 파이히아에서 출발하는 인터
시티 버스의 '케이프 레잉가 & 90 마일 비치 데
이 투어'를 선택하는 것이 좋다. 해변의 오프로드
를 달리고 사구 위에서 샌드보딩을 즐기는 1일
코스 프로그램으로 요금은 $165~180 정도다.

인터시티 버스 www.intercity.co.nz/tours/cape-
reinga-day-tour

⓵

황가레이
Whangārei

ⓘ Whangārei i-site
주소 Tarewa Park 92 Otaika Rd,
Raumanga, Whangārei 0110
문의 09 438 1079
운영 09:00~16:30
홈페이지 whangareinz.com

노스랜드 여행의 시작

황가레이는 하테아강Hatea River과 여러 갈래의 물길이 합류하는 지점에 자리해 살기 좋은 환경이다. 덕분에 역사적으로도 가장 큰 규모의 마오리 파(요새화된 마을 또는 정착지)로 번성했다고 한다. 오늘날 뉴질랜드 가장 북쪽의 도시로 불리는 황가레이에는 약 5만 7000명, 인근 지역까지 합쳐 10만 명의 인구가 거주하며, 대형 마트 등 편의 시설이 다양해 노스랜드로 여행을 떠나기 전 베이스캠프 역할을 한다. 자동차 여행자의 편의를 위해 황가레이 공식 방문자 센터는 도심이 아닌 1번 국도(SH1) 진입로 쪽에 마련했다. 인터시티 버스는 타운 베이슨의 더 허브The Hub 정류장에 정차한다.

ⓟ 가는 방법 오클랜드에서 159km, 자동차로 2시간

마오리어에서 'wh'는 'f'와 흡사하게 발음해요.
한글로 '황가레이'로 표기했지만 실제 발음은
팡아레이[faŋaˈrɛi]에
좀 더 가까워요.

황가레이

N W E S

0   1.5km

황가레이 폭포

파라누이 폭포 룩아웃

마운트 파리하카 룩아웃

황가레이
Whangarei

Parihaka
MTB Park

애비 케이브

TOP 10 Holiday Park

Pukenui Forest

Quality Street Mall
CIVIC Arcade
Dickens Inn

카메론 스트리트 몰

황가레이 미술관
시계 박물관
Mokaba Cafe
Serenity Café
InterCity

타운 베이슨

대형 마트
Woolworths
Kmart
Te Matau A Pohe

Riverside Dr

Hatea River

i-site

오타이카 쇼핑센터

타운 베이슨 *Town Basin*

타운 베이슨(중심가)에는 황가레이의 관광 편의 시설과 문화적 명소가 모여 있다. 깔끔하게 정비된 강변 산책로를 따라 카페와 식당, 기념품 점이 즐비하고 황가레이 마리나에는 수많은 요트가 정박해 있다. 국내 외의 다양한 작품을 전시하는 황가레이 미술관, 국제 시계 박물관 등의 문화 시설도 전부 걸어서 다닐 수 있는 거리다. 특히 주목할 만한 장소 는 와이라우 마오리 아트 갤러리Wairau Māori Art Gallery로, 자연과의 조 화를 중시하는 예술가 훈데르트바서에게 영감받아 건축한 건물과 주변 조경 자체가 볼만하다. **주소** 91 Dent St

CHECK

- **세레니티 카페** *Serenity Café*
  가벼운 브런치를 판매하는 캐주얼한 카페. 황가레이 미술관 옆에 있다.
  유형 브런치 **주소** 45 Quayside **운영** 07:00~15:00 **예산** $$ **홈페이지** serenitycafe.co.nz

- **모카바 카페** *Mokaba Cafe*
  강변을 산책하다 잠시 쉬어 가기 좋은 카페. 와이라우 마오리 아트 갤러리와 가깝다.
  유형 카페 **주소** 6 Quayside **운영** 08:00~17:00 **예산** $ **홈페이지** mokabacafe.co.nz

- **디킨스 인** *Dickens Inn*
  황가레이의 메인 쇼핑가인 캐머런 스트리트 쇼핑가에 있는 영국식 펍. 영업시간이 길어 여유 있게 이용하기 좋다. 타운 베이슨에서 도보 10분 거리이며 주변에 약국, 휴대폰 매장, 슈퍼마켓, 쇼핑센터 등 편의 시설이 모여 있다.
  유형 영국 음식 **주소** 71 Cameron St **운영** 08:30~24:00 **예산** $$ **홈페이지** www.dickensinn.co.nz

마운트 파리하카 룩아웃
Mount Parihaka Lookout

황가레이 도시 전체가 내려다보이는 전망 포인트로, 제1·2차 세계대전 참전 용사 추모비가 있는 해발 241m 정상까지 차를 타고 올라갈 수 있다. 약 2000만 년 전에 분화한 파리하카 화산구에서는 2000여 명의 원주민이 공동체를 형성해 살았던 흔적이 곳곳에서 발견된다.

주소 Parihaka, Whangarei
운영 24시간

황가레이 폭포
Whangarei Falls · Otuihau

높이 26.3m로 노스랜드에서 가장 아름다운 폭포다. 현무암 절벽 아래로 커튼처럼 부드러운 물줄기가 쏟아져 내린다. 아래쪽 물살이 잔잔해 물놀이를 하는 사람도 있으며 예전에는 원주민의 장어 낚시터였다고 한다. 걷기에 해당하는 12~2월에는 수량이 현저히 줄어든다. 타운 베이슨에서 자동차로 10분 거리에 있다.

주소 6 Ngunguru Rd, Tikipunga, Whangarei 0173
운영 24시간(주차장은 낮 시간에만 관리)

애비 케이브
Abbey Caves

독특한 형상의 바위와 절벽, 싱크홀 그리고 3개의 동굴(Organ, Middle, Ivy Cave)로 이루어진 석회암 지대다. 저녁에 방문하면 반딧불이처럼 스스로 빛을 발하는 글로웜을 무료로 관찰할 수 있는 것으로 알려졌다. 그러나 동굴 안에 갑자기 물이 차오르는 등 돌발 상황이 발생할 수 있기 때문에 전문가가 동반하지 않을 때는 낮에 입구 근처만 둘러보는 것이 안전하다.

주소 Abbey Caves Rd, Whangarei
운영 24시간

오키아토

오푸아

파이히아

포마레 베이
Pomare Bay

러셀 워프

코로라레카 베이
Kororareka Bay

⑫ 베이오브아일랜즈 *Bay of Islands* 추천

와이탕이 조약 체결지를 찾아서

케이프 브렛Cape Brett과 푸레루아반도Purerua Peninsula 사이, 144개의
섬으로 이루어진 군도다. 풍부한 해양 생태계 덕분에 바다낚시와 돌고
래 관찰 투어가 활성화되어 있고, 역사적으로 중요한 와이탕이 조약 체
결지를 보기 위해 오는 뉴질랜드인도 많다. 인터시티 버스가 정차하는
파이히아에 숙소를 정하고 페리를 이용해 러셀을 다녀온다면 1박 2일
일정으로 돌아보기 적당하다.

📍 **가는 방법** 오클랜드에서 227km,
자동차로 3시간

항이 앤드 콘서트
와이탕이 트리티 그라운드

Bay of Islands

요트 클럽
Waitangi One Way Bridge

러셀

카약 투어

Paihia Waterfront Lodge

Te Ti Bay

하루루 폭포

Waitangi Holiday Park

티 베이 카페

Waterfalls Estate Holiday Park

마트
Four Square

제인 그레이
돌핀 크루즈

파이히아 워프
InterCity

마트
Woolworths

베이오브아일랜즈
파머스 마켓

파이히아
Paihia

파이히아 룩아웃

오푸아 포레스트
룩아웃 트랙

N
W E
S

0   800m

파이히아

생생한 역사의 현장 속으로!
와이탕이 조약과 트리티 그라운드

뉴질랜드 건국 문서라 불리는 와이탕이 조약은 1840년 2월 6일 영국 왕실과 마오리 연합 간에 체결된 협정이다. 조약 체결 장소인 '와이탕이 트리티 그라운드Waitangi Treaty Grounds' 일대는 보호구역으로 지정되었으며, 뉴질랜드의 역사와 문화적 중요성을 알리는 대표적 관광지이자 교육의 장이다. 입장권은 이틀간 유효하며, 가이드 투어(50분 소요)와 마오리 민속 공연 관람(30분 소요)이 포함된다. 전통 음식을 제공하는 디너쇼를 추가하면 약간 할인된다. ▶ P.068

가는 방법 파이히아에서 2km, 자동차로 2분 또는 도보 25분
주소 Tau Henare Dr, Waitangi 0293 **운영** 09:00~17:00
요금 외국인 $70, 내국인 $35 ※12세 이하 무료 **홈페이지** www.waitangi.org.nz

① 트리티 하우스 *Treaty House*

독립선언문과 와이탕이 조약 초안 작성을 도운 최초의 영국인 정착민 제임스 버즈비(1802~1871)가 살았던 자택. 옛 건물을 복원해 조약 체결 전후의 사건을 전시하는 박물관으로 사용하고 있다.

② 플래그스태프 *Flagstaff*

트리티 하우스 뒤뜰에 깃대를 세워 표시한, 와이탕이 조약의 서명이 이루어진 실제 위치. 가장 높은 곳에는 뉴질랜드 국기가, 양옆에는 최초의 국기였던 테 카라Te Kara와 1840년부터 1902년까지 국기로 사용한 영국의 유니언 잭이 나부낀다.

③ 나토키마타화오루아
Ngātokimatawhaorua

길이 35m, 무게 12톤에 달하는 거대한 와카(waka(마오리의 전투용 카누). 세 그루의 카우리 나무 몸통을 조각해 제작했으며, 80명까지 탑승할 수 있다. 매년 와이탕이 데이에 배를 물에 띄운다.

④ 미팅 하우스
Meeting House · Te Whare Rūnanga

와이탕이 조약 100주년을 기념해 1940년에 건립한 마오리의 회합 장소. 이곳에서 민속 공연을 관람할 수 있다.

⑤ 와이탕이 박물관
Museum of Waitangi

식민지 시절부터 독립에 이르기까지 다양한 역사 자료와 함께 마오리의 물질적 · 영적 보물을 상징하는 타옹가(taonga가 전시되어 있다.

 와이탕이 조약 들여다보기
Treaty of Waitangi · Te Tiriti o Waitangi

체결 배경

뉴질랜드 원주민 마오리는 원래부터 부족 간 회합을 통해 평화를 유지하거나 전투를 벌이는 고도의 정치적 시스템을 갖추고 있었다. 유럽인이 상륙하면서 잦은 분쟁이 발생하자 마오리 연합은 주권을 영국에 이양하는 대신 마오리의 토지 소유권을 보장하고 영국인과 동등한 권리를 부여받는다는 내용의 와이탕이 조약을 체결했다.

조약의 주체

영국 빅토리아 여왕을 대행하여 윌리엄 홉슨(뉴질랜드 초대 총독)이 조약에 서명했고, 나푸이 부족의 추장 호네 헤케(1807~1850)를 위시한 500명 이상의 추장들이 연서했다.

조약의 문제점

당시 마오리는 주권을 영국의 보호를 받고 제한적인 통치를 허용하는 단순한 개념으로 이해했지만, 두 가지 언어로 작성된 협정서의 내용이 서로 일치하지 않았을 뿐 아니라 각종 독소 조항으로 인해 결국 식민지에 준하는 수탈을 당하게 되었다.

와이탕이 조약 이후

1845년부터 1872년까지 마오리족은 영국군에 맞서 치열한 전쟁을 벌였으나 원주민의 권한은 더욱 축소되고 말았다. 1980년대에 이르러서야 분쟁 해결 기구인 와이탕이 재판소Waitangi Tribunal의 판결로 조약의 불공정성이 인정되었으며, 원주민과 영국 왕실 간 보상 합의가 조금씩 진전을 보이기 시작했다. 여러 가지 문제점에도 불구하고 와이탕이 조약은 오늘날에도 여전히 유효하며, 뉴질랜드의 법적, 정치적 기틀을 마련한 문서로 인정받고 있다. 매년 2월 6일 와이탕이 데이(국경일)에는 와이탕이 트리티 그라운드에서 공식 기념행사가 열린다.

파이히아 *Paihia*

공식 방문자 센터가 위치한 리조트 타운이다. 러셀행 페리가 출발하는 항구 주변에 편의 시설이 모여 있기 때문에 이곳에 숙소를 정하면 편리하다. 여러 가지 액티비티 중 '홀 인 더 록' 보트 투어, 돌고래 투어, 카약 투어의 인기가 높다. 엄청난 크기의 청새치 낚시 최적기는 2~5월이고 돌고래 투어는 1년 내내 가능하다.

ⓘ Bay of Islands i-site
주소 The Wharf, 69 Marsden Rd, Paihia 0200
운영 08:30~17:00

Bay of Islands
● 플래그스태프 힐
● 러셀
와이탕이 트리티●
그라운드
● 하루루 폭포
파이히아
● 오키아토
오푸아 ●

(러셀 가는 방법)

하루 종일 운항하는 페리는 예약이 필요 없다. 현장에서 요금을 결제(현금, 신용카드 모두 가능)하고 탑승한다.
홈페이지 northlandferries.co.nz

STEP 01 개인 차량이 없다면 여객선passenger ferry 이용

파이히아에서 러셀까지는 페리로 약 15분 소요된다. 파이히아 버스 정류장에서 러셀행 페리가 출발하는 부두까지는 100m 거리다.
출발 파이히아 워프 Paihia Wharf ➡ **도착** 러셀 워프 Russell Wharf
운영 07:20~21:30(15~30분 간격)
요금 $16(왕복)

STEP 02 개인 차량이 있다면 자동차 페리vehicle ferry 이용

파이히아 쪽에는 카 페리가 없으므로 차를 타고 6.3km 거리의 오푸아로 가야 한다. 페리를 타고 건너는 데 10분 소요된다. 오키아토 페리 터미널에서 러셀까지는 7km 거리다.
출발 오푸아 페리 터미널 Opua Ferry Terminal ➡ **도착** 오키아토 페리 터미널 Okiato Ferry Terminal
운영 06:10~22:00(10~20분 간격) **요금** 차량 1대 편도 $17(탑승자 포함)

러셀 *Russel · Kororareka*

와이탕이 조약 서명 직후 인근의 오키아토가 임시 수도가 되면서 번성했으나, 1941년 오클랜드로 수도가 이전하면서 쇠락한 항구 마을로 남게 된 곳이다. 현재는 뉴질랜드의 역사 지역을 탐방하려는 여행객을 맞이하는 관광 타운으로 변했다. 페리 선착장에 방문자 센터가 있고, 중심가는 걸어서 돌아볼 수 있는 아담한 규모다.

ℹ Russell Booking and Information Centre

주소 Russell Wharf **운영** 09:00~16:00

CHECK 러셀의 주요 볼거리

- **크라이스트 처치** *Christ Church*
  영국 성공회 선교사 사무엘 마스던이 설립한 성공회 교회. 찰스 다윈의 기부금으로 건축했으며, 마오리어와 영어로 동시에 예배를 진행한다.

- **퐁팔리에 미션 & 인쇄소**
  Pompallier Mission & Printery
  가톨릭 주교 장 바티스트 퐁팔리에가 설립한 선교회 건물. 4만여 권의 마오리어 서적을 발행하는 등 초기 포교 활동에 중요한 역할을 했다.

- **러셀 박물관** *Russell Museum*
  마을 역사를 정리한 자료와 제임스 쿡 선장이 뉴질랜드를 탐험할 때 타고 온 인데버호HMS Endeavour 모형이 전시되어 있다.

- **마이키 힐** *Maiki Hill*
  호네 헤케 추장이 영국군의 깃발을 네 번이나 없앤 곳이라 하여 플래그스태프 힐Flagstaff Hill이라고 불린 역사적 장소. 러셀 전경이 보이는 전망 포인트다.

- **오키아토** *Okiato*
  1840~1841년에 뉴질랜드 최초의 수도로 지정된 곳이다. 지금은 카 페리가 오가는 아주 작은 마을이다.

베이오브아일랜즈 편의 시설

액티비티

홀 인 더 록 돌핀 크루즈
Hole in the Rock Dolphin Cruise

케이프 브렛 등대Cape Brett Lighthouse와 '홀 인 더 록'이라고도 불리는 모투코카코 아일랜드Motukōkako Island를 다녀오고, 앞바다의 돌고래를 관찰하는 4시간 30분짜리 유람선 프로그램이다. 러셀 또는 파이히아에서 출항한다.

요금 $150
홈페이지 www.dolphincruises.co.nz

헬리콥터 투어
Helicopter Scenic Flights

복잡한 해안선과 많은 섬으로 이루어진 베이오브아일랜즈를 제대로 감상하는 방법은 헬기 투어! 20분 남짓 비행을 하며 천연 아치 '홀 인 더 록'을 보고 돌아온다. 프로그램 중 '홀 인 더 록 랜딩'을 선택하면 착륙 옵션이 추가된다.

요금 홀 인 더 록 $280, 홀 인 더 록 랜딩 $429
홈페이지 www.saltair.co.nz z

맛집

항이 앤드 콘서트
Hāngi and Concert

뉴질랜드 토속 음식인 항이를 먹으면서 마오리 문화 공연을 감상하는 체험형 디너쇼다. 와이탕이 트리티 그라운드에서 진행하며, 파이히아의 숙소 앞에서 무료로 픽업해준다. 콤보 티켓을 구매한 경우 오후 2시쯤 도착해 구경하다가 6시에 디너쇼를 감상한다.

유형 전통 음식 **주소** Waitangi Treaty Grounds

운영 10~4월 저녁 ※예약 필수
예산 디너쇼 $140, 콤보 티켓(입장권+디너쇼) $175
홈페이지 www.waitangi.org.nz

베이오브아일랜즈 파머스 마켓
Bay of Islands Farmers Market

목요일에는 파이히아, 일요일에는 케리케리에서 열리는 지역 파머스 마켓이다. 주로 현지인들이 식재료를 사러 오며, 간단한 음식을 파는 푸드 트럭도 운영한다.

유형 스트리트 푸드
운영 목요일(파이히아) 10:00~13:30,
일요일(케리케리) 08:30~12:00 **예산** $
홈페이지 bayofislandsfarmersmarket.co.nz

듀크 오브 말버러 레스토랑
Duke of Marlborough Restaurant

러셀 항구가 바라다보이는 19세기 영국풍 호텔 내 레스토랑에서 즐기는 식사가 꽤 근사하다. 호텔은 휴양지 관광객에게 인기 높은 4성급 숙소다.

유형 영국식 레스토랑
주소 35 The Strand, Russell
운영 11:30~21:00 ※예약 권장
예산 $$$(점심 단품 메뉴 $30~35)
홈페이지 theduke.co.nz

제인 그레이 *Zane Grey's*

파이히아 부두 바로 옆에 있는 전망 레스토랑이다. 해산물 요리와 여러 가지 메뉴를 하루 종일 주문할 수 있어 알아두면 편리하다.

유형 유러피언 **주소** 69 Marsden Rd, Paihia
운영 08:30~20:30
예산 $$ **홈페이지** zanegreys.co.nz

마카나 컨펙션 *Makana Confections*

북섬의 케리케리와 남섬의 말버러 와인 지대 블레넘 Blenheim에 있는 초콜릿 공장을 겸하는 매장. 천연 재료만 사용하는 고급 수제 초콜릿은 선물용으로도 적합하다. 젤라토와 음료도 판매한다.

유형 디저트
주소 504 Kerikeri Rd, Kerikeri
운영 09:00~17:30 **예산** $
홈페이지 www.makana.co.nz

⑬ 케리케리
Kerikeri

영국 선교사의 초기 정착지

영국인과 마오리족이 평화롭게 공존하던 마을로, 현재는 '코로리포 역사 공원'으로 보존되고 있다. 뉴질랜드 북섬의 원주민 나푸이 부족의 추장 홍이 히카의 보호 아래, 1819년 뉴질랜드에 처음 도착한 선교사들이 이곳에 무사히 정착할 수 있었다고 한다. 선교사 가족이 거주하던 켐프 하우스Kemp House(1821~1822년 건축)는 뉴질랜드에서 가장 오래된 건축물로 기록되어 있으며, 옛 우체국 건물인 스톤 스토어Stone Store(1832~1836년 건축) 역시 뉴질랜드에서 가장 오래된 석조 건물이다. 이 외에도 마오리 어촌을 재현한 레와 빌리지Rewa's Village, 카페를 겸한 허니 하우스Honey House 등이 있다. 마을과 케리케리강 유역의 산책로를 구경하는 데 20분 정도면 충분하다.

가는 방법 오클랜드에서 242km, 자동차로 3시간
주소 Kororipo Heritage Park Landing Rd, Kerikeri
운영 10:00~17:00 **요금** 무료 **홈페이지** kororipo.co.nz

TRAVEL TALK

레인보Rainbow 폭포도 있어요!

여기까지 온 이상 케리케리강으로 쏟아져 내리는 27m 높이의 아름다운 폭포를 놓칠 수 없습니다. 코로리포 역사 공원에서 걸어가는 것보다 폭포 바로 옆에 주차하는 것이 더 간편해요. 구글맵 코드 'QWPV+6F Kerikeri'로 검색해 주차장 위치를 확인하세요.
주소 Rainbow Falls · Waianiwaniwa

⑭ 케이프 레잉가 *Cape Reinga · Te Rerenga Wairua* 추천

태평양과 태즈먼해가 만나는 곳

뉴질랜드 최북단으로, 이곳에서는 북섬 동쪽의 태평양과 서쪽의 태즈
먼해가 만나며 물보라를 일으키는 스펙터클한 자연이 기다리고 있다.
곶의 맨 끝 지점에는 약 800년 된 포후투카와 나무가 비스듬히 절벽에
자리해 있다. 마오리 신화에 따르면 이 나무는 죽은 자의 영혼이 뿌리
를 타고 바다로 내려가 지하 세계(레잉가)에 닿도록 안내하는 역할을
한다고 한다.

1941년에 세운 새하얀 등대는 웰링턴에서 원격으로 관리하며, 뉴질랜
드 해역에 접근하는 배에 신호를 보낸다. 앞마당에는 케이프 레잉가에
서 세계 각 도시까지의 거리를 표시한 이정표가 세워져 있다. 등대는 주
차장에서 300m 정도 떨어져 있으며 내부 관람은 불가능하다.

케이프 레잉가는 장장
2033km에 걸쳐 남섬과
북섬을 종단하는 1번
국도(SH1)의 시작점입니다.
종점인 남섬 블러프에 관한
정보도 확인해보세요.
▶ 2권 P.201

📍
가는 방법 오클랜드에서 421km, 자동차로 5시간 30분
주소 Cape Reinga Lighthouse, Cape Reinga 0484
운영 24시간

⑤ 90마일 비치 *Ninety Mile Beach*

스릴 만점 해변 드라이브

긴 해안선을 따라 끝없이 펼쳐진 해변. 실제 길이는 90마일
보다 짧은 55마일(약 88km)이다. 한 가지 재미있는 사실은
이 모래사장이 공식 자동차 도로로 등록되어 있다는 점이
다. 그러나 해변을 달리려면 사륜구동 차량이 필요하고, 렌
터카는 약관에 따라 진입이 금지되는 등 제약이 따른다. 따
라서 베이오브아일랜즈의 파이히아에서 출발하는 인터시티
버스의 투어 상품을 이용하는 것이 편리하고 안전하다.

가는 방법 케이프 레잉가에서 자이언트 샌드 듄까지 19km,
카이타이아까지 110km

자이언트 샌드 듄 *Giant Sand Dunes*

해풍에 실려 온 모래가 쌓여 형성된 거대한 사구로, 샌드보딩을 즐길
수 있는 곳이다. 모래사장이 시작되는 지점에 장비 대여업체가 있는데,
여기까지 가려면 1번 국도를 벗어나 자갈길을 따라 4km쯤 가야 한다.

주소 47 Te Paki Stream Rd, Cape Reinga 0484
운영 10:00~18:00 **요금** 샌드보딩 $15(현금) **페이스북** @sandsurfa

카이타이아 *Kaitaia*

인구 6400명의 타운으로 이곳에 공항이 있다. 1번 국도상의 커뮤니티
센터 안에 공식 방문자 센터가 있다. 이곳에서 케이프 레잉가와 90마
일 비치의 여행 정보를 얻을 수 있다. 통신 상태가 원활하지 않은 지역
이니 종이 지도를 꼭 받아둔다.

ⓘ Far North i-site

주소 South Rd & Matthews Ave, Kaitaia 0410 **문의** 09 408 9450
운영 08:30~17:00 **홈페이지** www.kaitaianz.co.nz/i-site

06
카우리 코스트
Kauri Coast

ℹ Hokianga i-site

주소 29 Hokianga Harbour Dr, Opononi, Hokianga 0473
문의 09 405 8869
운영 08:30~17:00
홈페이지 northlandnz.com

숲의 제왕 타네 마후타를 찾아서

수명이 매우 긴 카우리 나무는 마오리족이 신성한 영물로 여기는 침엽수목이다. 북섬의 서부 해안 일대에 폭넓게 자생하는데, 그중 호키앙가하버Hokianga Harbour와 마웅가투로토Maungaturoto 사이 145km 구간이 '고대 카우리 트레일'로 지정되어 있다. 이 일대를 여행하려면 인적이 드물고 길이 구불구불한 12번 국도(SH12)를 따라 먼 거리를 돌아가야 한다. 공식 방문자 센터는 인구 300명의 작은 마을 오포노니에 있다.

◉
가는 방법 오클랜드에서 256km, 자동차로 4시간

TRAVEL TALK

카우리 나무 보호하기

보호 수종인 카우리 나무는 잎마름병이라는 치명적인 병충해 위협을 받고 있다. 숲을 보호하기 위해 트레일 진입 전에 설치한 신발 닦는 기구를 반드시 이용하도록 한다. 또 사람이 지나치게 몰리는 일정 기간에는 통행이 금지된다는 점에 유의하자.

타네 마후타 *Tāne Mahuta*

'숲의 제왕'이라는 뜻을 지닌 타네 마후타는 높이 51.2m, 둘레 13.77m의 거대한 나무다. 현존하는 카우리 나무 중 가장 크며 수령은 1250~2500년으로 추정된다. 주차하고 5분만 걸어가면 위풍당당한 모습을 마주할 수 있다. 차로 1분 거리에 있는 테 마투아 은가헤레Te Matua Ngahere('숲의 아버지'라는 뜻)는 타네 마후타보다 키는 작지만 몸통이 훨씬 두꺼운 거목으로 수령은 약 3000년으로 추정된다. 12번 국도에 주차하고 울창한 아열대 원시림 속으로 잠깐 걸어 들어가면 두 나무를 모두 볼 수 있다.

주소 State Highway 12, Waipoua Kauri Forest 0376
운영 24시간 **요금** 무료

카우리 박물관 *Kauri Museum*

세계에서 가장 단단한 목재로 알려진 카우리 나무 숲은 19~20세기에 유럽인의 벌목과 고무 생산으로 엄청난 피해를 입었다. 카우리 박물관에서는 타네 마후타보다 훨씬 크게 자랐으나 결국 잘려 나간 거목들에 관한 이야기, 무차별한 벌목과 목재 가공에 관한 자료를 살펴볼 수 있다. 카우리 나무로 만든 수공예품 판매장과 간단한 식사가 가능한 검디거스 카페Gumdiggers Café도 운영한다.

주소 5 Church Rd, Matakohe 0593
운영 박물관 09:00~17:00, 카페 10:00~15:00
요금 입장료 $25
홈페이지 www.kaurimuseum.com

와이카토

ROAD TRIP

평화로운 힐링의 땅

와이카토
WAIKATO

대도시 오클랜드를 벗어나 남쪽으로 내려가면 뉴질랜드에서 가장 긴 와이카토강이 흐르는 평야 지대인
와이카토 지방Waikato Region이 나온다. 비옥한 토양과 온화한 기후 덕분에 낙농업이 발달했으며,
푸른 초원과 구릉지대에서 양 떼와 소 떼가 풀을 뜯는 풍경이 더없이 평화롭다. 주도는 해밀턴이며
영화 〈반지의 제왕〉 세트장인 호비튼과 와이토모 동굴 등 관광지가 곳곳에 흩어져 있다. 서쪽 해안의
서핑 명소 래글런은 오클랜드 사람들이 즐겨 찾는 여름휴가지다.

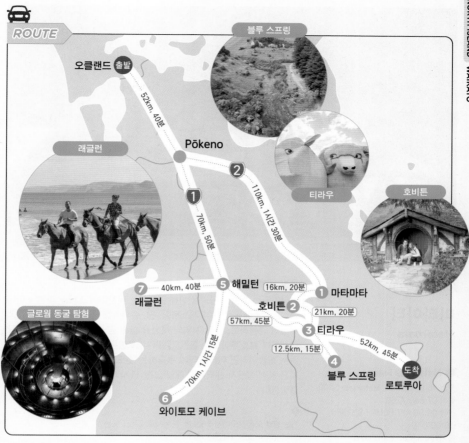

ROUTE

블루 스프링

오클랜드 출발

52km, 40분

Pōkeno

래글런

❷

110km, 1시간 30분

티라우

호비튼

❶

70km, 50분

❼ 40km, 40분 ❺ 해밀턴 16km, 20분 ❶ 마타마타
래글런 호비튼 ❷ 21km, 20분
57km, 45분 ❸ 티라우
글로웜 동굴 탐험 12.5km, 15분 52km, 45분
❹ 도착
70km, 1시간 15분 블루 스프링 로토루아
❻
와이토모 케이브

🧑 Follow Check Point

❶ 여행 정보

여름철 평균기온은 20~26℃, 겨울에는 8~14℃ 의 온대 해양성 기후다. 사계절 내내 여행하기 좋 은 기온이지만 연중 비가 많이 내리는 편으로 야 외 활동을 할 때는 우비를 꼭 챙기도록 한다.

오클랜드 공항으로 입국해 바로 남쪽으로 이동 할 계획이라면 해밀턴에 숙소를 구하는 것이 적 합하다. 이 지역은 고속도로(SH1)와 연결되어 있어 운전에 적응하기 쉬우며, 다양한 요금의 체인 호텔과 대형 마트가 많아 장거리 여행 준 비에 편리하다.

🚗 가는 방법

뉴질랜드 북섬 중앙에 위치해 접근성이 뛰어나 고 오클랜드, 웰링턴, 타우랑가 등 주요 도시에 서 이동하기 편리하다. 자동차 여행 시 오클랜 드에서 아침 일찍 출발해 호비튼에 먼저 들르 고 로토루아로 이동해 숙박하는 일정을 추천한 다. 원하는 시간에 관람할 수 있도록 사전에 반 드시 입장 예약을 하고 가야 한다. 개인 차량이 없어도 오클랜드나 로토루아에서 출발하는 인 터시티 버스의 투어 상품을 이용하면 호비튼이 나 와이토모 케이브를 당일로 다녀올 수 있다.

01

마타마타
Matamata

ⓘ Matamata i-site
주소 45 Broadway, Matamata 3400
문의 07 888 7260
운영 09:00~17:00(토 · 일요일
16:00까지)
홈페이지 matamatanz.co.nz

호빗 세계로 가는 입구

마타마타는 호비튼 관광을 위해 존재하는 타운이라고 해도 과언이 아니다. 고급 호텔은 없으나 레스토랑, 펍, 슈퍼마켓 등 여행객을 위한 편의시설이 충분하고, 목장 지역의 특성을 살린 팜 스테이 숙소도 있다. 오클랜드나 로토루아보다 훨씬 가까우니 호비튼을 이른 아침에 방문해야 하는 상황이라면 마타마타에 투숙하는 것도 좋다. 호빗의 집 모양으로 지은 공식 방문자 센터에서 매일 오전 11시에 호비튼 공식 투어 버스가 출발한다.

ⓥ
가는 방법 오클랜드에서 160km, 자동차로 2시간 또는
인터시티 버스로 3시간 30분

ACCESS 호비튼 가는 방법

01 개인 차량	샤이어스 레스트 매표소 뒤쪽에 넓은 주차장이 있다. 여기까지는 차량으로 누구나 들어갈 수 있고 호비튼 입장권만 구입하면 된다. **관람 시간** 2시간 30분
02 마타마타에서 셔틀버스	마타마타 방문자 센터에서 매일 오전 11시에 호비튼 공식 셔틀버스가 출발한다. 왕복 요금은 무료이나 호비튼 입장권과 함께 예매해야 승차가 가능하다. **이동 및 관람 시간** 3시간 30분
03 인터시티 버스 투어	인터시티 버스를 통해 예약하는 '호비튼 무비 투어'는 오클랜드 또는 로토루아에서 출발하는 당일 투어 프로그램이다. 출발지와 도착지를 다르게 설정할 수 있고, 와이토모 케이브까지 다녀오는 프로그램도 있다. **이동 및 관람 시간** 5~6시간 **요금** $220~250(왕복 교통편, 호비튼 입장료, 점심 식사 포함) **홈페이지** www.intercity.co.nz/tours/hobbiton-tour

⑩ 호비튼 *Hobbiton* 〔추천〕

〈반지의 제왕〉과 〈호빗〉 촬영지

호비튼은 호빗의 마을 샤이어를 완벽하게 구현한 영화 세트장이다. 목가적 풍경과 알록달록한 집들이 더없이 잘 어울려 영화를 잘 모르는 사람도 재미있게 구경할 수 있다. 마을은 외부에서 전혀 보이지 않는 깊숙한 곳에 숨어 있기 때문에 모든 방문객은 매표소와 카페, 기념품점을 겸하는 샤이어스 레스트에서 예약 20분 전까지 체크인을 마치고 '호비튼 무비 세트 투어 버스'를 타고 10분가량 들어가야 한다. 가이드의 인솔에 따라 마을을 걸어 다니며 구경하고 다시 샤이어스 레스트로 돌아오기까지 2시간이 소요된다. 수요가 많은 오후 시간대에는 입장권이 빠르게 매진되므로 예매는 필수. 투어 중 맥주를 시음하려면 신분증(여권)을 지참해야 한다.

가는 방법 마타마타에서 16km(20분), 해밀턴에서 60km(50분), 로토루아에서 71km(1시간)
주소 The Shire's Rest Café, 501 Buckland Rd, Matamata 3472
운영 09:00~17:00 ※입장 마감 시간 홈페이지 확인
홈페이지 hobbitontours.com

 호비튼 투어 종류

가장 기본적인 무비 세트 투어에는 음료가 제공된다. 투어와 함께 식사(간단한 뷔페 또는 화려한 정찬으로 구분)를 즐기는 프로그램을 선택할 수도 있다. 2024년 12월에 추가된 '비하인드 더 신' 투어는 지금껏 공개하지 않은 장소를 구경하고 점심 정찬까지 즐기는 프로그램이다.
※ 10세 이하는 무료이나 좌석 확보를 위해 예약 필수

• **무비 세트 투어 Movie Set Tour**
  <u>소요 시간</u> 2시간 30분 <u>요금</u> 성인 $120, 11~17세 $60

• **런치 콤보(점심 뷔페) Lunch Combo**
  <u>소요 시간</u> 3시간 20분 <u>요금</u> $158

• **세컨드 브렉퍼스트 투어(아침 정찬)**
  Second Breakfast Tour
  <u>소요 시간</u> 3시간 30분 <u>요금</u> $180

• **이브닝 뱅킷 투어(저녁 정찬) Evening Banquet Tour**
  <u>소요 시간</u> 4시간 30분 <u>요금</u> $230

• **비하인드 더 신(점심 정찬) Behind the Scene**
  <u>소요 시간</u> 4시간 30분 <u>요금</u> $280

중간계로 떠나는 여행
호비튼 무비 투어

뉴질랜드에서 영화 촬영지를 물색하던 피터 잭슨 감독은 마타마타에서 발견한 양 떼 목장의
아름다움에 단번에 매료되었다고 한다. 이곳에 〈반지의 제왕〉 촬영을 위해 1999년에 지은
첫 번째 세트장은 곧바로 철거되었으나, 후속작인 〈호빗〉 3부작 촬영을 위한 두 번째 세트장은
영구 보존하기로 결정했다. 그렇게 2009년부터 2년에 걸쳐 다시 지은 것이 지금의 호비튼이다.
J.R.R. 톨킨의 소설 속에만 존재하던 마을을 눈으로 확인하려는 영화 팬들의 발길이
이어지면서 호비튼은 전 세계적으로 유명한 관광지가 되었다.

① 호빗 홀 *Hobbit Hole*

마을에는 40여 채의 호빗 홀(언덕과 땅속에 지은 호빗
의 집)이 있다. 금방이라도 호빗들이 나와 손을 흔들어
줄 것처럼 실감 나는 모습이지만 외부만 그럴듯하게 꾸
민 세트장이 대부분이었다. 다행히 2023년에 영화 팀이
동굴 내부를 새로 제작하면서 백샷 로Bagshot Row라는
골목 안에 있는 호빗 홀에 들어가볼 수 있게 되었다. 방
문객을 두 그룹으로 나누어 서로 다른 집을 구경하도록
안내해준다.

② 백 엔드 *Bag End*

빌보와 프로도 배긴스의 집. 언덕 위의 아름드리
떡갈나무는 진짜가 아닌 모형이다. 실리콘으로 떡
갈나무 본을 뜨고 20만 개의 플라스틱 잎을 매달
아 완성했다고 한다.

③ 파티 필드 *Party Field*

빌보 배긴스가 생일 파티 축하 연설을 하다가 사라지는 장면을 촬영한 샤이어의 중심 광장. 원래 늪이었던 곳을 메워 만들었다.

④ 그린 드래곤 인 *Green Dragon Inn*

다리 건너편에는 숙소이자 방앗간과 마을 술집 역할을 하는 그린 드래곤 인이 있다. 저녁에는 호빗의 만찬을 근사하게 재현하는 식당이고, 낮에는 관람객들에게 음료를 제공하는 장소. 수제 맥주 또는 무알코올 음료를 마시며 15분 정도 휴식을 취하는 것으로 투어가 마무리된다.

TIP

원작 소설에 등장한 지명에서 따온 호비튼 맥주 브랜드 사우스파팅Southfarthing은 해밀턴의 양조장에서 제조하며 기념품점에서도 판매한다.

- **앰버 에일 Amber Ale** `알코올 도수 3.7%`
  황금색으로 영국식 페일 에일과 흡사하다.

- **잉글리시 에일 English Ale** `알코올 도수 5%`
  검은색으로 진한 몰트 향과 초콜릿 · 커피 · 바닐라 향을 첨가했다.

- **애플 사이다 Apple Cider** `알코올 도수 4.5%`
  달콤한 사이다가 아닌 새콤한 과일 향을 더한 과일주

- **진저 비어 Ginger Beer** `알코올 도수 0%`
  생강, 캐러멜 시럽, 효모를 넣어 자연 발효시킨 무알코올 음료

티라우 *Tirau*

③

재미있는 시골 마을

양철 슬레이트로 만든 동물 조형물을 마을 곳곳에서 볼 수 있다. 강아지 형상의 방문자 센터, 양 모습을 한 쇼핑몰이 눈에 확 띄어 인증샷 명소가 되었고, 덕분에 인테리어 소품 숍과 앤티크 숍이 들어서며 번화가가 형성되었다. 로토루아에서 호비튼으로 가는 관광객을 대상으로 하는 브런치 카페의 퀄리티가 전반적으로 괜찮은 편이며 늦은 오후에는 대부분 문을 닫는다.

⑨ 가는 방법 호비튼에서 21km, 로토루아에서 52km

ℹ Tirau i-site
주소 65 Main Rd, Tirau 3410
문의 07-883 1202
운영 09:00~17:00
홈페이지 tirauinfo.co.nz

CHECK 편의 시설

- **오버 더 문** *Over the Moon*
  유형 수제 치즈 공방 **주소** 33 Tirau St **운영** 09:30~17:00 **요금** $

- **포피스 카페** *Poppys Café*
  유형 브런치 · 커피 **주소** 32 Main Rd **운영** 08:00~15:00 **요금** $$

- **캐비지 트리 카페** *Cabbage Tree Café*
  유형 브런치 · 미트파이 **주소** 38 Main Rd **운영** 06:30~15:00 **요금** $$

- **인챈티드 카페** *Enchanted Café*
  유형 브런치 · 샌드위치 **주소** 25 Main Rd **운영** 08:30~16:00 **요금** $$

- **허니 숍 티라우** *Honey Shop Tirau*
  유형 카페 · 기념품점 **주소** 63 Main Rd **운영** 09:00~15:00 **요금** $

- **앨리 캐츠 카페** *Alley Cats Café*
  유형 브런치 · 파스타 **주소** 50 Main Rd **운영** 08:00~17:00 **요금** $$

 ⑭

블루 스프링
Blue Spring ·
Te Waihou Walkway

📍
가는 방법 티라우에서 12.5km,
자동차로 15분
주소 Leslie Rd, Putaruru 3483
운영 24시간
요금 무료
홈페이지 www.southwaikato.
govt.nz

순수한 샘물의 원천

와이호우강Waihou River을 따라 흐르는 맑고 투명한 물은 뉴질랜드 생
수 시장의 70%를 차지하는 중요한 급수원이다. 지하 대수층에서 수십
년 동안 자연적으로 필터링을 거친 천연수가 시간당 약 3만 5000리터
나 샘솟고, 수온은 연중 평균 11°C로 일정하게 유지된다.

캐비지 트리(용설란과에 속하는 나무)가 자라는 강변 산책로를 걷다 보
면 놀랍도록 푸른 물속에서 헤엄치는 송어와 다양한 수중 생물이 훤히
들여다보인다. 깨끗하게 보존해야 하는 곳이므로 물에 손을 담그거나
수영하는 행위는 엄격하게 금지된다.

입구에서 가까운 레슬리 로드에 주차하면 30분이면 충분히 다녀올 수
있는데 산사태 등으로 진입로가 폐쇄되는 경우도 있다. 28번 국도에 위
치한 화이트 로드 주차장Whites Road Car Park에서는 도보로 왕복 3시간
이 걸리기 때문에 추천하지 않는다.

해밀턴

Hamilton · Kirikiriroa

와이카토 지방의 주도

와이카토강이 도심을 관통하고 녹지대가 많아 자연 친화적이고 살기 좋은 해밀턴은 인구 18만 5000명으로 뉴질랜드에서 네 번째로 인구가 많은 중소 도시다. 고대 이집트부터 이탈리아와 유럽, 현대식 정원까지 20여 가지 테마의 정원으로 꾸민 해밀턴 가든 이외에는 별다른 관광 명소가 없다. 단지 오클랜드와 1번 국도(SH1)로 연결되며, 와이토모 케이브와 래글런 등 와이카토 지방의 관광지와 북섬의 남서쪽을 여행할 때 경유지로 삼기 적당한 위치다.

해밀턴 가든 Hamilton Gardens

주소 Hungerford Crescent, Hamilton 3216
운영 10:00~18:00
요금 $20(해밀턴 주민, 16세 이하 무료)
홈페이지 hamiltongardens.co.nz

📍
가는 방법 오클랜드에서 123km, 자동차로 1시간 30분

CHECK 편의 시설

센트럴 플레이스 쇼핑센터 근처가 대형 마트와 저렴한 식당, 각종 편의 시설이 모인 번화가다. 영업시간이 대체로 짧은 편이라 저녁 식사는 미리 챙기는 것이 좋다.

- **센트럴 플레이스 *Central Places***
  유형 쇼핑센터 **주소** 501 Victoria St **운영** 09:00~18:00

- **케이마트 해밀턴 *Kmart Hamilton***
  유형 대형 마트 **주소** 17 Mill St **운영** 08:00~24:00

- **팩앤세이브 *PAK'nSAVE***
  유형 대형 마트 **주소** Clarence St **운영** 07:00~22:00

- **이비스 타이누이 해밀턴 *Ibis Tainui Hamilton***
  유형 호텔 **주소** 18 Alma St **문의** 07 859 9200 **예산** $$ **홈페이지** all.accor.com

- **노보텔 해밀턴 *Novotel Hamilton***
  유형 호텔 **주소** 7 Alma St **문의** 07 838 1366 **예산** $$$ **홈페이지** all.accor.com

- **파크 뷰 모터 로지 *Park View Motor Lodge***
  유형 모텔 **주소** 450 Tristram St **문의** 07 838 1010 **예산** $$ **홈페이지** parkviewmotorlodge.co.nz

⑥ 와이토모 케이브 *Waitomo Caves* 추천

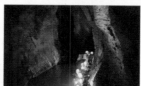

스릴 만점 동굴 탐험

와이카토 지방 남부는 중부에 비해 훨씬 험준한 산간 지대이며, 수백 만 년 동안 지하 강에 석회암이 침식하며 동굴이 형성된 카르스트지형이다. '와이토모'는 마오리어로 'wai(물)'와 'tomo(구멍)'의 합성어로 '물이 구멍을 통과하는 곳'을 의미한다. 와이토모 케이브는 강을 따라 미로처럼 연결된 여러 개의 동굴 네트워크를 의미한다. 반딧불이처럼 스스로 빛을 발하는 글로웜이 살고 있는 동굴마다 더없이 황홀한 지하 세계가 펼쳐진다.

가는 방법 해밀턴에서 74km,
자동차로 1시간 30분
주소 Waitomo Glowworm Caves,
39 Waitomo Village Rd, Waitomo
Caves 3977
문의 07 878 7640
운영 성수기 08:30~18:30,
비수기 08:45~17:00

 투어 종류

동굴별 특징과 업체, 출발 장소가 다르고 액티비티 종류와 난이도에도 큰 차이가 있다. 동굴 중에는 와이토모 글로웜 케이브가 가장 유명하고, 종유석과 석순이 매달린 동굴을 걸어서 탐험하는 루아쿠리 케이브와 묶어서 투어하는 방법도 있다. 블랙 워터 래프팅(16세 이상 참여 가능)을 선택하면 지하 급류 타기와 집라인 등 스릴 넘치는 체험을 할 수 있다. 지역 홈페이지에서 비교 후 예약할 것.

홈페이지 www.waitomocaves.com/activities

	와이토모 글로웜 케이브	루아쿠리 케이브	아라누이 케이브	블랙 워터 래프팅
요금	$75	$107	$75	$179~299
소요 시간	45분	1시간 30분	1시간	3~5시간
보트 투어	○	×	○	○
글로웜	○	○	×	○
사진 촬영	×	○	○	×

07

래글런
Raglan · Whāingaroa

오클랜드 서핑 성지

해밀턴에서 구불구불한 산길 (SH23)을 따라 서쪽의 해안 지대 래글런 코스트Raglan Coast로 넘어가면 아늑한 강 어귀에 래글런 타운Raglan Town이 자리하고 있다. 방문자 센터와 편의 시설이 모인 중심가에서 다리 하나만 건너면 수영할 수 있는 곳이 나오는데, 물이 얕고 잔잔해 어린이를 동반한 가족여행객에게는 최고의 환경이다. 해밀턴에서 대중교통으로도 갈 수 있어 접근성도 좋다. 래글런 타운 주변은 걸어 다니며 구경하기에 충분하고, 여름철에는 해변으로 가는 버스를 운행한다.

가는 방법 오클랜드에서 150km, 자동차로 2시간 또는 해밀턴에서 23번 버스로 1시간

ℹ️ Raglan i-site

주소 13 Wainui Rd, Raglan 3225
문의 07 825 0556
운영 10:00~15:00
홈페이지 raglanihub.nz

나루누이 비치 *Ngarunui Beach*

태즈먼해와 맞닿은 래글런의 해변들은 래글런 타운에서 다소 떨어져 있다. 그중 '오션 비치'라고도 하는 나루누이 비치가 래글런의 대표 해변이다. 화산암으로 이루어진 곱고 검은 모래가 펼쳐진 넓은 해변은 여름 시즌에는 구조 요원이 있어서 안전하게 서핑과 수영을 즐길 수 있다.

주소 Wainui Rd(래글런 타운에서 5km)

마누 베이 *Manu Bay*

명작 서핑 영화 〈The Endless Summer〉(1966)의 촬영지로 전 세계적으로 유명해진 서핑 성지다. 일정한 방향으로 몰아치는 파도를 '레프트핸드 브레이크left-hand break(왼쪽에서 부서지는 파도)'라고 하는데, 한번 흐름을 타면 최장 2km까지 서핑할 수 있다고 한다. 다만 파도의 강도가 다른 곳에 비해 훨씬 거세고, 모래밭이 아닌 검은 현무암 바위 지대이므로 전문 서퍼가 아니면 섣불리 접근하기 어렵다.

주소 Manu Bay Rd(래글런 타운에서 8km)

≪ 래글런 편의 시설 ≫

 맛집

더 색 *The Shack*
휴양지 분위기가 물씬 풍기는 사랑스러운 레스토랑. 예쁘게 세팅되어 나오는 음식이 꿀맛이다.
유형 브런치 카페　**주소** 19 Bow St　**운영** 08:00~16:00
예산 $$　**홈페이지** theshackraglan.com

래글런 베이커리 *Raglan Bakery*
이른 아침부터 문을 열고 각종 파이류와 샌드위치를 파는 작은 동네 빵집.
유형 베이커리　**주소** 4 Bow St　**운영** 07:00~19:00
예산 $　**홈페이지** raglanbakery.co.nz

 숙소

래글런 홀리데이 파크 *Raglan Holiday Park*
바다와 강이 만나는 곳에 자리한 캠핑장. 텐트 사이트는 물론 캐빈도 넉넉하게 갖추었으며 깔끔한 환경이다.
유형 캠핑장 · 캐빈　**주소** 61 Marine Parade
문의 07 825 8283　**예산** $$
홈페이지 raglanholidaypark.co.nz

래글런 백패커스 *Raglan Backpackers*
방문자 센터와 가까워 대중교통으로 여행할 때 이용하기 적당한 숙소다.
유형 백패커스　**주소** 6 Wi Neera St
문의 07 825 0515　**예산** $
홈페이지 raglanbackpackers.co.nz

ROTORUA & TAUPO

로토루아 & 타우포

**TE ROTORUA-NUI-A KAHUMATAMOMOE
& TAUPŌ-NUI-ATIA**

뜨거운 물기둥이 하늘 높이 솟구치는 간헐천과 다채로운 색으로 빛나는 유황 온천,
끓어오르는 진흙 구덩이로 가득한·로토루아는 화산섬인 북섬의 특징이 가장 잘 드러나는
여행지다. 1000년 역사가 살아 숨 쉬는 마오리 문화 마을을 방문하면 민속 공연과
전통 음식을 체험할 수 있고, 세계에서 가장 긴 루지 트랙 등 액티비티 또한 다양하다.
뉴질랜드에서 가장 큰 호수인 타우포와 통가리로 국립공원까지 다녀오면 충분히
만족스러운 여행이 될 것이다.

포후투 간헐천

폴리네시안
스파

스카이라인
루지

마오리
문화 마을

타우포 호수

통가리로
국립공원

와이망구
화산 계곡

로토루아

Rotorua & Taupo Preview
로토루아 & 타우포 미리 보기

동부 연안의 베이오브플렌티부터 통가리로 국립공원까지 이어지는 타우포 화산 지대Taupo Volcanic Zone 중심에 소도시 로토루아가 자리 잡고 있다. 남섬의 퀸스타운과 어깨를 나란히 하는 북섬의 대표적인 레저 타운으로, 교통과 편의 시설이 발달해 관광에 최적화된 지역이다.

🎒 Follow Check Point

ℹ️ Rotorua i-site

지도 P.102
위치 로토루아 중심가
주소 1167 Fenton St, Rotorua 3010
문의 07 348 5179
운영 08:30~17:00
홈페이지 www.rotoruanz.com

❄️ 로토루아& 타우포 날씨

여름에는 습도가 매우 높고, 겨울에는 생각보다 쌀쌀하다. 본격적인 더위가 시작되기 전의 봄 시즌이 여행하기 가장 좋은 계절이지만 관광객은 사계절 많은 편이다. 연강수량은 1424mm이며 날씨가 변덕스러우니 우비와 함께 겹쳐 입을 옷을 준비할 것.

계절	봄(10월)	여름(1월)	가을(4월)	겨울(7월)
날씨	☀️	☀️	☀️	☔️
평균 최고 기온	20.4℃	26.8℃	22℃	15℃
평균 최저 기온	0.3℃	6.4℃	1.5℃	-2.6℃

Best Course
로토루아 & 타우포 추천 코스

스카이라인 곤돌라를 타고 전망대에 오르고
천연 온천을 즐기는 것은 기본!
여기에 모든 연령대가 즐길 수 있는 다양한
액티비티가 있으니 다음 목적지는 취향에
따라 선택해보자. 로토루아 중심가는 걸어서
돌아볼 수 있지만 관광지는 대부분 시내버스나
투어업체의 셔틀버스를 타고 가야 한다.

TRAVEL POINT

➡ **이런 사람 팔로우!** 신기한 지열 지대와 마오리
문화 체험을 원할 때
➡ **여행 적정 일수** 로토루아 & 타우포 2박 3일
➡ **주요 교통수단** 개인 차량 또는 시내버스
➡ **여행 준비물과 팁** 액티비티와 마오리 문화 마을
디너쇼 알아보고 예약

| DAY 1 로토루아 P.102 | DAY 2 액티비티 P.096 | DAY 3 타우포 P.114 |

오전

▼ 자동차 3시간
호비튼
• 아침 일찍 오클랜드에서 출발,
호비튼 관광 후 로토루아 도착

▼ 자동차 5분
중심가 산책
• 거버먼트 가든
• 설퍼 포인트

▼ 자동차 7분
테 푸이아
• 포후투 간헐천
• 간단한 점심 식사

▼ 자동차 30분
화산 지대 트레킹 〔선택〕
• 와이오타푸
• 와이망구 화산 계곡

▼ 자동차 40분
후카 폭포
• 전망 포인트
• 제트보트

오후

▼ 자동차 15분
스카이라인 로토루아

• 루지 타기
• 저녁 뷔페

▼ 자동차 15분
로토루아 중심가
• 폴리네시안 스파(온천)에서
피로 풀기

PLAN A
액티비티
• ZORB(조브)
• 양털 깎기 팜 투어
• 레드우드 트리워크
• 로토루아 덕 투어
• 래프팅

PLAN B
마오리 문화 마을
➡ 디너쇼 P.092

PLAN A
▼ 자동차 10분
타우포 타운 & 호수
• #LoveTaupo 간판 인증샷
• 자전거 라이딩

• 스카이다이빙

PLAN B
• 통가리로 국립공원 ➡P.122
• 와이토모 케이브 ➡ P.083

➡ 로토루아 · 타우포 맛집 & 편의 시설 정보 P.110

로토루아 들어가기

오클랜드 공항에서 자동차나 버스로 가는 것이 일반적이다.
티라우-로토루아-타우포-네이피어를 연결하는 5번 국도는 북섬의 주요 도로 중 하나이고
타우랑가로 가는 36번 국도, 화타카네 방향의 30번 국도까지 지나는 핵심적인 위치다.

로토루아-주요 명소 간 거리 정보

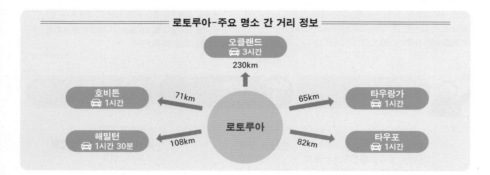

장거리 버스

로토루아는 인터시티 버스의 주요 노선이 모두 연결되며, 키위 익스프레스 등의 장거리 투어 버스 노선에도 빠지지 않는다. 오클랜드에서 로토루아까지 인터시티 버스의 직행버스를 타면 4시간 걸리지만, 장거리 버스는 경유지에 따라 6시간까지 소요되니 예매 전 정류장을 잘 확인할 것.

출발 장소 로토루아 방문자 센터 (i-site) 앞

💡 눈에 잘 띄는 시계탑 건물이 공식 방문자 센터다. 인터시티 버스와 여러 투어 버스의 출발 장소로 배낭여행자는 반드시 알아두어야 한다. 이곳에서 관광명소 입장권 할인 정보도 얻을 수 있다.

시내버스 Rotorua Urban

베이오브플렌티 지방의 주요 도시인 로토루아와 타우랑가를 오가는 버스는 '베이 버스Bay Bus'라는 명칭으로 통합 운영한다. 그중에서 로토루아만 운행하는 시내버스인 '로토루아 어번'을 타면 주요 관광지를 다녀올 수 있지만, 배차 간격이 길고 저녁에는 운행하지 않으므로 구글맵으로 실시간 탑승 정보를 확인해야 한다.

주의 버스를 타고 내릴 때 반드시 교통카드 태그하기
운행 06:30~18:00(배차 간격 20~30분)
홈페이지 www.baybus.co.nz/rotorua

	현금 Cash	교통카드(비 카드) Bee Card	1일권(로토루아 데이세이버) Rotorua Daysaver
성인	$2.80	$2.24	$7(방문자 센터 또는 버스에서 현금 내고 구입)
5~18세	$1.70	$1.70(평일 09:00 이전, 14:30~18:00는 무료)	

●버스 요금 지불 방법

로토루아에서는 현금을 내고 버스를 탈 수 있으며, 1일권을 구입하면 버스 이용에 큰 불편이 없다. 로토루아의 교통카드는 남섬 퀸스타운과 더니든에서 사용하는 것과 동일한 것이라 여러 지역을 여행할 때 유용하다. 버스 기사에게 직접 현금을 내고 구입하고 충전(구입비 $5, 최소 충전액 $5)하는 방법이 가장 간단하다. 교통카드를 모바일 앱에 등록해 충전할 경우 금액이 반영되기까지 12시간가량 걸릴 수 있으니 주의할 것.

●주요 버스 노선

로토루아 중심가 주변을 운행하는 11개 버스 노선 중에서 여행자에게 유용한 노선은 다음과 같다.

 01 **버스 01번** (Ngongotahā 방향)

정류장	주변 명소
Rotorua CBD (Arawa Street)	로토루아 중심가 방문자 센터
Fairy Springs Road – Skyline	스카이라인 곤돌라, 레인보 스프링스
Ngongotaha Road	ZORB(조브), 미타이마오리 마을
Western Road	아그로돔 농장

 03 **버스 03번** (Owhata 방향)

정류장	주변 명소
Rotorua CBD (Arawa Street)	로토루아 중심가 방문자 센터
Tarawera Road	레드우드 트리워크

 11 **버스 11번** (Ohoimai 방향)

정류장	주변 명소
Rotorua CBD (Arawa Street)	중심가, i-site
Fenton Street	화카레와레와 마오리 마을
Te Puia Thermal Park	테 푸이아(간헐천+민속촌)

투어 셔틀
Tour Shuttle

시내버스가 닿지 않는 보다 먼 관광지를 갈 때는 사설 업체의 투어 버스를 이용해야 한다. 대부분 관광지 입장권과 묶어서 예약하면 왕복 교통편을 제공한다. 로토루아 관광청 홈페이지나 방문자 센터에서 예약할 수 있다.

로토루아 관광청 book.rotoruanz.com

❶ 어포더블 어드벤처 Affordable Adventures

로토루아에서 약 30km 떨어진 화산 지대(와이망구 화산 계곡, 와이오타푸) 중 한 곳을 선택해 다녀오는 셔틀버스다. 최소 2명부터 예약할 수 있다.
요금 $198~245(왕복 교통편+입장권)

❷ 호비튼 무비 세트 Hobbiton Movie Set

인터시티 버스가 매일 로토루아와 〈반지의 제왕〉 촬영지 호비튼을 오간다. 로토루아에서 출발해 호비튼을 구경한 후 다시 로토루아로 돌아오거나, 오클랜드로 이동하는 방식으로 출발지와 도착지를 다르게 설정해도 된다.
요금 P.077 참고

뉴질랜드 민요 '포카레카레 아나'의 고향
마오리 문화 마을

겨울에도 따뜻한 환경 덕분에 오랜 세월 동안 마오리족의 삶의 터전이었던
로토루아에는 원주민 문화가 특히 잘 보존되어 있다. 마오리 문화 마을을 방문하면
전통 방식으로 조리한 항이를 먹고 전통 춤과 공연을 감상할 수 있다.
국내에 잘 알려진 노래 '연가戀歌'의 본고장이 사실 로토루아다. 이 노래는 뉴질랜드
민요 '포카레카레 아나'이며, 현지에서 들으면 더없이 특별하게 들려온다.

Pōkarekare Ana 포카레카레 아나

Pōkarekare ana, ngā wai o Waiapu
Whiti atu koe hine, marino ana e.

Tuhituhi taku reta, tuku atu taku rīni
Kia kite tō iwi, rararuraru ana e.

Whatiwhati taku pene, kua pau aku pepa
Ko taku aroha, mau tonu ana e.

E kore te aroha, e maroke i te rā
Mākūkū tonu i aku roimata e.

E hine e, hoki mai ra
Ka mate ahau i te aroha e.

와이아푸의 물결이 거세게 일렁이네
당신이 건너면, 물결은 잠잠해지겠죠

그대에게 편지를 써서, 반지를 함께 넣었어요
그대의 부족이 편지를 본다면 곤란하겠죠

아! 펜이 부러지고 종이도 떨어졌어요
하지만 그대를 향한 내 사랑은 변치 않으리

태양의 뜨거움도 내 사랑을 태울 순 없어요
흐르는 내 눈물로 사랑은 영원히 샘솟겠죠

오 내 사랑, 내게 돌아와요
내 심장이 멈출 것만 같아요

테파투(타마키 마오리 마을)
Te Pa Tu(Tāmaki Maori Village)

대규모 스케일의 저녁 공연을 전문으로
하는 마을이다. 로토루아 중심가에 있는
거버먼트 가든에서 단체로 버스를 타고
17km 떨어진 숲속 마을로 이동해 환영식을 치른
뒤 전통 음식을 먹으면서 디너쇼를 관람한다.

주소 103 Highlands Loop Rd **운영** 저녁(이동 포함 4시간)
요금 디너쇼 $260 **홈페이지** te-pa-tu.com

미타이마오리 마을
Mitai Maori Village

테파투와 비슷한 콘셉트의 마을로, 마오
리족의 전투용 카누인 와카를 이용한 공
연을 펼친다. 주말과 성수기에는 낮에도
공연을 볼 수 있고, 로토루아 중심가와 가깝다는 것
이 장점이다. 별도 교통편은 제공하지 않는다.

주소 196 Fairy Springs Rd **운영** 낮 공연 2시간, 저녁 공연
3시간 **요금** $150~170 **홈페이지** mitai.co.nz

테와이로와 화산 마을
Buried Village of Te Wairoa

1886년 화산 분화로 매몰된 마을을 발굴해 복원한 곳이다. 다른 마을과 달리 공연은 하지 않고 박물관과 유적을 관람할 수 있다. 로토루아 중심가에서 12km 떨어져 있어 개인 차량이나 택시를 타고 가야 한다.

주소 1180 Tarawera Rd
운영 수~일요일 10:00~16:00(1~2시간 관람) **요금** $32
홈페이지 www.buriedvillage.co.nz

화카레와레와 마오리 마을
Whakarewarewa Maori Village

포후투 간헐천이 있는 지열 지대에 실제 마오리족이 대를 이어 거주하는 온천 마을이다. 낮에도 공연을 하며 시내버스를 타고 갈 수 있다.

요금 공연 $30, 마을 관람 $45
▶ 상세 정보 P.107

유황의 도시에서 체험하는
지열 현상

'유황의 도시Sulphur City'라는 별명을 가진 로토루아 곳곳에서는 유황 냄새와 함께
후끈한 열기를 내뿜는 지열 현상을 볼 수 있다. 현재 8만 명에 가까운 사람들이 거주할 만큼
환경이 안정적이지만 엄연한 화산 지대인 만큼 안전에 유의해야 한다.
특히 지반이 취약한 지대에서는 정해진 트랙을 함부로 벗어나서는 안 되며,
자연재해에 대비한 현장의 안전 권고 사항을 반드시 준수해야 한다.

뉴질랜드 화산·지진 현황 www.geonet.org.nz/volcano

황화수소와 유황 냄새는 민감한 사람에게 자극이 될 수 있어요. 두통이 느껴지면 물을 많이 마시고 충분한 휴식을 취하세요.

1 간헐천(가이저) *Geyser*

지하에서 뜨거운 열수와 수증기, 유황 가스가 강한 압력의 물기둥 형태로 솟구쳐 오른다. 분출 주기가 정기적인 경우도 있으나, 로토루아의 포후투 간헐천은 하루 최대 15~30차례, 최대 30m 높이로 불규칙하게 분출하는 간헐천이다.

2 온천(핫 스프링) *Hot Spring*

간헐천의 압력이 어느 정도 해소되고 나면, 열수가 지속적으로 샘솟는 온천으로 변화한다. 수온은 높을 경우 70~100℃에 달하며, 중성 또는 알칼리성을 띠는 것이 일반적이다. 온천 주변에서는 온천수에 녹아 있는 실리카(SiO_2) 같은 침전물이 퇴적되면서 형성된 독특한 광물층을 볼 수 있다.

3 머드팟/머드 풀 *Mudpot/Mud Pool*

머드팟은 지열과 산성수의 작용으로 주변의 암석이 점토처럼 녹으면서 진득한 진흙 구덩이로 변한 온천의 일종. 부글부글 끓어오르며 황화수소(H_2S) 같은 가스를 방출할 때 특유의 썩은 달걀 냄새를 풍긴다. 좀 더 액화된 경우에는 머드 풀이라고도 한다.

4 분기공(퓨머롤) *Fumarole*

유황 성분이 많은 화산 지대의 바위틈이나 지반의 균열을 통해 가스가 분출되는 구멍이다. 간헐천이나 온천과는 다르게 물이 아닌 화산 가스를 방출한다.

명소		특징	페이지 번호
유료	테 푸이아	포후투 간헐천이 있는 지열 지대이자 전통문화 체험이 가능한 테마파크	P.108
무료	쿠이라우 파크	수증기가 올라오는 온천과 머드 풀, 족욕을 즐길 수 있는 로토루아 중심가의 공원	P.106
무료	설퍼 포인트	천연 온천의 본모습을 유추할 수 있는 로토루아 호숫가의 지열 지대	P.104
유료	와이망구 화산 계곡	2~3시간 정도 걸어야 하는 광활한 화산 지대로 단체 관광객이 없어 조용한 편	P.118
무료	케로신 크리크	천연 온천수가 흐르는 계곡에서 무료로 수영할 수 있다. 다소 고립된 위치다.	P.120
유료	와이오타푸	짧은 시간 동안 다양한 지열 현상을 관찰할 수 있다.	P.119
유료	크레이터 오브 더 문	45분간의 트레킹 후 만나게 되는 화산 지대	P.121

SPECIAL PAGES

신나는 모험으로 가득!
로토루아 대표 액티비티 총정리

세계적인 온천 관광지인 로토루아 일대에서는 수많은 업체가 앞다투어 기상천외한 액티비티를 선보인다.
한국인 관광객에게도 인기가 많고 비교적 쉽게 도전할 수 있는 액티비티 위주로 정리했다.
개인 차량이나 시내버스를 타고 가야 하는 곳도 있지만,
로토루아 중심가에서 픽업 서비스를 제공하는 경우도 있으니 예약하면서 확인할 것.

1 곤돌라 타고 가는 마운틴 테마파크
스카이라인 로토루아 *Skyline Rotorua*

해발 487m의 마운트 농고타하Mount Ngongotaha 정상까지 곤돌라를
타고 올라가면 로토루아 호수와 시내 전경이 한눈에 펼쳐진다. 완만한
산 전체를 루지 트랙과 마운틴 바이크 트랙으로 조성했으며 집라인, 스
카이 스윙 등을 즐기다 보면 3~4시간이 훌쩍 지나간다. 액티비티를 원
하지 않는 사람도 즐겁게 시간을 보낼 만한 전망 좋은 뷔페 레스토랑
(스트라토스페어)과 카페테리아(마켓 키친)도 있다. 곤돌라는 예약 없
이 현장 탑승도 가능하지만, 뷔페에서 식사하려면 콤보 티켓을 사전 예
약하는 것이 저렴하다.

가는 방법 방문자 센터에서 자동차로 8분
또는 1번 버스로 15분
운영 09:00~20:30(성수기 연장 운행)
요금 곤돌라 성인 $43, 가족 $114 /
곤돌라+스트라토스페어 콤보 점심 $82,
저녁 $105(창가석은 추가 요금 내고
프리미엄 선택)
※이 외에도 다양한 상품이 있으니 홈페이지 확인
홈페이지 rotorua.skyline.co.nz

 누구나 쉽게 타는 썰매

스카이라인 루지 *Skyline Luge*

바퀴 달린 썰매를 타고 구불구불한 트랙을 빠르게 내려가는 놀이기구로, 1986년 세계 최초로 개발한 곳이 로토루아다. 난이도별 5개 트랙 중 녹색 트랙은 경치를 감상하며 내려오는 1.7km의 장거리 코스다. 모든 트랙이 아래쪽에서 만나게 되며, 리프트를 타고 다시 정상으로 올라간다.

가는 방법 스카이라인 로토루아
요금 곤돌라+루지 3회 $78

 레드우드 숲으로 활강하기

하이플라이 집라인 *Hyfly Zipline*

스카이라인 곤돌라 위쪽에서 루지 트랙 위로 400m를 활강해 내려갔다가 리프트를 타고 다시 올라가는 레포츠. 시속 60km 정도이며, 5세 이상 아동은 성인을 동반한 경우 이용할 수 있다.

가는 방법 스카이라인 로토루아
요금 반일권(곤돌라+루지 5회+스윙+집라인) $189

 전망 좋은 고공 그네

스카이 스윙 *Sky Swing*

최대 3명까지 탑승 가능한 50m 크기의 초대형 고공 그네. 스카이라인 로토루아 상공에서 멋진 경치와 함께 스릴을 만끽할 수 있다. 현장에서 1회권도 판매하지만 콤보 티켓을 예매하면 좀 더 저렴하다.

가는 방법 스카이라인 곤돌라
요금 반일권(곤돌라+루지 5회+스윙+집라인) $189

5 뒤죽박죽 공 굴리기
ZORB(조브) *ZORB*

조빙zorbing이란 1994년 ZORB사에서 개발한 뉴질랜드의 독창적인 레포츠다. 투명 비닐로 된 커다란 공 안에 들어가 언덕을 굴러 내려오는 상당히 과격한 액티비티다. 난이도별 4개 트랙(직선 또는 곡선 코스)이 있으며, 공 하나에 2인 또는 3인 1조가 되어 타는 옵션, 물이 있는 공 또는 없는 공 옵션을 선택할 수 있다.

가는 방법 방문자 센터에서 자동차로 8분 또는 1번 버스로 12분
요금 1회 기준 $45부터 **홈페이지** zorb.com

6 양털 깎기 관람
아그로돔 *Agrodome*

아이들과 함께 방문하기 좋은 농장형 테마파크. 양털 깎기 세계 챔피언 고프리 보웬과 지역 농민 조지 하포드가 1971년에 조성했다. 양털 깎기 쇼를 관람하거나 트랙터를 타고 양, 소, 돼지, 알파카 등 가축을 방목한 넓은 목장을 이곳저곳 구경할 수 있다. 목장 내 국립 키위 부화 시설(National Kiwi Hatchery)을 방문하려면 예약이 필수. 1시간 투어를 통해 키위가 알에서 부화하는 것부터 양육하는 과정을 견학할 수 있다.

가는 방법 방문자 센터에서 자동차로 12분 또는 1번 버스로 20분
요금 아그로돔 $59, 키위 투어 $65
홈페이지 www.agrodome.co.nz

7 투어 버스와 유람선을 한번에
로토루아 덕 투어 *Rotorua Duck Tour*

방문자 센터 앞에서 출발해 주요 명소를 둘러보고 로토루아 주변의 17개 호수 중 3개를 다녀오는 알찬 투어다. 수륙양용 차를 타고 지상과 수중 투어 모두 즐길 수 있다.

가는 방법 방문자 센터에서 출발
요금 성인 $89
홈페이지 rotoruaducktours.co.nz

8 스릴 만점 급류 타기
래프팅 & 제트보트 *Rafting & Jet Boat*

호수와 강을 누비는 다양한 보트 투어 상품이 마련되어 있다. 그중 카이티아키 어드벤처는 최고 난이도인 5등급 급류가 흐르는 카이투나강에서 진행하는 스펙터클한 래프팅 체험이다. 3시간짜리 프로그램은 초급자도 참여할 수 있다. 타우포 근처에서 진행하는 후카폴스 제트는 30분 동안 후카 폭포에서 제트보트를 타는 간단하면서도 스릴 넘치는 액티비티다.

• **카이티아키 어드벤처**
  Kaitiaki Adventures
가는 방법 로토루아 방문자 센터에서 픽업 **요금** $142(13세부터 가능)
홈페이지 www.kaitiaki.co.nz

• **후카폴스 제트** Hukafalls Jet
가는 방법 타우포 방문자 센터에서 자동차로 10분 **요금** $139
홈페이지 www.hukafallsjet.com

---

9 거대한 나무 사이를 걷는
레드우드 트리워크 *Redwoods Treewalk*

평균 수령 2000년, 최대 115m 높이까지 자라는 캘리포니아산 레드우드(삼나무)를 남반구의 뉴질랜드에서 만나는 특별한 경험이다. 1900년대 초반에 시험용으로 조림 사업을 했는데 엄청난 적응력 덕분에 울창한 숲을 이루었다. 약 20m 높이에 28개의 현수교를 연결해 숲속을 걸을 수 있도록 한 트리워크 경험은 힐링 그 자체! 밤에는 조명을 밝혀 환상적 분위기를 연출한다. 25m 높이에서 뛰어내리는 고공 체험 프로그램인 레드우드 앨티튜드Redwoods Altitude도 있다.

가는 방법 방문자 센터에서 5km, 자동차로 10분 또는 3번 버스로 25분
요금 낮 $40, 저녁 $45 /
레드우드 앨티튜드 $115
홈페이지 treewalk.co.nz

와이히 금광 센터
Bowentown

마운트 망가누이
타우랑가
유료 도로
Takitimu Drive
맥라렌 폭포
유료도로
Tauranga Eastern Link

Hamilton Station
Northern Explorer
InterCity
해밀턴
래글런
마타마타
해밀턴 공항
Cambridge
호비튼
무비 세트
티라우
블루 스프링
Lake Rotorua

아그로돔
스카이라인 로토루아
테파투(미타이 마오리 마을)
ZORB(조브)
타마키 마오리 마을
로토루아
레드우드 트리워크
Mt Tarawera
테 와이로와
와이망구 화산 계곡
케로신 크리크
와이오타푸

Otorohanga Station
Northern Explorer
와이토모 케이브
와이키테 밸리

후카 폭포
Kinloch
타우포 번지
타우포(타운)
스카이다이브 타우포

Lake Taupo

통가리로
알파인 크로싱
Turangi
송어 낚시
통가리로 국립 송어 센터

National Park Station
Northern Explorer
InterCity
YHA
Mangatepopo
Ketetahi
노던 서킷
Kaweka
Forest Park
Tongariro
National Park
화카파파
스키 리조트
Mt Ruapehu
(2,797m)
투로아
스키 리조트
Wine Regions

Whanganui
National Park
Ohakune Station
Northern Explorer

미션 에스테이트 와이너리

헤이스팅스

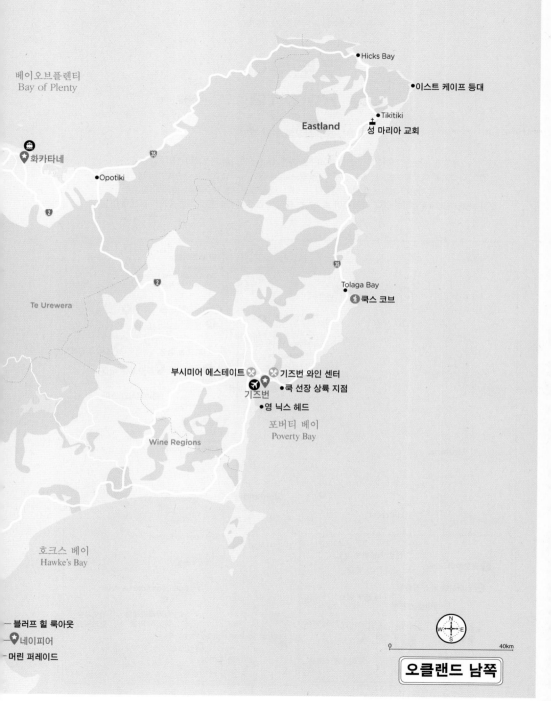

베이오브플렌티
Bay of Plenty

● Hicks Bay

●이스트 케이프 등대

Eastland

● Tikitiki
성 마리아 교회

🚢
🚩화카타네

●Opotiki

Te Urewera

Tolaga Bay
🏃 쿡스 코브

부시미어 에스테이트 🍴   🍴기즈번 와인 센터
🏛✈️   ● 쿡 선장 상륙 지점
기즈번
                        ● 영 닉스 헤드
                        포버티 베이
Wine Regions   Poverty Bay

호크스 베이
Hawke's Bay

─ 블러프 힐 룩아웃
📍 네이피어
─ 머린 퍼레이드

0   40km

오클랜드 남쪽

로토루아
Rotorua

뉴질랜드 최고의 온천 휴양지

2개의 온천 공원 쿠이라우 파크와 거버먼트 가든 사이에 자리한 로토루아 CBD(중심가)는 걸어 다니기에 적당한 규모다. 공식 방문자 센터(i-site) 앞에서 시내버스와 각종 투어 버스가 출발해 개인 차량이 없어도 충분히 여행할 수 있다. 쇼핑가 센트럴 몰Central Mall과 맛집, 편의 시설도 근처에 밀집해 있다. 로토루아 호숫가는 굉장히 넓고 한적해 혼자 가는 것은 피하는 것이 좋다.

⑴ 거버먼트 가든
Government Gardens

로토루아 역사의 시작

로토루아 호숫가에 뉴질랜드 정부가 조성한 공공 정원이다. 원래 나티 화카우에Ngāti Whakaue 부족의 땅이었으나, 1880년 11월 22일 47명의 마오리 지도자가 모여 "세계인의 이익을 위해서"라는 문구를 넣은 합의문을 작성하고 뉴질랜드 정부에 토지를 양도했다. 공원 중간에는 베이오브플렌티 지역의 원주민 테 아라와Te Arawa 부족의 전사를 추모하는 전쟁 기념비가 세워져 있다. 이 탑에는 "위대한 전쟁에서 그들의 신과 국가와 왕을 위해 충심을 다한 아라와 부족의 아들들을 영원히 기념하며, 1914~1919"라는 문구와 제1차 세계대전 전사자 명단을 새겨 넣었다. 또한 와이탕이 조약 서명 장면을 비롯해 영국 국왕 에드워드 7세, 빅토리아 여왕, 조지 5세의 모습도 묘사되어 있다.

지도 P.102
가는 방법 방문자 센터에서 도보 5분
주소 9 Queens Dr
운영 08:00~20:00
요금 무료

로토루아 배스 하우스 *Rotorua Bath House*

1908년 정부에서 로토루아를 온천 관광지로 개발하면서 지은 가장 핵심적인 건물로, 뉴질랜드 최초의 관광자원으로 기록되어 있다. 휴양과 치료를 목적으로 지은 최고급 배스 하우스(공공 목욕탕)답게, 지열 온천수를 이용한 여러 개의 풀과 볼링장, 크리켓 잔디밭까지 갖추고 있었다. 1969년부터는 로토루아 박물관으로 용도를 변경하고 현지 역사와 마오리 문화를 전시하는 공간으로 사용되었으나, 현재는 내부 공사로 인해 휴관 중이다. 하지만 정교하게 설계된 엘리자베스 양식의 웅장한 건물은 거버먼트 가든에서 마음껏 구경할 수 있다.

운영 2027년까지 공사 예정 **홈페이지** www.rotoruamuseum.co.nz

설퍼 포인트 *Sulphur Point*

호숫가 끝에서 유황이 끓어오르며 생성된 분기공과 머드 풀이 관찰되
는 장소다. 현대식 대중탕이 들어서기 전 원주민들이 즐기던 온천이 어
떤 형태였는지 짐작해볼 수 있다. 따뜻한 수온 덕분에 수많은 새가 모
여들어 장관을 이룬다. 지열 지대인 만큼 물이 분출하거나 지반이 약해
질 위험성이 있으므로 산책 시 정해진 보드워크를 벗어나선 안 된다.

가는 방법 방문자 센터에서 도보 15분(공원이 넓으니 자동차 또는 자전거 이용 권장)

로토루아의 운명을 바꾼 온천

1878년 관절염을 앓던 마호니 신부가 프리스트 스프링에서 목욕한 뒤 타우랑가까지 걸어갔다는 일화로
인해 로토루아 온천수의 효험이 유럽에 널리 알려졌다. 온천수의 경제적 가치를 직감한 유럽인들이 1882
년 로토루아 최초의 유럽식 목욕탕(폴리네시안 스파와 블루 배스Blue Bath)를 만들었다. 현지 마오리족은
오래전부터 서로 특징이 다른 두 샘물의 효능을 알고 있었으며 이를 매우 신성하게 여겼다.

01 레이첼 스프링
Rachel Spring · Whangapipiro
알칼리성 유황 성분의 온천수. 피부 미용에 좋고
통증 완화 효과가 있다고 한다.

02 프리스트 스프링
Priest Spring · Te Pupūnitanga
다른 화학 물질과 결합되지 않은 유리산 성분이
함유되어 관절염 치료에 도움이 된다고 한다.

⑫ 폴리네시안 스파 *Polynesian Spa*

로토루아 최초의 목욕탕 자리에 현대적 건물을 계속 증축하며 발전시킨 것이 오늘날의 폴리네시안 스파다. 메인 목욕탕인 파빌리온 풀에서는 두 종류의 온천수(레이첼 스프링과 프리스트 스프링)를 모두 체험할 수 있다. 로토루아의 천연 온천에는 황, 실리카, 산화철 성분이 함유되어 변색 우려가 있기 때문에 귀금속을 착용하고 들어가지 않도록 한다. 심한 경우 수영복도 변색된다. 수영복, 수건, 로커는 추가 비용을 내고 대여할 수 있다.

지도 P.102
가는 방법 방문자 센터에서 도보 10분
주소 1000 Hinemoa St
운영 09:00~23:00
홈페이지 www.polynesianspa.co.nz

CHECK

- **파빌리온 풀** *Pavilion Pool*
  여럿이 함께 이용하는 대중목욕탕으로 3개의 산성 풀과 5개의 알칼리성 풀로 이루어져 있다. 물은 4시간마다 교환해 관리한다. 야외 노천탕은 멋진 호수 전망을 자랑한다.
  요금 1인 $45(12세 이상 이용 가능)

- **패밀리 풀** *Family Pool*
  어린이 슬라이더를 갖춘 가족용 노천탕. 레이첼 스프링을 공급받는 알칼리성 풀이다.
  요금 성인 $30, 가족 $70(5세 이하 무료)

- **프라이빗 풀** *Private Pool*
  2인용 온천을 30분간 대여하는 풀. 보다 고급스러운 시설을 갖춘 디럭스 레이크 스파, 스파 테라피 등의 특별 프로그램은 홈페이지에서 확인한다.

모던한 폴리네시안 스파

스페인 미션 양식의 블루 배스

쿠이라우 파크
Kuirau Park

📍
지도 P.102
가는 방법 방문자 센터에서 도보 10분
주소 Mud Pools, Ranolf St
운영 24시간
요금 무료

무료 온천 공원

여전히 뜨거운 열기를 내뿜는 온천 공원이다. 2001년에는 축구공만 한 크기의 진흙과 바위들이 10m 높이까지 솟구쳤을 정도로 활동성이 강력했다. 마오리족의 전설에 따르면, 호수에서 목욕을 하던 쿠이라우라는 여인의 미모를 탐해 괴물이 호수 밑으로 잡아갔는데, 이에 격노한 신들이 호수를 부글부글 끓어오르게 해 응징했다고 한다. 공원 안에는 머드 풀을 관찰하고 무료로 족욕할 수 있는 공간도 있다.

▶ TRAVEL TALK

로토루아의 다양한 온천

원조 격인 폴리네시안 스파 외에 천연 머드 스파와 유황 온천을 보유한 헬스 게이트, 100% 광천수 온천인 와이키테 밸리도 유명해요. 그 밖에도 여기저기 온천이 많은데, 천연 용출 온천이 아니라 인공으로 물을 데우는 곳도 있으니 잘 살펴보고 선택하세요.

헬스 게이트 www.hellsgate.co.nz
와이키테 밸리 hotpools.co.nz

⑭ 화카레와레와 마오리 마을

Whakarewarewa Maori Village 추천

민속촌이 아닌 진짜 마을

1325년경부터 로토루아의 원주민 투호랑이 나티 와히아오Tūhourangi Ngāti Wāhiao 부족이 거주해온 마을이다. 바로 옆, 테 푸이아와 같은 '테 화카레와레와 지열 계곡'에 자리하고 있어 담장 너머로 포후투 간헐천이 보인다. 광활한 부지 전체가 공동 소유였기 때문에 유럽인들로부터 소유권을 지킬 수 있었다고 한다. 1886년에는 타라웨라 화산 분화로 터전을 잃어버린 인근 마을의 이재민까지 받아들여 공동체를 확장했다. 현재 21가구가 마을에 남아 생활하며 지열 자원을 이용해 요리, 목욕, 난방을 해결하는 로토루아 원주민의 전통 생활 방식을 이어오고 있다.

지도 P.102
가는 방법 중심가에서 3.2km, 자동차로 10분 또는 11번 버스로 20분(Fenton St 하차 후 도보 5분)
주소 17 Tryon St
운영 일반 08:30~17:00, 공연 11:15, 12:30(여름철에만), 14:00
요금 가이드 투어 $45, 공연 $30, 올데이패스 $99(투어+공연+트레킹)
홈페이지 whakarewarewa.com

TIP

투어 방법   1시간의 가이드 투어로 실제 원주민의 생활상을 견학할 수 있다. 마오리족의 전통 음식 항이를 요리하는 방법이나, 연통을 통해 지열을 배출하는 과학적 구조에 관해서도 설명해준다. 전통 공연은 로토루아의 다른 유명한 공연에 비하면 스케일이 작지만 정감 넘치는 분위기다. 지열 지대를 트레킹하는 옵션까지 원한다면 통합권인 올데이패스를 구입한다.

⑤ 테 푸이아 *Te Puia*

포후투 간헐천이 있는 지열 지대

화카레와레와 마오리 마을과 경계를 맞대고 있으며, 마오리의 예술·문화를 장려하기 위한 목적으로 설립한 단체가 관리한다. 낮에는 가이드 투어를 통해 지열 지대와 키위 보호구역, 마오리 민속촌을 돌아보고, 예술 공예품 제작 과정을 견학한다. 따로 비용을 내면 하카(마오리족의 전통 의식) 공연 관람이 가능하다. 예약제로만 운영하는 저녁 시간에는 전통 음식을 먹고 하카 공연을 보거나, 포후투 간헐천의 야간 조명을 감상하면서 지열 지대를 걸어보는 체험을 선택할 수 있다. 공예품을 판매하는 기념품점도 있다.

ⓥ
지도 P.102
가는 방법 중심가에서 3.4km, 11번 버스 이용(Hemo Rd 하차)
주소 Hemo Rd, Tihiotonga
운영 낮 09:00~16:00(저녁에는 예약 필수) **홈페이지** tepuia.com

 테 푸이아 투어 종류

낮 관람
- Te Rā(가이드 투어) **소요 시간** 90분 **요금** $95
- Te Rā + Haka Combo(가이드 투어+공연) **소요 시간** 2시간 **요금** $130

저녁 관람
- Te Pō + Haka(저녁 식사+하카 공연) **소요 시간** 2시간 45분 **요금** $185
- Te Pō Combo(야간 가이드 투어+식사+공연) **소요 시간** 4시간 30분 **요금** $265
- Geyser By Night(야간 가이드 투어) **소요 시간** 저녁 2시간 **요금** $95

테 푸이아 관람 포인트

입구를 장식한 공예품
Heketanga-ā-Rangi

마오리 공연장

옛 생활 방식을
재현한 공간

야생 키위를 관찰할 수 있는
키위 하우스

타옹가 갤러리와
기념품점

포후투 간헐천 *Pōhutu Geyser*

남반구에서 가장 거대한 활성 간헐천으로 마오리어로 '끊임없는 분무'를 의미한다. 예전에는 연간 250일 이상 분출한 적도 있었으나 주변에 관을 뚫어 난방이나 온수 용도로 온천수를 과도하게 뽑아 쓰면서 힘을 잃기 시작했다. 결국 주변 1.5km 반경 내 100여 개의 우물을 폐쇄해 보호하고 있다. 현재는 매일 시간당 1~2회 분출하는데 물기둥의 높이는 일정하지 않다. 최대 높이인 30m까지 치솟을 때는 분수로 착각할 정도로 강력하다.

로토루아 & 타우포 맛집

특별한 맛집은 없으므로 로토루아나 타우포 중심가에서
가격대와 종류가 다양한 음식점 중 입맛대로 선택하면 된다.
전통 음식 항이를 제대로 먹으려면 테파투 또는 미타이마오리 마을의 디너쇼를 신청할 것. ▶ P.092

스트라토스페어 레스토랑
Stratosfare Restaurant

스카이라인 로토루아 곤돌라를 타고 올라가 산 정상
에서 호수 전경을 보며 식사할 수 있는 전망 레스토
랑이다. 뷔페 구성은 꽤 충실한 편이나 음식 맛은 평
범하다. 창가 테이블에 앉으려면 약 $20의 추가 요
금을 내고 '프리미엄'을 선택해야 한다.

유형 뷔페 **주소** 178 Fairy Springs Rd, Rotorua
운영 런치 11:00~14:30, 디너 17:00~21:00
예산 런치 $82, 디너 $105(곤돌라 요금 포함, 예약 필수)
홈페이지 rotorua.skyline.co.nz

잇 스트리트 *Eat Street*

로토루아를 대표하는 먹자골목이다. 스테이크하우스와 브루어
리, 아시아 레스토랑 등 종류가 다양하고 영업시간도 길어 선택
의 폭이 넓다. 별도로 예약하지 않아도 된다.

- 앰브로시아 레스토랑 앤드 바 Ambrosia Restaurant And Bar
  유형 스테이크하우스 **주소** 1096 Tutanekai St **운영** 08:00~22:00
  (주말 연장) **예산** $$ **홈페이지** ambrosiarotorua.co.nz
- 브루 크래프트 비어 펍 Brew Craft Beer Pub
  유형 펍 **주소** 1103 Tutanekai St **운영** 수~일요일 12:00~22:00,
  월·화요일 16:00~22:00 **예산** $$ **홈페이지** brewpub.co.nz

피그 & 휘슬 *Pig & Whistle*

눈에 띄는 고풍스러운 건물에 자리한 펍이다. 금요일과 토요일
에는 라이브 음악을 연주하며, 스포츠 경기가 있는 날은 생동
감이 넘친다. 로토루아의 유쾌한 분위기를 만끽할 수 있는 곳으
로 버거와 삼겹살찜, 피시앤칩스 등 맥주에 곁들이기 좋은 안주
가 주력 메뉴다.

유형 펍 **주소** 1182 Tutanekai St **운영** 11:30~22:30(주말 연장)
예산 $$ **홈페이지** pigandwhistle.co.nz

통가리로 스트리트 *Tongariro Street*

타우포 방문자 센터 맞은편에 있는 상가 골목이다. 저렴한 케밥 전문점과 아시아 음식점, 카페들이 야외에 테이블을 내놓고 손님을 기다린다. 대단한 맛집들은 아니지만 한 끼 해결하기 좋다.

- 케밥 투르카 Kebab Turka **유형** 케밥 전문점
  주소 35 Tongariro St **운영** 11:00~23:30 **예산** $
- 시암 타이 Siam Thai **유형** 타이 레스토랑
  주소 22 Te Heuheu St **운영** 12:00~21:00 **예산** $

서울 레스토랑
Seoul Restaurant

한식이 그리울 때 찾아가게 되는 곳으로 중심가에 있어 접근성도 좋다. 로토루아에 머무는 동안 좋은 선택지가 될 것이다.

유형 한식 **주소** 1122 Pukuatua St
운영 런치 10:00~15:00, 디너 17:00~22:00
휴무 월요일 **예산** $$

로버트 스트리트
Roberts Street

타우포 호숫가를 따라 조성된 레스토랑 밀집 거리. 맥도날드, 도미노피자, KFC 같은 패스트푸드점도 다양하다. 전망 좋은 카페와 펍 중에서 마음에 드는 장소를 골라보자.

- 딕시 브라운 Dixie Browns
  유형 펍 **주소** 38 Roberts St
  운영 06:00~22:00 **예산** $$
  홈페이지 dixiebrowns.co.nz

에지워터 레스토랑 *Edgewater Restaurant*

복잡한 타우포 중심가를 벗어난 리조트 타운에 숙소를 정했다면 가볼 만한 호텔 레스토랑이다. 호수 풍경을 감상하며 여유로운 식사를 할 수 있다. 평소에는 호텔 고객을 대상으로 아침 뷔페와 점심 식사 위주로 운영하지만 성수기에는 저녁에도 문을 연다.

유형 스테이크 · 클래식 다이닝 **주소** 243 Lake Terrace, Waipahihi
운영 아침 07:00~10:00, 런치 11:00~15:00, 저녁 18:00~21:30
예산 뷔페 및 브런치 $25~40 **홈페이지** www.edgewatertaupo.co.nz

로토루아 & 타우포 편의 시설

 쇼핑

나이트 마켓 *Night Market*

두 거리(Hinemoa Street, Tutanekai Street)가 교차하는 지점을 '테 마나와Te Manawa(도시의 심장)'라고 부르는데 목요일 저녁이면 도로를 막고 이곳에서 나이트 마켓이 열린다. 공예품과 농산물도 팔지만 푸드 트럭이 주력이다. 일요일에는 같은 자리에서 파머스 마켓이 열린다. 현금을 준비할 것.

주소 Tutanekai St
운영 목요일 17:00~21:00, 일요일 09:00~13:00
예산 $

로토루아 센트럴 몰 *Rotorua Central Mall*

대형 마트와 통신사 등 여러 업체가 입점한 실내 쇼핑센터. 특별한 구경거리는 없으나 실용적인 쇼핑을 원할 때 유용하다. 푸드 코트를 이용해도 좋다.

주소 1170 Amohau St
운영 쇼핑몰 09:00~17:30, 푸드 코트 08:00~17:30
(일요일 10:00~16:00) **예산** $

스타라이트 아케이드 *Starlight Arcade*

타우포의 중심 쇼핑가를 찾아가고 싶다면 스타라이트 아케이드를 목적지로 설정할 것. 영화관 양쪽으로 보행자 전용 도로가 이어져 있고, 저렴한 아시아 레스토랑과 브런치 카페를 쉽게 찾을 수 있다.

주소 Tamamutu St & Horomatangi St
운영 매장별로 다름 **예산** $

 숙소

하카 하우스 로토루아 *Haka House Rotorua*

방문자 센터에서 도보 10분 거리에 있으며 쿠이라우 파크와 가깝다. 바로 앞에 버스 정류장이 있어 교통도 편리하다. 도미토리룸, 싱글룸, 더블룸 등 다양하게 갖춰져 있어 일반 여행자가 선택하기에도 좋다.

유형 백패커스 **주소** 1278 Haupapa St
문의 210 887 4431 **예산** $
홈페이지 hakahouse.com

태즈먼 홀리데이 파크 *Tasman Holiday Parks*

쿠이라우 파크 서쪽과 연결되며 캠핑사이트 외에 단독 캐빈을 꽤 여러 채 보유하고 있다. 깔끔한 시설로 평가가 좋은 편이며 개인 차량으로 이동할 때 편리한 위치다.

유형 캠핑장 · 캐빈　**주소** 1495 Pukuatua St
문의 07 777 2997　**예산** $$
홈페이지 tasmanholidayparks.com

에이펙스 온 펜턴 *Apex on Fenton*

로토루아 중심가에서 테 푸이아 방향으로 뻗은 펜턴 스트리트에 있는 모텔이다. 시설은 허름하지만 중심가와 비교적 가까우면서도 소음이 적고 쾌적한 환경이 장점이고 주차도 가능하다. 근처의 다른 저가형 숙소와 비교해보고 마음에 드는 곳으로 선택하자.

유형 모텔　**주소** 325 Fenton St　**문의** 07 347 7795
예산 $$　**홈페이지** motelrotorua.co.nz

핀레이 잭스 백패커스
Finlay Jack's Backpackers

레크리에이션의 천국 타우포에는 백패커스가 많다. 핀레이 잭스 백패커스는 방문자 센터까지 도보 5~10분 거리로 투어 버스를 이용하기에도 편리한 위치다.

유형 백패커스　**주소** 20 Taniwha St
문의 07 378 9292　**예산** $
홈페이지 finlayjacks.co.nz

오아시스 비치 리조트 *Oasis Beach Resort*

자전거 라이딩을 하거나 산책하기에도 좋고, 창문을 열면 타우포 호수가 눈에 들어오는 리조트다. 4성급이지만 실제 시설은 3성급 정도다. 타우포 호수는 워낙 넓어서 호숫가 전망의 숙소를 생각보다 저렴하게 이용할 수 있다. 따라서 자동차가 있다면 중심가에 머무르기보다는 약 3km 떨어진 레이크 테라스Lake Terrace 주변 숙소를 찾아보는 것이 좋다.

유형 리조트　**주소** 241 Lake Terrace, Waipahihi
문의 07 378 9339　**예산** $$$
홈페이지 oasistaupo.co.nz

후카 폴스 로지 *Huka Falls Lodge*

후카 폭포 근처에 있는 고급 숙소이자 휴양 리조트다. 1924년 와이카토 강변에서 송어 낚시터로 개업한 이래 오랫동안 명성을 이어오고 있다. 주변에서 골프와 온천욕을 즐기려거나 여유로운 휴가를 원하는 사람들이 많이 찾는다. 예약 필수.

유형 럭셔리 리조트　**주소** 271 Huka Falls Rd
문의 07 378 5791　**예산** $$$$
홈페이지 hukalodge.co.nz

타우포
Taupo

타우포 호숫가의 레저타운

거대한 타우포 호수 주변에는 다양한 규모의 타운과 마을이 존재하며, 그중 가장 큰 곳은 호수 북동쪽에 위치한 레저 타운인 타우포. 와이카토강이 호수로 흘러드는 지점에 인터시티 버스가 정차하는 중심가가 형성되어 있으며, 각종 액티비티를 즐기려는 여행자들로 항상 붐빈다. 보다 깊숙한 호수 북쪽에는 잭 니클라우스 골프장으로 유명한 킨록Kinloch이, 남쪽에는 송어 낚시로 유명한 투랑이Turangi가 있다.

① 타우포 호수 *Lake Taupō* 추천

ⓘ Taupo Customer & Visitor Information Centre

주소 30 Tongariro St, Taupo 3330
문의 07 376 0027
운영 평일 09:00~16:30,
주말 10:00~13:00(여름철 연장)
홈페이지 www.lovetaupo.com

뉴질랜드에서 제일 큰 호수

타우포 호수는 약 2만 6500년 전 엄청난 화산활동으로 생성된 칼데라 호다. 총면적 616km², 길이 40km, 폭 30km에 달하는 호수는 자칫 바다로 착각할 정도로 광활하다. 타우포 화산 자체는 현재 분화를 멈춘 휴화산이지만 호수 부근에서는 여전히 열수가 샘솟거나 분기공을 통해 가스가 분출되는 현상이 관찰된다. 타우포(타운)에서 보이는 호수 풍경은 극히 일부분에 불과하며 헬리콥터 투어나 스카이다이빙을 통해서만 비로소 전경을 볼 수 있다.

지도 P.114 **가는 방법** 로토루아에서 82km, 자동차로 1시간

TRAVEL TALK

러브타우포   타우포 중심가에서 도보 10분 거리에 있는 #LoveTaupo 간판이 이정표이자 인증샷 명소이기도 해요. '레이크 테라스'라 불리는 호숫가 도로를 따라 전망 좋은 레스토랑과 카페가 늘어서 있답니다.
주소 48 Lake Terrace

심장이 두근두근!
타우포 액티비티 총정리

광활한 호수를 배경으로 자전거 라이딩, 수상 스포츠, 하이킹 등 다양한 액티비티를 즐길 수 있는
타우포는 최고의 레저 타운이다. 인터시티 버스가 정차하는 방문자 센터 근처 공원에서는 세계적인
규모의 타우포 철인 경기Taupō Ironman(매년 2월 말~3월 초) 같은 초대형 이벤트도 열린다.

① 호숫가에서 자전거 라이딩
타우포 호수 자전거 코스 *Lake Taupo Bike Trails*

타우포 중심가 근처의 호숫가는 산책이나 자전거 라이딩을 즐기기 좋은
평지로 이루어져 있으며, 자전거를 빌려 1~2시간 정도 가볍게 타기 좋
은 환경이다. 타우포 호수 전체를 한 바퀴 도는 160km 코스나, 2박 3
일에 걸쳐 자전거를 타는 고난도 코스도 있다. 이처럼 본격적인 뉴질랜
드 자전거 여행을 계획하고 있다면 철저한 준비를 해야 한다.

▶ 1권 P.032

홈페이지 www.biketaupo.org.nz/where-to-ride

그레이트 레이크 패스웨이
Great Lake Pathway
거리 왕복 12.7km **소요 시간** 1시간 30분
난이도 하

그레이트 레이크 트레일
Great Lake Trail
거리 왕복 75km **소요 시간** 9~12시간
난이도 중상

② 행운의 골프 연습장
레이크 타우포 홀인원 챌린지
Lake Taupo Hole in One Challenge

호수 위에 떠 있는 홀컵(빨간색 깃대)에 공을 넣으면 1만 달러의
상금을 주는 게임으로 20년째 성업 중인 골프 연습장이다. 실제
도전해보면 거의 불가능한 수준이라는 걸 알 수 있다. 바로 옆에
는 골프채 대신 블래스터로 골프공을 쏘아 보내는 볼 블래스터ball
blaster 슈팅장도 있다.

주소 61 Lake Terrace, Taupo 3330 **운영** 09:00~19:00
요금 골프공 $25(15회), 볼 블래스터 $10(5회) **홈페이지** holein1.co.nz

③ 타우포 호수 위로 날아오르다

스카이다이브 타우포 *Skydive Taupo*

1만 8500피트(5638m) 상공에서 무려 75초 동안 자유낙하하는 액티비티. 마오리 전통 문양을 새긴 핑크색 경비행기를 타고 최대 고도까지 올라간다. 뉴질랜드에서 가장 큰 타우포 호수를 하늘 위에서 내려다보는 짜릿함이 압권이다. 통가리로 국립공원은 물론 맑은 날에는 로토루아 호수와 남서쪽의 마운트 타라나키까지 보인다. 타우포 공항에서 출발하며, 타우포 시내에서는 무료 픽업 셔틀을 운행한다.

주소 1465 Anzac Memorial Dr, Taupo
운영 사계절 가능
요금 높이에 따라 $279~500
홈페이지 www.skydivetaupo.co.nz

④ 북섬의 번지점프 명소

타우포 번지 *Taupo Bungy*

47m 고공에서 와이카토 강물로 뛰어내리는 번지점프대. 타우포 호수 인근이라서 쉽게 방문할 수 있다. 혼자서 뛰는 싱글 점프와 2인 1조로 뛰는 탠덤 중에서 선택할 수 있다. 그네를 타고 강물 위를 왕복하는 타우포 스윙도 재미있다. 타우포 중심가에서 자동차로 5분 거리라 픽업 서비스는 제공하지 않는다.

주소 202 Spa Rd, Taupo **운영** 사계절 가능
요금 번지점프 $275, 타우포 스윙 $240 **홈페이지** www.bungy.co.nz/taupo

⑤ 타우포 호수 전망 포인트

랑가티라 파크 룩아웃 *Rangatira Park Lookout*

약간 고지대에 위치해 타우포 호수의 전체 윤곽이 어느 정도 눈에 들어오는 전망 포인트다. 날씨가 좋으면 멀리 마운트 나루호에까지 보인다. 후카 폭포를 다녀오는 길에 들르기 적당하다.

주소 Nukuhau, Taupo 3377 **운영** 24시간 **요금** 무료

⑫ 와이망구 화산 계곡 *Waimangu Volcanic Valley*

지도 P.100
가는 방법 로토루아에서 25km,
자동차로 25분
주소 587 Waimangu Rd
운영 08:30~17:00(마지막 입장
15:30)
요금 입장료 $48, 유람선 $51
홈페이지 waimangu.co.nz

생생한 지열 활동의 현장

마오리어로 '검은 물'이라는 뜻이 있는 와이망구 화산 계곡은 1886
년 6월 10일에 발생한 강력한 화산 폭발로 단 하루 만에 형성된 활화
산 지대다. 당시 타라웨라 화산이 폭발하면서 이곳에서 직선거리로 약
5km 떨어진 곳의 테와이로와 화산 마을이 화산재에 완전히 파묻히고
말았다. 또한 로토루아의 상징처럼 여겨지던 핑크색과 흰색의 실리카
계단 지형이 분화 과정에서 생성된 깊이 60m의 로토마하나 호수Lake
Rotomahana 바닥에 묻히게 되었다. 로토루아에서 가장 최근에 생성된
화산 계곡인 만큼 더없이 생생한 지열 현상을 경험할 수 있지만, 규모가
방대해 관람에는 상당한 시간이 소요된다. 산책로를 따라 걷기만 해도
2시간이 걸리고 산책로 맨 끝에 있는 로토마하나 호수 유람선까지 타려
면 3~4시간이 걸린다.

프라잉 팬 호수
Frying Pan Lake

3만 8000m² 면적으로 세계에서 가장 큰 온천이
다. 산성을 띠며 매우 뜨거운 열수처럼 보이지만
평균 수온은 55°C에 불과하다.

인페르노 크레이터 호수
Inferno Crater Lake

밑바닥에서 끝없이 온천수가 솟아나는 간헐천으로,
단테의 〈신곡〉에 등장하는 지옥이 떠오르는 풍경을
볼 수 있다. 간헐천 중에서는 세계 최대 규모다.

⑬ 와이오타푸 *Wai-O-Tapu* 추천

지열 현상 쉽고 빠르게 경험하기

마오리어로 '신성한 물'이라는 뜻의 와이오타푸는 테 푸이아와 함께 단체 관광객의 투어 코스에 꼭 포함되는 관광지다. 강렬한 색채를 띤 온천이 유난히 많고 간헐천, 머드 풀 등 갖가지 지열 현상을 비교적 쉽게 볼 수 있어 인기가 높다. 매일 오전 10시 15분에는 레이디 녹스 간헐천이 10~20m 높이로 분출하는데, 100% 자연현상은 아니고 관광용으로 약간의 촉매제를 넣어 솟구치도록 만드는 것이다. 제일 먼저 간헐천을 구경한 후 짧은 산책로를 따라 걸으면 1시간 정도 소요된다.

ⓘ
지도 P.100
가는 방법 로토루아에서 27km, 자동차로 30분
주소 201 Waiotapu Loop Rd
운영 08:30~16:30(마지막 입장 15:00, 여름철 연장)
요금 \$45
홈페이지 www.waiotapu.co.nz

① 레이디 녹스 간헐천
Lady Knox Geyser

원뿔형의 침전물 사이로 솟구치는 간헐천

② 아티스트 팔레트
Artist's Palette

각종 미네랄 성분으로 알록달록한 메인 온천

③ 샴페인 풀
Champagne Pool

지름 65m, 깊이 62m의 초대형 온천

④ 데빌스 배스
Devil's Bath

유황과 철염 성분이 섞여 샛노란색으로 변한 온천

⑤ 데빌스 잉크 팟
Devil's Ink Pot

원유와 흑연 성분에 의해 검게 물든 진흙 구덩이

⑭ 케로신 크리크 *Kerosene Creek*

무료로 즐기는 천연 온천

자연적으로 생성된 온천 풀로, 천연 온천수가 계곡물과 섞여 수영하기 좋은 온도를 유지한다. 관리인이 없으므로 안전에 각별히 유의해야 한다. 사람이 아예 없다면 수영하면 안 되는 환경일 수 있으니 주의할 것. 주차장에서 200m 거리다.

지도 P.100
가는 방법 로토루아에서 28.5km, 자동차로 35분
주소 Old Waiotapu Rd, Waiotapu 3073 **운영** 24시간 **요금** 무료

⑮ 후카 폭포 *Huka Falls*

빠르고 거센 물살

천둥소리 같은 굉음을 내는 후카 폭포는 마오리어로 '거품'이라는 뜻이 있다. 타우포 호수에서 발원한 와이카토강의 너비는 보통 100m 정도인데, 강폭이 불과 15~20m 정도로 좁아지면서 초당 22만 리터의 강물이 쏟아지는 폭포로 변하는 것이다. 세차게 물이 흘러가는 광경을 볼 수 있도록 협곡 위 여러 지점에 전망대가 마련되어 있다.

지도 P.100
가는 방법 로토루아에서 77km, 자동차로 1시간 / 타우포에서 6km, 자동차로 10분
주소 구글맵에 'Huka Falls Lookout' 또는 'Huka Falls Bridge' 검색
운영 24시간 **요금** 무료

타우포 호수 주변에서 즐기는
이색 체험

조금은 덜 유명하지만 특색 있는 체험을 모았다. 뉴질랜드에서 가장 긴 와이카토강에서 즐기는 새우 낚시는 어떨까? 통가리로강이 흐르는 호수 남쪽의 투랑이 지역은 송어 플라이 낚시로 유명하다.

① 후카 프론 파크 Huka Prawn Park

새우 낚시도 하고 송어에게 먹이도 주는 미니 테마파크 형태의 양식장. 즐길 거리가 다양하다.

주소 200 Karetoto Rd, Wairakei
운영 09:00~16:30
요금 $30 **홈페이지** hukaprawnpark.co.nz

🦐 **프론 Prawn vs 슈림프 Shrimp?**
뉴질랜드와 호주에서 흔히 먹는 프론은 슈림프와 비교해 아가미 구조, 몸의 형태, 크기에서 약간의 차이가 있다. 프론은 주로 양식장에서 생산되며, 식당에서 주문할 때 크기가 더 크고 고급 새우로 생각하면 된다.

② 통가리로 국립 송어 센터
Tongariro National Trout Centre

규모는 작은 편이지만 레인보송어, 브라운송어 등을 관찰할 수 있으며, 푸른오리 같은 희귀 조류의 부화를 연구하는 야생 보호 센터를 겸한다.

주소 257 State Highway 1, Rangipo **운영** 10:00~16:00
요금 성인 $20, 5~16세 $10 / 낚시 $60(16세 이하만 가능)
홈페이지 troutcentre.com

③ 크레이터 오브 더 문 Craters of the Moon

화산활동으로 여러 개의 분화구가 생성된 지열 지대. 약 45분간 트레킹하면서 돌아볼 수 있다. 후카 폭포 근처에 있다.

주소 171 Karapiti Rd, Wairakei **요금** $10 **운영** 09:30~17:00
홈페이지 www.cratersofthemoon.co.nz

④ 후카 허니 하이브 Huka Honey Hive

벌꿀 제품을 맛보고 구입할 수 있는 소규모 양봉장. 맛있는 카피티 아이스크림도 판매한다.

주소 65 Karetoto Rd, Wairakei
운영 10:00~17:00 **요금** 무료입장 **홈페이지** hukahoneyhive.com

반지 원정대가 되어 떠나보자!

통가리로 국립공원 TONGARIRO NATIONAL PARK

통가리로 국립공원은 1887년 9월 23일, 나티 투화레토아Ngāti Tūwharetoa
부족이 30대에 걸쳐 관리하던 영토를 기증하면서 만들어진 뉴질랜드 최초의 국립공원이다.
북섬의 최고봉 마운트 루아페후, 〈반지의 제왕〉에서 운명의 산으로 등장한 마운트 나루호에,
가장 크기가 작은 마운트 통가리로 등 3개의 화산이 있다. 1993년에는 자연환경과 함께 이 지역이 품은
마오리의 영적·문화적 가치를 인정받아 유네스코 세계 문화유산과 자연 유산에 모두 등재되었다.

지도 P.088 **가는 방법** 타우포에서 화카파파 빌리지까지 100km

부족 연맹장
테 헤우에우 투키노 4세 흉상

46

마운트 나루호에
(운명의 산) 2291m

마운트 루아페후
(북섬 최고봉) 2797m

도착

마운트 통가리로
1967m

출발

화카파파 리조트

투로아 리조트

화카파파 빌리지

47

· TRIP · 01
화카파파 빌리지
Whakapapa Village

마운트 루아페후의 관문에 해당하는 작은 마을이다. 스키장 덕분에 캠핑장과 리조트 단지가 생겨났고, 모르도르를 실제로 보고 싶어 하는 〈반지의 제왕〉 팬들이 많이 찾아온다. 통가리로 국립공원 DOC 방문자 센터에서 주변의 짧은 트레킹 명소를 안내해준다. 마을 뒤쪽으로 화카파파 리조트 정상까지 이어지는 자동차 도로가 있다.

ⓘ Tongariro National Park Visitor Centre
주소 State Highway 48, Mount Ruapehu 3951
운영 08:00~16:30
홈페이지 www.nationalpark.co.nz

· TRIP · 02
스카이 와카 곤돌라
Sky Waka Gondola

눈이 녹으면 황량한 암석 지대로 변하는 화카파파 스키장 일대는 비시즌에도 차량 진입이 가능하다. 길은 톱 오브 브루스 로드Top of Bruce Road에서 끝나는데, 여름에는 관광용으로 운행하는 곤돌라를 타고 해발 2020m까지 올라갈 수 있다. 레스토랑(Pataka Knoll Ridge Chalet)에서 전망을 즐기거나 간단한 트레킹을 하기에 최고의 장소인데, 기상 상황에 따라 곤돌라 운행이 중단될 수도 있다. ➡ 스키장 정보 1권 P.057

주소 Top of Bruce Rd, Manawatū-Whanganui 3989
운영 곤돌라 10:00~16:00, 전망 레스토랑 10:00~15:30
요금 일반 곤돌라 $39(추가 요금을 내면 유리 캐빈으로 업그레이드)
홈페이지 www.whakapapa.com

통가리로 알파인 크로싱
Tongariro Alpine Crossing

·TRIP· 03

통가리로 국립공원의 트레킹 루트는 크게 두 가지로 나뉜다. 하나는 화카파파 빌리지에서 시작해 마운트 나루호에 주변부를 크게 한 바퀴 도는 총 45km의 노던 서킷 Northern Circuit이고, 나머지 하나가 당일 코스인 통가리로 알파인 크로싱이다. 통가리로 트레킹을 할 때는 고도가 더 높은 마운트 통가리로의 서쪽 사면에서 출발해 정상을 넘어 북쪽 사면으로 내려가는 것이 정석 코스다. 반대로 갈 경우 난이도가 더 높아진다. 11~4월에는 가이드 없이도 하이킹이 가능한 수준이지만 5~10월에는 눈사태 발생 우려로 추천하지 않는다. 트레킹 전 DOC 홈페이지를 통해 입산 허가(무료 예약)를 받아야 한다.

홈페이지 www.doc.govt.nz

👣 **거리** 편도 20.2km **소요 시간** 7~9시 **난이도** 중상

통가리로 등산 전문 가이드 ⒸTongariro Expeditions

⚠️ **WARNING! 언제나 위험한 화산 지대**

북섬 동부 해안 화이트 아일랜드에서 시작되는 '타우포 화산 지대'가 끝나는 지점이 통가리로 국립공원이다. 분명한 활화산 지대로 주변에는 용암류가 흐르고 '테프라'로 불리는 화산 쇄설물이 크고 작게 분화하는 모습을 볼 수 있다. 분기공을 통해 수증기와 황화수소 가스를 내뿜어 매캐한 연기가 사방으로 퍼져나간다. 심지어 100℃에 근접하는 고열 온천도 있다. 안전 여행을 위해 돌발 행동은 절대 삼가야 하며, 갑작스러운 화산활동이 발생할 가능성도 배제할 수 없다. 걷는 동안에도 날씨가 계속 바뀔 정도로 기상이 불안정한 지역이므로 안전 정보를 항상 확인해야 한다. 이 지역에서는 휴대폰도 사용할 수 없으니 여행 정보를 미리 수집할 것.

뉴질랜드 화산·지진 현황 www.geonet.org.nz/volcano
화산 지대 관련 정보 www.doc.govt.nz/volcanicrisk
트레킹 관련 정보 www.tongarirocrossing.org.nz

DANGER KEEP OUT

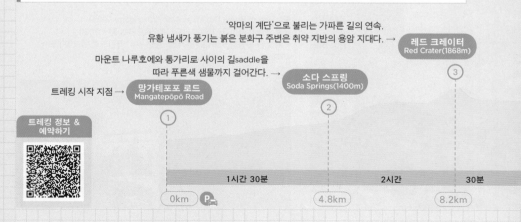

'악마의 계단'으로 불리는 가파른 길의 연속.
유황 냄새가 풍기는 붉은 분화구 주변은 취약 지반의 용암 지대다. →

레드 크레이터
Red Crater(1868m) ③

마운트 나루호에와 통가리로 사이의 길saddle을
따라 푸른색 생물까지 걸어간다. →

소다 스프링
Soda Springs(1400m) ②

트레킹 시작 지점 →

망가테포포 로드
Mangatepōpō Road ①

트레킹 정보 & 예약하기

1시간 30분   2시간   30분

0km 🅿️   4.8km   8.2km

● 셔틀버스 이용 방법

그레이트 워크 시즌에 해당하는 10월 말(노동절 주간)부터 4월 30일까지는 트레킹 시작 지점의 주차장 이용 시간이 최대 4시간으로 제한된다. 그런데 트레킹은 한 방향으로 진행되기 때문에 완주하려면 셔틀버스를 이용하는 것이 편하다. 전문 업체는 날씨에 따라 능동적으로 대처하며 투어를 취소하기 때문에 위험 확률이 크게 낮아진다.

통가리로 익스페디션 Tongariro Expeditions
홈페이지 www.tongariroexpeditions.com

① 타우포 왕복 셔틀

타우포 타운에서 새벽 5시 20분에 픽업해 7시경 출발지에 내려주고, 오후 2~4시에 도착 지점에서 다시 픽업한다.

② 투랑이 왕복 셔틀

타우포 타운보다 더 가까운 투랑이에서 픽업하며, 마찬가지로 오후에 다시 투랑이에 내려주는 일정이다. 이동 시간은 약 45분이다.

③ 케테타히 편도 셔틀

개인 차량 이용자를 위한 옵션이다. 도착 지점(케테타히 로드)에 주차하고 셔틀버스를 타면, 트레킹 시작점(망가테포포 로드)으로 데려다준다. 트레킹을 마치고 곧바로 차를 탈 수 있어 편리하다. 46번 국도 도로변(주차 가능 표시 확인 필수)에는 약 250대까지 거리 주차가 가능하다.

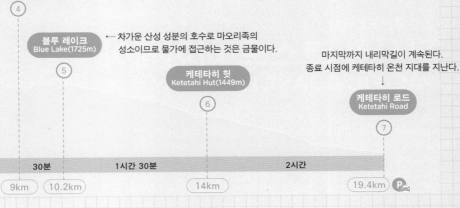

에메랄드 레이크
Emerald Lakes(1695m) ← 정상에서 내려다보이는 2개의 에메랄드빛 화구호는 트레킹의 하이라이트
④

블루 레이크
Blue Lake(1725m) ← 차가운 산성 성분의 호수로 마오리족의 성소이므로 물가에 접근하는 것은 금물이다.
⑤

마지막까지 내리막길이 계속된다. 종료 시점에 케테타히 온천 지대를 지난다.

케테타히 헛
Ketetahi Hut(1449m)
⑥

케테타히 로드
Ketetahi Road
⑦

30분   1시간 30분   2시간

9km   10.2km   14km   19.4km   P

ROAD TRIP

동부 해안 드라이브

퍼시픽 코스트 하이웨이
PACIFIC COAST HIGHWAY

제임스 쿡 선장이 최초로 뉴질랜드를 항해하던 때의 발자취를 따라 남반구의 가장 동쪽 지역으로
떠나보자. 코로만델반도, 베이오브플렌티, 기즈번과 호크스 베이 지방을 차례로 연결하는 해안 도로를 퍼시픽 코스트
하이웨이라고 한다. 도시에서 멀어질수록 풍경은 점점 더 스펙터클하고, 드문드문 나타나는 작은 마을의 마오리
원주민 문화가 정겹다. 이 길은 북섬의 와인 지대를 따라가는 기즈번의 와인 트레일과도 상당 부분 겹쳐,
한없이 푸른 바다와 와이너리가 조화를 이룬 풍경까지 볼 수 있다.

ROUTE

오클랜드 출발

96km, 2시간

템스

113km, 1시간 30분

166km, 2시간 30분

휘티앙가

마운트 망가누이

마운트 망가누이

이스트랜드

타우랑가

131km, 2시간

Ōpōtiki

179km, 3시간

이스트 케이프

190km, 3시간

커시드럴 코브

로토루아

2

141km, 2시간

기즈번

타우포

216km, 3시간

핫 워터 비치

네이피어

헤이스팅스 도착

20km, 30분

쿡 선장 상륙 지점

Follow Check Point

❶ 여행 정보

정보가 부족한 동부 해안으로 자동차 여행을 떠나려는 사람을 위한 상세 정보를 수록했다.
단 한 곳만 골라야 한다면 〈나니아 연대기〉의 커시드럴 코브와 핫 워터 비치가 있는 코로만델반도를 추천! 하지만 길이 험한 편이라 오클랜드에서 간다면 최소 1박 2일 일정이 필요하다. 기즈번과 네이피어까지 방문하려면 보다 여유롭게 계획을 세워야 한다.

🚗 가는 방법

코로만델반도는 오클랜드에서 페리를 타고 건너갈 수 있을 뿐 아니라, 개인 차량이 없어도 인터시티 버스나 지역 셔틀버스를 이용해 여행할 수 있는 인기 관광지다. 대도시인 타우랑가에도 인터시티 버스가 정차한다. 물론 렌터카를 이용한다면 보다 특별한 여행을 할 수 있다.

코로만델반도
COROMANDEL PENINSULA

오클랜드를 동쪽으로 둘러싼 형상의 코로만델반도는 태평양의 거센 풍랑으로부터 도시를 보호하는 천연 방파제 역할을 한다. 내륙은 약 300만~2600만 년 전의 신생대 화산이 분화하면서 생성된 수많은 섬과 구릉지대로 이루어져 있다. 양들이 풀을 뜯는 언덕, 푸른 바다와 곱디고운 모래 해변, 따끈한 물이 샘솟는 천연 온천과 〈나니아 연대기〉 촬영지였던 신비로운 바위까지! '눈부시게 아름답다'는 표현이 무척 잘 어울리는 북섬의 대표 휴양지다.

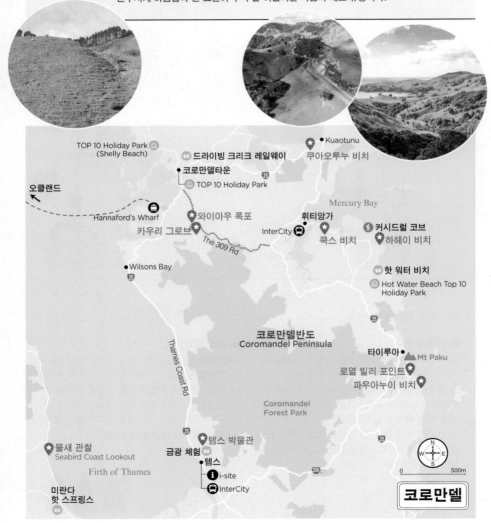

ACCESS

01 **자동차**	25번 국도는 꽤 구불구불하기 때문에 이동 시간을 넉넉하게 잡아야 한다. 구글맵이 지름길로 안내하더라도 주요 국도가 아닌 이상 비포장도로나 좁은 외길일 수 있으니 주의해야 한다.	
02 **페리**	오클랜드에서 코로만델타운 근처의 한나포드 워프Hannafords Wharf까지 페리로 2시간 걸린다. 단, 여름철 위주로 운항하며 일정이 불규칙하다. **풀러스 360 Fullers 360** www.fullers.co.nz	
03 **버스**	인터시티 버스가 템스, 코로만델타운, 휘티앙가에 각각 정차한다. 주요 관광지까지 지역 셔틀버스를 이용할 수 있고, 빠르게 여러 곳을 돌아보려면 투어 상품이 효율적이다. **키위 셔틀 Kiwi Shuttles** www.go-kiwi.co.nz	

《 코로만델반도의 주요 타운 》

휘티앙가 *Whitianga*

코로만델반도 동쪽에서 가장 큰 타운이다. 페리를 타고 쿡스 비치나 커시드럴 코브 쪽으로 쉽게 넘어갈 수 있고 편의 시설이 많아서 개인 차량 없이 여행하는 경우 숙소로 정하기 좋은 위치다.

가는 방법 오클랜드에서 190km, 자동차로 3시간
주소 Whitianga i-site, 66 Albert St, Whitianga 3510

코로만델타운 *Coromandel Town*

25번 국도 중간 지점의 작은 타운으로, 오클랜드행 페리 선착장과 가깝다. 코로만델반도를 차로 한 바퀴 돌 때 지나게 되는 곳이다보니 다양한 숙박 시설과 편의 시설이 잘 갖춰져 있다.

가는 방법 휘티앙가에서 45km, 자동차로 1시간
주소 Coromandel Information Centre, 60 Kapanga Rd, Coromandel 3506

셸리 비치 *Shelly Beach*

코로만델타운과 가깝지만 한결 더 한적하다. 특히 톱 10 홀리데이 파크의 셸리 비치점은 해변과 맞닿아 있어 편하게 바다 구경을 하기에 좋다.

가는 방법 코로만델타운에서 5km, 자동차로 10분
주소 Coromandel Shelly Beach TOP 10 Holiday Park, 243 Colville Rd, Coromandel 3584

영화 속 포토존

커시드럴 코브
Cathedral Cove ·
Te Whanganui-A-Hei

〈나니아 연대기〉 촬영지

영화 〈나니아 연대기: 캐스피언 왕자〉에서 페벤시 남매들이 케어 패러벨 성을 바라보는 장면을 촬영한 해변이다. 동굴처럼 양쪽이 움푹 파인 웅장한 바위가 대성당의 아치를 연상시켜 이런 이름이 붙었다. 터널 안으로 걸어 들어가면 영화와 똑같은 장면의 인증샷을 찍을 수 있는데, 조수 간만의 차로 인해 안전에 유의해야 한다. 트레킹 코스가 시작되는 언덕길 맨 위에서는 '신들의 발자국'으로 불리는 머큐리 베이Mercury Bay 일대의 작은 섬들이 내려다보인다.

가는 방법 휘티앙가에서 35km, 자동차로 30분
운영 기상 상황에 따라 변동 **홈페이지** www.hahei.co.nz

ACCESS 커시드럴 코브 가는 방법

**01 트레킹 코스
따라 걷기**

※도로 사정에 따라
폐쇄될 수 있음

언덕 위에서 시작되는 트레킹 코스를 따라 해변까지 걸어 내려간다. 트레킹 코스 입구와 가까운 주차장은 무척 협소해 성수기인 10~4월에는 주정차가 금지된다. 이 시기에는 마을에 주차하고 셔틀버스를 이용해야 한다.

거리 왕복 2.5km **소요 시간** 1시간 30분 **난이도** 하
주소 가까운 주차장(유료) Cathedral Cove Carpark, 150 Lees Rd, Hahei /
마을 주차장(무료) Hahei Visitor Carpark, 90/94 Hahei Beach Rd

02 배 타고 가기

가장 가까운 하헤이 비치 또는 휘티앙가에서 출발하는 배편을 이용하는 방법이 있다. 동굴 내부까지 들어가려면 워터 택시 투어를 이용하는 것이 좋다.

· **카약 투어 요금** $155~175 **소요 시간** 3시간 **홈페이지** kayaktours.co.nz
· **워터 택시 요금** $80(동굴 관람 포함) **소요 시간** 1시간 **홈페이지** cathedralcovewatertaxi.co.nz

하헤이 비치 *Hahei Beach*

커시드럴 코브와 가장 가까운 마을 하헤이의 주요 해변이다. 지역 원주민 나티 헤이Ngāti Hei 부족은 이 일대를 신성한 장소로 추앙하고 있으며, 산호초와 수중 동굴, 다양한 해양 생물이 많은 바다는 해양 보호구역으로 지정되어 있다. 여름에 방문한다면 보기만 해도 뛰어들고 싶어지는 깨끗한 바다에서 스노클링을 즐겨보자. 해변에 커시드럴 코브까지 다녀오는 워터 택시와 카약 투어 선착장이 있다.

주소 88 Hahei Beach Rd, Hahei

02

핫 워터 비치
Hot Water Beach

📍
주소 33 Pye Place, Hot Water Beach 3591
운영 24시간
요금 무료(주차 유료)

온천수가 샘솟는 해변

코로만델반도에서 가장 유쾌한 체험! 직접 온천을 만들어보는 재미를 즐기기 위해 수많은 사람들이 몰려드는 해변이다. 지열 지대에 위치한 해변은 평상시에 바닷물에 잠겨 있다가 썰물 때가 되면 지반 깊숙한 곳의 온천수가 부글대며 샘솟는다. 이때를 놓치지 않고 삽으로 모래를 파내면 온천수로 구덩이가 채워진다. 수온은 최대 64°C 정도로, 기분 좋게 몸을 담그기에 적당하다. 하헤이 마을에서, 또는 안전 요원에게 소정의 금액을 내고 삽을 대여할 수 있다.

가는 방법 커시드럴 코브에서 8.2km, 자동차로 10분

> TIP

간조 · 만조 시간 확인 필수 따뜻한 온천수가 차오르는 시간은 간조 2시간 전후이므로 물때를 확인하고 가야 한다. 안전 요원이 없는 시간에는 해수욕장 입수도 금지된다.

홈페이지 www.thecoromandel.com/weather-and-tides

⑬

템스 코스트 로드
Thames Coast Road

아름다운 해안 도로

템스와 코로만델타운을 연결하는 25번 국도는 그 자체로 절경이다. 수영하기 좋은 해변과 아늑한 만 지형마다 전원주택이 자리 잡고 있다. 12월 무렵에는 뉴질랜드의 크리스마스트리라고 불리는 포후투카와 나무가 새빨간 꽃을 피워 장관을 이룬다.

중간에 잠시 우회하면 309 로드The 309 Road 선상의 명소, 와이아우 폭포Waiau Falls와 카우리 그로브Kauri Grove를 다녀올 수 있다. 코로만델반도의 동쪽과 서쪽을 가로지르는 309 로드는 22km 거리의 비포장도로라 전체를 통과하는 것은 권장하지 않는다.

📍 **가는 방법** 템스에서 코로만델타운까지 54km

⑭　드라이빙 크리크 레일웨이 *Driving Creek Railway*

숲속을 달리는 꼬마 기차

도자기 공방을 운영하던 배리 브리켈이 작품을 운반할 목적으로 만든 작은 철길을 따라 운행하는 관광 열차다. 출발 장소에서 해발 167m 언덕까지 올라가면 코로만델반도가 내려다보이는 전망대가 나온다. 제법 가파르고 아슬아슬한 2.7km 길이의 철도를 따라 꼬마 기차를 타고 다녀오는 데 1시간가량 걸린다.

집라인 결합 상품을 선택하면 기차에서 내려 무려 8종의 집라인을 순서대로 체험할 수 있는 테마파크로 안내해준다. 3시간 동안 전체를 한 바퀴 돌아보는 프로그램이다. 코로만델타운에서 셔틀버스를 운행한다.

📍
가는 방법 코로만델타운에서 3km
주소 380 Driving Creek Rd, Coromandel
운영 08:30~17:30
요금 기차 $47, 집라인 $147
홈페이지 dcrail.nz

베이오브플렌티
BAY OF PLENTY

코로만델반도에서 동쪽의 케이프 런웨이까지 완만한 곡선을 그리는 해안 지대다.
쿡 선장이 이 지역의 마오리 마을마다 먹거리가 풍족한 것을 발견하고 '풍부한 만'이라는 뜻의 이름을 붙였다.
베이오브플렌티 지방의 주도인 타우랑가를 중심으로 많은 인구가 거주하며,
온화한 기후 덕분에 뉴질랜드 키위 생산량의 80%를 차지하는 키위 산업의 중심지다.

마운트 망가누이
Mount Maunganui ·
Mauao

바다 위에 떠 있는 화산섬

마운트 망가누이는 베이오브플렌티의 인기 휴양지로, 서핑에 최적화된 파도와 황금빛 모래, 그리고 타우랑가 항구를 감싸 안은 반도 끝에 원뿔 모양으로 솟아오른 화산섬으로 잘 알려져 있다. 화산과 그 아래쪽 동네 이름이 같다 보니 혼동을 피하기 위해 현지인들은 화산을 '마우아오'라고 구분해서 부른다. 200만~300만 년 전 분화 과정에서 용암이 흘러 내려 생성된 사화산이며, 232m 높이의 정상에 올라 커다란 항구도시 타우랑가와 해안 풍경을 감상할 수 있다. 정상까지 올라가는 것이 힘들다면 아래쪽을 걷는 베이스 트랙을 선택할 것.

가는 방법 타우랑가에서 10km,
자동차로 15분
주소 Maunganui Beach, Mount
Maunganui 3116
운영 24시간 **요금** 무료
홈페이지 www.mountmaunganui.org.nz

정상까지 Summit Walk
거리 한 바퀴 3.8km
소요 시간 1시간 30분 **난이도** 중

베이스 트랙 Base Track
거리 한 바퀴 3.4km **소요 시간** 45분
난이도 하

⑫

타우랑가
Tauranga

ⓘ Tauranga i-site
주소 1 Devonport Rd, Tauranga 3110
문의 07 578 8103
운영 09:00~17:00(겨울철 주말 휴무)
홈페이지 bayofplentynz.com

---TIP---

유료 도로
타우랑가 주변 도로 중에는
통행료를 받는 유료 도로가
두 곳 있다. 다른 길로
우회하거나, 통과하기 전에 요금
납부 방법을 미리 확인할 것
➡ 1권 P.041

베이오브플렌티의 주도

뉴질랜드에서 다섯 번째로 인구(14만 명)가 많은 항구도시다. 마운트 망가누이와 마타카나 아일랜드가 보호하는 내해에 자리 잡고 있다. 여행자들은 일반적으로 로토루아를 선호하기 때문에 관광지로서의 중요도는 떨어지는 편이다. 하지만 인구가 많아 테마파크 같은 놀이 시설과 편의 시설, 볼거리가 다양하다. 마운트 망가누이와 다리로 연결되어 있다.

ⓥ 가는 방법 로토루아에서 65km, 자동차로 1시간

타우랑가

Matakana Island

마운트 망가누이
마운트 핫 풀
웨이브 카페

Matakana Island Retreat

Omokoroa   Mt Maunganui

베이오브플렌티
Bay of Plenty

Motiti Island

0   3km

타우랑가 공항
타우랑가
Tauranga
베이페어
쇼핑센터

InterCity
i-site

와이마리노
어드벤처 파크

유료 도로
Takitimu Drive

카이아테 폭포

유료 도로
Tauranga Eastern Link

맥라렌 폭포

③③

화카타네
Whakatāne

화이트 아일랜드로 가는 길목

베이오브플렌티 동부 지역에 정착한 나티 아와Ngāti Awa 부족의 역사가 보존된 타운이다. 육지에서 52km 떨어진 화산섬 화이트 아일랜드로 떠나는 투어의 출발지였으나, 2019년 12월에 발생한 화산 분화로 인해 요즘에는 보트보다는 항공 위주로 투어를 진행한다.

가는 방법 타우랑가에서 90km, 자동차로 1시간(유료 도로 경유)

ℹ Whakatane i-site
주소 144 The Strand, Whakatāne 3120 · **문의** 0800 942 528
운영 월~금요일 09:00~17:00, 토 · 일요일 10:00~15:00
홈페이지 www.whakatane.com

와이라카 동상 *Wairaka Statue*

나티 아와 부족은 자신들이 마타투아라는 이름의 와카(전투용 카누)를 타고 온 선조의 후손이라고 믿었다. 선장의 딸 와이라카는 떠내려가는 카누에서 여인들을 구했다고 전해진다. 와이라카 동상은 바다와 강이 만나는 지점의 작은 바위에 와이라카의 용기를 기리기 위해 세운 청동 조각이다.

주소 Turuturu Rock, Whakatāne Heads, Muriwai Dr **운영** 24시간

마타투아 화레누이 | *Mataatua Wharenui*

화카타네강 변에는 마오리족이 손님을 맞이하는 공용 건물인 화레누이가 세워져 있다. 원래는 마을 주민들이 화합의 상징으로 지어 1875년 3월 8일 빅토리아 여왕에게 선물한 것이다. 하지만 영국 왕실은 마오리의 얼이 담긴 건축물을 해체하여 호주 시드니로 보내버렸고, 이후 100년 이상 세계 각국을 돌며 전시되는 비운을 겪었다. 마오리족은 와이탕이 재판소에 제소한 끝에 1996년에야 돌려받게 되었으나 이미 상당 부분이 훼손된 상태였다. 현재의 건물은 2011년에 원형대로 복원한 것이다. 그래서 원래 명칭인 '마타투아'와 함께 '고향으로 돌아온 집The House That Came Home이라는 별명으로 불리게 됐다. 내부 투어는 진행하지 않으며 외부에서만 볼 수 있다. 이곳에서 약 600m 떨어진 무리와이 케이브와 함께 둘러볼 수 있다.

주소 105 Muriwai Dr **운영** 24시간

CHECK 베이오브플렌티 액티비티

• **와이히 골드 디스커버리 센터** *Waihi Gold Discovery Centre*
와이히 금광의 채굴 현장을 볼 수 있는 체험관이다. 기본적인 내부 관람과는 별도로 하루 두 차례 진행하는 투어에 참여해야 금 채굴 과정을 상세하게 견학할 수 있다.
주소 126 Seddon St, Waihi **운영** 09:00~17:00(투어 시간은 계절별로 변동)
요금 금광 투어 $76(3시간 소요) **홈페이지** www.golddiscoverycentre.co.nz

• **마운트 핫 풀** *Mount Hot Pools*
소금 온천으로 인기를 얻은 대중탕이다. 마운트 망가누이 해변과 가까워 해수욕 후에 느긋하게 즐기기 좋다.
주소 9 Adams Avenue, Mount Maunganui **운영** 07:00~22:00
요금 온천 $27.30, 프라이빗 풀 $65.50(최소 2인) **홈페이지** mounthotpools.co.nz

기즈번 & 호크스 베이
GISBORNE & HAWKE'S BAY

미지의 남쪽 나라를 향해 탐험을 떠난 쿡 선장이 이 땅에 첫발을 내딛은 역사적인 장소가 기즈번에 있다.
바로 아래쪽 호크스 베이 지방과 더불어 뉴질랜드의 주요 와인 생산지로 발전한 풍요로운 동부
해안 지대를 여행해보자. 참고로 타우랑가와 기즈번을 오갈 때는 보통 내륙 고속도로인 2번 국도를 이용한다.
해안 도로(퍼시픽 코스트 하이웨이)를 따라 이스트 케이프까지 들르는 경우 적어도 200km를 우회하게 된다.

(01)

이스트 케이프
East Cape · Tairāwhiti

해 뜨는 동쪽 끝

마오리어로 '태양이 물 위로 비치는 해안'이라는 뜻이 담긴 뉴질랜드 동쪽 끝 지점이다. 흰 모래사장과 푸른 바다가 끝없이 이어지는 이곳에 가려면 35번 국도를 이용해야 한다. 고급스러운 숙박 시설이 있는 대도시나 타운은 전혀 없고 편의 시설조차 드물어 캠핑카로 여행하는 것이 가장 좋다. 끝 지점에서 가장 가까운 마을은 티키티키Tikitiki다.

♥ 가는 방법 타우랑가에서 티키티키를 경유해 기즈번까지 460km ※1박 2일 소요

성 마리아 교회 Saint Mary's Church

제1차 세계대전 때 전사한 나티 포로우Ngāti Porou 부족 마오리 전사들을 추모하기 위해 1926년에 지은 교회다. 유럽풍의 건물 내부는 전통 화레누이에서 볼 수 있는 소용돌이 문양kowhaiwhai과 격자무늬 판자tukutuku로 장식되어 있다. 마오리 원주민 최초로 의회에 진출한 정치인 아피라나 나타(1874~1950)가 사라져가는 부족 문화와 언어를 보존하기 위해 제안한 것이다. 교회 한쪽에는 그의 추모 공간도 마련되어 있다. 겉에서는 평범해 보이지만 꼭 들어가볼 만한 곳으로, 낮 시간에 한해 일반 관람이 허용된다.

주소 1889 Te Araroa Rd, Tikitiki 4086

쿡스 코브 Cooks Cove

쿡 선장이 기즈번을 떠나 코로만델반도로 향하던 도중 인데버호를 수리하기 위해 며칠간 정박했던 곳이라고 한다. 왕복 5.8km를 다녀오는 데 2시간 반 이상 걸리는데 길이 제법 가파르다. 끝에 다다르면 터널처럼 생긴 해식동굴이 있다. 바다를 향해 길게 뻗은 웅장한 부두의 이름은 '톨라가 베이 워프 Tolaga Bay Wharf'다. 여기서 기즈번까지는 50분 정도만 가면 된다.

주소 Cooks Cove Walkway, 128 Wharf Rd, Tolaga Bay 4077

기즈번
Gisborne · Tūranga-nui-a-Kiwa

쿡 선장의 발자취

인구가 약 4만 명인 기즈번은 이 일대에서 가장 번화한 소도시다. 공식 방문자 센터와 인터시티 버스 정류장, 대형 마트 등 주요 편의 시설은 투랑가누이강Turanganui River 어귀 서쪽에 있다. 기즈번 지역의 역사와 문화에 대해 자세히 알고 싶다면 타이라휘티 박물관에 가보자. 시내 전경을 감상하려면 티티랑이 언덕에 있는 쿡스 플라자에 올라가면 된다.

가는 방법 타우랑가에서 2번 국도를 따라 274km, 자동차로 4시간

ⓘ Gisborne i-site
주소 209 Grey St, Gisborne 4010 **문의** 06 868 6139
운영 09:00~17:00 **홈페이지** tairawhitigisborne.co.nz

- **타이라휘티 박물관 Tairāwhiti Museum**
  주소 10 Stout St **운영** 월~토요일 10:00~16:00, 일요일 13:30~16:00
  요금 $5 **홈페이지** tairawhitimuseum.org.nz
- **쿡스 플라자 Cook's Plaza**
  주소 Titirangi Domain **운영** 24시간 **요금** 무료

와이카네 비치 · i-site · 타이라휘티 박물관 · 쿡 선장 동상 · 대형 마트 · 포버티 베이 · 기즈번 와인 센터 · 상륙 기념비

쿡 선장 상륙 지점

Cook Landing Site · Puhi Kai Iti

쿡 선장이 상륙한 지점으로 추정되는 포버티 베이Poverty Bay의 해안에 기념 공원이 조성되어 있다. 이곳은 최초의 마오리족으로 추앙받는 쿠페가 폴리네시아에서 와카(카누)를 타고 건너왔다(950년경)고 전해지는 원주민의 성지이기도 하다. 쿡 선장의 족적은 공교롭게도 마오리 탐험가 헤이가 1400년경에 다녀갔다는 여러 장소와 상당수 일치한다. 이미 14세기부터 이곳에 마오리 파(요새화된 마을 또는 정착지)를 구축하고 살아온 마오리족의 신화와 유럽인의 역사가 동부 해안 곳곳에 혼재하는 이유다. 이곳은 국립 사적지로 지정되어 있지만 상륙 기념비와 푸른 바다 외에 다른 볼거리는 없다.

주소 Kaiti Beach Rd, Inner Kaiti
운영 24시간

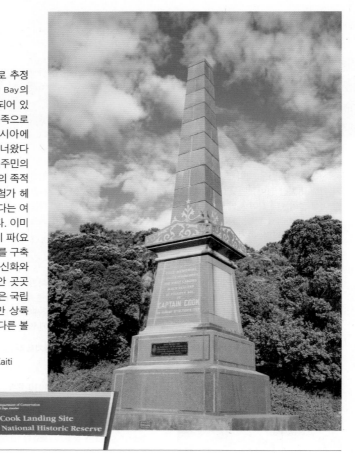

TRAVEL TALK

쿡 선장이 뉴질랜드를 발견하기까지

1768년 영국을 떠난 인데버호는 타히티를 거쳐 남쪽으로 항해를 계속합니다. 이때 쿡 선장은 첫 번째로 육지를 발견한 사람의 이름을 지명으로 삼겠다는 약속을 했어요. 1769년 10월 6일 오후 2시, "육지다!"라는 외침이 터져 나왔어요. 마스트에 올라가 있던 12세 소년 니콜라스 영이 지금의 기즈번을 발견한 것이죠. 이틀 후인 10월 8일, 쿡 선장 일행은 드디어 뉴질랜드에 최초로 상륙하게 됩니다. 이후 쿡 선장은 북섬의 코로만델반도를 비롯해 해안 곳곳을 탐험하면서 뉴질랜드 지도를 완성해나갔습니다. 쿡 선장과 니콜라스의 동상이 세워진 해안가 건너편의 곳은 여전히 니콜라스의 별명인 '영 닉스 헤드Young Nick's Head(어린 닉의 곳)'로 불리고 있어요.

쿡 선장 동상

니콜라스 동상

뉴질랜드 샤르도네의 본고장
기즈번 & 호크스 베이 와인 지대

북섬의 유명 와인 지대 기즈번에 상업적인 와인 재배가 시작된 것은 제1차 세계대전 이후다.
일조량이 풍부하고 고운 점토질을 가진 기즈번에서는 독특한 아로마의 샤르도네를 주로 생산한다.
한편 뉴질랜드 최초의 와인 재배지인 호크스 베이에서는 샤르도네는 물론
메를로와 카베르네를 블렌딩한 프리미엄 와인을 생산한다. ※와이너리 방문 전 예약 권장

 다양한 와인을 한자리에서
기즈번 와인 센터
Gisborne Wine Centre

기즈번 시내에 있는 종합 와인 센터.
기즈번에서 생산하는 와인에 관한 체
계적인 정보를 얻고 시음도 할 수 있
다. 카페와 레스토랑도 운영한다.
주소 3/50 Esplanade, Inner Kaiti
운영 16:00~21:00
휴무 일 · 월요일
홈페이지
www.gisbornewinecentre.co.nz

 기즈번의 아름다운 풍경
부시미어 에스테이트 *Bushmere Estate*

1990년대 후반에 설립한 부티크 와이너리. 품질과 개성이 뛰어난 샤
르도네와 시라를 생산한다. 레스토랑에서 와인 페어링과 함께 퀄리티
좋은 식사도 할 수 있다.
주소 166 Main Rd, Makaraka **운영** 11:00~15:00
휴무 월 · 화요일 **홈페이지** bushmerevines.co.nz

 뉴질랜드에서 가장 오래된 와이너리
미션 에스테이트 와이너리
Misson Estate Winery

뉴질랜드에 정착한 프랑스 선교사들이 1851년에 심은 포도나무와 함
께 호크스 베이의 와인 재배 역사가 시작된 곳이다. 와인 시음장인 셀
러 도어와 레스토랑을 함께 운영하며, 옛 수도원 건물과 지하 저장고를
구경할 수 있도록 개방한 특별한 장소다.
주소 198 Church Rd, Poraiti **운영** 09:00~17:00, 일요일 10:00~16:30
홈페이지 missionestate.co.nz

⑬ 네이피어 *Napier · Ahuriri*

아르데코와 예술의 도시

알록달록한 건물이 많은 네이피어는 낭만적인 도시라는 이미지가 있지만 그 이면에는 슬픈 역사가 숨어 있다. 1931년 2월 3일, 규모 7.9의 강진이 발생해 네이피어와 헤이스팅스가 심각한 피해를 입었다. 도시를 급히 재건하는 과정에서 당시 유행하던 스페인 미션 양식과 아르데코 양식의 건물이 곳곳에 세워져, 1930년대 영화 세트장을 연상케 하는 지금의 네이피어가 탄생한 것이다. 매년 2월에는 자동차, 패션, 음악 등 도시의 모든 요소를 1930년대 빈티지 스타일로 꾸미는 아르데코 축제가 열린다.

♀ **가는 방법** 로토루아에서 219km, 자동차로 3시간

ⓘ **Napier i-site**
주소 100 Marine Parade, Napier South, Napier 4110
문의 06 834 1911
운영 09:00~17:00
홈페이지 www.napiernz.com

TRAVEL TALK

네이피어의 아르데코 양식이란?
아르데코Art Deco 양식이란 제1차 세계대전 직전에 프랑스에서 태동해 1920~1930년대에 유행한 건축양식이에요. 고전적인 문양과 장식을 활용하되 스테인리스, 플라스틱 같은 새로운 건축자재를 사용하는 등 모던함을 바탕으로 아시아풍 문양 등 산업화 시대의 다양한 스타일을 융합한 방식입니다. 이러한 실용적인 요소는 신속하고 값싸게 도시를 재건하려는 네이피어의 상황과 완벽하게 맞아떨어졌답니다. 1932년에 완공된 데일리 텔레그래프 빌딩이 대표적인 건축물입니다.

머린 퍼레이드 *Marine Parade*

네이피어 방문자 센터를 중심으로 3km가량 이어지는 해안 산책로. 검은 모래사장 너머로 탁 트인 수평선이 바라다보인다. 높은 파도에 직격탄을 맞아 침수 피해가 잦은 지역이었으나 1931년에 발생한 대지진으로 해변의 높이가 2m가량 솟아오르면서 침수 현상에서 벗어났다. 파도 형상을 모티브로 한 전망대, 국립 아쿠아리움National Aquarium, 스케이트장과 미니 골프장 등 즐길 거리가 많다.

주소 56 Marine Parade **운영** 24시간

> **TRAVEL TALK**
>
> **파니아의 전설**
> 네이피어에서 가장 인기 많은 피사체는 마오리 전설 속 바다 여인 파니아의 동상Pania of the Reef입니다. 부족장의 아들 카리토키와 사랑에 빠진 파니아는 비밀 결혼을 하게 돼요. 아침이면 바다로 돌아가야 한다는 그녀를 잡아두기 위해 카리토키는 몰래 인간의 음식을 먹이려고 하는데, 이를 눈치챈 파니아가 영원히 바다로 떠나버렸다고 합니다.

블러프 힐 룩아웃 *Bluff Hill Lookout*

네이피어를 방어하기 위한 포격 요새로 사용했던 해안가 언덕 위 전망 포인트다. 동쪽으로 태평양의 먼바다와 정면의 네이피어 항구, 북쪽으로는 강 어귀의 광활한 습지대 아후리리 에스투아리Ahuriri Estuary가 내려다보인다. 머린 퍼레이드에서 걸어 올라갈 수도 있으나 차를 타고 가면 좀 더 쉽게 갈 수 있다.

주소 50 Lighthouse Rd, Bluff Hill **운영** 07:00~21:00

네이피어 방문자 센터

파니아 동상

국립 아쿠아리움

네이피어 기념비

아르데코 건물이 가득한
네이피어에서 쇼핑하기

개성 넘치는 작은 상점과 갤러리가 은근히 많은 네이피어에서 산책과 쇼핑을 즐기는 것도 좋다.
주말이라면 파머스 마켓도 놓치지 말 것.

① 아르데코 재단
The Art Deco Trust

대담한 기하학적 패턴, 화려한 색상이 특징인 아르데코 스타일의 제품을 판매하는 기념품점. 네이피어의 아르데코 유산을 보존하고 홍보하기 위한 비영리단체에서 운영하며, 관광객을 대상으로 건축물을 걸어서 구경하는 워킹 투어와 클래식한 자동차를 타고 구경하는 빈티지 카 투어를 진행하기도 한다.

주소 Art Deco Trust, 7 Tennyson St **운영** 09:00~17:00
홈페이지 www.artdeconapier.com

② 호크스 베이 파머스 마켓
Hawkes Bay Farmers Market

매주 토요일에는 네이피어 도심 한복판의 클라이브 스퀘어Clive Square에서, 매주 일요일에는 인근 도시 헤이스팅스에서 열린다. 사람이 많아 제법 구경할 만하다. 커피와 신선한 음식, 달콤한 디저트를 준비해 주말 아침상을 푸짐하게 차려보자.

주소 네이피어 Clive Square /
헤이스팅스 Kenilworth Rd
운영 토요일 08:30~13:00,
일요일 08:30~12:30
홈페이지 www.hawkesbayfarmersmarket.co.nz

③ 클래식 뉴질랜드
Classic New Zealand

네이피어 지역의 대표적인 양피 가공업체가 운영하는 팩토리 스토어. 질 좋은 각종 양모 제품을 비교적 저렴하게 판매하며 가구와 양탄자, 신발 등도 취급한다. 구경 삼아 들러도 좋다.

주소 22 Thames St, Pandora
운영 10:00~16:00 **휴무** 일요일
홈페이지 classicsheepskins.com

네이피어 편의 시설

네이피어의 맛집과 숙소는 선택지가 꽤 다양하다. 네이피어 방문자 센터 주변에 부담 없는 가격의 카페와 중저가 숙소가 즐비하다. 고급 숙소는 더 깨끗하고 조용한 넬슨 키Nelson Quay 지역에 모여 있다. 배낭여행자라면 시내 중심가에 있는 백패커스를 추천한다.

맛집

헝거 몽거 시푸드 Hunger Monger Seafood

바닷가에 위치한 시푸드 레스토랑이다. 부야베스, 연어 스테이크, 초록입홍합 등 신선한 해산물을 맛볼 수 있다.

유형 해산물 레스토랑 **주소** 129 Marine Parade
운영 저녁에만 영업 ※예약 권장 **예산** $$
홈페이지 www.hungermonger.co.nz

퍼시피카 Pacifica

머린 퍼레이드에 일렬로 늘어선 예쁜 주택가에 자리 잡은 레스토랑이다. 코스 요리를 내는 파인다이닝이고 저녁에만 영업하는 곳이라 가격대는 다소 높은 편.

유형 파인다이닝 레스토랑 **주소** 209 Marine Parade
운영 18:00~21:00(구글로 예약)
휴무 일~화요일 **예산** $$$
홈페이지 pacificarestaurant.co.nz

카페 테니슨 & 비스트로
Café Tennyson & Bistro

중심 쇼핑가인 테니슨 스트리트에 있는 카페로 가벼운 브런치 또는 커피와 케이크를 주문할 수 있다. 길거리 테이블에 앉아 네이피어의 낭만을 즐겨도 좋다.

유형 브런치 카페 **주소** 28 Tennyson St
운영 07:00~17:00 **예산** $$
홈페이지 thetennyson.co.nz

숙소

크라이티리언 아르데코
Criterion Art Deco(BBH)

유형 백패커스
주소 48 Emerson St **예산** $
홈페이지 www.criterionartdeco.co.nz

크라운 호텔 The Crown Hotel

유형 호텔
주소 22A Waghorne St, Ahuriri
예산 $$$
홈페이지 thecrownnapier.co.nz

하버 뷰 로지 Harbour View Lodge

유형 리조트
주소 60 Nelson Quay, Ahuriri
예산 $$$
홈페이지 harbourview.co.nz

WELLINGTON

웰링턴

마오리어 **TE WHANGANUI-A-TARA**

뉴질랜드의 수도 웰링턴은 인구가 약 44만 명으로 오클랜드에 이어
뉴질랜드에서 두 번째로 큰 도시이자 최대 무역항이다. 북섬과 남섬을 잇는 교통의 요지라
1865년 오클랜드에서 웰링턴으로 수도를 이전하면서 정치와 행정 기관이
대거 들어섰다. 영화감독 피터 잭슨과 세계적인 작가 캐서린 맨스필드의 고향이기도 하다.

웰링턴 케이블카

웨타 케이브

마운트
빅토리아

테 파파
국립박물관

시빅 스퀘어

비하이브

남섬행 페리

웰링턴

Wellington Preview
웰링턴 미리 보기

웰링턴은 뉴질랜드 북섬의 최남서쪽에 위치해 있으며, 도시와 항구가 외해로부터
완벽하게 보호받는 환경이다. 차를 타고 10~15분 정도 마운트 빅토리아에 오르면
천연 항구인 웰링턴 하버의 멋진 경치가 기다린다.

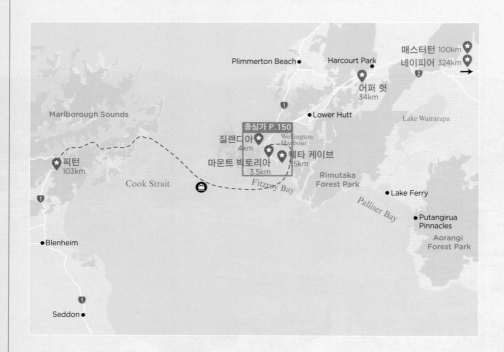

Follow Check Point

❶ Wellington i-site

지도 P.150
위치 웰링턴 중심가(시빅 스퀘어)
주소 111 Wakefield St, Te Aro,
Wellington 6011
문의 04 802 4860
운영 월~금요일 08:30~17:00,
토 · 일요일 09:00~17:00
홈페이지 www.wellingtonnz.com

✻ 웰링턴 날씨

웰링턴의 별명은 바람의 도시. 여름에 서늘한 편이고 겨울에는 기
온이 영하로 떨어지는 경우가 거의 없으나 짙은 안개가 자주 발생하
고 강풍이 불어 체감온도는 매우 낮다. 페리를 타고 바다를 건널 때는
두꺼운 옷을 준비할 것.

계절	봄(10월)	여름(1월)	가을(4월)	겨울(7월)
날씨	☀	☀	☀	☔
평균 최고 기온	19℃	26℃	21℃	15.2℃
평균 최저 기온	4℃	8.6℃	6.2℃	2.5℃

Best Course
웰링턴 추천 코스

웰링턴은 뉴질랜드 의회 및 중앙정부의 핵심 기관과
대법원을 비롯해 최고 수준의 미술관과 박물관이 자리한
문화예술의 중심지다. 보통 페리에 탑승하기 전 반나절
정도 구경하는 경우가 많은데 볼거리가 생각보다 많고
연중 축제와 행사가 끊이지 않는다. 세계 최정상의 영화
스튜디오 웨타 케이브와 〈반지의 제왕〉 촬영지 로케이션
투어의 인기가 높다.

TRAVEL POINT

➜ **이런 사람 팔로우!** 남섬으로 페리를 타고
 가는 경우
➜ **여행 적정 일수** 웰링턴 1일+로드 트립
➜ **주요 교통수단** 개인 차량
➜ **여행 준비물과 팁** 성수기에 페리를 타려면
 예약 필수

| DAY 1 | 웰링턴 중심가 P.154 | DAY 2 | 웰링턴 중심가 주변 P.159 | DAY 3 | 근교 여행 P.161 |

오전

시빅 스퀘어(i-site)
• 웰링턴 여행의 시작점

▼ 도보 10분

뉴질랜드 국립박물관
• 보물로 가득한 박물관 관람

▼ 도보 10분

워터프런트
• 노천카페와 레스토랑 밀집

캐서린 맨스필드 생가
• 뉴질랜드의 자랑 둘러보기

▼ 자동차 15분

마운트 빅토리아
• 완벽한 항구 전경 감상

▼ 자동차 15분

웨타 케이브
• 〈반지의 제왕〉 스튜디오 방문

어퍼 헛
• 〈반지의 제왕〉 로케이션

매스터턴
• 양털 깎기의 성지

네이피어
• 아르데코 캐피털

오후

▼ 도보 10분

비하이브와 국회의사당

• 웰링턴의 상징

▼ 🚠 10분

웰링턴 케이블카
• 언덕에서 전망 즐기기

▼ 도보 20분

쿠바 스트리트
• 나이트 마켓

▼ 자동차 10분

질랜디아
• 태고의 자연 속으로

▼ 자동차 15분

퀸스 워프
• 항구 야경 즐기기

픽턴
• 페리 타고 남섬으로

▶ 웰링턴 맛집 & 편의 시설 정보 P.164

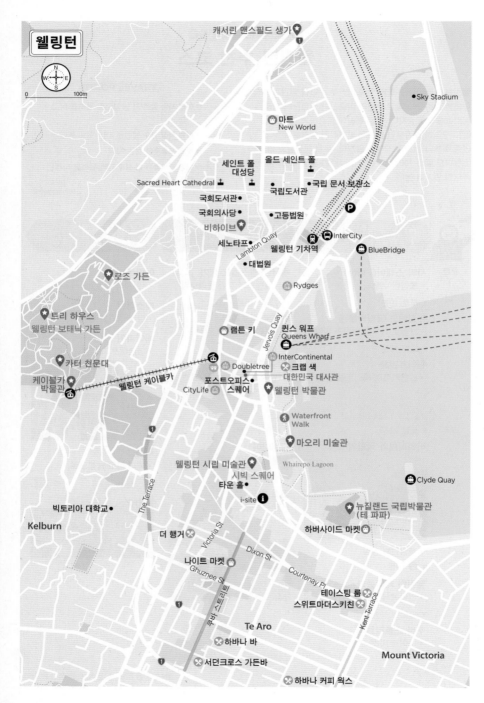

웰링턴

N
W E
S

0   100m

캐서린 맨스필드 생가

• Sky Stadium

마트
New World

세인트 폴   올드 세인트 폴
대성당
Sacred Heart Cathedral   •국립 문서 보관소
국회도서관•   •국립도서관
국회의사당•   •고등법원
비하이브
세노타프   웰링턴 기차역   •InterCity
Lambton Quay   BlueBridge
•대법원
Rydges

로즈 가든

트리 하우스   램튼 키   퀸스 워프
웰링턴 보태닉 가든   Jervois Quay   Queens Wharf
InterContinental
카터 천문대   Doubletree   •크랩 섁
케이블카   포스트오피스•   대한민국 대사관
박물관   웰링턴 케이블카   CityLife   스퀘어   •웰링턴 박물관

Waterfront
Walk
마오리 미술관

웰링턴 시립 미술관   Whairepo Lagoon   Clyde Quay
시빅 스퀘어
타운 홀   뉴질랜드 국립박물관
i-site   (테 파파)

빅토리아 대학교•   하버사이드 마켓

Kelburn   더 행거

나이트 마켓   Dixon St
Courtenay Pl   테이스팅 룸
스위트마더스키친

Te Aro   하바나 바

서던크로스 가든바   Mount Victoria

하바나 커피 웍스

150

웰링턴 들어가기

한국과 웰링턴 간 직항 항공편은 없으며 굳이 비행기를 타고 가는 경우는 드물다.
하지만 남섬과 북섬을 자동차나 버스로 여행하려면 반드시 거쳐야 하는 관문이다.

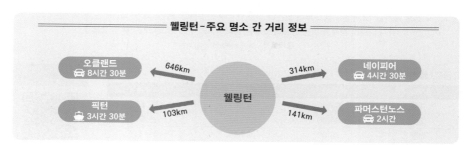

웰링턴-주요 명소 간 거리 정보

| 오클랜드 🚗 8시간 30분 | ← 646km | 웰링턴 | 314km → | 네이피어 🚗 4시간 30분 |
| 픽턴 ⛴ 3시간 30분 | ← 103km | | 141km → | 파머스턴노스 🚗 2시간 |

비행기

웰링턴 국제공항Wellington International Airport(공항 코드 WLG)은 오클랜드 공항과 크라이스트처치 공항의 뒤를 잇는 뉴질랜드 3대 공항 중 하나다. 하지만 공항이 바다 쪽으로 돌출된 롱고타이 지협에 자리하고 있어 강풍이 자주 불기 때문에 기상 상황이 불안정한 겨울에는 이용을 추천하지 않는다. 공항에서 중심가의 웰링턴 기차역까지는 에어포트 익스프레스Airport Express 직행버스로 30분 정도 걸린다. 편도 요금은 현금 또는 콘택트리스 신용카드 결제 시 $11, 교통카드는 $8.76이다.

가는 방법 웰링턴 중심가까지 8km, 자동차로 15~25분
주소 Wellington International Airport, Stewart Duff Dr, Rongotai, Wellington 6022
홈페이지 www.wellingtonairport.co.nz

자동차

북섬 남서쪽 끝에 있는 웰링턴을 자동차를 타고 가는 이유는 남섬의 픽턴까지 페리를 타고 건너가기 위해서다. 카 페리는 성수기에는 이용객이 많아 자칫 탑승하지 못할 수 있기 때문에 미리 예약하는 것이 좋다. 웰링턴 일대의 출퇴근 시간 교통 정체도 고려해야 한다. 렌터카의 경우 페리에 차를 싣고 남섬으로 건너갈 것인지, 아니면 웰링턴에서 차를 반납하고 페리를 탑승할 것인지 미리 알아보고 결정해야 한다.

홈페이지 www.journeys.nzta.govt.nz

장거리 버스

인터시티 버스로 여행하는 경우라면 웰링턴으로 가기 전 플렉시패스(시간제 승차권) 구입을 고려해본다. 출발 26시간 전까지 인터시티 버스 홈페이지에서 예약을 확정하면, 인터아일랜더로 가는 페리를 무료로 탑승할 수 있어 여러모로 유리하다. 한 가지 유의해야 할 점은, 페리 탑승 시간이 3시간 10~30분으로 표시되어 있지만, 대기 시간과 체크인 시간(최소 45분 전 도착)까지 고려하면 시간이 더 많이 필요하다는 것이다. 인터시티 버스 회사에서는 버스 환승 예약 시 최소 1시간 30분의 여유를 두라고 안내한다.

주소 InterCity Bus Stop, Waterloo Quay, Pipitea
홈페이지 www.intercity.co.nz

웰링턴 도심 교통

웰링턴은 뉴질랜드의 다른 지역에 비해 대중교통이 매우 발달했다.
웰링턴 근교 지역으로 다니는 통근 열차, 버스, 페리는 물론 푸니쿨라(웰링턴 케이블카)까지
웰링턴 도심과 주택가를 촘촘하게 연결한다. 웰링턴 지역의 대중교통을 총괄하는 메트링크Metlink에서는
전체 구간을 14개 존으로 나누어 버스나 기차 요금을 책정한다. 버스, 기차, 페리의 요금 체계는
각각 다르니 정확한 이동 경로와 요금은 홈페이지의 'Plan a Journey'를 참고할 것.

홈페이지 www.metlink.org.nz

요금표(성인 기준)

존 Zone	현금	교통카드	데이 패스
1존	$3.00	$2.02	1~3존 $13
2존	$4.50	$3.32	1~7존 $18
3존	$6.00	$4.43	1~10존 $25
4~14존	$6.50~22.00	$4.97~17.55	1~14존 $30

웰링턴 대중교통
노선도

● 교통카드, 스내퍼 Snapper

공항버스를 포함한 모든 버스와 기차에서 사용 가능한 교통카드다. 현금으로 결제하는 것보다 약 25% 할인
받을 수 있고, 출퇴근 시간(평일 오전 7시~9시, 오후 3시~6시 30분) 외에는 50%까지 할인된다. 다만 웰링턴
중심가의 주요 장소는 걸어서 다닐 수 있는 범위이며 주변 명소도 1~2존 안에 있으므로 단기간 체류한다면
교통카드(구입비 $10)보다 현금이나 데이 패스를 사용하는 것이 더 경제적이다.

● 여행자를 위한 1일권, 데이 패스 Day Pass

평일에는 출근 시간이 끝난 오전 9시 이후, 주말과 공휴일에는 하루 종일 사용 가능한 기차와 버스 통합 1일권이
다. 구간에 따라 요금이 다른데, 웰링턴 도심과 공항까지는 가장 저렴한 1~3존짜리 패스를 사면 된다.

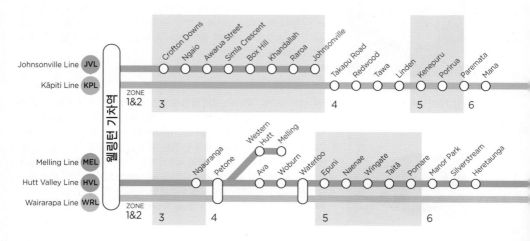

시내버스
Bus

도심과 주변 지역을 연결하는 주요 교통수단이다. 교통카드가 없으면 따로 티켓을 구입할 필요 없이 현금을 내고 버스를 타면 된다. 단, 관광지로 가는 버스의 배차 간격이 길어 여행자가 이용할 일은 그리 많지 않다.

기차
Train

유동 인구가 많은 웰링턴은 근교 도시를 오가는 통근 열차가 발달했다. 대표적으로 카피티 라인Kapiti Line은 평일 하루 한 차례만 왕복하는 노선이며, 전체 노선을 도는 데 총 2시간 소요된다. 반면 웰링턴과 오클랜드를 왕복하는 노던 익스플로러는 관광 열차 역할을 하며, 일주일에 세 차례만 운행한다. 웰링턴 기차역은 국회의사당, 블루브리지 Bluebridge 페리 터미널과 가깝다. ▶ 오클랜드 트레인 P.016
주소 Wellington Railway Station, Bunny St, Pipitea
운영 티켓 오피스 월~토요일 06:30~20:00(금 · 토요일 심야까지 연장),
일요일 06:30~19:10 **홈페이지** www.metlink.org.nz

페리
Ferry

웰링턴에서는 페리도 중요한 교통수단이다. 인구가 많은 웰링턴 하버의 서쪽과 북쪽 해안 지대를 연결하는 페리는 메트링크에서 운영하며 퀸스 워프에서 출항한다. 또 남섬~북섬 간의 쿡 해협을 건너는 대형 페리는 두 곳의 일반 업체가 운영한다. 블루브리지와 인터아일랜더 페리의 탑승 장소가 각각 다르므로 예약 시 안내받은 회사의 전용 터미널과 체크인 지점으로 정확하게 찾아가야 한다. 또한 페리 출발 1시간 전까지 체크인을 완료해야 하는데, 특히 아침 시간에는 웰링턴 주변의 교통 정체가 심하다는 점에 유의하여 늦지 않도록 주의한다.
▶ 픽턴행 페리 정보 1권 P.036

• 블루브리지 페리 터미널
가는 방법 웰링턴 기차역 근처
주소 Bluebridge Cook Strait Ferry Wellington Terminal

• 인터아일랜더 페리 터미널
가는 방법 중심가에서 3km,
차로 10분
주소 Interislander Ferry Access

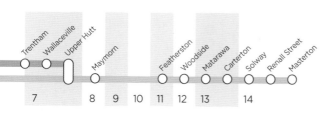

웰링턴 관광 명소

뉴질랜드 국립박물관을 비롯해 웰링턴 박물관과 다수의 정부 기관이 모인 테 아로Te Aro는
웰링턴의 가장 핵심 구역이자 중심가다. 대부분의 볼거리는 걸어서 다닐 수 있는 범위 안에 있기 때문에
박물관과 미술관을 구경한 뒤 워터프런트를 산책하는 것까지 반나절이면 충분하다.
날씨가 좋은 날에는 케이블카를 타고 전망대에 올라가거나 마운트 빅토리아 룩아웃 등에서 도시 전경을 감상해보자.

ⓞ1 시빅 스퀘어 *Civic Square · Te Ngākau*

지도 P.150
가는 방법 포스트 오피스 스퀘어까지
도보 10분
운영 24시간

편안한 휴식 공간

웰링턴 시립 미술관과 타운 홀 중간에 있는 잔디 광장으로 각종 축제와
행사가 열리는 웰링턴의 구심점이다. 직장인들이 점심시간에 짧은 휴식
을 즐기고 여행자들도 편히 앉아 쉴 만한 장소가 많아 언제나 활력이 넘
친다. 시빅 스퀘어를 지나 중심가와 항구 지역을 연결하는 육교, 시티
투 시 브리지City to Sea Bridge 위에 서면 탁 트인 바다 전망이 한눈에 들
어온다. 공식 방문자 센터 뒤쪽으로는 번화한 쇼핑가인 쿠바 스트리트
Cuba Street가 시작된다.

⑫

워터프런트
Waterfront

📍
지도 P.150
가는 방법 뉴질랜드 국립박물관과
웰링턴 기차역 사이 2km 구간

낭만적인 항구 산책

잘 정비된 2km의 해안 산책로로, 천연 항 웰링턴의 낭만과 행정 수도의 세련미가 동시에 느껴지는 곳이다. 뉴질랜드 국립박물관과 웰링턴 박물관, 마오리 아트 갤러리 등이 중심을 이루고 곳곳에 공공 예술 작품이 설치되어 있다. 특히 캐서린 맨스필드, 로빈 하이드, 팻 롤러, 데니스 글로버, 제임스 K. 백스터 등 뉴질랜드 출신 작가들이 웰링턴을 묘사한 문구를 새긴 15개의 조각이 유명하다.

한 가지 재미있는 점은 워터프런트 대부분이 갯벌이나 바다를 메운 간척지라는 사실이다. 웰링턴은 평지가 거의 없는 언덕 지형이었는데 조금씩 바다를 메워 평지로 만든 것이다.

퀸스 워프 *Queens Wharf*

빅토리아 여왕에게 헌정한 퀸스 워프는 1862년에 웰링턴 최초의 공공 부두로 건설해 20세기 후반까지 도시의 물류항이었다. 그러나 도시 북쪽에 규모가 큰 컨테이너 전용 부두가 건설된 후 복합 엔터테인먼트 시설로 완전히 개조되었다. 대부분의 공간은 공공장소로 개방했으며 이곳에 앉아 페리와 유람선, 요트가 쉴 새 없이 드나드는 모습을 구경하는 것도 재미있다. 포스트 오피스 스퀘어 건너편이 주 출입구다.

주소 The Wharf
운영 24시간

박물관과 미술관은 무료!
뉴질랜드 역사와 문화 탐방

고전 문화부터 현대미술과 역사까지, 웰링턴의 주요 박물관과 미술관은 누구에게나 무료로 개방한다.
뉴질랜드에 관한 여러 가지 궁금증을 이곳에서 해소해보자.

① 뉴질랜드 국립박물관
Museum of New Zealand · Te Papa Tongarewa

국립 미술관과 박물관을 통합해 1998년에 개관한 뉴질랜드 최대 규모의 박물관이다. 원주민의 역사와 문화, 자연사, 고고학을 총망라하는 방대한 분야의 전시물이 6층 규모의 대형 박물관에 전시되어 있다.
주소 55 Cable St, Te Aro
운영 10:00~18:00
홈페이지 tepapa.govt.nz

② 웰링턴 박물관 Wellington Museum · Te Waka Huia o Ngā Taonga Tuku Iho

뉴질랜드 수도가 되기까지 웰링턴에서 일어난 주요 사건과 인물에 관한 자료를 전시한 박물관. 박물관 입구에 '본드 스토어Bond Store'라는 문구가 새겨져 있는데, 이는 건물을 지은 1892년 당시 보세 창고Bonded Warehouse로 사용했음을 나타내는 흔적이다. 1800년대의 모습을 재현해놓아 과거로 시간 여행을 떠나는 기분이 드는 곳이다.
주소 3 Jervois Quay **운영** 10:00~17:00
홈페이지 museumswellington.org.nz

③ 웰링턴 시립 미술관
City Gallery Wellington · Te Whare Toi

마오리와 남태평양 지역의 전통 예술과 뉴질랜드를 기반으로 한 예술가들의 작품 활동을 지원하는 중요한 역할을 하는 미술관. 아르데코 양식의 본관 건물은 예전에는 웰링턴 공립 도서관으로 사용했다.
주소 Te Ngākau Civic Square
운영 내진 공사로 2026년 6월 30일 재개관 예정
요금 무료 **홈페이지** citygallery.org.nz

④ 케이블카 박물관 Cable Car Museum

1902~1978년에 사용한 초창기 케이블카의 작동 원리를 알아볼 수 있는 박물관이다. 운전석이 맨 앞이 아닌 중간에 있는 그립 카grip car 등의 특수차량과 구형 모델이 전시되어 있고, 케이블을 끌어당기는 거대한 휠도 구경할 수 있다. 박물관 위치는 케이블카 정상의 유료 주차장 바로 옆이다.
주소 1A Upland Rd, Kelburn **운영** 10:30~17:00
요금 무료 **홈페이지** www.museumswellington.org.nz/cable-car-museum

 03

웰링턴 케이블카
Wellington Cable Car

지도 P.150
가는 방법 웰링턴 박물관에서
도보 5분
주소 중심가 승강장 280
Lambton Quay / 정상
승강장 1 Upland Rd Parking
운영 월~금요일 07:30~20:00,
토요일 08:30~21:00,
일요일 · 공휴일 08:30~19:00
요금 왕복 $12, 편도 $6.5,
카터 천문대 통합권 $22.40
홈페이지 www.wellington
cablecar.co.nz

웰링턴의 아이콘

도심 한복판에서 불과 5분 만에 해발 120m 산 정상에 오르는 빨간색 케이
블카(푸니쿨라)는 웰링턴을 대표하는 아이콘이다. 1902년에 언덕배기에
자리한 켈번Kelburn 주택가 거주자들의 통근용으로 개통했으나 오늘날에는
관광객이 훨씬 많이 애용하는 관광 상품이 되었다. 중심가에 있는 탑승장이
웰링턴 박물관과 가깝기 때문에 정상 부근에 주차한 뒤 내려와서 시내를 잠
깐 관광하고 다시 정상으로 올라가는 것도 효율적이다.

카터 천문대 *Carter Observatory*

언덕 위 웰링턴 보태닉 가든 터에 자리한 천문대로, 케이블카 정상 승강장에서
도보 5분 거리다. 기본 전시관인 스페이스 플레이스Space Place에서 각종 멀티
미디어 전시와 플라네타륨 쇼를 진행한다. 거대한 토머스 쿡 천체망원경을 이
용해 천체를 관측하는 프로그램도 운영한다. 케이블카 티켓과 입장권을 같이
구매할 경우 할인해준다.

운영 별 관측 여름철 10:00~17:30, 학기 중 화 · 금 · 토요일 16:00~23:00,
일요일 10:00~17:30 **요금** $16 **홈페이지** www.museumswellington.org.nz/space-place

국회의사당 국회도서관

뉴질랜드
의회 건물
Parliament Buildings

뉴질랜드의 현재와 미래

국회의사당 터에 자리한 여러 채의 건물 중에서 단연 눈에 띄는 것은 지상 10층, 72m 높이의 원형으로 지은 비하이브Beehive다. 총리와 각료들의 집무실로 사용하는 행정 부처 건물로 한때 독특한 외관 때문에 논란이 되기도 했으나 현재는 '벌집'이라는 별명으로 불리며 행정 수도 웰링턴의 상징물이 되었다. 비하이브 바로 옆에는 네오클래식 양식의 국회의사당과 국회도서관이 나란히 세워져 있다. 의회 건물 앞 동상의 주인공은 뉴질랜드 제15대 수상을 지낸 리처드 세돈(1845~1906)이다. 이 외에 세노타프Cenotaph 전쟁기념비, 뉴질랜드 대법원을 비롯한 사법부 건물, 뉴질랜드의 건국 문서 와이탕이 조약의 원본이 보존된 뉴질랜드 국립 문서 보관소가 모여 있다. 비하이브 지상층의 방문자 센터에 먼저 들러 안내를 받도록 한다.

리처드 세돈 동상

세노타프

뉴질랜드 대법원

비하이브

 지도 P.150 **주소** 1 Molesworth St, Pipitea
운영 09:30~17:00 **휴무** 공휴일 **요금** 무료 **홈페이지** www.parliament.nz

 TIP

국회의사당 투어 신청하기

외부는 자유 관람이 가능하고, 건물 내부는 1시간짜리 무료 가이드 투어를 신청하면 상세히 견학할 수 있다. 국회의사당 본회의장은 회기 중 누구나 자유롭게 방청석에 앉아 참관할 수 있다.

투어 신청

05 올드 세인트 폴
Old St Paul's

아름다운 목조 성당

1866년에 지은 이후 1964년까지 뉴질랜드 성공회의 웰링턴 주교좌성당으로 사용한 교회다. 겉으로는 낡아 보이지만 안으로 들어가면 웅장한 분위기다. 대형 범선을 뒤집어놓은 형상의 아치형 천장과 내부 구조물은 모두 뉴질랜드산 고급 목재를 사용해, 스테인드글라스를 통해 빛이 들어오면 따스한 기운이 공간을 가득 채운다. 인근의 세인트 폴 대성당으로 기능이 이전된 이후 미사 집전은 하지 않고 가끔 행사를 거행하거나 관람객에게 개방하고 있다.

지도 P.150
가는 방법 뉴질랜드 의회 건물에서 도보 2분
주소 34 Mulgrave St, Pipitea
운영 10:00~16:00 **요금** 기부금 입장
홈페이지 oldstpauls.co.nz

06 캐서린 맨스필드 생가 *Katherine Mansfield House*

웰링턴이 낳은 작가

모더니즘 단편소설 작가 캐서린 맨스필드(1888~1923)는 흔히 영국 소설가로 알려져 있으나 1888년 10월 14일 웰링턴에서 태어나 19세까지 뉴질랜드에서 성장했다. 대표작 〈가든 파티〉를 비롯한 다수의 단편소설을 집필했으며, 유년 시절을 추억하는 작품에 뉴질랜드에 관한 이야기가 종종 등장한다. 생가 건물은 역사학자들의 노력에 힘입어 1986년에 들어서야 복원되었다. 맨스필드의 작품에 등장하는 모습과 사료를 참고하는 등 철저한 고증을 거쳤다고 한다. 소박한 2층 건물은 부모와 두 자매, 두 이모, 할머니 그리고 시종들까지 살았기 때문에 굉장히 복잡한데 〈인형의 집〉, 〈프렐류드〉에서 이 집을 "작고 어두운 아늑한 방"이라고 묘사하기도 했다. 세라믹 식기와 실내 벽지 등을 통해 영국 에드워드 왕조 시대에 식민지에 거주하던 유럽인의 생활상을 엿볼 수 있다.

지도 P.150
가는 방법 웰링턴 기차역에서 도보 15분
주소 25 Tinakori Rd, Thorndon
운영 10:00~16:00
휴무 월요일
요금 $10
홈페이지 www.katherinemansfield.com

⑦ 마운트 빅토리아 룩아웃
*Mount Victoria Lookout ·
Tangi Te Keo*

완벽한 전망

웰링턴 중심부에서 동쪽에 위치한 196m 높이의
언덕으로, 웰링턴 여행에서 무조건 방문해야 하는
필수 코스다. 정상에 서면 웰링턴 하버의 에메랄드
빛 바다와 녹색의 구릉으로 둘러싸인 도시 전경이
한눈에 들어온다.

남쪽 입구에서 알렉산드리아 로드Alexandria Road
를 따라 진입하면 정상까지 차를 타고 올라갈 수
있다. 〈반지의 제왕〉 촬영지이기도 한 마운트 빅
토리아까지 걸어서 가는 사람도 많은데, 산책로
를 따라 올라가면 30분 정도 걸린다.

⚐
지도 P.160
가는 방법 웰링턴 중심가에서 3.5km, 자동차로 10분
또는 버스로 30분(정상까지 올라가는 20번 버스 이용)
주소 Lookout Rd, Hataitai
운영 24시간
요금 무료

⑧ 웨타 케이브 *Wētā Cave*

영화 강국 뉴질랜드의 자존심

피터 잭슨 감독을 주축으로 뉴질랜드 영화인들이 힘을 합쳐 1993년에 문을 연 영화 스튜디오. 시각 효과를 전문으로 하는 웨타 디지털과 특수 효과를 전문으로 하는 웨타 워크숍으로 나누어 운영한다. 〈반지의 제왕〉 3부작과 〈킹콩〉, 〈아바타〉, 〈정글북〉까지 무려 여섯 차례나 아카데미 시각 효과상을 수상할 정도로 독보적인 기술력을 가지고 있다. 덕분에 블록버스터 영화 제작의 요람이 된 웰링턴은 '할리우드에 맞서는 웰리우드'라는 애칭까지 얻게 되었다. 유료 스튜디오 투어는 2시간 소요되며, 투어에 참여하지 않는 관람객은 소규모 박물관인 웨타 워크숍에서 전시물을 구경하거나 기념품을 구입할 수 있다.

지도 P.160
가는 방법 웰링턴 중심가에서 7.4km, 자동차로 15분
주소 1 Weka St, Miramar
운영 09:45~18:00
요금 웨타 케이브 무료, 투어 $55, 투어+왕복 교통편 $99
홈페이지 tours.wetaworkshop.com

⑨ 매스터턴 *Masterton*

뉴질랜드 양모의 모든 것

지역 특산품인 양모로 유명한 마을로, 1961년부터 매년 3월 '황금 가위The Golden Shears'라는 명칭의 양털 깎기 대회를 꾸준히 개최하고 있다. 대회 기간이 아닌 평상시에 이곳을 방문한다면 울 셰드The Wool Shed 박물관을 관람하는 것으로 아쉬움을 덜어보자. 양과 양털에 관한 모든 자료와 양털을 종류별로 구분한 샘플이 전시되어 있으며 방적과 직조 시연 등 생각보다 흥미로운 볼거리가 많다. 목축업을 생업으로 삶을 이어온 뉴질랜드인의 애환을 간접 체험하기 좋은 기회다.

지도 P.006
가는 방법 웰링턴에서 100km, 자동차로 1시간 30분
주소 The Wool Shed, 12 Dixon St, Masterton 5810
운영 월~금요일 10:00~16:00
요금 $10　**홈페이지** www.thewoolshednz.com

생태 보존을 위한 노력의 현장
웰링턴의 동물원과 식물원

뉴질랜드는 자생종과 멸종 위기의 동식물 보호와 생태 보존을 위해 많은 투자를 한다.
자연 상태에서는 쉽게 볼 수 없는 새인 키위를 포함한 희귀 동물을 만나고 싶다면
웰링턴의 다음 장소로 가보자.

 동물과 함께하는 즐거운 시간
웰링턴 동물원 Wellington Zoo

뉴질랜드의 자생 동물뿐 아니라 호주의 캥거루와 딩고를 포함해 아프리카와 히말라야 지역을 망라한 전 세계의 동물을 볼 수 있는 야외 동물원이다. 1906년 뉴질랜드 최초의 동물원으로 개장했으며, 가장 오래된 동물 보호 기관이기도 하다. 웰링턴 중심가에서 5km 떨어진 언덕에 위치해 있다.

지도 P.160 **주소** 200 Daniell St, Newtown **운영** 09:30~17:30
요금 $24 **홈페이지** wellingtonzoo.com

 케이블카 타고 올라가도 좋아요!
웰링턴 보태닉 가든 Wellington Botanic Garden

웰링턴 중심가 바로 뒤편에 있는 언덕 지형을 활용해 뉴질랜드의 자생식물과 생태계를 보존하고 연구하기 위한 목적으로 설립했다. 자연 보호구역처럼 관리하는 넓은 공원으로 전체를 구경할 필요는 없고, 일부 구역을 정해서 돌아보는 것이 좋다. 유리로 지은 베고니아 하우스 온실과 로즈 가든을 보려면 북쪽 입구로 들어가야 하고, 공식 방문자 센터인 트리하우스는 서쪽에서 가깝다. 카터 천문대가 있는 정상까지 케이블카를 타고 올라갔다가 산책로를 따라 도심 방향으로 걸어 내려가는 코스도 괜찮다.

지도 P.160 **주소** 트리하우스 Wellington Botanic Garden Treehouse /
로즈 가든 The Lady Norwood Rose Garden
운영 공원 24시간, 방문자 센터 09:00~16:00 **요금** 무료
홈페이지 wellingtongardens.nz

 뉴질랜드의 꿈이 담긴 야생 공원

질랜디아 *Zealandia*

여의도보다 조금 작은 2.25km² 면적의 거대한 숲 전체에 울타리를 둘러 조성한 자연 보호구역이다. 뉴질랜드에 인간이 상륙하기 전 태고의 자연 상태로 복원하겠다는 계획을 정부 차원에서 추진하고 있다. 인간과 함께 유입된 포유류를 퇴치해, 키위나 카카 앵무새 같은 토종 조류와 생물이 천적 없이 살아갈 수 있도록 생태계를 복원 중이다. 겉모습은 도마뱀처럼 보이지만 2억 년 전의 염기 서열을 그대로 간직한 스페노돈과의 파충류 투아타라tuatara는 뉴질랜드에 쥐가 유입되면서 개체수가 현저히 감소했는데, 이곳에서 번식시켜 자연으로 돌려보낸다. 웰링턴 케이블카 정상의 정류장과 시빅 스퀘어의 공식 방문자 센터 앞에서 무료 셔틀버스가 출발한다.

지도 P.160 **주소** 53 Waiapu Rd, Karori **운영** 09:00~17:00
요금 $26(야간 개장은 별도) **홈페이지** visitzealandia.com

 멸종 위기 동물의 안식처

푸카하 국립 야생동물 센터
Pūkaha National Wildlife Centre

희귀한 키위새와 푸르스름한 깃털과 붉은 부리를 가진 타카헤, 맑은 소리를 내며 우는 코카코 등 다양한 조류를 관찰할 수 있다. 원시림을 한 바퀴 돌아보는 2시간짜리 워킹 트랙이 조성되어 있다. 웰링턴에서 125km 거리, 네이피어 방향 2번 국도 변에 자리하고 있다.

지도 P.007
주소 85379 State Highway 2, Mount Bruce 5881
운영 10~4월 09:00~18:00, 5~9월 09:00~16:30
요금 일반 입장 $24, 가이드 투어 $50
홈페이지 pukaha.org.nz

웰링턴 맛집

워터프런트에는 아름다운 바다 전망의 레스토랑과 노천카페가, 쿠바 스트리트에는 보헤미안 정취의
레스토랑과 술집이 많다. 주말의 나이트 마켓과 하버사이드 마켓도 놓치지 말자.

테이스팅 룸 *The Tasting Room*

부드러운 안심을 페이스트리로 감싸 오븐에서 구워낸 비프 웰링턴을 맛
볼 수 있는 고급 레스토랑이다. 이 요리는 영국이 원조이지만 웰링턴의
도시명과 이름이 똑같아 인기 메뉴가 되었다. 조리 시간이 25분 정도
걸리기 때문에 미리 예약하고 방문하거나, 주문 후 식전주를 마시면서
조금 기다려야 한다.

유형 펍 · 레스토랑 **주소** 2 Courtenay Place, Te Aro **운영** 11:30~22:00
예산 $$$ **홈페이지** www.thetastingroom.co.nz

크랩 섁 *Crab Shack*

오클랜드에 분점을 둔 퀸스 워프의 명물 레스토랑이다. 시그너처 메뉴
인 크랩 팟The Crab Pots은 게 종류와 소스를 선택한 뒤 손에 소스를 묻
혀가며 먹는 요리다. 50% 할인되는 해피 아워 메뉴는 요일별로 달라지
는데, 그중에서 초록입홍합이나 갑각류가 저렴한 날 방문해보자. 적용
되는 요일이 계속 바뀌니 방문 전 미리 확인할 것.

유형 시푸드 · 패밀리 레스토랑 **주소** 5 Queens Wharf
운영 11:30~밤, 해피 아워 15:00~18:00 **예산** $$$(2인 기준 $100~120)
홈페이지 crabshack.co.nz

해나스 레인웨이 *Hannah's Laneway*

건물 사이에 숨어 있어 마치 비밀 통로 같은 골목이다. 달콤한 디저트를 찾는다면 셸리 베이 베이커 온 리즈 스트리트Shelly Bay Baker on Leeds Street나 웰링턴 초콜릿 팩토리Wellington Chocolate Factory를, 힙한 바에서 칵테일 한잔 즐기고 싶다면 골딩스 프리 다이브Golding's Free Dive를 방문해보자.

유형 먹자골목 **주소** Hannah Factory Laneway
운영 매장마다 다름

더 행거 *The Hangar*

직접 원두를 로스팅하는 스페셜티 커피 전문점. 웰링턴이 런던, 멜버른, 시애틀과 함께 CNN이 선정한 세계 8대 커피 도시에 포함되던 당시 웰링턴을 대표하는 카페로 소개되었다. 스타일리시한 브런치 메뉴도 판매한다.

유형 스페셜티 커피 · 브런치
주소 119 Dixon St, Te Aro **운영** 월~금요일 07:00~16:00, 토 · 일요일 08:00~17:00
예산 $ **홈페이지** hangarcafe.co.nz

하바나 커피 웍스
Havana Coffee Works

겉모습이 범상치 않은 웰링턴의 대표 로스터리이자 카페다. 문을 열고 들어서면 다채로운 색감이 펼쳐지면서 쿠바의 수도 아바나에 온 듯한 느낌을 준다. 높은 천장에는 샹들리에가 드리워지고 빈티지한 장식품이 사방에서 눈길을 끄는 이곳에서 코끝을 파고드는 커피 향을 즐길 수 있다. 뉴질랜드에서 직접 커피를 로스팅하는 가게가 단 네 곳에 불과했던 1989년부터 영업해오고 있다. 감각적인 원두 패키징은 선물용으로 알맞다.

유형 카페 **주소** 163 Tory St, Te Aro
운영 월~금요일 07:00~16:00 **휴무** 토 · 일요일
예산 $ **홈페이지** havana.co.nz

카피티 아이스크림 *Kapiti Ice Cream*

웰링턴 서쪽 해안인 카피티 코스트는 유제품 브랜드 카피티가 탄생한 곳이다. 1984년에 일찍이 스페셜티 치즈의 가능성을 발견하면서 고급 치즈 시장을 개척했고 지금도 30종이 넘는 치즈를 생산한다. 뉴질랜드의 로컬 재료로 만든 아이스크림으로도 여러 차례 수상했다. 단독 매장은 없으며 뉴질랜드 전역의 마트에서 카피티 제품을 판매한다.

유형 치즈, 아이스크림
홈페이지 www.tastekapiti.co.nz

웰링턴 편의 시설

관광객보다는 현지인의 비중이 높은 웰링턴에서는 뉴질랜드의 도시 생활에 필요한 모든 것을 쉽게 구할 수 있다.
고급 쇼핑센터를 찾는다면 램튼 키를 방문하고, 재밌는 분위기를 느끼고 싶다면 쿠바 스트리트를 탐방해보자.
웰링턴에 숙소를 정할 때는 페리 터미널까지의 거리를 반드시 확인해야 한다.
아침 시간에 출항할 예정이라면 교통 정체를 고려해 너무 외곽에 숙소를 정하지 않도록 한다.
또한 개인 차량이 없는 여행자라면 숙소가 언덕에 위치한 건 아닌지 확인해야 한다.

 쇼핑

쿠바 스트리트 *Cuba Street*

시빅 스퀘어부터 도시 한가운데까지 일직선으로 뻗은 쇼핑 거리다. 거리 이름 때문에 하바나 커피 웍스와 피델스 카페 같은 쿠바풍 레스토랑이 생겨났지만 사실 쿠바와는 관련이 없고, 1840년 웰링턴항에 정박한 뉴질랜드 컴퍼니의 범선 이름을 따온 것이라고 한다. 이 거리에 있는 쿠바 몰Cuba Mall에서는 아시아 누들과 꼬치구이, 햄버거, 피시앤칩스 등을 맛볼 수 있다.

주소 1/107 Cuba St, Te Aro

램튼 키 *Lambton Quay*

웰링턴에서 가장 세련된 중심 상업 지구다. 고층 빌딩 사이로 세련된 매장들이 자리한 가운데 고풍스러운 옛 은행 건물은 카페와 매장이 입점한 쇼핑 아케이드로 거듭났다. 포스트 오피스 스퀘어에서 케이블카 탑승장으로 걸어갈 때 보게 되는 구간이다.

주소 Old Bank Arcade, 233-237 Lambton Quay

하버사이드 마켓 *Harbourside Market*

장소와 명칭은 조금씩 바뀌었지만 1920년부터 명맥을 이어온, 웰링턴에서 가장 오래된 재래시장. 현지 농민이 재배한 채소와 과일, 지역 주민이 직접 만든 빵과 수제 청 등을 판매한다. 서민들의 생필품을 판매하는 삶의 현장이다.

가는 방법 뉴질랜드 국립박물관 앞 공터
운영 일요일 07:30~14:00
홈페이지 www.harboursidemarket.co.nz

숙소

인터컨티넨탈 웰링턴
InterContinental Wellington

건물이 황금빛으로 번쩍이는 5성급 호텔이다. 포스트 오피스 스퀘어 옆에 위치해 웰링턴 케이블카 탑승장, 퀸스 워프 등 중요 지역까지 걸어서 5분이면 도착한다. 발레파킹(유료) 가능.

유형 호텔 **주소** 2 Grey St **문의** 04 472 2722
예산 $$$ **홈페이지** wellington.intercontinental.com

시티라이프 웰링턴
CityLife Wellington

단순한 호텔 형태의 객실과 부엌을 갖춘 아파트 형태의 객실 중 선택할 수 있다. 유료 주차만 가능하다. 웰링턴 케이블카 탑승장 인근에 이곳을 비롯해 더블 트리 바이 힐튼, 노보텔 등의 호텔이 밀집해 있다.

유형 호텔 **주소** 300 Lambton Quay
문의 04 922 2800 **예산** $$
홈페이지 heritagehotels.co.nz

웰링턴 톱 10 홀리데이 파크
Wellington TOP 10 Holiday Park

쾌적한 환경과 시설, 주차장까지 갖추었으나 위치가 유일한 단점이다. 이곳이 자리한 웰링턴 하버 북부에서 중심가까지는 16km 거리이지만 교통 정체가 발생하면 1시간 이상 걸릴 수도 있기 때문이다. 프런트 데스크에서 제공하는 각종 할인권을 챙겨 받도록 한다.

유형 캠핑장 · 캐빈 **주소** 95 Hutt Park Rd, Moera
문의 04 568 5913 **예산** $$
홈페이지 www.wellingtontop10.co.nz

캐피털 게이트웨이 모터 인
Capital Gateway Motor Inn

모텔과 캐빈, 트레일러 캠핑장을 모두 갖춘 숙소다. 주변 지역이 주택가라 조용한 편이고 요금도 저렴하며 주차도 가능하다.

유형 모텔
주소 1 Newlands Rd, Newlands
문의 04 478 7812 **예산** $$
홈페이지 www.capitalgateway.co.nz

하카 하우스 웰링턴
Haka House Wellington

뉴질랜드 국립박물관 뒤편에 위치해 웬만한 곳은 걸어서 다닐 수 있다. 하지만 웰링턴 기차역에서 숙소까지는 조금 멀다. 1인실과 2인실이 꽤 많으며 시설도 무척 좋다는 평가를 받는다. 단, 주차장이 없다.

유형 백패커스
주소 292 Wakefield St, Te Aro
문의 021 223 5341 **예산** $
홈페이지 hakahouse.com

INDEX

☑ 가고 싶은 도시와 관광 명소를 미리 체크해보세요.

174

Photo Credits

✈

팔로우하라!

가이드북을 바꾸면
여행이 더 업그레이드된다

(follow series)

더 *가벼워지다

더 새로워지다

더 풍성해지다

팔로우 다낭·호이안·후에	박진주 지음	값 18,500원
팔로우 스페인·포르투갈	정꽃나래·정꽃보라 지음	값 22,000원
팔로우 호주	제이민 지음	값 21,500원
팔로우 나트랑·달랏·무이네	박진주 지음	값 16,800원
팔로우 동유럽	이주은·박주미 지음	값 20,500원
팔로우 발리	김낙현 지음	값 19,000원
팔로우 타이베이	장은정 지음	값 18,000원
팔로우 뉴질랜드	제이민·원동권 지음	값 21,500원

Travelike

팔로우 시리즈가
제안하는

뉴질랜드
북섬 여행
버킷 리스트

◇ 뉴질랜드 속 〈반지의 제왕〉 촬영 명소 찾아가기

◇ 멋진 절경과 함께 즐기는 스릴 만점 액티비티

◇ 글로웜이 뿜어내는 불빛 쇼 감상하며 동굴 탐험

◇ 〈연가〉의 본고장에서 마오리족 전통문화 체험

◇ 모래만 퍼내면 나오는 온천수로 여행의 피로 풀기